Hans-Joachim Zillmer · Irrtümer der Erdgeschichte

Hans-Joachim Zillmer

Irrtümer der Erdgeschichte

Die Urzeit war gestern

Mit 78 Fotos und 138 Textabbildungen

LANGEN MÜLLER

Überarbeitete und ergänzte Neuauflage
© 2001 F.A. Herbig Verlagsbuchhandlung GmbH, München
© 2023 Langen Müller Verlag GmbH, München
Alle Rechte vorbehalten
Umschlaggestaltung: Sabine Schröder
Umschlagillustration: Adobe Stock / Pavlo Vakhrushev; Shutterstock / NPeter; H.-J. Zillmer
Satz: VerlagsService Dietmar Schmitz GmbH, Heimstetten
Druck und Binden: Westermann Druck Zwickau GmbH, Zwickau
Printed in Germany
ISBN: 978-3-7844-3663-0

Inhalt

Vorwort 7

1 Dinosaurier-Menschen-Gruppenbildnis 15

Überlebende Totgesagte 15 · Das Rätsel versteinerter Bäume 38 · Die Koexistenz – der Beweis 52 · Folsom und Clovis 64 · Das letzte Geschäft 71 · Flutkanal Grand Canyon 82 · Glücksspiel Datierung 91 · Gemeinsame Funde 94 · Das Dinosaurier-Rätsel 111 · Hohle Dinosaurier 115 · Rätselraten Körperumriss 121 · Das wankende Dogma 128

2 Evolutionsgrab Galápagos 131

Vorgeschriebene Meinung 131 · Tierische Nichtschwimmer 134 · Indoktrinierte Ansichten 136 · Landbrücke 137

3 Zerrissene Tektonik 139

Küstenstreifen in gewaltiger Höhe 139 · Plötzlich gehoben 143 · Amazonas-Quelle in der Sahara 145 · Zerreißt Afrika? 148 · Zweifelhafte Plattentektonik-Hypothese 150 · Transformstörungen 153 · Überlappungszonen 155 · Mobile Nähte 157 · Gibt es Magnetstreifen? 166 · Mobilisten und Fixisten 173 · Zu leichte Erdkruste? 174 · Alter der Ozeanböden 183 · Kleinere Ur-Erde? 187 · Fast wasserleere Ozeane 192

4 Himmlisches Chaos und die Folgen 199

Die antike Himmelskarte 199 · Planetenannäherung? 201 · Kollisionsnarbe Pazifik? 207 · Die patagonische Driftspur 214 · Zu alte Felsen 217 ·

Der zweite Paukenschlag 219 · Eisfreie Antarktis 227 · Wann wurde die Antarktis vermessen? 230 · Neubewertung und Perspektiven 242

5 Erfundene Steinzeit?   245

Typisches Eiszeittier Flusspferd 245 · Todesfalle Hockergräber 254 · Der Neuanfang 257 · Phantom Mittelsteinzeit 258 · Zu wenige Faustkeile 261 · Schreibende Steinzeitmenschen 265 · Fiktion Altsteinzeit 270

6 Schwankende Erde   279

Trügerische Eisbohrkerne 279 · Verschobene Pole 286 · Plötzlich umgeformt 290 · Falsche Zeugen 294 · Eiszeit-Zeugen 296 · Schneezeit-Modell 300 · Wüste Mittelmeer 305 · Flüchtende Tiere 309 · Durchbruch am Bosporus 312 · Der Urwald Sahara 313

7 Die Erde leckt   315

Wasser im Erdinnern 315 · Unterirdische Drainage? 317 · Bruch der Drainageschale 320 · Aufschwimmende Salzstöcke 321 · Steingemälde Black Canyon 324

8 Elektrisches Sonnensystem?   327

Der Kalkstein-Cowboy 327 · Elektrische Himmelskörper 329 · Elektrogravitation 334 · Nicht-mechanischer Äther 339 · Landschaftsbildende Elektrizität 350

Literaturverzeichnis   354
Internetlinks   365
Bildnachweis   366
Der Autor   366

Vorwort

**Die Natur macht keine Sprünge? Das Denken schon!
Zu H.-J. Zillmers experimenteller Erdgeschichtsschreibung.**

»Sechs Millionen BILD-Leser können nicht irren«, meinte die BILD-Zeitung. Das sollte wohl heißen: Wer die BILD-Zeitung kauft, stimmt deren Meldungen, Behauptungen und Weltverständnis zu.

In der Normalwissenschaft scheint es wie bei der BILD-Zeitung zuzugehen. Dreißigtausend Geologen, Paläontologen, Physiker, Biologen u. a., die seit Lyells und Darwins Zeiten Erkenntnisse zur Geschichte unseres Planeten und des Lebens auf ihm hervorbrachten, können sich nicht geirrt haben, weil sie unser Bild von der Welt offensichtlich bestimmen und wir das allgemein zu akzeptieren scheinen.

Bemerkenswerterweise verhielten sich aber BILD-Leser etwa bei Wahlen ganz anders, als es dem propagierten Weltbild der Zeitung entsprach. Auch die Klientel der Normalwissenschaft nutzt offensichtlich deren Weltbild dazu, sich von ihm abzusetzen. Das Verfahren macht Sinn, denn man kann sich ja nur von etwas absetzen, das man kennt. Es geht um die Schlussfolgerungen aus den unstrittigen Gegebenheiten – um alternative Schlussfolgerungen, durch die dann die unstrittigen Fakten eine andere Bedeutung erhalten.

Solche alternativen Schlussfolgerungen präsentieren Klienten der Normalwissenschaft wie etwa die Autoren Velikovsky, den Einstein in seinen letzten Tagen fasziniert und irritiert las, oder Tollmann, der der Kühnheit seiner Schlussfolgerungen psychisch kaum standhalten konnte, oder H.-J. Zillmer, ein heiter-nüchterner Bauingenieur. Sie und ihre vielen Kollegen erfanden keine neue Wissenschaft als Privatmythologie, die man als New-Age-Spiritismus abtun konnte. Vielmehr arbeiten sie alle unter dankbarer Akzeptanz der staunenswerten Arbeitsresultate der etablierten Wissenschaftler diverser Disziplinen. Sie leugnen nicht, wie die Spiritisten, die erhobenen Daten und Erkenntnisse, sondern stützen ihre Argumentation gerade auf solche Erkenntnisse.

Wieso sind wir eigentlich auf Autoren wie Velikovsky, Tollmann oder Zillmer angewiesen, um zu alternativen Deutungsmustern zu kommen? Warum werden die von den Normalwissenschaften nicht auch selbst hervorgebracht, wenn deren Erkenntnisse auch für die Alternativdenker grundlegend sind?

Mit diesen Fragen hat sich etwa Edward de Bono ausführlich und systematisch beschäftigt. Allgemein bekannt wurde seine Studie zum »Spielerischen Denken«, in der er vertikales und laterales Denken vergleicht. Mit vertikal ist gemeint, was wir herkömmlich als logische Ableitung aus Oberbegriffen oder grundlegenden Hypothesen auf die Erfassung von Einzelphänomen bezeichnen. Mit lateralem Denken ist ein Vorgehen auf Umwegen gemeint, ein sprunghaftes Denken, scheinbar unsystematisch. Heutige Umformulierungen für lateral lauten *fuzzy logic* oder *strange revelations*. Man muss aber stets daran erinnern, dass sich laterales und vertikales Denken nicht gegenseitig ausschließen, sondern einander komplementär sind und insofern einander bedingen. Dafür gibt de Bono zahlreiche Beispiele: »Als Marconi die Stärke und Leistungsfähigkeit seiner Apparaturen erhöhte, stellte er fest, dass er Wellen drahtlos über immer größere Entfernungen schicken konnte. Schließlich erkühnte er sich sogar, daran zu denken, ein Signal über den Atlantischen Ozean zu funken. Seiner Ansicht nach kam es lediglich auf einen ausreichend starken Sender und einen entsprechend empfindlichen Empfänger an. Die Experten, die es besser wussten, lachten über diese Vorstellung. Sie versicherten Marconi, dass elektrische Wellen sich wie Licht geradlinig fortpflanzen und daher der Krümmung der Erde nicht folgen, sondern in den Weltraum verstrahlen würden. Von ihrem logischen Standpunkt aus waren die Fachleute völlig im Recht, doch Marconi blieb hartnäckig, experimentierte weiter und hatte Erfolg. Weder er noch die damaligen Sachverständigen wussten etwas von der elektrisch geladenen Schicht in der oberen Atmosphäre, der Ionosphäre. Diese reflektiert die drahtlos gesendeten Wellen, die sonst, wie die Fachleute vorhersagten, die Erdoberfläche verlassen hätten.«

Also: Weder die Experten, die ihre Schlussfolgerung logisch aus ihren Grundannahmen ableiteten, noch Marconi, der diese Ableitungen umging, kannten die *Wahrheit*. Aber Marconis Vorgehen erzwang schließlich die Aufgabe des Deutungsmusters der damaligen Experten, mit denen das Faktum der Wellenwirkung über lange Distanzen nicht mehr verständlich war.

Auch Velikovsky, Tollmann oder Zillmer kennen nicht die *Wahrheit* der erd- wie lebensgeschichtlichen Evolution, aber sie experimentieren mit Begriffen und Theorien wie Marconi mit den Wellen. Sie unterwerfen nicht die Natur selbst dem Experiment, sondern die Logiken wissenschaftlichen Denkens und den Einfluss der Logiken der Sprache und Kommunikation auf dieses Denken. Auch wissenschaftlich einwandfrei gebildete Begriffe müssen über wort- oder bildsprachlichen Ausdruck kommuniziert werden. Dabei kann es vorkommen, dass die Eigenlogiken von Sprache und Kommunikation die wissenschaftlichen Begriffe deformieren.

Ein Beispiel: Wer als Erdgeschichtler annimmt, dass unser Planet zunächst eine glühende Masse war, die langsam erkaltet, kommuniziert sprachlich die dieser Annahme zugrunde liegenden physikalischen Begriffe durch Analogie zum Bratapfel. Die gebirgige Erdoberfläche soll demzufolge entstanden sein wie die Falten auf der Bratapfelschale. Eine zunächst im Großen und Ganzen einleuchtende Analogie, durch die aber die Aufmerksamkeit für geophysikalische Daten, die in dieses Bild nicht passen, verloren geht. Wer sich gegen diesen Verlust sträubt, erfindet ein anderes Analogiebild. Er hält die Erde für einen Luftballon, der sich langsam ausdehnt. In dieses Bild passen dann zwar viele der im Bratapfelmodell unberücksichtigten Kenntnisse, andere aber, die in der Bratapfelanalogie gut aufgehoben waren, fallen aus dem Bild des sich aufblasenden Luftballons heraus. Weiter kommt man auch nicht durch die Vereinigung beider Bilder, da sich weder ein Bratapfel aufblasen noch ein Luftballon braten lässt.

In den Zwanzigerjahren formulierte der Mathematiker Carnap ein Bilderverbot für Naturwissenschaftler, um der »Verhexung des Begriffsdenkens durch die Sprache« zu entgehen. Aber wie schon das Schicksal des Bilderverbots jüdischer Theologie zeigt, führen solche Verbote zu noch vertrackteren Hexereien, den Paradoxien. Wer immer daran denken soll, Bildanalogien nicht zu benutzen, bleibt umso stärker an sie fixiert, je konsequenter er dem

Imperativ folgt. Auch die abstraktesten Gedanken von Wissenschaftlern müssen über Versprachlichung kommuniziert werden, d. h., sie müssen evident, einleuchtend gemacht werden. Uns leuchtet aber das Wahre wie das Falsche gleichermaßen ein, wie etwa Experimente der Psychologen zeigen. Dieselben vorgelegten Portraitfotografien bestätigen für die Wahrnehmenden bis ins letzte Detail sowohl die Annahme, man habe es bei dem Portraitierten mit einem Kriminellen zu tun, wie die Annahme, der Betreffende sei das Opfer von Kriminellen.

Ästhetiker, Kunst- und Kulturwissenschaftler sind ständig mit der Kraft solcher Evidenzbeweise konfrontiert. Sie und zahlreiche Künstler der Moderne beschäftigen sich mit Fragen, wie man den verführerischen Sprach-Bild-Evidenzen entgeht und sich dennoch mit anderen verständigen kann durch Zeichen mit hoher Ambivalenz, Ambiguität und Unbestimmtheit. Sie fragen, ob möglicherweise Kommunikation viel fruchtbarer verläuft, wenn sie nicht auf Evidenzen baut. Zu dieser Gruppe gehöre auch ich, womit ich gesagt habe, warum mich Arbeiten wie die von Zillmer so außerordentlich interessieren. Denn Zillmer zeigt ja, dass auch in den verschiedenen Disziplinen der für seine Arbeiten einschlägigen Naturwissenschaften das Beharren auf dem vermeintlich Einleuchtenden zu Schlussfolgerungen führt, die für Außenstehende keineswegs stimmig sind.

Er experimentiert mit den gängigen Theorien zu Kontinentaldrift und Plattentektonik, mehrfachen Verschiebungen der Erdrotationsachse und der Pole wie zur Elektrogravitation so, dass deren Unstimmigkeiten leichter unter einen Hut zu bekommen sind als die behaupteten Stimmigkeiten im Evidenzerlebnis. Er zeigt also, dass die für alternativlos gehaltenen Konzepte der Lyellisten und Darwinisten erst durch deren Unstimmigkeiten gewürdigt werden können. Und diese Würdigung führt zu dem Schluss, dass diese Konzepte durchaus aufgegeben werden könnten, ohne die unstrittigen Fakten zu missachten.

Vor allem aber experimentiert Zillmer mit einem zentralen Theorem der Lyellisten und Darwinisten: die beobachtete Evolution des Planeten wie des Lebens auf ihm setze die Annahme kontinuierlicher Entwicklung durch kontinuierliches Walten der Zeit voraus. Das entspricht einer sehr alten Behauptung: *natura non saltat*, die Natur macht keine Sprünge. Die schöne, weil evidente Erfindung der Erdzeitalter, vornehmlich die Erfindung der Eiszeiten, lässt so etwas wie Velikovskys oder Tollmanns Impact-Prozesse (in der Ästhetik als Theorie der Plötzlichkeit diskutiert) nicht zu, selbst um den Preis nicht, dass erhobene Befunde, vornehmlich versteinerte Lebensspuren aus Erdschichten, die der Chronologie widersprechen, schlicht geleugnet werden müssen oder als seltene Regionalmetamorphosen zu Ausnahmen stilisiert werden, die die Grundannahmen bestätigen. Das aber führt notwendig zu Fehlinterpretationen, wie sie Zillmer uns so nahelegt:

»An der Westküste der USA, im Staat Washington, brach am 18. Mai 1980 der Vulkan Mount St. Helens aus. Dabei wurden ›über Nacht‹, also mit großer Plötzlichkeit, aus dem Eruptionsmaterial fünfzig Meter dicke Schichtungen von Erdformationen neu gebildet. Geologen einer fernen Zukunft würden den Zeitraum der Bildung dieser Schichtungen dann auf etliche Jahrzehntausende schätzen, wenn sie das historische Ereignis des Vulkanausbruchs nicht berücksichtigten. Ganz ähnlich geht es heutigen Geologen, wenn sie nicht berücksichtigen, dass geologische Schichten der Erdzeitalter sich durch schnell ablaufende, kataklysmische Prozesse gebildet haben könnten, anstatt durch lang andauernde Ablagerungen von Material, sozusagen Sandkorn für Sandkorn.«

Dazu bietet Zillmer eine fröhliche Pointe. Er weist darauf hin, dass in den durch den Vulkanausbruch neu gebildeten Erdschichten auch Automobile eingeschlossen wurden. Zukünftige zeitskalengläubige Archäologen müssten aus den Funden der Autos schließen, diese Artefakte habe es ja schon vor Jahrtausenden gegeben und sie seien dann ausgestorben, weil man sie in den oberen, also jüngeren Formationen nicht mehr findet.

Grundlegend für alle Modelle von Entstehungsprozessen (unseres Sonnensystems, unseres Planeten Erde, des Lebens) ist der Faktor Zeit, den wir für die Modelle der Evolution in Rechnung stellen. Schon die märchenhafte Formulierung »Es war einmal vor langer, langer Zeit ...« zeigt, dass wir das Argumentieren mit Zeitmaßen jenseits aller Erfahrungskontrolle und Vorstellung dazu nutzen, alle Schwierigkeiten, die wir mit unseren Denkmodellen haben, im Ungefähren des unvorstellbaren Waltens der Zeit verschwinden zu lassen. Das ist wirklich märchenhaft und gerade deshalb auch bei den großen Erzählern unserer heutigen Tage, den Erd- und Lebensgeschichtlern, sehr beliebt, so beliebt wie bei den großen Epikern seit Homer und bei den

Mythenerzählern aller Völker und Kulturzeiten. Auf sie bezogen sich etwa die Märchensammler Gebrüder Grimm.

Zu Zeiten der Gebrüder Grimm, die sich mit zahlreichen Kollegen der Entwicklung der Sprachen und Kulturen widmeten, versuchten die »Gebrüder Charles«, Charles Lyell und Charles Darwin, ebenso erfolgreiche Erzählungen wie die der Kulturforscher, Epiker und Volksmythenerzähler über die Geschichte der Erde und des Lebens unter das Volk zu bringen. Und der Erfolg der Gebrüder Charles als wissenschaftliche Autoritäten war so groß, dass wir noch heute kaum wagen, andere Erzählungen zu akzeptieren oder wenigstens mit ihnen wie Zillmer zu experimentieren. Lyell schrieb bereits 1840 die bis heute sakrosankte geologische Zeitskala fest, obwohl der damalige Stand des erdgeschichtlichen Wissens zum heutigen sich einigermaßen kurios ausnimmt. Wozu wird überhaupt Erdgeschichte betrieben, wenn 150 Jahre Forschung zu keinerlei Korrektur an den Grundannahmen von 1840 geführt haben muss?

Die geologische Zeitskala bedingt aber unmittelbar die biologische, da die Datierung von Funden ehemaliger Lebewesen oder ihrer Spuren von der Datierung der Erdformationen abhängig ist, aus denen sie geborgen wurden. Auch beeinflussen die geologische Zeitskala und die an sie geknüpften Vorstellungen von Wandlungsprozessen Annahmen über die zeitvernichtende Konservierung der Lebensspuren. Ein geradezu schlagendes Beispiel für diese Zusammenhänge von Erdgeschichts- und Lebensgeschichtsdarstellung bietet die übliche, umstandslose Übertragung des geologischen Konzepts »Versteinerung« auf die Bewahrung von Lebensspuren, obwohl kein Geologe und kein Biologe bisher zeigen konnten, wie denn ein Organismus sogar mit allen Feinheiten seiner Oberflächengestalt je hätte erhalten werden können, wenn man das geologische Modell der Versteinerung durch langanhaltendes Walten der Zeit zugrunde legt.

Man kann Autoren wie H.-J. Zillmer das intellektuelle Vergnügen nachempfinden, mit dem sie die Kuriositäten aufspießen, die etablierte Normalwissenschaftler beim Festhalten an überkommenen Denkmodellen produzieren, da sie ihre Forschungsresultate unbedingt ins Denkdogma einpassen wollen, anstatt anhand ihrer Resultate neue Denkmodelle zu entwickeln.

Geradezu peinlich wird es, wenn Lyellisten und Darwinisten sich über den Dogmatismus der Kreationisten mit dem Argument erheben, die Forschungsresultate widerlegten die biblischen Schöpfungslehren. Zwar trifft das Argument zu, aber die Lyellisten und Darwinisten wollen ihrerseits nicht wahrhaben, dass ebenjene Forschungsresultate auch nicht mehr ins Konzept ihrer Wissenschaftsbibel passen. Den blühenden Unsinn, zu dem solche Weigerung führt, dokumentiert Zillmer an zahlreichen Stellen seiner Analyse von Charles' Märchen:

Ein im Dogma der geologischen Zeitskalen und der zu ihr parallelen Lebenstypologien befangener Paläontologe, der die Orientierung auf Eiszeitalter für selbstverständlich hält, rettet sich aus den Widersprüchen des Eiszeitkonzepts zu konkreten Biofunden in die Feststellung, dass »die typischen Eiszeittiere« (darunter Flusspferde, Löwen und Nashörner!) die Jahrtausende oder Jahrzehntausende anhaltenden Temperaturen weit unter dem Gefrierpunkt »mit stoischer Gelassenheit ertrugen«. Das wäre nur denkbar, wenn sie sich für Jahrtausende entmaterialisiert hätten, ein märchenhafter Zauber, gegen den Funde eindeutig sprechen.

Einige Aspekte der experimentellen Erd- und Lebensgeschichtsschreibung von Zillmer, die schon im Buch »Darwins Irrtum« dargelegt wurden und in diesem Band auf interessante Weise erweitert werden, finden in der Öffentlichkeit besondere Aufmerksamkeit. Man könnte sie als Zillmers Verjüngungskur für die Erde und ihr Leben plakatieren. Zillmer verkürzt mit Hinweis auf die vermutete Koexistenz von Dinosauriern und Menschen den Zeithorizont der Evolution des Lebens in spezifischen Ausprägungen erheblich. Um diesen Gedanken des Zeitwandels zu kommunizieren, bietet er seinerseits eine Bildanalogie: der Zeitstrang als ausdehnbares und zurückschrumpfendes Gummiband. Diese Vorstellung ist in der Kunst- und Kulturgeschichte durchaus bekannt, wie nicht zuletzt der populäre Song »Puppet on the string«, Lovesong-gemäß übersetzt »die Geliebten in Herzensbanden«, andeutet. Aus dem Bild des Zeitstrangs als Gummiband lässt sich aber erst mehr als die übliche Evidenz herausholen, wenn man keinen Marionettenspieler annimmt, sondern die Bewegung der vielen untereinander mit Gummibändern verknüpften Marionetten und ihrer Glieder als wechselseitige Bewegtheit sich vorstellt, die sich selbst steuert, indem sie auf von außen wirkende Kräfte reagiert. Solche Kräfte wirken nachweislich tatsächlich und zwingen die Gummibänder der Zeit zu extremen Ausdehnungen und Rückschrumpfungen, zu Verschnellungen und Verlangsamungen, etwa bei Kollision unseres Planeten mit anderen Himmelskörpern. Sie stellen gleichsam den Einbruch kosmischer Zeitlichkeit in die irdische dar und erzeugen eine Zeitstruktur der Plötzlichkeit, des Zeit-Impacts.

Aber das sind ja nur Bilder mit verführerischer Evidenz, mit denen wir nur experimentieren dürfen, wie Zillmer meint. Sie für wahr zu halten, hieße nur, ein altes Dogma durch ein neues zu ersetzen. Davor bewahren uns die alternativen Erd- und Lebensgeschichtsschreiber dankenswerterweise durch die Erfindung neuer Unbestimmtheit des produktiven Denkens.

o. Univ. Prof. Dr. Bazon Brock
Bergische Universität Wuppertal

1 Dinosaurier-Menschen-Gruppenbildnis

Die Evolutionstheorie wurde im 19. Jahrhundert ohne jeden Beweis als Gegenentwurf zur bis dahin wissenschaftlich etablierten Katastrophen-Theorie erfunden, konnte jedoch bis zum heutigen Tag definitiv nicht bewiesen werden. Es gibt viele theoretische Widersprüche und praktische Beweise gegen den Darwinismus. So beweist eine im Westen der Vereinigten Staaten von Amerika existierende alte Felsenmalerei prähistorischer Indianer die auch in indianischen Überlieferungen beschriebene Koexistenz von Dinosauriern und Menschen.

Überlebende Totgesagte

Am 29. Juli 1897 wurde in Eastland, einer kleinen texanischen Stadt etwa einhundert Meilen westlich von Fort Worth, der Grundstein für ein neues Gerichtsgebäude der Gemeinde gelegt. Zusammen mit einer Bibel, mehreren Zeitungen und Münzen wurde eine kleine sandfarbene, zu den Echsen zählende Texas-Krötenechse – mit zwei Hörnern auf dem Kopf und gezackten Stacheln an seinem stumpfen

Abb. 1: **TEXAS-KRÖTENECHSE**. Oberes Bild: Ein Exemplar, dessen Hörner an solche des zu den Vogelbeckensauriern gehörenden Nedoceratops (früher: Diceratops) erinnern, überlebte etwa 31 Jahre in einer geschlossenen »Zeitkapsel«. Unteres Bild: Eine Texas-Krötenechse.

Schwanz – lebend in den ausgehöhlten Grundstein gelegt, der als Zeitkapsel diente. Am 18. Februar 1928 wurde bei Renovierungsarbeiten an dem Gerichtsgebäude unter Beobachtung von etwa 3000 Zuschauern diese Zeitkapsel wieder geöffnet. Zur Verwunderung aller hatte die Krötenechse über mehr als 30 Jahre hinweg ohne Futter und Sonnenlicht überlebt!

Bereits im zwölften Jahrhundert wurde über das Phänomen von Kröten, die lange Zeit in allseitig umschlossenen Räumen überlebt hatten, berichtet. Seither sind weltweit etwa 300 ähnliche Fälle bekannt geworden. Die alten Kröten sind oft eingetrocknet, scheinen keinen Mund mehr zu haben und sitzen lebend in einer Falle, von Gestein eingeschlossen. Eine Kröte in einer ehemals geschlossenen Geode, also in einem von Gestein ummantelten Hohlraum, kann im englischen Booth Museum of Natural History bewundert werden (Abb. 2).

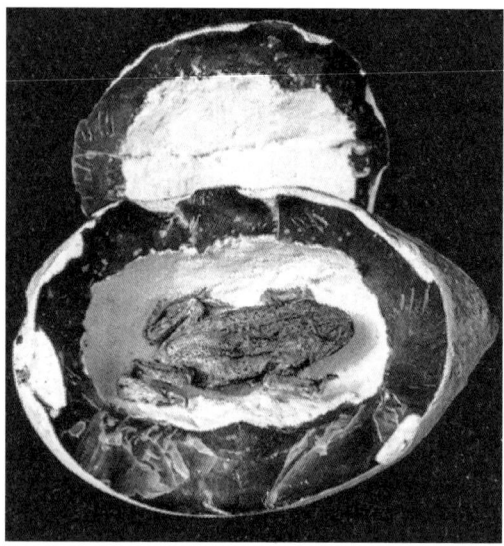

Abb. 2: **KRÖTE**. Im Inneren von komplett geschlossenen Steinen wurden immer wieder Kröten gefunden, die manchmal sogar noch lebten. Ein derartiges, hier abgebildetes Exemplar wird im britischen *Booth Museum of Natural History* ausgestellt.

Man erklärt heutzutage, dass die Kröten durch kleine Ritzen in das Innere von Gesteinshohlräumen kriechen, und vermutet: Hier haben sie sich dann von kleinen Insekten ernährt und sind gewachsen, bis sie schließlich nicht mehr durch das Loch passten. Das Loch selbst wird sich mit der Zeit mit Sand oder Kalk gefüllt haben, sodass die Funde wie kleine Wunder anmuten.

Bei 300 bekannten Fällen handelt es sich jedoch um eine eher unwahrscheinliche Erklärung. Früher glaubte man, dass die Kröten vor Jahrmillionen in Sandstein eingeschlossen wurden, als er noch aus losem Sand bestand. Diese Erklärung erscheint logischer. Nur, man glaubt nicht, dass diese Tiere so lange überleben können. Zu Recht! Falls sich Gesteine, insbesondere der oberen Erdkruste, während einer Naturkatastrophe vor höchstens wenigen Tausend Jahren oder auch in der jüngeren Vergangenheit bildeten oder umgebildet wurden, wird diese Theorie schon wesentlich wahrscheinlicher. Wie alt sind Gesteine wirklich?

Entsprechende Berichte las ich im Sommer des Jahres 1999 auf dem Weg nach Salt Lake City im US-Bundesstaat Utah. Frau Mabel Meister erwartete uns bereits in einem Vorort der Hauptstadt des Mormonenstaats. Sie hatte im Jahr 1968 gemeinsam mit ihrem Ehemann William J. Meister 70 Kilometer nordwestlich von Delta (Utah) einen unglaublichen Fund gemacht: Bei der Suche nach versteinerten *Trilobiten* – ausgestorbenen Urkrebsen mit gepanzerter Oberseite – legten sie einen Schuhsohlen-Abdruck mit verstärktem Druck an der Ferse frei. Die eigentliche Sensation war, dass am Hacken deutlich ein zertretener Trilobit zu erkennen war. Diese urzeitlichen Tiere starben allerdings noch *vor* dem Beginn der Dinosaurier-Ära, also nach vorherrschender Meinung spätestens vor 252 Millionen Jahren aus, als sich ein Massensterben an der Perm-Trias-Grenze, also am Ende des Erdaltertums ereignete.

Einen derartigen Fund aus dem Erdaltertum in Zusammenhang mit künstlich von Menschen hergestellten Sachen kann und darf es also gar nicht geben, denn ein solcher beweist eindeutig und schlagartig die Nichtigkeit der Evolutionstheorie. In »Darwins Irrtum« hatte ich nur ein älteres Archivbild des Abdrucks veröffentlichen können. Es gelang mir damals nicht, die Adresse von Frau Meister ausfindig zu machen, denn sie lebte zurückgezogen ohne eigene Telefonnummer. Deshalb war es nun

Abb. 3: **GEFANGENER KREBS**. Dieser am Nationalpark Petrified Forest gefundene, komplett mit Augen erhaltene Krebs wurde in einer »Geode« gefangen und muss in einem kurzen Zeitraum »ausbetoniert« worden sein, da kein Anzeichen einer Verwesung bei dem Krebs zu erkennen ist. Bild: Sammlung H. J. Zillmer

ein besonders aufregender – fast geheimnisvoller – Moment für mich, diesen fossilen Abdruck im Original in der Hand zu halten. Dieser besteht aus zwei Teilen, wurde einzementiert und gerahmt. Entgegen manchen Beschreibungen handelt es sich nicht um zwei, den linken und rechten Schuhabdruck, sondern um ein und denselben Abdruck – einerseits der Unterseite, den eigentlichen Originalabdruck, und andrerseits der Oberseite, entstanden durch die Ausfüllung des Originalabdrucks als Negativabdruck. Die vielleicht fünf Zentimeter dicken Schieferplatten mit den versteinerten Abdrü-

Abb. 4: **SCHUHABDRUCK.** Mabel Meister und ich halten das gerahmte Original des versteinerten Schuhabdrucks in Händen. Am Absatz befindet sich ein zertretener Trilobit (siehe Vergrößerung) – offiziell ausgestorben vor der Dinosaurier-Ära!

cken sind aus geologischer Sicht angeblich 570 Millionen Jahre alt (Abb. 4). Schuhe tragen Menschen erst seit wenigen Tausend Jahren.

Diese Urtiere gelten sogar als Leitfossil zur Datierung, also Altersbestimmung des Gesteins. Findet man entsprechende Fossilien, wird anhand der geologischen Zeittafel das Alter bestimmt. Ist dies eine sichere Methode der Altersbestimmung? Nein, denn es gibt keine Methode, das Alter von Sediment-, also Kalk-, Sand oder Schiefergesteinen, durch irgendwelche Messungen direkt zu bestimmen. Tauchen heutzutage nicht immer wieder für ausgestorben gehaltene Tierarten plötzlich und unerwartet wieder auf, während derartige Fossilen in zig Millionen Jahre alten Gesteinen konserviert wurden?

Zu meiner Überraschung sandte mir Evan Hansen aus dem US-Bundesstaat Utah zwei Bilder eines angeblich noch lebenden Trilobiten. Ich stelle hiermit zur Diskussion, ob es sich wirklich um ein solches Ur-Tier handelt. Die Ähnlichkeit ist frappierend – oder handelt es sich tatsächlich um ein lebendes Fossil (siehe Foto 1 und 2)?

1 Dinosaurier-Menschen-Gruppenbildnis 19

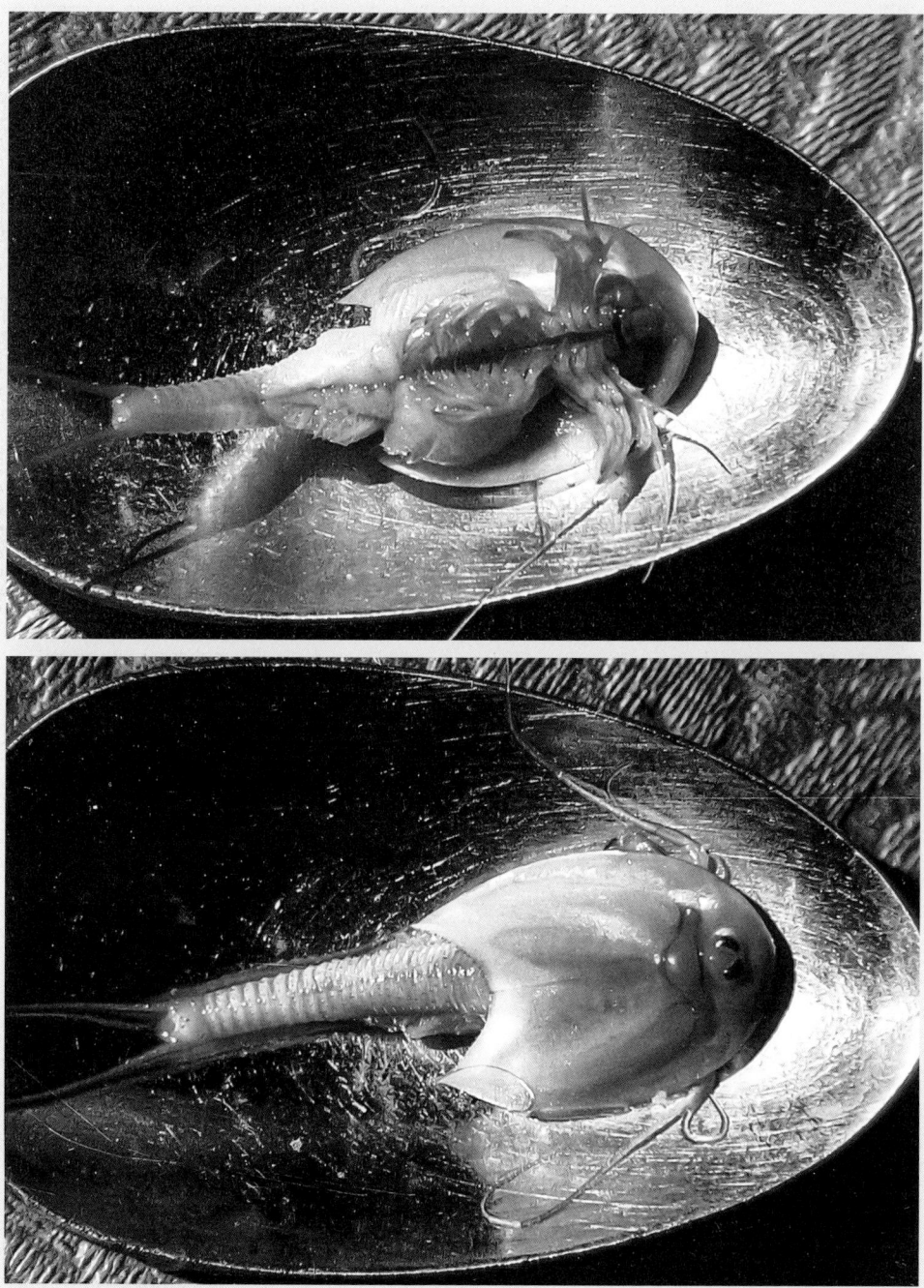

Foto 1 und 2: In Utah wurde dieses Tier von Evan Hansen gefunden. Handelt es sich hier um einen Trilobiten – der jedoch angeblich schon vor 250 Millionen Jahren ausgestorben sein soll?

Ähnlich ist es ja beim Quastenflosser, der auch heute noch als Leitfossil der Altersbestimmung von Gesteinen dient, denn diese Knochenfische sollen vor mehr als 70 Millionen Jahren ausgestorben sein soll, weil der Fossilbericht am Ende der Kreidezeit abbricht, nachdem dieser vor mehr als 400 Millionen Jahren eingesetzt hatte und 70 fossile Arten dokumentiert werden konnten. Doch im Jahr 1938 fing man vor den Komoren in der Nähe von Madagaskar ein lebendes Exemplar. Und 1998 wurden weitere Quastenflosser einer sehr ähnlichen Art in der Nähe der Vulkaninsel *Manado Tua* in der Celebes-See (oder: Sulawesi-See), Indonesien, entdeckt. In etwa 400 Millionen Jahren haben sich diese Quastenflosser äußerlich kaum verändert. Allein diese Tatsache *widerspricht* dem Evolutionsgedanken mit der Idee der ständigen Anpassung und Fortentwicklung.

Da jedoch das Erbgut der fossilen Quastenflosser nicht erhalten geblieben ist, glaubt man wissenschaftlich bei den rezenten, also noch lebenden Exemplaren an eine evolutiv, quasi jungfräulich entstandene Art, die der fossilen äußerlich rein *zufällig* genau gleicht. Der Glaubensakt ist eine gewichtige Stütze für Evolutionstheoretiker, ansonsten Evolutionstheorie ade.

Woher weiß man aber nun, wie *alt* ein Gestein mit einem darin enthaltenen lebenden Fossil ist? Da die Quastenflosser ja scheinbar nicht ausgestorben sind bzw. die rezenten Exemplare den urzeitlichen gleichen, können diese demnach schwerlich einer Datierung dienen. Entsprechend muss man fragen: Wann zertrat ein Mensch den ausgestorbenen Trilobiten? Setzen wir jetzt einmal voraus, dass ein solches Exemplar ein Mensch mit Schuhen vor wenigen Tausend Jahren zertrat. Die Folgerung wäre natürlich, dass Trilobiten eben nicht vor über 252 Millionen Jahren, sondern eventuell erst vor kurzer Zeit ausgestorben sind. Leben Trilobiten auch heutzutage noch irgendwo unentdeckt, analog zu den Quastenflossern?

Aber damit ergibt sich eine viel entscheidendere Konsequenz, denn dann kann das den Abdruck beinhaltende Gestein *auch nicht* aus dem Erdaltertum (Paläozoikum) stammen, sondern dieses entstand genau zu dem Zeitpunkt, als vor relativ kurzer Zeit ein menschliches Wesen den Trilobiten zertrat. Aufgrund des Erhaltungszustandes des versteinerten Fußabdrucks muss die Erhärtung der ursprünglich weichen Gesteinsmasse relativ *schnell* vonstattengegangen sein, aber nicht vor Millionen von Jahren – analog der geologischen Datierung des Gesteins. Wäre die Gesteinsbildung langsam vor sich gegangen, würde nach kurzer Zeit von dem im Schlamm erzeugten Abdruck, infolge diverser permanent nagender Erosionseinflüsse, nichts mehr zu sehen gewesen sein (Fotos 3–7, S. 22–23).

Diese Erkenntnis steht im Widerspruch zu unserem schulwissenschaftlichen Weltbild, denn Sedimentgesteine entstehen – nach dem der Geologie zugrunde liegenden Dogma von Charles Lyell – *unmerklich langsam über lange Zeiträume hinweg*. Anderenfalls, falls sich Sedimentschichten mit Fossilien oder Abdrücken darin relativ schnell bilden bzw. erhärten, würde sich die geologische Datierung als grundlegend falsch erweisen, denn Gesteine und damit geologische Formationen wären sehr schnell, ja schnappschussartig entstanden, gemessen an der sehr langen Dauer geologisch begründeter Zeiträume. Folglich schrumpft das propagierte geologische Alter von Millionen von Jahren auf höchstens Wochen, Monate, Jahre oder sogar einen Tag zusammen. Das Alter der Erdkruste, nicht das der Erde an sich, wird wesentlich jünger …

In der Literatur findet man viele Beispiele von, aus geologischer Sichtweise, anscheinend in wesentlich zu alten Gesteinsschichten, also zeitlich falsch platzierten Artefakten. Beispielsweise wurden in Kohleschichten aus dem Karbon-Zeitalter, das vor fast 300 Millionen Jahren geendet haben soll, entdeckt:
- Ein Fingerhut (J. Q. Adams in »American Antiquarian«, 1883, S. 331–332).
- Ein Löffel (Harry Wiant in »Creation Research Society Quarterly«, Heft Nr. 1, 13. Jahrgang, 1976).
- Ein Instrument aus Eisen (John Buchanan in »Proceedings of the Society of Antiquarians of Scotland«, 1. Jahrgang 1853).

Diese Auflistung könnte erweitert werden. Aber es gab sogar Funde in noch älteren geologischen Schichten:
- Laut einem Bericht in der Zeitschrift »Scientific American« am 5. Juni 1852 (S. 298) befand sich ein metallenes Schiff oder Gefäß mit Silbereinlage in entsprechenden viel zu alten geologischen Schichten.
- In purem Felsen eingebettet wurde ein Goldfaden in der Nähe von Rutherford Mills (England) entdeckt (»Times« in London, 22.6.1844, S. 8 und »Kelso Chronicle«, 31.5.1844, S. 5).
- In Kalifornien wurde 1851 ein abgebrochener Eisennagel in einem Quarzbrocken gefunden. Unter dem Titel »Ein Rätsel für die Geologen« berichtete die London »Times« (24.12.1851, S. 5) über diesen Fund.

22 Irrtümer der Erdgeschichte

Foto 3: Diese 1996 freigelegte Spur stammt vermutlich von einem Hadrosaurier. Er rutschte auf dem schlammigen Untergrund aus und landete auf der Seite (Hüfte). Es wurden Abdrücke der Haut hinterlassen. Lief der Vorgang der Versteinerung – Erhärtung des Schlamms zu massivem Kalkstein – nicht anscheinend schnell ab? Oder sind die geologischen Grundsätze – Lyell-Hypothese – maßgebend, die aussagen, dass alles unmerklich langsam über lange Zeiträume ablief?

Foto 4: In der Nähe von Morrison (Colorado) sind diese Dinosaurier-Spuren in Schrittfolge erhalten. Der Dinosaurier sank in den damaligen matschigen Untergrund ein, der dann genauso wie die darunter liegende Schicht und der in den Abdruck eingeschwemmte Schlamm schnell zu solidem Fels erhärtete. Es erhärteten also Gesteinsschichten gleichzeitig und nicht langsam Millimeter für Millimeter hinter- bzw. aufeinander.

1 Dinosaurier-Menschen-Gruppenbildnis 23

Fotos 5–7: Die Felsen im El Morro Nationalpark beinhalten scheinbar viele Konkretionen. In diesem Fall handelt es sich offensichtlich nicht um anorganisches, sondern um ehemals organisches Material, wie zum Beispiel Dinosaurier-Kot oder -Eier. Wie kommen diese Gebilde (K1, K) in eine massive Felswand? Erhärtete die ehemals weiche Felsmasse mitsamt den Einschlüssen schnell, anstatt Millimeter für Millimeter über lange Zeiträume zu wachsen?

- Rene Noorbergen (1977) berichtet über den Fund einer Metallschraube im US-Bundesstaat Virginia. Diese war in einem kugeligen mineralischen Hohlkörper (einer Geode) eingeschlossen.
- Im Jahre 1889 kam in Nampa im US-Bundesstaat Idaho eine kleine, kunstvoll aus Ton geformte Figur zum Vorschein, die einen Menschen mit Kleidung darstellt. Dieses Artefakt wurde in 100 Metern Tiefe beim Bohren eines Brunnens entdeckt (Abb. 5). Professor F. W. Putnam wies darauf hin, dass sich auf der Oberfläche der Figur eine eisenhaltige Verkrustung bildete und teilweise eine rote Beschichtung aus Eisenoxid erhalten ist (Wright, 1897, S. 379–391).
- Im 16. Jahrhundert fanden die Spanier einen 18 cm langen Eisennagel im Inneren eines Felsens in einem peruanischen Bergwerk. Dieses Artefakt war ohne Zweifel viele Jahrtausende alt. In einem Land, wo das Eisen so gut wie unbekannt gewesen sein soll, galt diese Entdeckung zu Recht als sensationell. Francisco de Toledo, der Vizekönig von Peru, wies diesem Nagel einen »Ehrenplatz in seinem Arbeitszimmer zu« (Thomas, 1969).
- Im wissenschaftlichen Magazin »American Journal of Science« wurde 1831 von einem Marmorblock berichtet, der ursprünglich in 18 Metern

Abb. 5: **ZU TIEF**. Tönerne menschliche Figur, aus 100 Metern Tiefe geborgen.

Abb. 6: **ZU ALT**. In einer Tiefe von 34 Metern wurde 1891 in der Nähe von Cleveland, Tennessee, eine Kupfermünze entdeckt, in – gemäß geologischer Datierung – mindestens 100 000 Jahre altem Gestein. Am Rand der Münze befinden sich Buchstaben. Auf der Vorder- und Rückseite sind hieroglyphische Bildnisse dargestellt. Welche Kultur bearbeitete zu Zeiten von Höhlenbewohnern Metall und stellte moderne Münzen her? B = Detail der Rückseite, C = Detail der Vorderseite, D = Randbeschriftung Rückseite, E = Randbeschriftung Vorderseite.

Tiefe abgebaut wurde. Als dieser in Platten zersägt wurde, enthüllte einer der Einschnitte eine 4 mal 1,5 cm große Vertiefung. Hieraus erhoben sich zwei regelmäßige Formen, die den Buchstaben U und I ähnlich sind (Dougherty, 1984).

- »An der Küste von Ekuador entdeckte man Platin-Ornamente. Diese winzige Nachricht wirft ein großes wissenschaftliches Problem auf: Wie konnten die Einwohner des präkolumbianischen Amerikas Temperaturen von etwa 1770 Grad Celsius herstellen, wenn das den Europäern erst vor zwei Jahrhunderten gelang?« (Mason, 1957).

Solche Funde werden heutzutage nicht mehr entdeckt, weil solche Arbeiten nicht mehr von Hand, sondern mit Abräum-Maschinen durchgeführt werden und deshalb die Chancen auf Entdeckung von Artefakten extrem schlecht stehen.

Es gibt also viele, anscheinend kontroverse Funde, die, wie der Trilobit bei Frau Meister, nicht in die Zeittafel der Evolution passen. Bevor wir nach Colorado zur Teilnahme an einer Dinosaurier-Ausgrabung aufbrachen, zeigte Frau Meister uns noch einen überraschenden Fund. Zum ersten Mal sah ich fossile Röhrenknochen von Dinosauriern, in denen anscheinend versteinertes Knochenmark erhalten blieb (Fotos 8–10, S. 26).

Wie lange muss ein Knochen liegen, bis das Knochenmark versteinert? Jeder weiß aus eigener Lebenserfahrung, wie schnell Eiweiß verdirbt. Wie lange dauert eine Versteinerung wirklich? Und kann ein Auge mit allen winzigen Feinheiten versteinern (Abb. 7)?

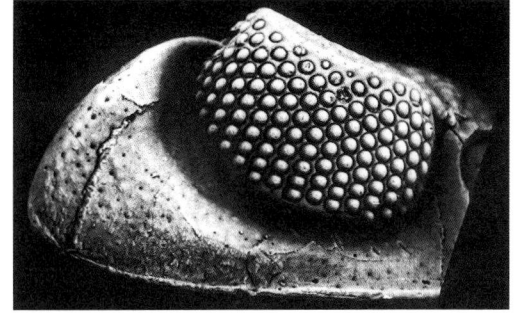

Abb. 7: **TRILOBITEN-AUGE**. Das mit einem Rasterelektronenmikroskop aufgenommene Facettenauge eines angeblich vor mehreren Hundert Millionen Jahren ausgestorbenen Trilobiten blieb detailgetreu erhalten. Wie lange dauert es, bis ein Auge mit allen Details versteinert – ohne geringste Anzeichen von Spuren einer Verwesung und mechanischen Einflüssen? Kann biologisches Gewebe über sehr lange geologische Zeiträume hinweg erhalten bleiben, bis dieses schließlich versteinert, unmerklich langsam Pore für Pore?

Versteinerungsszenarien bedingen relativ kurze Zeiträume, um zu vermeiden, dass der zu versteinernde Körper nicht zwischenzeitlich, also während eines angeblich unmerklich langsam vonstattengehenden Versteinerungsprozesses verrottet. Oder es müssen besondere Bedingungen in Form von schnell ablaufenden Szenarien vorliegen, die zu einer Konservierung führen.

Foto 8: Viele Knochen von Dinosauriern wurden in allen Teilen der Welt in solides Gestein eingeschlossen, das zum Zeitpunkt des Einschlusses weich gewesen sein muss. Das Kalkgestein verfestigte sich durch eine chemische Reaktion schnell zu einer dicken Felsschicht wie Beton und konservierte die Knochen. Fundort: Rabbit Valley (Colorado).

Fotos 9 und 10: Dinosaurier-Knochen mit anscheinend versteinertem Knochenmark.

1 Dinosaurier-Menschen-Gruppenbildnis

Foto 11 und 12: Das große runde Objekt ist natürlichen Ursprungs, ebenso wie die losen Kugeln im Foto 11.
Es handelt sich um Konkretionen, also mit Mineralien verfestigten Sand um einen kleinen Kern. Wie kommt solch eine Kugel in soliden Fels? Wuchsen die Kugel und der Fels schnell oder langsam? Falls alles langsam vor sich ging, warum ist dann die Kugel nicht erodiert? Ähnliche Kugeln entstehen, wenn man Beton in der Mischmaschine zu trocken mischt. Es bilden sich runde Sand-Zement-Kugeln – und zwar schnell.

Zum Beispiel ist der Natronsee im Norden Tansanias dafür bekannt, unzähligen Flamingos Nahrung zu liefern. In diesem See herrschen Temperaturen von bis zu 60 Grad Celsius bei einem extremen pH-Wert von bis zu 10,5. Es gibt nur eine einzige Tierart, die sich den extremen Bedingungen angepasst hat und überlebte: ein Buntbarsch. Wenn andere Tiere zu lange in derartiges Wasser eintauchen, dann vertrocknen und sterben sie. Nur unter extremen Umständen wird biologisches Gewebe konserviert. Dies trifft auch auf den Natronsee zu, der seinen Namen von der extremen Ansammlung von Natron erhielt, die aus der Vulkanasche aus der Gegend des Großen Afrikanischen Grabenbruchs herstammt.

Andere Umstände, die zu einer schnellen Konservierung führen, wären Trocknung, Gefrierung oder luftdichter Abschluss. Auch hierbei handelt es sich um schnelle und nicht sehr langsame, kaum zu bemerkende Prozesse.

Wie aber bleiben Fußspuren, die ja in weichem Material erzeugt gewesen sein müssen, oder auch Knochen lange genug erhalten, um gemäß geologischem Grundsatz unmerklich langsam über Millionen Jahre hinweg zu versteinern, ohne zuvor in den Mühlen der Zeit zerstört worden zu sein?

In dem riesigen Gebiet von Wyoming bis in den Süden New Mexicos und von Utah bis Colorado beziehungsweise Texas liegen unzählige Trittsiegel, ja sogar ganze Pfade mit solchen versteinerten Fußabdrücken sowie auch Knochen von Dinosauriern, diese teils in einem chaotischen Wirrwarr vermengt, oft *unmittelbar an der Erdoberfläche*. Nach 140 Millionen Jahren sind solche Funde in dieser Häufigkeit, und noch dazu ungeschützt den Erosionskräften und Verwesungsszenarien ausgesetzt, mit einer gegen null tendierenden Wahrscheinlichkeit einzustufen. Entsprechende Trittsiegel-Pfade gibt es jedoch nicht nur in Nordamerika. Beispielsweise fand man längere, wie frisch hinterlassen wirkende Pfade mit in Schrittweite hintereinanderliegenden Fußabdrücken im Ardley-Steinbruch in der Grafschaft Oxfordshire, im mittleren Süden Englands (Abb. 8).

Auf der vor der Südküste Englands gelegenen Insel *Isle of Wight* entdeckte man 2019 vier angeblich 115 Millionen Jahre alte Knochen eines bisher nicht bekannten, etwa vier Meter langen Raubsauriers (*Vectaerovenator inopinatus*) frei auf dem Strand zwischen Geröllablagerungen liegend. Chris Barker (Universität von Southampton), der die Studie leitete (Barker et al., 2020), führte aus:

»In den Lagerstätten von Shanklin gibt es normalerweise keine Dinosaurier, da sie in einem marinen Lebensraum niedergelegt wurden. (...) Es ist viel wahrscheinlicher, dass Sie fossile Austern oder Treibholz finden, daher ist dies in der Tat ein seltener Fund.«

Falls dieser fleischfressende Dinosaurier in seichten Ufergefilden starb und vielleicht auch dort lebte, ergibt der Fund seiner Knochen in Geröllen am heutigen Strand keinen Widerspruch. Offiziell glaubt man jedoch, dass derartig große Theropoden an Land lebten und deren Kadaver dann in das in der Nähe befindliche flache Meer ausgewaschen wurden. Jedoch fehlen, nicht nur in diesem Fall, etwa 113 Millionen Jahre dokumentierte Erdgeschichte in Form von geologischen Schichten: etwa 50 Millionen Jahre aus der Kreidezeit und zusätzlich 65 Millionen Jahre aus der Erdneuzeit bis heute, die die versteinerten Knochen des Theropoden gemäß Zeitleiter der Evolution *überlagern* sollten (Abb. 9, S. 30).

Am zuvor beschriebenen Fundort fehlen insgesamt geologische Schichten von etwa 30 Einheiten, also geologische Schichten, die Erdzeitgeschichte dokumentieren sollen. Dieses Phänomen, also das Fehlen einer mehr oder weniger vollständig vorhandenen geochronologischen Gliederung, ist weltweit zu beobachten, insbesondere besonders auffällig dort, wo Dinosaurier-Reste an der Erdoberfläche gefunden werden, und dies weltweit; sei es in Nord- oder Südamerika, den Wüsten Sahara oder Gobi oder auch in Europa.

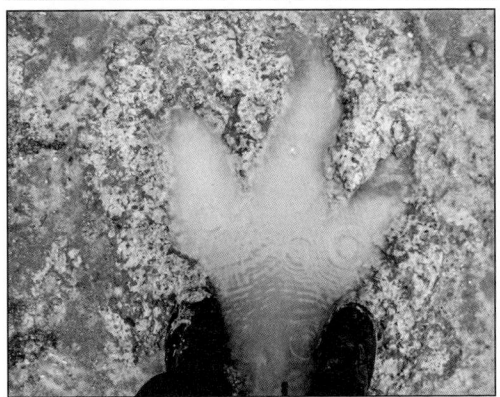

Abb. 8: **DINOSAURIER-PFAD**. Einer von mehreren ursprünglich unglaublich gut erhaltenen Dinosaurier-Pfaden eines großen Theropoden, also fleischfressenden Dinosauriers, in der Gesteinsoberfläche im Ardley-Steinbruch in der Grafschaft Oxfordshire im Jahr 2002. Solche Pfade sind oft zerstört, weil diese nicht gesichert wurden.

Abb. 9: **NICHT EXISTENT**. Auf dieser Insel wurden am Strand wenige Knochen einer neuen Raubsaurier-Art gefunden. Die Fundorte, markiert durch Pfeile, befinden sich weit unten in der bis zu 161 Meter mächtigen, u. a. durch Funde von fossilen Haifisch-Zähnen bekannten geologischen Formation *Ferruginous Sands-Formation* (F). Diese, ebenso wie die überlagernde, bis zu 70 Meter mächtige *Sandrock Formation* (S), gehören zur Stufe Aptian in der oberen Unterkreide, die etwa 125 bis 113 Millionen Jahre alt sein soll. Alle jüngeren geologischen Formationen bis hin zur Gegenwart fehlen komplett, bis auf die dünne überlagernde neuzeitliche Bodenbedeckung mit rezenter Vegetation.

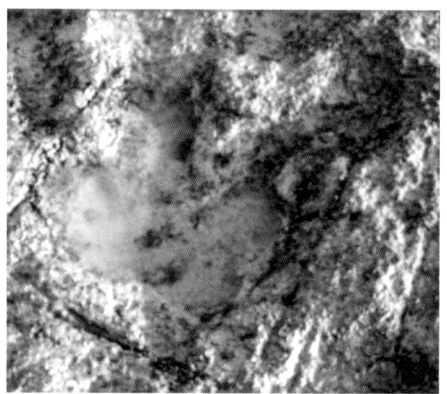

Abb. 10: **AN DER ERDOBERFLÄCHE**. Bild links: Trittsiegel, angeblich das eines Iguanodons, hinterlassen am Strand von Rock Bay (Simpson, 2018). Bild rechts: Natürlich versteinerter Ausguss eines dreizehigen Dinosaurier-Trittsiegels (Internetlink 1).

Stellen die geologischen Schichten der *Geologischen Zeitskala* keine lang andauernden Zeitabschnitte dar, sondern repräsentieren diese nur kurzzeitige Zeitereignisse, also Naturkatastrophen wie u. a. Superfluten, Vulkanausbrüche, Tsunamis und so weiter? So wäre auch zu erklären, dass in verschiedenen Regionen der Erde (Nordamerika, Westeuropa, Osteuropa, China, Australien) neben der globalen Zeitrechnung regionale Zeitskalen verwendet werden. Diese unterscheiden sich voneinander und tragen damit Besonderheiten der geologischen Abfolge und damit geologischen Zeitrechnung in der entsprechenden Region Rechnung.

Auf der *Insel Isle of Wight* wurden und werden noch immer, neben Fossilien aus der Kreidezeit, auch natürlich entstandene versteinerte Ausgüsse von großen Dinosaurier-Trittsiegeln an mehreren Örtlichkeiten entlang der Küste auf und an der Erdoberfläche gefunden, insbesondere bei Ebbe, u. a. häufig am Hanover Point an der Bucht *Brook Bay* (Pond et. al, 2014).

Dinosaurier-Relikte an der Erdoberfläche sind quasi weltweit zu finden, auch in Nordspanien. Dort wurden Tausende von Dinosaurier-Trittsiegeln entdeckt, die sich auf einem felsigen Abhang in der Region *La Rioja* befinden und drei Zehen aufweisen. Eine einzigartige Fundstelle! *Die bislang von Gräsern und Büschen verdeckten Spuren*, die durch eine anhaltende Trockenheit zum Vorschein kamen, sollen etwa 115 Millionen Jahre alt sein. An der Fundstelle soll sich zu Lebzeiten der Dinosaurier das Ufer eines Sees oder eines Flusses befunden haben, gab der Madrider Paläontologe Joaquin Moratalla zu Protokoll (Moratalla et al., 2003).

Weltweit sind auch einige Dinosaurier-Trittsiegelpfade nur in Form von dreidimensionalen Trittsiegel-Ausgüssen vorhanden. Diese entstanden in Zusammenhang mit einer Überflutung des Gebiets durch mineralhaltiges Substrat, das die Trittsiegel ausfüllte, infolge eines *schnell ablaufenden Vorgangs*. Demzufolge muss die den Pfad überdeckende, damals erhärtete Sedimentschicht entfernt werden, um die 3-D-Abdrücke freizulegen.

Entsprechendes geschah 2005 und 2011 in Kanada, wobei in der aus der späten Kreide stammenden geologischen Schicht *Belly River-Formation*, im Süden der kanadischen Provinz Albertas, der *McCrea Hadrosaur-Pfad* benannte freigelegt wurde. Die

Abb. 11: **VALDETÉ TRITTSIEGEL-PFAD**. Nahe der Gemeinde Préjano in der Rioja-Region befindet sich dieser 12 Trittsiegel beinhaltende Pfad in einer Kalksteinschicht (Moratalla et al., 2003, S. 10 ff.). Diese befinden sich an einem schrägen Hang, sollten jedoch auf ebener Fläche erzeugt worden sein, da keine Verformungen der Spur zu sehen sind. Die Schiefstellung der Geländeoberfläche samt Trittsiegeln erfolgte dann irgendwann später.

karbonatischen oder kalkhaltigen 3-D-Abdrücke treten *über* feinkörnigen Ablagerungen auf:

»Detaillierte (...) Analysen zeigen, dass (...) Spuren zwar unterschiedliche mineralogische Zusammensetzungen (Kalziumkarbonat gegenüber Siderit), jedoch ähnliche innere Strukturen aufweisen (...) und in Ablagerungsumgebungen auftreten, die auf feuchte Paläo-Umgebungen hinweisen, wo der Boden weich und wassergesättigt war. Diese Eigenschaften legen nahe, dass aus Konkretionen gebildete Spuren Fußabdrücke sind, die sich infolge Grundwasser gebildet haben, das reich an gelösten Karbonaten ist und die im weichen Substrat verbliebenen Vertiefungen überflutete. Als das Wasser verdunstete, begannen Mineralien auszufällen (...) setzten sich als fein laminierter Schlamm in den Spuren ab und füllten sie entweder ganz oder teilweise aus.« (Therrien et al., 2015)

Diese Beschreibung des Entstehens entspricht dem bereits mit Erstauflage dieses Buchs im Jahre 2002 beschriebenen Szenario: Trittsiegel und 3-D-Abdrücke werden relativ schnell und eben nicht unmerklich langsam – entsprechend der Dauer geologischer Zeitepochen – konserviert! Im zuvor beschriebenen Fall muss ein Zeitraum von weniger als 100 Jahren für das Entstehen der geologischen Formationen angesetzt werden, bestätigt

Abb. 12: **MCCREA HADROSAURIER-PFAD**. Linkes Bild: Der Blick nach Nordosten zeigt eine lineare Anordnung der 2005 freigelegten Konkretionsspuren (schwarze Pfeilspitzen). Mögliche Fußabdrücke sind mit weißen Pfeilspitzen gekennzeichnet. Abdrücke, die 2005 als stark erodierte identifiziert und 2011 nicht mehr erkannt wurden, sind durch hohle Pfeilspitzen gekennzeichnet. Rechtes Bild: Foto eines 3-D-Hadrosaurier-Abdrucks (verändert aus Therrien et al., 2015, Bild 4).

François Therrien, Kurator am *Royal Tyrrel Museum* in Drumheller, Kanada (ebd., 2015, Abstrakt). Der zuvor beschriebene Dinosaurier-Pfad ist inzwischen in den Mühlen der Zeit, in geologischen Zeiträumen gemessen quasi in Nullzeit, zerrieben worden und daher nicht mehr zu besichtigen. Wie lange bleiben derartige Spuren an der Erdoberfläche erhalten? Tatsächlich zig Millionen von Jahren, oder sind kurzzeitige, einige wenige Jahre andauernde Zeitabschnitte maßgebend?

Der zuvor beschriebene Fundort des McCrea Hadrosaur-Pfads gehört zu den kanadischen Badlands (Ödland), das von den ersten Siedlern so benannt wurde, als sie dieses knochentrockene Land erreichten. Hier ragen Tausende von Knochen ganzer Dinosaurier-Herden ganz einfach aus dem kargen Sandsteinboden heraus.

Im *Dinosaur Provincial Park* der kanadischen Provinz Alberta befinden sich allein etwa 500 Dinosaurier-Massengräber. Zu damaliger Zeit zog sich der stellenweise 1000 Kilometer breite Seeweg *Western Interior Seaway* zwischen den heutigen Rocky Mountains und den Appalachen durch den amerikanischen Kontinent bis zum Golf von Mexiko hindurch (vgl. Abb. 13). Der schon zuvor zitierte François Therrien bestätigt, dass die Rocky Mountains sich erst *am Ende der Dinosaurier-Ära erhoben*:

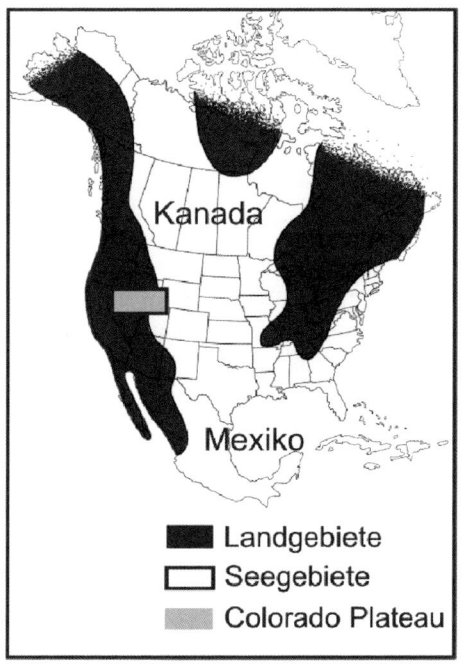

Abb. 13. **HEBUNG.** Die Landkarte der Kreidezeit zeigt, dass der Western Interior Seaway als breiter Meeresarm Nordamerika von Norden nach Süden durchzog (nach: Carlson, 1993). Das Colorado-Plateau (graue Fläche) hob sich am Ende der Kreidezeit mit den Rocky Mountains, zusammen mit den ursprünglich in seichten Schelfgebieten des Meeresarms lebenden Dinosauriern.

»Damals entstanden gerade die Rocky Mountains, die von Wind und Wetter rasch wieder abgeschmirgelt wurden. Daher trugen die Flüsse riesige Mengen Schlamm zum *Western Interior Seaway* in das heutige Alberta.«

Und weiter führt Therrien aus, dass vor ihrem vermutlich jähen Ende vor angeblich 75 Millionen Jahren Dinosaurier nahe der Westküste eines gewaltigen Meeresarms geweidet haben sollen. Dann ergossen sich Schlammfluten, die sich aus den sich gerade auffaltenden Rocky Mountains zu Tal wälzten, in den breiten Meeresarm *Western Interior Seaway*, der den nordamerikanischen Kontinent von Norden nach Süden durchzog (s. Abb. 13, S. 33). Derart wurden einerseits die Überreste dieser Dinosaurier in das Gebiet der heutigen Badlands von Alberta gespült und in Sandsedimenten begraben und konserviert. Wurden andererseits Überreste anderer Dinosaurier oder sogar noch lebende Exemplare mit der Hebung des Rocky-Mountains-Gebirges samt des Colorado Plateaus in die Höhe verfrachtet?

Warum findet man – im Gegensatz zu zig Millionen Jahre alten Fossilien aus der Dinosaurier-Ära – von den angeblich so wesentlich jüngeren Vorfahren vom modernen Menschen verhältnismäßig sehr selten Trittsiegel sowie fossile Überreste, die insgesamt kaum einen Billardtisch bedecken würden? Hingegen werden Dinosaurier-Knochen und -Trittsiegel massenhaft weltweit entdeckt.

Derartige Gedanken beschäftigten mich auf der Fahrt zur Ausgrabungsstätte in der Nähe des Städtchens *Dinosaur* in der Nähe des Nationalparks *Dinosaur National Monument* im nordöstlichen US-Bundesstaat Utah. Die Ausgrabung wurde im Jahre 1999 von dem erfahrenen Ausgrabungsspezialisten und Fossilienpräparator Joe Taylor aus Crosbyton in Texas geleitet. Er berichtete mir von einer verstorbenen Frau, die sein privates *Mt. Blanco Fossil Museum* in Crosbyton (Texas) im Februar 1995 besuchte und beim Anblick versteinerter Trilobiten erzählte, dass sie als Neunjährige im Jahr 1975 mit anderen Mädchen am Strand Kaliforniens ein schwarzes Tier mit langen Tentakeln gesehen habe, das den Versteinerungen glich: ein Trilobit? Das Tier sei ungefähr 30 Zentimeter lang gewesen und habe sich bewegt. Stellen Hansens Bilder (Foto 1 und 2, S. 19) vielleicht doch Trilobiten als lebende Fossilien dar? Es handelt sich immerhin um zwei voneinander unabhängige Hinweise.

Wie auch immer, in den folgenden Tagen legte das Team mehrere Knochen bei der Ausgrabung frei und präparierte diese für den Abtransport (Fotos 13–15). Die bereits seit 1996 andauernden Ausgrabungen hatten bisher schon fossile Knochen von Allosaurier, Ankylosaurier und Stegosaurier neben wahrscheinlich vier weiteren damals noch nicht identifizierten Arten und eines Krokodils zu Tage gefördert. Alle diese Funde wurden auf einer Fläche von etwa nur 100 Quadratmetern gemacht. Es scheint sich um ein kleines *Massengrab* zu handeln, das sich direkt unter der Erdoberfläche befindet. Letztendlich weist das *Knochenwirrwarr* auf ein kataklysmisches Ereignis hin.

1 Dinosaurier-Menschen-Gruppenbildnis

Foto 13: Joe Taylor präpariert einen großen Dinosaurier-Knochen für den Abtransport.

Foto 14: Der Hang mit dem Dinosaurier-Friedhof (D) und dem oberhalb liegenden versteinerten Baum (B).

Foto 15: Joe Taylor, Carl E. Baugh und ich (rechts) bei der Dinosaurier-Ausgrabung in Colorado mit dem freigelegten Dinosaurier-Knochen. Im Hintergrund ist der Anschnitt des kleinen Hanges zu sehen, unter dem der Urgigant begraben wurde. Die Knochen liegen teilweise in solidem Fels und teilweise in dem darüber lagernden verfestigten Schlamm, der die Tiere ehemals verschüttete.

36 Irrtümer der Erdgeschichte

Fotos 16 und 17: Ein vor 45 Mio. Jahren versteinerter Krebs aus Verona in Italien (Fossiliensammlung des Autors). Versteinerte dieses Tier schnell oder langsam? War der Krebs wirklich tot, als er versteinerte? Oder wurde er durch katastrophische Umstände konserviert, z. B. durch Schockgefrierung (Impaktwinter) und anschließende schnelle Versteinerung, bevor das Tier verwesen konnte?

Foto 18: Ein vor 390 Mio. Jahren versteinerter Trilobit aus Oklahoma (Fossiliensammlung des Autors). Dieses Urtier versteinerte mitsamt seinen Augen komplett dreidimensional. Wie schnell erfolgte der Versteinerungsvorgang?

1 Dinosaurier-Menschen-Gruppenbildnis 37

Foto 19: Ein ganzes Dinosaurier-Skelett: dreidimensional mit allen kleinen Knochen komplett erhalten – nachdem es die Regionalmetamorphose mit den erforderlichen geochemischen Druck- und Hitzeprozessen hinter sich hatte?

Foto 20: Die riesige Felswand im »Dinosaur National Monument« mit Hunderten von versteinerten Dinosaurier-Skeletten.

Abb. 14: **SCHNELL VERSTEINERT**. Während der Ausgrabung 1999 in dem Gebirge *Blue Mountains* entdeckte versteinerte Dinosaurierhaut.

Teilweise befinden sich Fossilien einerseits in hartem Gestein, sodass man vorsichtig mit einem Stemmhammer arbeiten muss, und andererseits in leicht zu beseitigendem Schlamm (Fotos 19 und 20).

Außerdem entdeckten wir während meines Aufenthalts ein sehr dünnes versteinertes Hautstück eines Dinosauriers (Abb. 14) – ein sehr seltener Fund. Auf jeden Fall muss das die Fossilien umgebende Gestein weich, ja wahrscheinlich schlammförmig gewesen sein, damit Knochen und die entdeckte Haut ummantelt und konserviert werden konnten, bevor diese Fossilien verrotten konnten. In dieser Ausgrabungsstätte ist teils sogar noch der leicht verfestigte Schlamm vorhanden, entstanden anscheinend in der gleichen Periode wie der zur Morrison-Formation gehörende Fels, geologisch datiert in das Jura-Zeitalter (vor etwa 201 bis 145 Millionen Jahren).

Das Rätsel versteinerter Bäume

Mein besonderes Interesse an der Ausgrabungsstätte erweckte vorab jedoch ein versteinerter Baumstamm, der ungefähr 30 Meter oberhalb von den Dinosaurier-Fragmenten horizontal (waagerecht) an der Erdoberfläche lag (Fotos 21 und 22). Dieser Stamm weist einen ovalen Querschnitt auf, ist etwa 10 Meter lang, 130 cm breit und nur 95 cm hoch. Sicher hat es sich einst nicht um einen ovalen Stammquerschnitt gehandelt. Diese Deformation muss durch eine äußerst stark einwirkende Kraft verursacht worden sein.

Der Stamm ist außerdem in mehrere Teile zerbrochen. Die Bruchkanten erscheinen oft tiefschwarz, aber der Stammquerschnitt leuchtet in herrlichem Kobaltblau. Anzeichen von Baumringen sind *nicht* zu sehen. Wie entstehen versteinerte Baumstämme, die aus massivem Achat, Jaspis oder Chalzedon bestehen, bei denen aber von Holz nichts mehr zu erkennen ist? Wie kann ein Baum so *einheitlich* in Form und Farbe versteinern? Oder war

1 Dinosaurier-Menschen-Gruppenbildnis

Foto 21: Der versteinerte Baumstamm (siehe Foto 14, S. 35) wurde zusammengedrückt, da er ursprünglich hohl war. Das Innere wurde durch ein Mineralgemisch schnell verfüllt.

Foto 22: Der »Baumstamm« weist keine Baumringe auf. Es ist eine homogen blaue Mineralfarbe im Stammquerschnitt zu erkennen.

Foto 23: Der angeblich vor 50 Mio. Jahren in situ versteinerte Mammutbaum im Yellowstone-Nationalpark in über 2000 Metern Höhenlage. Wegen des zu kalten Klimas kann er unter diesen Bedingungen nicht gewachsen sein. Diese Mammutbäume gedeihen bei feuchtwarmem Klima wie im heutigen Kalifornien ungefähr auf Meeresniveau.

der Baum ursprünglich innen hohl und wurde durch weiches Material ausgefüllt? Da die Füllung des Baumstammes sehr homogen erscheint, kann dieser Vorgang nicht sehr langsam, Körnchen für Körnchen, sondern muss schnell vor sich gegangen sein. Es scheint ein schneller Versteinerungsvorgang vonstattengegangen zu sein, nach einer kompletten Füllung des hohlen Baumstammes mit einem Mineral-Schlamm-Gemisch während eines Überflutungsvorganges, da keine Schichtungen im Inneren des Baumes vorhanden sind.

Betrachten wir eine andere Fundstätte. Bei meinem Besuch im Yellowstone-Nationalpark 1999 (Wyoming) war mein Ziel ein kaum beachtetes Relikt in diesem riesigen Park. Es handelt sich um einen versteinerten Baum westlich der *Tower Junction* (Foto 23, S. 39). In diesem Fall soll die Versteinerung vor 50 Millionen Jahren, also nach der Dinosaurier-Ära, vor sich gegangen sein. Zu meiner Überraschung handelte es sich um einen Rotholzbaum (*Redwood Tree*). Diese Mammutbäume können im hoch gelegenen Yellowstone-Nationalpark mit seinem kalten Klima gar nicht wachsen, denn sie benötigen feuchtwarmes Klima. Es muss sich also in der Vergangenheit ein einschneidender Klimawechsel vollzogen haben. Da der Park zwischen 2150 und 2450 Meter über dem Meeresspiegel liegt, müsste in dieser Höhenlage vor 50 Millionen Jahren tropisches Klima geherrscht haben. Das ist eher unwahrscheinlich. Eine andere Lösung wäre, dass die Bäume samt dem heutigen Gebirge plötzlich in diese kältere Höhenlage emporgehoben wurden, denn nicht weit vom Yellowstone Nationalpark wachsen heutzutage ganze Redwood-Wälder, jedoch ausschließlich in tieferen Höhenlagen, ungefähr auf Meeresniveau im klimatisch warmen Kalifornien – *seit Urzeiten*, wie es scheinen will.

Die Auffaltung der Rocky Mountains soll erst vor 75 bis 60 Millionen Jahren begonnen haben (Bonechi, 1996, S. 8), also *am Ende* der Dinosaurier-Ära. Dieser versteinerte Baum ist aber wesentlich jünger. War zu diesem Zeitpunkt nach der Gebirgsauffaltung die Lage für ein Gedeihen der Redwoods nicht schon zu hoch und damit *zu kalt*? Auf dem Hinweisschild steht beschrieben, dass der Baum »in situ« versteinerte, also *genau an diesem Ort*.

Stutzig machte mich auch, dass nur wenige Kilometer entfernt riesige Findlinge wie gesät auf der Hochebene herumliegen. Handelt es sich um glatt geschmirgelte Hinterlassenschaften einer Flut, bevor die Ebene in die Höhe geschoben wurde (Abb. 15) oder Hinterlassenschaft eines Vulkanaus-

Abb. 15: **FINDLINGE**. Viele große gerundete Findlinge (linkes Bild mit mir) und ganze Felder kleinerer Findlinge trifft man im Gebirge des Yellowstone-Nationalparks ebenso wie in Kalifornien an. Auch etliche moränenartige Ablagerungen mit Findlingen liegen außerhalb der Vereisungszonen des Großen Eiszeitalters im Südwesten der USA (rechtes Bild).

bruchs in Zusammenhang mit einer Überflutung? Da die gerundeten, glatten Brocken auf der Erdoberfläche liegen, müsste dieses Spektakel der Gebirgsauffaltung vor wenigen Tausend Jahren und nicht vor Jahrmillionen stattgefunden haben, denn sonst wären die Findlinge in über zwei Kilometern Höhe *durch Frost und andere Erosionseinflüsse gespalten und langsam zu Bröckchen zerkleinert* worden. Liegen diese Findlinge also vielleicht erst seit, im erdgeschichtlichen Maßstab gemessen, relativ *kurzer* Zeit hier herum?

Wie soll Holz von Laub- oder Nadelholzbäumen überhaupt versteinern? Die Lösung ist angeblich, dass im Wasser aufgelöste Silikate die Baumstämme langsam Pore für Pore imprägnieren. Durch das Anwachsen mikroskopisch kleiner Quarzkristalle soll der Luft- und Wassergehalt des Holzes ersetzt worden sein. Und die Silikate begannen mit dem sogenannten Versteinerungsprozess oder der Verkieselung (Silifizierung), über einen sehr langen Zeitraum hinweg. Durch die Verdrängung von Holz und das Durchtränken der Hohlräume mit Kieselsäure oder Minerallösungen bildet sich beispielsweise Opal oder Quarz. Kann sich ein solch extrem langsamer Vorgang – im Sinne unseres, der modernen Wissenschaft zugrunde liegendes lyellistisch-darwinschen Weltbildes – tatsächlich in dieser Vollkommenheit über Millionen von Jahren hinweg vollziehen? Verrottet das Holz für diesen Fall, zumindest teilweise, nicht sehr viel eher, bevor es über sehr lange Zeiträume hinweg versteinern könnte (Abb. 16, S. 42)? Die Silikate (Mineralien) müssen für einen stetigen Versteinerungsprozess ständig neu angeliefert

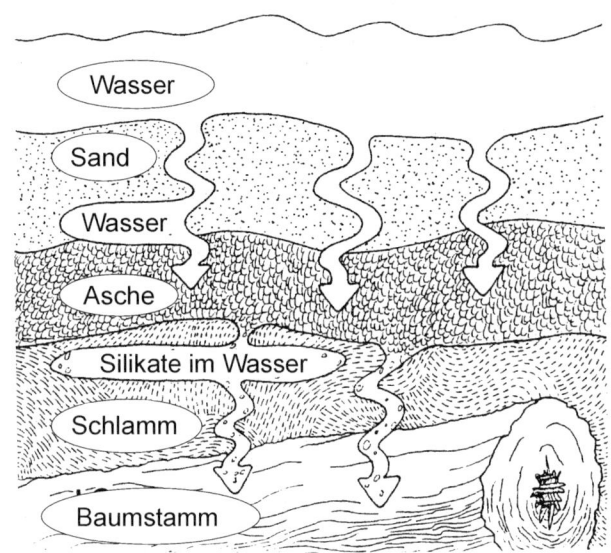

Abb. 16: **HOLZ ZU STEIN**. Durch den Silifizierungsprozess soll über lange Zeiträume hinweg aus Holz massiver Stein werden, Pore für Pore. Der Baumstamm muss unter einer mineralhaltigen Ascheschicht und fließendem Wasser begraben sein, damit immer neue Mineralien (Silikate) in die Luftporen gespült werden können. Bleibt das Holz des Baumes bis zu Millionen von Jahren erhalten, bis alle Luftporen durch Mineralien ersetzt sind?

werden. Vulkanasche ist ein ausgiebiger Silikat-Lieferant. Entsprechend steht auf der Hinweistafel im *Yellowstone-Nationalpark*, dass massive Erdrutsche nach heftigen Vulkanausbrüchen vor sich gegangen sein sollen! Mein spontaner Gedanke war jedoch, dass sich dieser Baum trotz aller gravierenden Umformungen, Hebungen und Senkungen der Geländeoberfläche immer noch an seinem angestammten Platz im Berghang befinden soll, genau wie vor 50 Millionen Jahren, so als wenn gar keine größeren Veränderungen in seiner unmittelbaren Nähe vor sich gegangen wären.

Es wird weiter beschrieben, dass eine sich bewegende Mixtur aus Asche, Wasser und Sand den urzeitlichen Wald unter sich begraben haben soll. Das ist verständlich und entspricht dem sicher abgelaufenen *kataklysmischen Szenario*! Infolge dieses Prozesses bekamen die Silikate überhaupt erst die Möglichkeit, in den Baum einzudringen, bevor dieser verrotten konnte. Das Silikat verschloss die lebenden Zellen und schuf einen versteinerten Wald.

Bedeckt aber die Mixtur aus Asche, Wasser und Sand die Bäume in einer Gebirgslandschaft lange genug, um dieses Phänomen zu erzielen? Wuchs der Baum nicht eher in der *Ebene* in tropischem Klima? Ein Sturm entwurzelte oder knickte die Bäume. Danach kam eine gewaltige Schlammflut, und unter kataklysmischen Umständen wurden die Baumstämme infolge des herrschenden Wasserdrucks durch das stark mineralhaltige Wasser *schnell* imprägniert. Dann erhoben sich die Berge infolge gewaltiger Erdkrustenbrüche und -verschiebungen *in die für das Überleben dieser Bäume nicht geeignete Höhenlagen*.

1 Dinosaurier-Menschen-Gruppenbildnis

Foto 24: Versteinerte Baumstämme, in frühere Schlammschichten eingebettet und nach über 200 Mio. zerstückelt herumliegend. Wohin ist der ehemals erodierte Hang in der Wüste verschwunden?

Fotos 25 und 26: Neben horizontal auf der Erdoberfläche liegenden, angeblich 200 Mio. Jahren alten Baumstämmen stecken andere kreuz und quer, auch senkrecht, im Boden als Zeugnisse einer gewaltigen Schlammflut.

Wie verhält es sich aber mit dem zuvor beschriebenen, an der Ausgrabungsstätte in den Blue Mountains vor mir liegenden Baum? Es fällt eine wesentliche, bereits beschriebene Abweichung auf: Die gleichmäßige Färbung des Stammes erfordert eine andere Erklärung, da er keine Baumringe und auch keine Zellen zu besitzen scheint. In Zeiten vor der wahrscheinlich größten Erdkatastrophe mit einem massenhaften Arten- und Pflanzensterben an der *Perm-Trias-Grenze* vor etwa 252 Millionen Jahren – zugleich Grenze zwischen Erdaltertum (Paläozoikum) und Erdmittelalter (Mesozoikum), aber auch Start-Zeitpunkt für die Entwicklung von Dinosauriern – gab es im Kohlezeitalter (Karbon) ganz andere Bäume als heutzutage.

Den Hauptbestandteil der Steinkohlewälder im Karbon vor etwa über 300 Millionen Jahren bildeten die immergrünen bis zu 50 Meter hohen Bärlappbäume (Siegel- und Schuppenbäume), die zu den baumartigen Pflanzen gezählt werden (Abb. 17).

Es stellt sich die Frage, wieso ein solcher »Stamm« an der Erdoberfläche höhenmäßig *oberhalb* einer Dinosaurier-Ausgrabungsstätte liegt, die mehr als 100 Millionen Jahre nach dem Verschwinden der Bärlappbäume entstanden sein soll.

Warum sind diese ältesten Baumriesen der Erdgeschichte mit einem Stammdurchmesser von bis zu zwei Metern aus der heutigen Vegetation verschwunden? Es gibt ja nur noch sogenannte kleinere Bärlapppflanzen. Wie konnte also *ein ganzes Ökosystem beendet, ja förmlich begraben werden?* Es soll über einen längeren Zeitraum hinweg einen Megavulkanismus gegeben haben. Es mehren sich die Hinweise auf eine globale ökologische Krise infolge einer drastischen Klimaänderung, denn nach dem großen Artensterben am Ende des Perm nimmt der Anteil der Sporen rapide zu, und die Anzahl der Pollen vermindert sich abrupt: (…) es wird eine schwere Umweltkrise aufgezeigt, die wahrscheinlich durch Vulkanausbrüche der Sibirischen Trapps (*ausgedehnter Flutbasalt in Sibirien*, d. V.) verursacht wurde, begleitet von einem klimatischen Umsatz, der sich nach der Erdkatastrophe unmittelbar zu Beginn des Erdmittelalters bzw. Trias-Zeitalters (…) von kühl und trocken zu heiß und feucht (…) ändert. Schätzungen der Sedimentationsraten legen nahe, dass diese Umweltveränderung innerhalb von etwa 1000 Jahren stattgefunden hat« (Hochuli et al., 2016, Abstract), was also im erdgeschichtlichen Maßstab verglichen einen sehr kurzen Zeitraum darstellt.

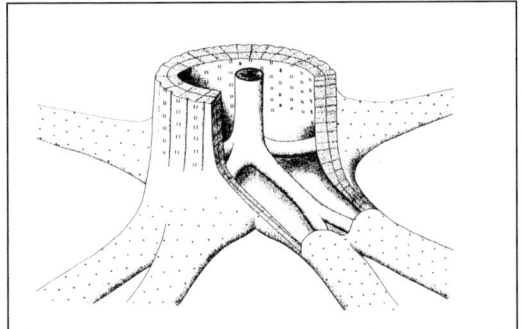

Abb. 17: **URZEITBÄUME.** Die Schuppenbäume (Lepidodendron) lieferten die Hauptmasse des Rohstoffs für die Steinkohlewälder. Auch die Siegelbäume (Sigillaria) gehören zu dieser Gruppe. Die Rekonstruktion zeigt, dass diese Bäume hohl waren. Der Zentralzylinder war mit der Rinde in der Stammspitze (Sigillaria) bzw. in den Zweigen (Lepidodendron) verbunden. Die 1886 aus dem oberen Westtal des Piesberges bei Osnabrück geborgene Stammbasis einer Sigillaria (Bild rechts unten) besteht daher nicht aus versteinertem Holz, sondern stellt den Ausguss des ursprünglichen Hohlkörpers samt seinen hohlen »Wurzeln« mit sandig-tonigen Sedimenten dar, die aushärteten bzw. versteinerten. Es entsteht der plastische Eindruck, dass es sich wirklich um einen versteinerten Baum mit dem fossilen Holz handelt.

Im Vergleich zum Perm in der Vor-Dinosaurier-Ära verdoppelte sich der Kohlendioxidanteil nach der Perm-Trias-Grenze in der Atmosphäre auf circa das Sechsfache des heutigen Wertes, und der Sauerstoffanteil sank auf ungefähr 80 % des aktuellen Niveaus. Außerdem emittierte der Megavulkanismus an der Perm-Trias-Grenze erhebliche Mengen an Fluor, Chlorwasserstoff und Schwefeldioxid, das als Schwefelsäure im Regenwasser gleichermaßen ozeanische und kontinentale Biotope schädigte.

Wie kann sich in der Atmosphäre der Kohlendioxidgehalt erhöhen und der Sauerstoffgehalt derart reduzieren? Durch einen Megavulkanismus, insbesondere in Form von Schlammvulkanen, sogenannten Schlammdiapiren.

Treiber dieser Vulkane ist aus der Tiefe der Erde Methan. So wurde am 5. Januar 1887 von einer 600 Meter hohen Flamme berichtet, die aus dem Schlammvulkan *Lok-Botan* im Baku-Gebiet an der Küste des Kaspischen Meeres in die Atmosphäre züngelte (Stutzer, 1931, S. 281). Falls Methan durch Schlote mit Schlamm oder auch Lava in die Nähe der Oberfläche aufsteigt, wird dieses durch Luftzutritt oxidiert und somit der Sauerstoffgehalt der Atmosphäre verringert: Es entstehen Kohlendioxid und Wasser.

An der Perm-Trias-Grenze wurden magmatische Gesteine mit einer Mächtigkeit von 3500 Metern aufeinandergeschichtet, *innerhalb kurzer Zeit* (Sobolev et al., 2011)! In der Folge erhöhte sich die Lufttemperatur innerhalb einer geologisch sehr kurzen Zeitspanne erheblich. Ein die Vegetation hemmender Faktor war zudem eine aride Zone zwischen 50 Grad nördlicher und 30 Grad südlicher Breite, in der Temperaturen von 35 bis 40 °C herrschten (Chen/Benton, 2012).

Nach den Bärlappbäumen des Erdaltertums entwickelten sich angeblich kurz vor dem Perm-Trias-Ereignis erste Nadelbäume, während Laubbäume dann erst etwa vor 150 Mio. Jahren erschienen sein sollen.

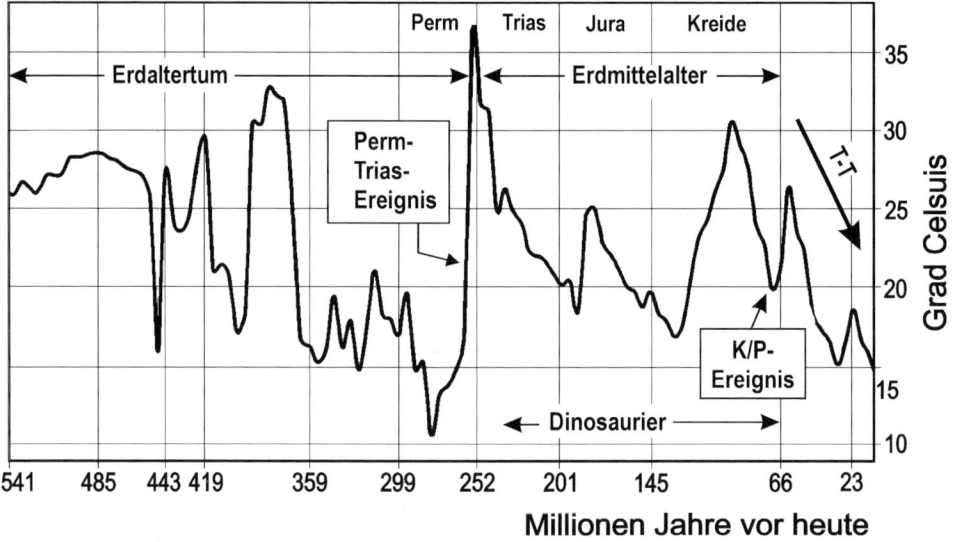

Abb. 18: **ERDKATASTROPHEN UND KLIMAWECHSEL**. Nach Schätzungen von Christopher Scotese (2019) vollzog sich mit dem Perm-Trias-Ereignis eine gravierende Erhöhung der Oberflächentemperaturen, bevor sich Dinosaurier entwickelten, zu Land und zu Wasser, als weltweit hohe Temperaturen herrschten. Mit dem Kreide-Paläogen-Ereignis (früher: Kreide-Tertiär-Ereignis) starben die Dinosaurier aus, als die Oberflächentemperaturen zu fallen begannen. Der Temperatur-Trend (T-T) ist seit dieser Erdkatastrophe stark fallend bis zum heutigen Tag – Schaubild verändert nach Scotese, 2019.

Abb. 19: **FOSSIL GROVE**. Dieser 1887 entdeckte fossile Hain befindet sich im Victoria Park in der Nähe von Glasgow, Schottland, und beinhaltet elf Baumstümpfe mit Wurzeln von ehemals bis zu 40 Meter hohen, den Bärlappbäumen ähnlichen Lepidodendren, die bis vor 205 Millionen Jahren wuchsen. Der Eindruck täuscht, denn es handelt sich *nicht um die versteinerten Bäume selbst,* sondern nur um ihre Formen, da die Stämme »ausbetoniert« waren und die Rinde hernach verfaulte, die erhärtete Füllung zurücklassend.

Betrachten wir die Bärlappbäume noch einmal genauer. Diese bestanden aus einem kleinen Zentralzylinder, der mit der Rinde nur in der Stammspitze verbunden war. Im restlichen »Baumstamm« gab es zwischen beiden Teilen einen Hohlraum. Eine gewaltige Katastrophe knickte die Bäume und riss die Kronen oder ganze Teile der Stämme weg. Der Baumstamm war jetzt von oben offen, und die Rinde der Bärlappbäume bildete praktisch die äußere »Verschalung«. Der Hohlraum wurde schließlich mit einer Art schnell erhärtendem Mineralbeton (Silikat- und/oder Kalzium-Sand-Gemisch) während Überflutungen gefüllt (Abb. 17, S.45). Deshalb bestehen viele versteinerte Bäume wie an der Steilküste von Nova Scotia (Neuschottland) in Kanada auch aus reinem Sandstein, also ehemaligem Sand plus »Bindemittel«. Die Rinde verfaulte anschließend, und übrig blieb ein baumartiger aussehender Gesteins- oder Mineralblock mit dem negativ eingedrückten Rindenmuster.

Foto 27: Ich zeige auf einen versteinerten Baumstamm mitten in massivem Fels im Mill Canyon nördlich von Moab (Utah). Umschloss das Gestein den Baumstamm langsam Millimeter für Millimeter, Schicht für Schicht oder komplett in kurzer Zeit? Sind langsame oder schnelle Prozesse maßgebend? Versteinerte zuerst der Baum oder der ihn ursprünglich umgebende Schlamm zu Kalkstein? Behindert die fortschreitende Verfestigung des den Baum umhüllenden Gesteins nicht den notwendigen Transport von Mineralien in das Holz? Liefen die beiden Vorgänge nicht eher *gleichzeitig und somit schnell* ab? Deutlich zu erkennen ist, dass die ursprünglich plastisch-elastische Sandsteinmasse den Baumstamm *komplett umfloss* und sich nicht langsam Millimeter für Millimeter übereinander bildete, denn Schichtungen fehlen (vgl. Foto 28).

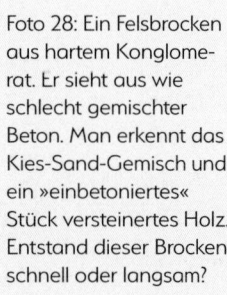

Foto 28: Ein Felsbrocken aus hartem Konglomerat. Er sieht aus wie schlecht gemischter Beton. Man erkennt das Kies-Sand-Gemisch und ein »einbetoniertes« Stück versteinertes Holz. Entstand dieser Brocken schnell oder langsam?

Entsprechend ist auch die horizontale Lage eines versteinerten Baumstammes zu erklären, den ich mitten in einer harten Kalksteinschicht nördlich von Moab in Utah fand (Foto 27).

Aus den vorgestellten Gründen gibt es bei den allermeisten versteinerten Bäumen *gar keine Baumringe* (Abb. 20), und die Versteinerung der meisten Bäume stellt so gesehen kein Rätsel dar. Klar erscheint auch, dass diese Vorgänge schnell und unter kataklysmischen Umständen abliefen. So ist auch ein anderes ungern diskutiertes Rätsel zu lösen. Denn nicht nur in *Nova Scotia* durchstoßen solche versteinerten Baumstämme *mehrere* geologische Schichten, die eigentlich *jeweils Millionen von Jahren alt* sein sollen. Bleibt ein Baum so lange erhalten, bis er endlich unmerklich langsam versteinert (Abb. 21, S. 50)?

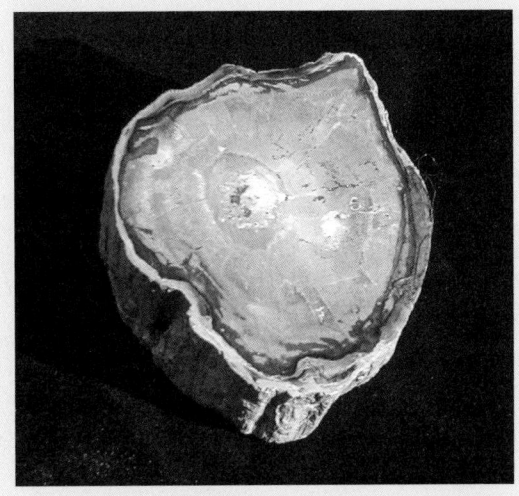

Abb. 20: **VERSTEINERTES HOLZ**? Dieses versteinerte Holz aus Madagaskar soll 90 Millionen Jahre alt sein. Man erkennt keine Baumringe. Nicht das Holz versteinerte, sondern der hohle Baumstamm wurde »ausbetoniert« (Fossiliensammlung H. J. Zillmer).

Ist es denkbar, dass die an den westlichen Gestaden von *Nova Scotia* innerhalb einer Schichtenreihe von 4700 Metern existierenden 76 übereinander liegenden Wurzelhorizonte ebenso vielen an Ort und Stelle (autochthon) übereinander gewachsenen Wäldern entsprechen (Credner, 1912, S. 470)? Diese Vorstellung ist mehr als unwahrscheinlich. Hingegen erscheint wahrscheinlicher zu sein, in Übereinstimmung mit dem tatsächlichen Erscheinungsbild, dass Superfluten die zersplitterten und abgeknickten Baumstämme in die verschiedenen an Land gespülten Schlamm- und Sandschichten ablagerten. Aufgrund des Gewichts der Wurzelstöcke kamen diese Baumstümpfe meistens mit den Wurzeln nach unten zu liegen, so als wenn diese Bäume dort an Ort und Stelle gewachsen wären.

Ein entsprechendes Szenario konnte 1980 beim Ausbruch des Vulkans Mount Saint Helens im US-Bundesstaat Washington live beobachtet werden. Die Baumstümpfe wurden in den See *Spirit Lake* gespült und stehen dort senkrecht, als wenn diese an Ort und Stelle gewachsen wären. Die nachfolgenden Schlamm- und Aschemassen begruben diese Baumstümpfe schnell in wenigen Stunden. Und nach der ebenfalls schnellen Erhärtung

Abb. 21: **AUFRECHT STEHEND.** Rechtes Bild: Im kanadischen Nationalpark *Joggins Fossil Cliffs* sind aufrecht stehende Bäume aus dem Steinkohlezeitalter zu sehen, die mehrere geologischen Schichten mit einem Alter von vielen Millionen Jahren durchstoßen. Im Inneren eines solchen Baums fanden die Wissenschaftler William Dawson und Charles Lyell 1852 kleine Tierknochen. »Klar, denn der Stamm war früher hohl, bis er von einer sich mehrfach wiederholenden Flut begraben wurde«, so wird es auf dem Hinweisschild der Ausstellung vor Ort bestätigt. Links oben stehe ich in Nova Scotia an einem etwas schräg platzierten Wurzelstock, der bei der Ablagerung auf einem schrägen Untergrund abgelagert wurde. Bild rechts oben: Ein Bärlappbaum-Stamm ohne Wurzeln durchstößt dort gleichzeitig mehrere geologische Schichten.

dieser Schichten entsteht das beschriebene Phänomen der Baumstümpfe senkrecht in geologischen Schichten stehend. Sollten Geologen in ein paar Tausend Jahren keine Kenntnis von dem Vulkanausbruch haben, wird man diesen blitzschnell gebildeten Gesteinsschichten ein Alter von etlichen Millionen Jahren im Sinne des lyellistisch-darwinschen Dogmas bescheinigen (vgl. Abb. 22).

Reste der zuvor beschriebenen Urzeitbäume aus Zeiten vor und während der Dinosaurier-Ära findet man auch auf der Hochebene *Colorado Plateau* westlich der Rocky Mountains, wo solche heutzutage nicht wachsen könnten. Dieses ganze Gebiet lag einst etwa auf Meereshöhe. Der Untergrund besteht aus vielen von Wasser und Wind zusammengetragenen Sedimentschichten, ehe Auffaltungsprozesse einsetzten und ungleichmäßige Hebungen verursachten. Es entstand das Colorado Plateau, bestehend aus relativ flach, also horizontal liegenden geologischen Schichten. Diese Hochebenen sind durchzogen von Schluchten mit Flüssen – wie dem Grand Canyon mit

Abb. 22: **NICHT DORT GEWACHSEN**. Bild links: Baumstümpfe, die senkrecht stehend 1980 in den See *Spirit Lake* eingeschwemmt wurden. Bild rechts: Dieser angeblich etwa 30 Millionen Jahre (Oligozän) alte versteinerte Baum mit Wurzelstock in Fremont County (Wyoming) ist hier nicht gewachsen, sondern wurde mit den Schlamm-Massen einer Flut angespült und in der moränenartigen Ablagerung stehend abgelagert. Dieses Gebiet war nie vergletschert, außerdem setzte die angebliche Eiszeit in anderen Regionen wesentlich später ein. Die Bildung der mehrere Meter dicken Sedimentschicht dauerte nur wenige Stunden. Einerseits sind dicke Gesteinsschichten kein Indiz für lang andauernde Zeiträume, andererseits sind Moränen offenbar kein Beweis für eine Eiszeit. Jedoch sind beide Merkmale Kennzeichen einer kataklysmischen Überflutung, wie im vorliegenden Fall. M = Mensch zum Größenvergleich.

dem Colorado River –, auf einer Höhe von 1500 bis 3350 Metern über dem Meeresspiegel liegend.

Da die Urzeitbäume in dieser Höhenlage nicht wachsen können, wurden deren Überreste folglich in die Höhe verfrachtet, genauso wie die dort zu findenden Dinosaurier, die oft in Massengräbern mit Fischen, Schildkröten und Krokodilen zusammengeschwemmt wurden. Diese Tiere lebten nicht in einer Höhe von 1500 Metern oder höher, dort wo diese heutzutage ausgegraben werden, sondern in etwa auf Meereshöhe. Sie wurden wie mit einem »Fahrstuhl« und eben nicht unmerklich langsam in die Höhe gehoben, wie schon zuvor in Zusammenhang mit den Dinosaurier-Massenfriedhöfen in den kanadischen Badlands beschrieben (s. S.33 ff.).

Die Koexistenz – der Beweis

Von Dinosauriern findet man meist nur wenige Knochen oder Splitter davon, aber seltener zusammenhängende Teile von Skeletten, diese jedoch zumeist »einbetoniert« in knallhartem Gestein, aber keine kompletten Skelette. Deshalb ist fraglich, seit wann Form und Gestalt von Dinosauriern überhaupt bekannt sind.

Große Knochen hat man schon immer gefunden. Das wahrscheinlich erste Buch, das solche Knochen darstellte, stammt aus dem Jahr 1676 und wurde von dem Dekan Robert Plot aus Oxford verfasst. Doch erst im Jahr 1822 nahm die Rekonstruktion der Dinosaurier ihren Anfang, als man Zähne von einem Iguanodon in England entdeckte und der Landarzt Gideon Mantell (1790–1852) gegen anfänglich heftigen Widerstand eine Abhandlung über den »Leguan-Zähner« schrieb, der eben ein Reptil und kein Säugetier gewesen sein soll.

Nach mehreren Entdeckungen und Veröffentlichungen schlug Dr. Richard Owen (1804–1892) im Jahre 1841 bei einer Tagung der Britischen Gesellschaft zur Förderung der Wissenschaft in Plymouth vor, dass Iguanodon, Megalo- und Hylaeosauria zusammengefasst als »Dinosauria« (schreckliche Echsen) bezeichnet werden sollen. Der schon damals bekannte Cetiosaurus wurde von Owen noch als Krokodil eingeordnet. Erst 1854 wurden unter seiner Anleitung Rekonstruktionen aus Beton, Steinen und Fliesen zur Besichtigung fertiggestellt. Doch die Saurier wurden – vielleicht richtiger-

Abb. 23: **KNOCHENPUZZLE**. Präparatoren des American Museum of Natural History in New York restaurierten einen Hoplitosaurier aus 20 000 fossilen Einzelstücken.

weise? – als Vierbeiner dargestellt, jedoch noch mit *auf dem Boden schleifenden Schwanz.*

Somit ergibt sich die Folgerung, dass Bilder von Dinosauriern, die unseren heutigen Abbildungen entsprechen und mindestens 150 Jahre alt sind, als »echt« angesehen werden müssen. Eine tatsächlich noch ältere realistische Darstellung eines Dinosauriers bezeugt also, dass der Künstler ein Exemplar mit eigenen Augen sah oder ein Bild von ihm hatte. Diese Tatsache würde mehr als nahelegen, dass Dinosaurier und Menschen gemeinsam lebten.

Während einer Recherche-Reise im US-Bundesstaat Arizona wurde ich auf einen ungewöhnlichen, aus mehreren Artefakten bestehenden Fund aufmerksam, von dem in der Zeitung »Arizona Daily Star« bereits am 23. Dezember 1925 berichtet wurde. Die bei mehreren wissenschaftlichen Ausgrabungen seit der Entdeckung im Jahre 1924 von Geologen der *Universität von Arizona* in Tucson gefundenen mysteriösen Artefakte wurden 1925 in dieser Universität ausgestellt und auch beschrieben. Aber der Verbleib der Fundstücke war unbekannt. In der Universität waren sie anscheinend nicht mehr.

Schließlich führte mich ein alter Presse-Hinweis zum Museum der Gesellschaft *Arizona Historical Society* in Tucson. Ein erstes Telefonat brachte jedoch kein positives Ergebnis.

Bei meinem anschließenden Besuch im Museum wurde uns dann mitgeteilt, dass die Artefakte im Museumskeller verstaut sind – Besichtigung ausgeschlossen. Mein Hinweis, dass ich Mitglied der »New York Academy of Sciences« bin und extra wegen dieser Funde aus Deutschland angereist bin, zeigte dann Erfolg. Eine alte Dame führte meine Frau und mich in die unterirdischen Gänge und zeigte mir eine Kiste mit säuberlich verstauten Artefakten (Abb. 24).

Die nach dem Fundort an der *Silver Bell Road* in der Nähe von Tucson (Arizona) benannten Silverbell-Artefakte sind mit lateinischen sowie hebräischen Inschriften versehen, sollen aus dem Jahr 800 stammen, bestehen aus Blei und zeigen auch christliche Symbole. Eine Analyse des Bleis der Silverbell-Artefakte am 24. August 1924 in Tucson ergab, dass die ursprüngliche Bleischmelze aus Erz hergestellt wurde. Derartiges kommt im Südwesten der Vereinigten Staaten vor. Es handelt sich insgesamt um über dreißig Artefakte.

Eines fesselte mich besonders, denn auf sensationelle Art und Weise ist auf einem der Bleischwerter ein Dinosaurier abgebildet. Sollten die Artefakte gefälscht sein, dann hätte man sicherlich die damals herrschende wissenschaftliche Meinung berücksichtigt und den Sauropoden als Schwanzschleifer darstellt. Aber dieser wurde gemäß der erst seit wenigen Jahren herrschenden Ansicht mit waagerecht gehaltenem Schwanz dargestellt. Entweder war der Künstler dieser Artefakte ein Hellseher oder es handelt sich um einen Beweis über die Kenntnis des Aussehens von Sauropoden, da er für diesen Fall wusste, wie diese in Wirklichkeit aussahen (Abb. 25).

Beweisen die Fundumstände die Echtheit der Funde? Die Fotos von den Ausgrabungen, die von Archäologen der *Universität Tucson* wissenschaftlich vorgenommen wurden, zeigen, dass die umstrittenen Artefakte in einer von den Geologen »Caliche« genannten, betonartigen Schicht fest eingebettet waren (Abb. 26, S. 56). Diese aus Kalziumkarbonat bestehende geologische Schicht kommt in weiten Gebieten im Südwesten der Vereinigten Staaten vor, bildet eine Art Naturbetonschicht und wird deshalb auch »desert cement«, also »Wüstenzement«, genannt. Es wurde festgestellt, dass sich diese spezielle Caliche-Formation großflächig entlang der Gebirgskette

Abb. 24: **SILVERBELL-ARTEFAKTE**. Im Museumskeller der *Arizona Historical Society* auf dem Gelände der Universität in Tucson öffne ich die Kiste mit den verpackten Silverbell-Artefakten. Auf einem der 1924 ausgegrabenen Schwerter ist ein Sauropode mit »moderner«, erst seit wenigen Jahren wissenschaftlich anerkannter horizontaler Körperhaltung dargestellt (Abb. 25).

Abb. 25: **HALTUNG**: Anatomisch richtige, modern anmutende Darstellung (B) eines Sauropoden mit gerader Hals- und Schwanzhaltung auf einem 1924 ausgegrabenen, angeblich aus dem Jahr 800 stammenden Schwert in Tucson (C). Gemäß der 1924 herrschenden Lehrmeinung hätte der Sauropode mit hochgerecktem Kopf und schleifendem Schwanz dargestellt werden müssen (A), falls das Artefakt eine Fälschung sein soll.

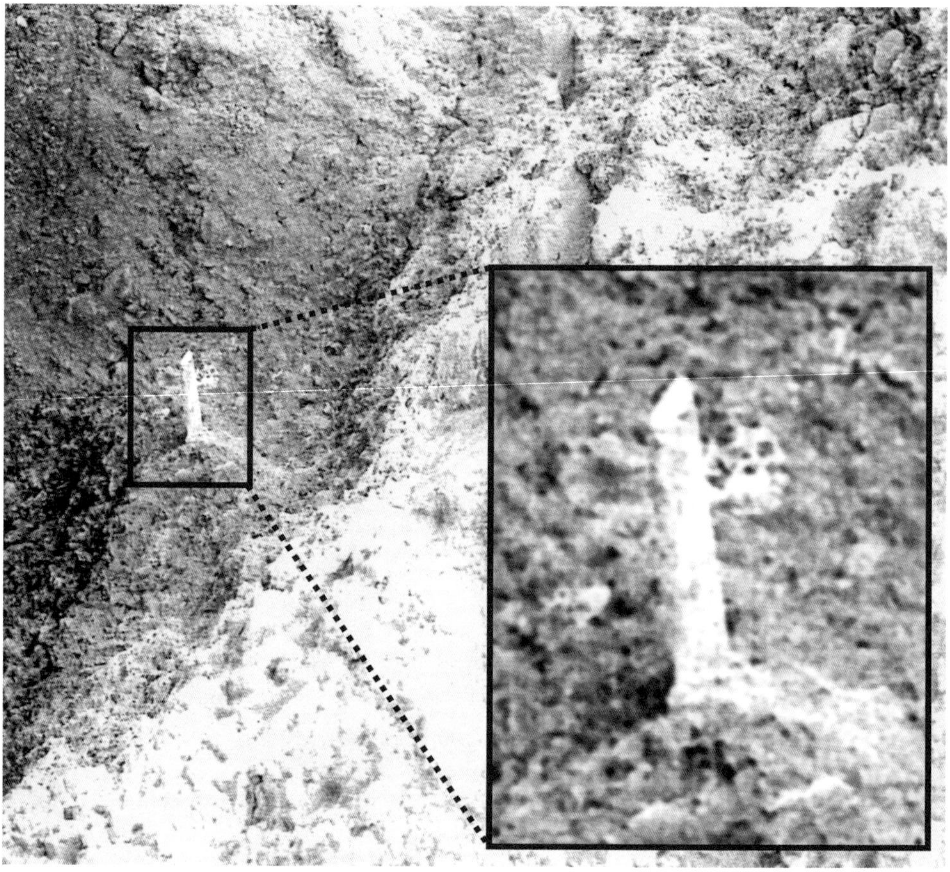

56 Irrtümer der Erdgeschichte

Abb. 26: **CALICHE**. Dieses Original-Foto von der Ausgrabung zeigt ein Stück eines »einzementierten« Silverbell-Relikts, das aus dem »Wüstenzement« herausguckt.

Abb. 27: **SILVERBELL-ARTEFAKT**. Eines der 30 von Wissenschaftlern der Universität in Tucson ausgegrabenen Artefakten.

Tucson Mountains erstreckt und damit kein *punktuelles,* eventuell künstlich mit gleichzeitig eingebetteten Artefakten hergestelltes Vorkommen darstellt (Bent, 1964, S. 321).

Da die Silverbell-Artefakte im »Wüstenzement« fest einzementiert waren und herausgestemmt werden mussten, stellt sich die Frage, wie alt diese geologische Schicht tatsächlich ist. Falls die Artefakte tatsächlich nur etwas älter als 1200 Jahre sind, dann ist der »Wüstenzement« auch nicht älter und ist außerdem aufgrund seiner *hydraulischen* Eigenschaften relativ schnell entstanden! Denn Caliche – der Name ist aus dem lateinischen Wort für Kalk abgeleitet: *calx* – ist ein gehärteter natürlicher Zement aus Kalziumkarbonat, der andere Materialien wie Kies, Sand, Ton oder Schlick binden kann, und entsteht durch Erhitzung von Mineralien. Dieser »Wüstenzement« kommt weltweit vor, auch in Australien, Afrika oder Indien, dort »Kankar« genannt.

Reisen wir weiter zum Nationalpark *Natural Bridges National Monument* im US-Bundesstaat Utah, denn dort befinden sich Felsmalereien der Anasazi, also prähistorischer Indianer, von denen keiner weiß, wer diese Ureinwohner wirklich waren, woher sie kamen oder wohin sie gingen, denn sie verschwanden spurlos. Eines der Felsbilder soll Dinosaurier und Menschen gemeinsam zeigen.

Der Park hat seinen Namen von drei großen natürlichen Felsbrücken aus mehr als angeblich 250 Millionen Jahre (!) altem Sandstein. Diese entstanden also, als Dinosaurier gemäß Evolutionstheorie noch gar nicht existierten. Unser Ziel war die Felsbrücke *Kachina Bridge,* die als zweitgrößte Felsbrücke dieses Parks eine Spannweite von 63 Metern und eine Höhe von 64 Metern aufweist. Kann eine solche natürliche Brücke überhaupt zig Millionen von Jahren überstehen? Als in Statik und in Grundbau ausgebildeter Bauingenieur sage ich: Nein! Bestanden die Felsbrücken schon vor der Hebung des Colorado Plateaus vor vielleicht 70 Millionen Jahren? Sicherlich nicht! Jahrtausende stellen den mutmaßlichen Zeitraum dar, höchstens jedoch Jahrzehntausende.

Eine durch Naturereignisse erzeugte Felsöffnung von 63 mal 64 Metern müsste eigentlich eine Menge von größeren und kleineren Steinbrocken in der nächsten Nähe oder sogar unter dem Naturbogen hinterlassen. Wo sind die Steinblöcke geblieben? Fortgetragen von dem kaum knöcheltiefen Bach mitten in der Wüste? Aber auch im weiteren Verlauf des Bachbettes waren

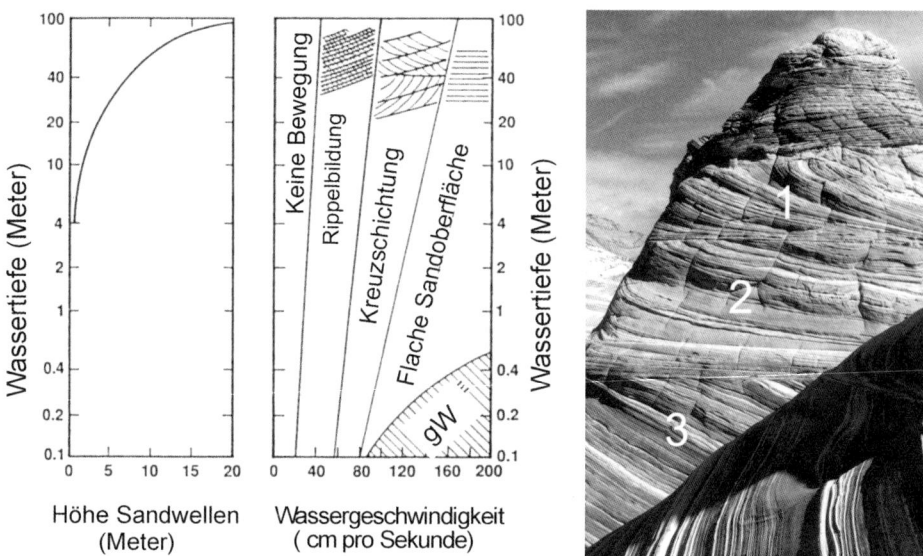

Abb. 28: **SANDSTEIN-STRUKTUREN**. Die Grafiken zeigen den Zusammenhang zwischen der Höhe von Sandwellen und der Wassertiefe (linke Grafik) einerseits sowie die Art der Oberflächenstruktur in Abhängigkeit von der Wassergeschwindigkeit und Wassertiefe andererseits (rechte Grafik). Je nach vorliegenden Verhältnissen ergeben sich Rippelbildung, Kreuzschichtung oder auch eine flache Lagerung des Sandbodens und damit des späteren Sandsteins – ggf. auch für gleichphasige Wellen (gW). Versteinerte Dünen sind daher im Normalfall leicht als früher Meeresboden zu identifizieren. Das Foto zeigt ein aus der geologischen Formation *Coyote Butte Sandstone Wave* in Utah stammendes Beispiel mit drei derartig übereinander abgelagerten, wie mit dem Messer horizontal getrennten Schichten, die bei unterschiedlicher Wassergeschwindigkeit entstanden.

keine Überreste in nennenswertem Umfang zu entdecken. Aber die Canyon-Wände waren übersät von Wasserspuren, ja, sie bestehen aus kreuzgeschichtetem Sandstein. Dieser Effekt einer Kreuzschichtung ergibt sich beispielsweise, wenn man ein Wasser-Sand-Gemisch zusammen mit Kalzium oder Zement schnell mit einer bestimmten Geschwindigkeit in einen Behälter spült. Auf diese Art und Weise kann kreuzgeschichteter Sandstein entstehen, der schnell erhärtet (Abb. 28).

Nach einem steilen Abstieg zum Boden des Canyons sah ich die Felsmalerei vor mir. In drei Metern Höhe sind auf einer Fläche von etwa drei mal zwei Metern zwei typische Anasazi dargestellt. Keiner würde die Echtheit dieser Darstellung anzweifeln. Aber unmittelbar darunter wurde ein Dinosaurier mit einem langen Schwanz abgebildet: vielleicht wurde ein Diplodocus dargestellt, der eine Länge von 27 Metern erreichte. War dieses Bildnis schon beeindruckend, so gab es noch eine Überraschung: Etwas kleiner und zuerst schwer zu erkennen ist daneben anscheinend noch ein Stegosaurus abgebildet. Fantastisch: ein Gruppenbild von zwei Menschen und zwei Dinosauriern (Fotos 29–31, S. 60)! Nach Rubin/McCulloch (1980) in »Sedimentary Geology«.

Stegosaurier lebten nach offizieller Auffassung zur gleichen Zeit wie Diplodocus, vor angeblich etwa 150 Millionen Jahren. Diese Saurier wuchsen bis zu einer Länge von ungefähr sieben Metern. Anscheinend wurde dieses Gruppenbildnis sogar in richtigen Proportionen dargestellt. Beide Echsen wurden erst 1877 und 1878 offiziell identifiziert.

Auf jeden Fall handelt sich um einen Beweis gegen die darwinsche Evolutionstheorie, denn Mensch und Dinosaurier sollen sich zeitlich um mindestens 60 Millionen Jahre verfehlt haben. Aber ist das Bild echt, oder hat jemand die Dinosaurier später neben die Anasazi gemalt? Die Ureinwohner sollen dieses Gebiet vor etwa 1300 Jahren besiedelt haben. Stammen diese Bilder aus frühestens dieser Zeit, dann sind diese definitiv echt, denn, zur Erinnerung, realistische Rekonstruktionen von Dinosauriern sind moderne Produkte.

Wie alt ist dieses Dinosaurier-Mensch-Gruppenbildnis? Über dem gesamten Bild liegt ein dunkler Überzug, von den Amerikanern desert varnish (Wüstenlack) genannt. Jeder Besucher des Colorado Plateaus kennt diesen

Abb. 29: **NOTHOSAURIER**. Das vordere Altarbild im historischen Palast *Palau de la Generalitat de Catalunya* in Barcelona zeigt, wie der Ritter St. Georg einen Drachen, der das Dorf von Montblanc (Tarragona) terrorisierte, mit dem Schwert tötete. Dieser Drache soll mit seinem Atem getötet und die Luft verpestet haben. Aufgrund dieses Ereignisses wurde in Spanien ein Feiertag ausgerufen. Der dargestellte Drache sieht einem heutzutage rekonstruierten Nothosaurier – auch Bastardechse genannt – ähnlich, der in Europa bis China in Flüssen, aber auch küstennahen Gebieten an Land gelebt haben soll – allerdings vor etwa 247 bis 228 Millionen Jahren zu Beginn der Dinosaurier-Ära. Nothosaurier wurden über 6 Meter lang. Die mittelalterliche Darstellung des Drachen entspricht von den Größenverhältnissen in etwa der eines Nothosauriers.

60 Irrtümer der Erdgeschichte

Foto 29: Dinosaurier (A, B) und prähistorische Indianer (C, D) gemeinsam unter einer dicken Oxidationsschicht (Desert Varnish).

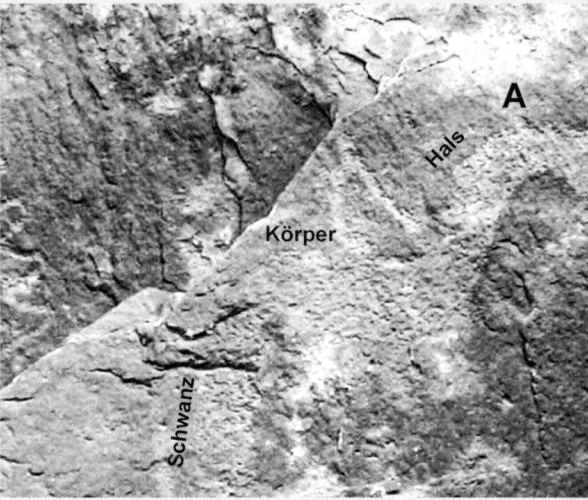

Foto 30: Vergrößerung des großen Dinosauriers.

Foto 31: Ich zeige auf das Gesamtbild

1 Dinosaurier-Menschen-Gruppenbildnis 61

Foto 32: Der dunkle Desert Varnish (Wüstenlack) liegt in dicken Fahnen auf dem Navajo Sandstone über der Anasazi-Ruine Keet Seel. Diese Patina soll ganz langsam entstehen und sehr alt sein.
Sie liegt auch über dem Dinosaurierbild (Fotoa 29–31).

Foto 33: Diese versteinerten Rippelmarken sollen 240 Mio. Jahre alt sein (Moenkopi-Formation), liegen aber ohne jede Erosionsspur an der Erdoberfläche. Wie alt ist diese Formation wirklich? Handelt es sich tatsächlich um eine versteinerte Sanddüne oder vielleicht doch um früheren Meeresboden?

Foto 34: Diese Sandstein-Phantasie soll durch von Wind angewehten Sand entstanden sein. Handelt es sich nicht eher um ein schnell zementiertes Sand-Mineralien-Wasser-Gemisch ehemaliger Überflutungen?

Foto 35: Kreuzgeschichteter Sandstein mit deutlich messerscharfen Abgrenzungen der einzelnen Schichten. Flache Lagerung ist eher das Kennzeichen von Meeresboden als einer Wüste. Bildet Wind kreuzgeschichteten Sandstein, kappt dann diese Düne horizontal, bildet darauf neuen kreuzgeschichteten Sandstein, kappt diese wiederum horizontal, um dann wieder kreuzgeschichteten Sand versteinern zu lassen? Das für die Versteinerung notwendige Wasser soll vom Grundwasser und Regen stammen. In diesem Fall muss es in der damals angeblich vorhandenen Wüste im Südwesten der USA sehr viel Wasser gegeben haben. Entstanden die kreuzgeschichteten Sanddünen durch Windtätigkeit oder unter schnell fließendem Wasser? Für den zweiten Fall gab es gar keine Wüste während der Dinosaurier-Ära.

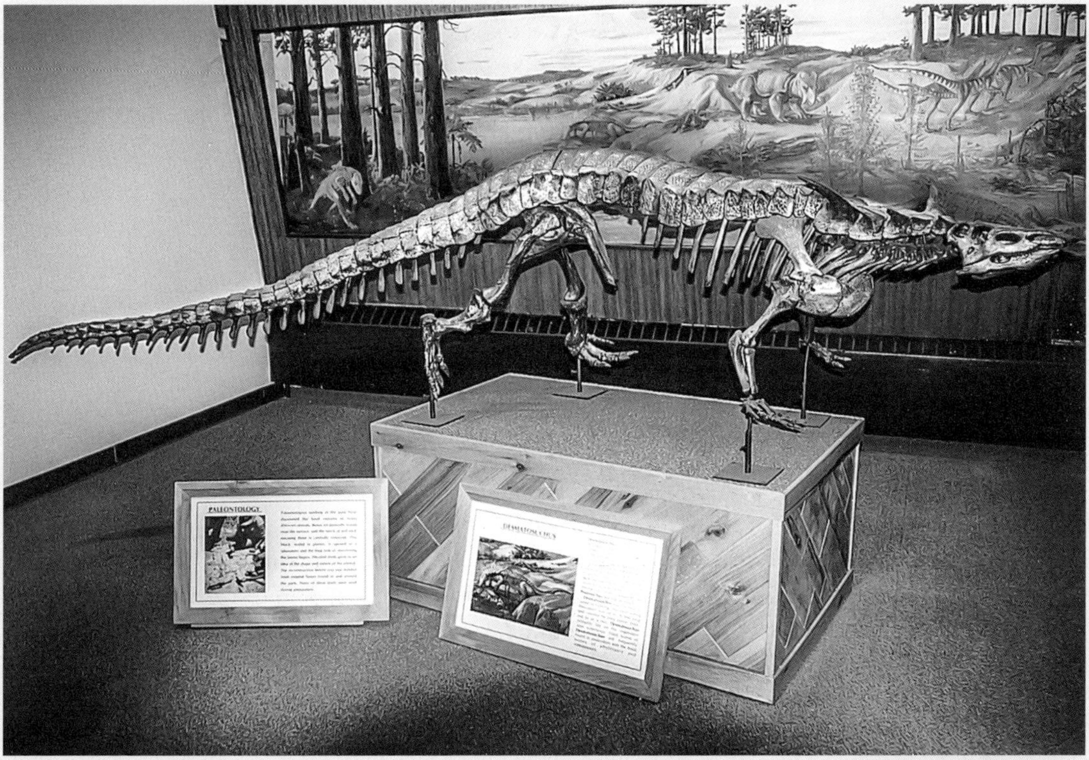

1 Dinosaurier-Menschen-Gruppenbildnis

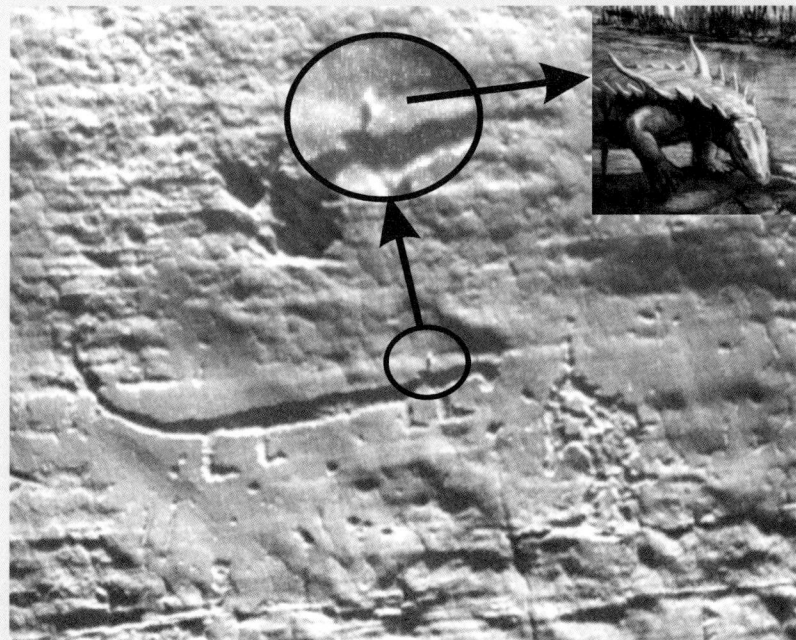

Foto 36: Das Skelett eines Desmatosuchus, der im Trias vor ungefähr 230 Ma im heutigen Südwesten der USA lebte. Zu erkennen sind zwei dornenartige Fortsätze in Höhe der Vorderbeine.

Foto 37: Im El Morro Nationalpark (New Mexico) gibt es diese seit 1906 geschützte Zeichnung, die von den prähistorischen Anasazi stammen soll. Dem Autor fiel das Detail des Dornfortsatzes auf. Wurde ein Desmatosuchus abgebildet?

natürlichen Firnis als dünne, glänzend-blauschwarze Politur aus Eisen- und Magnesiumoxiden (Foto 32, S. 61). Die Geologen sind sich darin einig, dass dieser Wüstenlack sehr langsam entsteht. Nicht nur in dem Buch »Pages of Stone« (Chronik, 2004, S. 1) über die Geologie des Grand Canyon und des Colorado Plateaus samt Monumenten wird von der Geologin Halka Chronik bestätigt (übersetzt durch d. V.): »Der Wüstenlack entsteht langsam über viele Jahrhunderte hinweg, entwickelte sich aus allmählich durch das Gestein sickernden Mineralien oder durch von in Staub enthaltenes lösliches Material, das immer wieder mit Regenwasser in dünnen Schichten verteilt wurde.«

Wichtig ist die Feststellung, dass es Jahrhunderte dauern soll, bis sich Wüstenlack auf den Felswänden bildet. Im vorliegenden Fall ist das Bild durch einen Felsüberhang vor Regen geschützt. Ist der Wüstenlack also besonders alt, insbesondere da eine sehr dicke Schicht großflächig über dem ganzen Bild mit allen vier Darstellungen liegt? Ein nachträgliches Hinzufügen der Dinosaurier zu den als echt anerkannten Anasazi ist deshalb technisch sicherlich nicht möglich. Entweder sind alle Figuren jung, wohingegen der natürliche Überzug spricht, oder alt – und damit echt. Eigentlich braucht der Wüstenlack nur nicht jünger als 150 Jahre zu sein, und diese Voraussetzung scheint gemäß unserem geologischen Weltbild eindeutig sogar übererfüllt zu sein. In diesem Fall ist jedoch bewiesen, dass ein Künstler zwei verschiedene Dinosaurier mit eigenen Augen gesehen hat und sie malte. Fazit: Dinosaurier und Menschen lebten gemeinsam. Aber wann? Die Anasazi sollen vor mehr als 500 Jahren, ab etwa 1300 Jahre vor heute gelebt haben. Gab es also noch Dinosaurier während der offiziell anerkannten Anasazi-Ära vor wenigen Hundert Jahren (vgl. Fotos 36 und 37, S. 63)?

Mit der Widerlegung des Aussterbezeitpunkts der Dinosaurier am Ende der Kreidezeit bzw. Neudatierung dieses Zeitpunkts auf wenige Tausend Jahre würde die wichtigste Stütze der Evolutionstheorie und damit das erfundene Modell der lang andauernden Erdzeitalter fallen.

Folsom und Clovis

Auf einer Expeditionsreise im Jahr 1998 von Salt Lake City aus kamen wir zufällig durch den kleinen Ort Folsom im Nordosten von New Mexico. Dieser Ort wurde bekannt durch den »Folsom-Menschen«. Im Jahr 1926 fanden hier Ausgrabungen statt, bei denen neben Bisonknochen auch Pfeilspitzen gefunden wurden, die sich durch ihre charakteristische doppelt kannelierte Form auszeichnen. Diese Funde lagen aber in zu alten geologischen Schichten und wurden daher offiziell nicht anerkannt, da man zu damaliger Zeit davon überzeugt war, dass der ehemals menschenleere amerikanische Kontinent erst vor 4000 Jahren durch sibirische Jäger über die Beringstraße hinweg besiedelt wurde. Da die Landbrücke von Sibirien nach Alaska gemäß der Eiszeit-Theorie erst nach dem Abschmelzen der Eisdecke besiedelt worden sein soll, glaubt man auch heute noch, dass Menschen erst vor höchstens 12 000 Jahren nach Amerika einwanderten.

Neuere Untersuchungen bestätigen: Vor 24 000 Jahren, ausgerechnet als die Eiszeit *angeblich ihren Kälte-Tiefpunkt erreicht haben soll*, existierte *arten- und nährstoffreiche Flora und Fauna* (Mammut, Bison, Pferd) im Bereich der heutzutage eisigen Beringstraße (Beringia). Vor relativ kurzer Zeit, angeblich einer Kaltzeit, bestand die *arktische Steppe* noch aus einer fruchtbaren Graslandschaft (Zazula, 2003).

Aber nicht nur in Folsom fand man Hinterlassenschaften vorzeitlicher Jäger, sondern auch bei der Stadt Clovis, den sogenannten Clovis-Jäger. Auch dieser galt anfangs als Fälschung, da eine solche Kultur zu alt zu sein schien. Inzwischen spricht man aber sogar von einer Clovis-Kultur und man streitet sich höchstens noch um deren wirkliches Alter. Denn in Patagonien, also ganz im Süden von Südamerika, stieß man auf ähnliche Relikte der Clovis-Jäger, die jedoch auf ein Alter von 10 500 Jahren vor heute datiert wurden (Cremo/ Thompson 1997, S. 191). Also müssten diese Nomaden in vielleicht 1500 Jahren den amerikanischen Kontinent von der Nord- bis zur Südspitze durchwandert haben. Dabei dürften sie mehr als 70 Prozent der neuweltlichen Säugetierarten ausgerottet haben, wie zum Beispiel Kamele und Pferde, denn diese starben zu diesem Zeitpunkt aus. Angeblich war das Ende der Eiszeit für den Massentod verantwortlich. Sterben Tiere eigentlich am Ende oder doch eher am Anfang einer Eiszeit aus, da es ja gar nichts mehr zu fressen gibt? Nordamerika war maximal bis südlich der großen Seen in Nordamerika vereist. Der größte Teil der USA war dauerhaft eisfrei. Konnten sich die Tiere dem größer werdenden Lebensraum und den besseren Klimabedingungen nach der Eiszeit – entgegen den Prinzipien der Evolutionstheorie – nicht anpassen? Aber an die vormals einsetzende bitterkalte Eiszeit hatten sie sich gemäß wissenschaftlicher Sichtweise »*in stoischer Ruhe gewöhnt*« (s. Abb. 119, S. 293)?

Auf die Ähnlichkeit der altsteinzeitlichen Steinspitzen in *Südwesteuropa* (Solutréen) mit denjenigen der Clovis-Kultur in *Amerika* wurde hingewiesen. Gab es in der Altsteinzeit den Atlantik überbrückende Verbindungen? Heutzutage ist die Clovis-Kultur etabliert, aber der ganze Streit brandete wieder auf, denn man fand in ganz Amerika noch ältere Funde eines Prä-Clovis-Menschen (Bower, 2019).

In El Cedral im mexikanischen Bundesstaat Sinaloa wurden Artefakte in unberührten stratifizierten Ablagerungen bis auf 33 000 Jahre datiert. Es wurden auch Fußwurzelknochen von Elefanten gefunden, die inzwischen bekanntlich auf dem gesamten amerikanischen Kontinent ausgestorben sind (Cremo/Thompson 1997, S. 192).

Es gibt viele ähnliche Funde in Amerika. Dieser Kontinent wurde viel früher besiedelt, als man bisher annimmt. Gewaltige Naturkatastrophen fegten jedoch besonders den nordamerikanischen Kontinent förmlich leer – und damit auch die alten Kulturen. Außerdem liegen die damaligen Küstenregionen heute unter Wasser, bedingt durch den Anstieg des Wasserspiegels in den Ozeanen, der etwa 120 Meter in den letzten 6000 Jahren betragen haben soll.

Andererseits erhoben sich Gebirgszüge wie die Rocky Mountains in Nord- und andere in Südamerika, und viele Tier- und Pflanzenarten verschwanden – so auch der Mensch bis auf wenige Ausnahmen. Danach wurde der quasi menschenleere Kontinent Amerika neu besiedelt, wahrscheinlich auch per Schiff über die nachfolgend geflutete Beringstraße. Wie auch immer, es gab eine ganz andere, eine scheinbar verloren gegangene Welt vor einem kataklysmischen Geschehen.

Diese Fakten während der langen Autofahrt überdenkend, steuerten wir in New Mexiko ein kleines Museum in Folsom an. Tatsächlich waren in diesem historischen Haus aus dem Jahr 1896 etliche Ausstellungsstücke, Zeitungsausschnitte, Magazine und andere Veröffentlichungen über den Folsom-Jäger ausgestellt. Ich fragte die Direktorin des Heimatmuseums nach alten Fotos und Dinosaurier-Trittsiegeln in der Umgebung. Sie gab mir ein Fotoalbum. Zu meiner Überraschung sah ich mehrere menschliche Abdrücke inmitten unzähliger Dinosaurier-Abdrücke. Gab es auch hier tatsächlich versteinerte menschliche Spuren? Die Direktorin bestätigte mir, dass etliche eindeutig menschliche Spuren u. a. in der Nähe der nicht weit entfernten Stadt Clayton gefunden worden waren.

Nördlich dieser Stadt liegt der Nationalpark *Clayton Lake State Park* mit dem See *Clayton Lake*. Am Rand dieses Sees sind auf einem begrenzten Areal ungefähr 500 Abdrücke von fünf verschiedenen Dinosaurier-Arten zu finden. Die Trittsiegel in Clayton sind in der geologischen Formation *Dakota-Sandstein* erhalten geblieben und werden auf ein Alter von 120 bis 98 Millionen Jahre datiert.

Ich entdeckte einen Abdruck, der solchen ähnelte, die ich zuvor in Tuba City entdeckt hatte: ein Schuhabdruck? Aber er schien zu schmal zu sein (Fotos 43 und 44, S. 39). Dann stellte ich auf der einen Seite eine Erhöhung im Felsgestein fest, so als ob der ursprüngliche Matsch hochgequollen war, bevor er zu Kalkstein erhärtete. Der Abdruck hatte wie schon in Tuba City ungefähr meine Schuhgröße. Also stellte ich den linken Fuß in den schrägen Abdruck: Er passte genau (Foto 41, S. 68). Hatte sich jemand seitlich in der schlüpfrigen Masse abgedrückt und Halt gesucht? Ich war spontan davon überzeugt, denn die seitliche Erhebung entsprach dem durch den Fuß weggequetschten ehemaligen Schlamm, der dann schnell erhärtet sein muss. Aber war die Ähnlichkeit nur Zufall? Ein einzelner Abdruck ist kein Beweis. Gab es weitere versteinerte Fußspuren? Ich stellte mich mit dem linken Fuß in den Abdruck und suchte mit dem rechten Fuß eine Abstützung. Genau an dieser Stelle entdeckte ich einen scharfen Grat, der ziemlich genau der gebogenen Außenkante meines rechten Schuhs entsprach (Fotos 39–41, S. 68), also sich zur Ferse hin verjüngte. Jetzt glaubte ich nicht mehr an einen Zufall. Die Sohlenfläche war glatt, ohne Unebenheiten im Gegensatz zu der umliegenden Gesteinsoberfläche. Wie lang bleibt ein solcher, wenige Millimeter schmaler, scharfkantiger Grat aus Kalkstein erhalten, insbesondere wenn diese versteinerten Spuren am Rande dieses Sees an der Erdoberfläche liegen? Da die Dinosaurier-Spuren etwa 100 Millionen Jahre alt sein sollen und es sich um eine zusammenhängende Gesteinsfläche wie aus einem Guss handelt, müsste dieser Grat auch so alt sein. Oder sollte es sich vielleicht doch nur um kürzere Zeiträume handeln? Kritiker werden sagen, die Natur – Erosionseinflüsse – modellierten diesen Grat in äußerer Schuhform rein zufällig ...

Meine inzwischen verstorbene Frau fand den nächsten Abdruck. Er befand sich in Laufrichtung vor dem ersten. Er lag etwas schlechter erkennbar halb in einer kleinen Pfütze. Aber er wies die gleiche Form auf, ungefähr in meiner Schuhgröße (Fotos 39–41, S. 68). Es passte alles zusammen: drei gleich

Foto 38: Hunderte von Dinosaurier-Spuren in der Nähe von Clayton in New Mexico.

Foto 39: Der vom Autor zuerst entdeckte, seitlich verschobene Abdruck.
Foto 40: Man erkennt deutlich den zur Seite und nach oben weggeschobenen ursprünglichen Schlamm. Daraus kann man schließen, dass es sich nicht um ein Erosionsprodukt handelt.

Foto 41: Der Autor steht mit dem rechten Fuß im ersten und mit dem linken im zweiten von vier entdeckten, gleich großen Abdrücken in Schrittweite.

1 Dinosaurier-Menschen-Gruppenbildnis

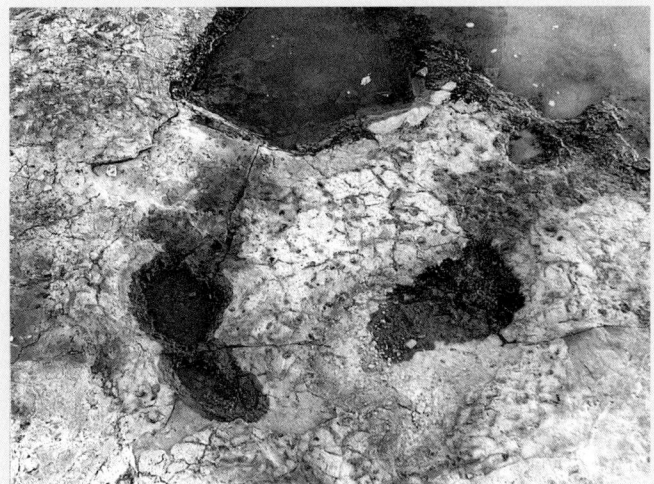

Foto 42: Es sind der zweite und folgende dritte Abdruck am Rande der Pfütze zu erkennen.

Foto 43: Der Autor steht im zweiten und dritten Abdruck.

Foto 44: Es sind die drei ersten versteinerten Schuhabdrücke neben Fußspuren von Sauropoden zu sehen.

70 Irrtümer der Erdgeschichte

Foto 45: Der dritte Schuhabdruck neben einer großen Sauropoden-Fußspur ist aus einem anderen Blickwinkel sehr deutlich zu sehen.

Foto 46: Larissa Zillmer fand den vierten Abdruck auf der gegenüberliegenden Seite der Pfütze, an deren linkem Rand der dritte Abdruck zu erkennen ist.

Foto 47: Das T-Shirt sperrt das Wasser ab, damit der Abdruck deutlich zu erkennen ist.

große Abdrücke in genauer Schrittlänge voneinander. Meine Tochter Larissa meinte aber, wo drei sind, da sind auch vier. Sie beseitigte das Wasser der Pfütze mit ihren Händen. Hervor trat ein weiterer klarer Abdruck in gleicher Größe und genau im richtigen Schrittabstand hinter dem dritten Abdruck (Fotos 42–44). Handelte es sich nur um Zufall? Erodierten diese Schuhabdrücke in richtiger Schrittweite voneinander zufällig zur gleichen Form, einschließlich des schräg weggeglittenen Abdrucks? Oder gab es Dinosaurier mit schuhähnlichen Füßen (Fotos 38–44, S. 68–69)?

Menschliche Schuhabdrücke im Erdmittelalter? Unmöglich, denkt man, denn Schuhe tragen Menschen erst seit kurzer Zeit. Aber es wurden weitere Entdeckungen gemacht. In einer 160 bis 195 Millionen Jahre alten Flöz-Schicht im Fisher Canyon des Pershing County in Nevada fand man im Jahr 1927 den Abdruck eines Schuhs. Die Sohle ist so deutlich abgebildet, dass sogar Spuren einer Art Zwirn zu sehen sind. Es handelt sich bei den menschlichen Funden aus dem Erdmittelalter also um keinen Einzelfall. Aber auch in der Nähe von Carson City (Nevada) entdeckte man versteinerte Trittsiegel von Menschen – mit und ohne Schuhe – in Schiefergestein. In der Wüste Gobi wurde ebenfalls ein Abdruck dokumentiert, in einer allerdings nur zwei Millionen Jahre alten Gesteinsschicht. Doch auch dieses geologisch *jugendliche* Alter ist für Schuhe tragende Menschen noch viel zu hoch.

Das letzte Geschäft

Ich erinnerte mich an meine Reise durch Australien und eine Meldung in der Zeitung »Sydney Morning Herald« über den Fund eines 80 Kilometer langen (!) Dinosaurier-Pfades, bestehend aus mehreren Tausend versteinerter Fußabdrücke im westaustralischen Kimberley-Gebiet. Bleibt ein so langer Pfad über etwa 150 Millionen Jahre trotz ständig nagender Erosionseinflüsse erhalten? Oder sind wesentlich kürzere Zeiträume im Bereich von wenigen Tausend Jahren maßgebend?

Trittsiegel von Dinosauriern an der heutigen Erdoberfläche existieren an etlichen Orten auf der Welt. Zum Beispiel sind auf einem Berg, von dem man die ganze Umgebung überschauen kann, ungefähr 37 Kilometer nördlich von Moab (Utah), angeblich 50 Millionen Jahre alte Spuren von Sauropoden zu finden (Foto 48, S. 72).

Foto 48: Große Spuren von Dinosauriern auf einer Bergkuppe nördlich von Moab (Utah). Im Hintergrund ist ein flaches Plateau (Mesa) zu sehen, der frühere Grund eines Sees oder Meeres. An dessen Rand bzw. in seichten Bereichen wurden die Spuren hinterlassen und versteinerten schnell.
Ebenso etwas nördlich von Moab, am Highway 279, befinden sich auf einer Felsplatte Spuren von Dinosauriern, die 200 Millionen Jahre alt sein sollen. Man musste sie nicht ausgraben, sondern sie befinden sich auf einer massiven Felsplatte hoch oben an einem Berghang. Um sie zu sehen, muss man eine kleine Kletterpartie auf sich nehmen (Fotos 49 und 50).
Hat sich ein früherer Boden, auf dem Dinosaurier herumliefen, dort oben in dieser Höhe befunden? Ist der Untergrund zum großen Teil weggewaschen worden?

Fotos 49 und 50: In unmittelbarer Nähe von Moab befinden sich diese Dinosaurier-Spuren auf einer Felsplatte (F) an einem Berghang, zu der der Autor (A) emporsteigt. Hier oben befand sich der frühere Meeresboden in (heutzutage) wüstenartiger Umgebung. Durch gewaltige Wassermassen erodierte der frühere Meeresboden. Woher kam das Wasser? Wo befindet sich das ganze Erdmaterial?

Betrachten wir das Colorado Plateau als gesamtes: Dieses wurde aus Meereshöhe mitsamt Wasser in die Höhe gehoben. Neben mehreren kleinen gab es plötzlich große Seen auf den heutzutage wüstenhaften Hochebenen.

Einer dieser Seen erstreckte sich nordöstlich rechts und links vom heutigen Flussbett des Colorado River in Arizona, New Mexico, Colorado und Utah. Dieser See wurde von Walt Brown (1995) *Grand Lake* und vom Geologen Steven Austin (1994) *Canyonlands Lake* getauft. Die Konturen des Sees unterscheiden sich, je nachdem, wie man die Höhenlage des Seespiegels rekonstruiert. Wir wollen den Namen Canyonlands Lake verwenden, aufgrund der in dieser Ära vorhandenen grandiosen Canyons (siehe Abb. 30).

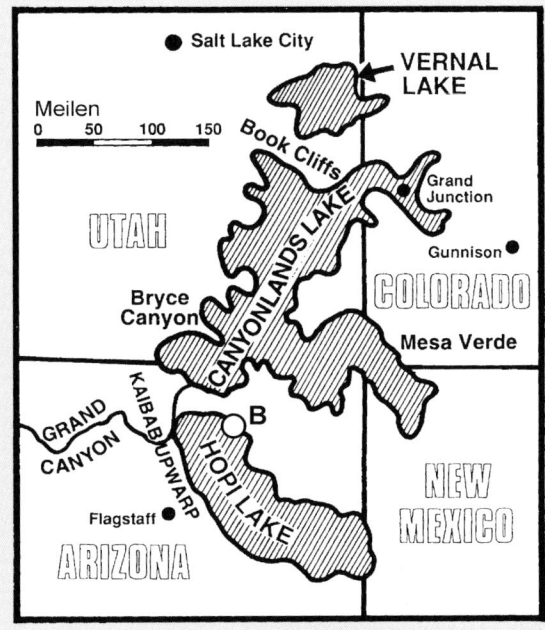

Abb. 30: **URZEIT-SEEN**. Nach der Hebung des Colorado Plateaus von Meereshöhe befanden sich plötzlich Wassermassen in großer Höhe, verschiedene Seen bildend. Der Kreis »B« weist den Ort meiner Besichtigung an dem urzeitlichen See *Hopi Lake* aus.

Ein anderer See wird Hopi Lake genannt. Dieser liegt südwestlich des Grand Canyon im Nordosten Arizonas. Fahren wir also an den Rand des ehemaligen Hopi Lake, etwa acht Kilometer westlich von Tuba City, beziehungsweise etwas mehr als 100 Kilometer nördlich von Flagstaff (Arizona) liegend.

In den Uferbereichen des ehemaligen Sees *Hopi Lake*, heutzutage den Navajos gehörend, sind mit Unterbrechungen die versteinerten Rippelmarken des ehemaligen Seebodens zu sehen. In diesem befinden sich ganze Pfade von Dinosaurier-Trittsiegeln, meist dreizehige, also von fleischfressenden Theropoden hinterlassene. Diese Trittsiegel-Pfade werden von versteinerten Kothaufen begleitet, sogenannten Koprolithen. Sie liegen einerseits wie aufgeklebt auf den nur wenigen Zentimeter mächtigen Kalksteinschichten, mit denen sie fest verbunden sind. Andererseits liegen sie lose, wo sie sich auf dem heutigen Wüstensand bzw. Schotter finden (Foto 55 und 56, S. 76).

74 Irrtümer der Erdgeschichte

Foto 51: Der im Vordergrund zu sehende Spider Rock (Spinnenfelsen) im Canyon de Chelly National Monument ist 244 Meter hoch. Deutlich sind die Wasserspuren zu erkennen. Warum ist dieser Felsen nach Jahrmillionen nicht zerbröckelt? Wann floss hier das Wasser mehr als 200 Meter über dem Talgrund? Vor kurzer Zeit oder vor Urzeiten? Woher kam das ganze Wasser in der Wüste (1676 Meter ü. M.)?

Foto 52: Im Bereich des heutigen Großen Sees in Utah befand sich früher der wesentlich größere Lake Bonneville. Das Wasser und große Teile des früheren Seebodens fluteten nach Südwesten. Es wurden dort neue, dicke Sedimentschichten gebildet, deren Entstehung nur wenige Stunden und nicht Jahrtausende dauerte. So entstanden auch Moränen, die sonst als Beweis für das Große Eiszeitalter interpretiert werden.

1 Dinosaurier-Menschen-Gruppenbildnis 75

Foto 53 In der Nähe von Littlefield (Arizona) befindet sich ein 800 Meter breiter Flutkanal, der in einen noch älteren, 1,6 km breiten Kanal eingeschnitten wurde.

Foto 54: Viele moränenartige Ablagerungen sind im Westen der USA zu sehen, wie der San Luis Rey Boulder Gravel. Diese Geschiebe sind Relikte vergangener Überflutungen und drainierter Seen, sie wurden durch große Wassermengen mit entsprechenden Geschwindigkeiten hierher transportiert. Kleine Flüsse sind zu dieser gigantischen Erosionsarbeit nicht in der Lage. Außerdem war dieses Gebiet nie vergletschert.

76 Irrtümer der Erdgeschichte

Foto 55: Zu knallhartem Gestein fossilierter Dinosaurier-Kot. Der Koprolith zeigt keine Anzeichen irgendwelcher Erosionseinflüsse.

Foto 56: Ein großer Koprolith liegt unbeachtet in der Wüstenlandschaft Colorados. Es sind keine Zerstörungen durch Frost zu erkennen. Wie lange liegt er hier?
Daneben und unter derartigen Koprolithen versteinerte Rippelmarken blieben erhalten, sollten diese versteinerten Kothaufen von in seichten Ufergefilden lebenden Dinosauriern stammen.
Erstaunlich, denn in der heutigen Wüste unzerstört liegend, erscheinen diese angeblich 140 Millionen Jahre alten Dinosaurier-Hinterlassenschaften wie absolut frisch aussehend, aber versteinert, ohne Erosionsspuren, so wie scheinbar »vor Kurzem« hinterlassen.

Außer den Klimaverhältnissen hat sich in dieser Hochebene seit damaliger Zeit anscheinend gar nichts geändert. Es war auch nichts irgendwann verschüttet. Der See *Hopi Lake* lag hier, wo dieser immer lag, seit es keine Dinosaurier mehr gibt. Wann aber war dieser Zeitpunkt? Bleiben Trittsiegel und Kothaufen 140 Millionen Jahre auf der Erdoberfläche komplett erhalten? Kann ein Kothaufen heutzutage versteinern?

Dinosaurier lebten hier vor kurzer Zeit, das bestätigen auch die Mythen der Navajos auf Nachfrage vor Ort, angeblich seit Anfang der Welt. Haben die Navajos recht und wurden die zuvor beschriebenen Trittsiegel, Koprolithe, Knochen und Rippelmarken am Hopi Lake zu Zeiten indianischer Vorfahren hinterlassen, dann sollten auch versteinerte *menschliche* Fußspuren zu finden sein (vgl. Foto 61, S. 81).

Meinen indianischen Führer Willy fragte ich, ob es nicht auch versteinerte Fußabdrücke von Menschen gebe. Er berichtete, dass es nur einen Meter von unserem Standort einen weiteren Abdruck mit allen fünf Zehen gegeben hatte, der aber aus dem Felsplateau herausgestemmt worden war. Willy wusste aus eigener Anschauung zu berichten, dass hier früher etliche andere menschliche Fußabdrücke zu sehen waren, die größtenteils von Arbeitern, die die in der Nähe verlaufende Straße gebaut hatten, entfernt wurden.

Meine Literatur-Recherche ergab, dass in dieser Gegend wohl an mehreren Stellen menschliche Fußabdrücke gefunden worden waren. Es wurde auch dokumentiert, dass nicht nur versteinerte Fußspuren von Menschen neben Dinosaurier-Trittsiegeln vorhanden waren, sondern auch von Säugetieren in den gleichen geologischen Schichten (Rosnau et al., 1990).

Die Koexistenz von großen Säugetieren und Dinosauriern wurde nach der Erstauflage dieses Buches im Jahr 2001 in China nachgewiesen. Die Entwicklung der Säugetiere fand bereits während der Kreidezeit zu Lebzeiten von Dinosauriern und nicht danach statt, wie von Evolutionisten bisher dogmatisch propagiert (Rowe, 1999).

Neben anderen Säugetieren wurden in einer angeblich 128 bis 139 Millionen Jahre alten Formation des frühen Kreide-Zeitalters in der nordost-chinesischen Provinz Liaoning zwei neue größere Säugetiere entdeckt. Das eine Exemplar (Repenomamus giganticus) war über einen Meter groß und wog 12 bis 14 Kilogramm. Ein anderer Säugetier-Räuber fraß sogar einen Saurier! Bei dem Fund handelt es sich um eine Sensation, denn bei dem nahezu vollständigen Skelett konnten die Forscher sogar den Mageninhalt analysie-

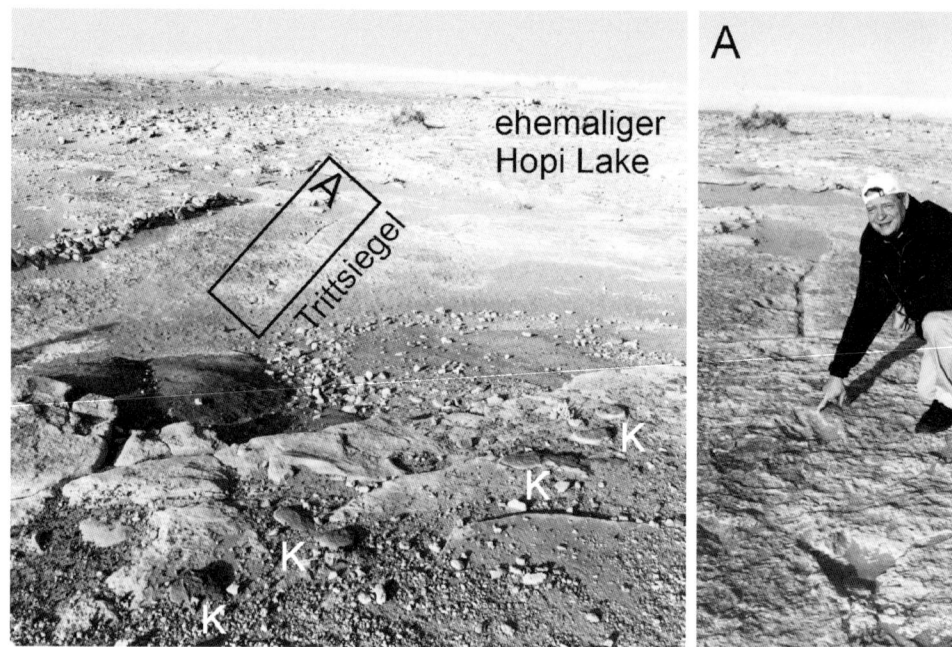

Abb. 31: **EHEMALIGER SEEBODEN**. Linkes Bild: Auf felsigem Untergrund festklebend liegen hintereinander unzerstörte Koprolithe (K), die als ehemalige Kothaufen während einer Vorwärtsbewegung eines Dinosauriers fallen gelassen wurden. Rechtes Bild: Vergrößertes »Detail A« aus linkem Bild mit mir neben einem Pfad mit dreizehigen Trittsiegeln eines Theropoden im versteinerten Seeboden.

ren. Man fand einen jungen 14 cm langen Psittacosaurier, der nahezu am Stück verschlungen worden war. Wie wurde dieses Tier derart konserviert? Forscher vermuten sicherlich richtig, dass ein Vulkanausbruch zu einem Massensterben von Dinosauriern, Säugetieren und Amphibien führte, die in Tuffschichten der Yixian-Formation eingeschlossen wurden (Hu et al., 2005).

Unisono müssen versteinerte Fußspuren in ursprünglich weichen oder matschigen Böden hinterlassen worden sein, die dann in kurzen Zeiträumen zu knallhartem Felsen erhärteten. Die beschriebenen Trittsiegel am Hopi Lake wurden in seichten Uferbereichen dieses Sees hinterlassen, wie die versteinerten Rippelmarken und Trockenrisse beweisen, bevor dieser See schlagartig entwässert wurde, und zwar durch die von Steilhängen flankierte Erosionsrinne *Little Colorado Canyon* (Foto 57, S. 80), der in den Grand Canyon mündet (Abb. 30, S. 73). Zurück blieben die weichen Kothaufen und die Spuren im weichen Schlamm des ehemaligen Sees, die durch die damals

Abb. 32: **HINTERLASSENSCHAFTEN**.
Linkes Bild: Ehemaliger Seeboden mit Rippelmarken, bis zum Horizont in der heutigen Wüstensonne liegend. Im Hintergrund liegen einige Koprolithe. Rechtes Bild: Aus oberflächigem Schotter bestehender ehemaliger Seeboden mit unzähligen verstreut liegen Koprolithen, teils ganz erhalten, teils auch nur teilweise.

herrschende Hitze »gedörrt« wurden. Diese Kalksteinschicht, der ehemalige Seeboden, ist nur wenige Zentimeter dick und beinhaltet nicht nur Trittsiegel und Kothaufen, sondern auch Dinosaurier-Knochen und Rippelmarken unmittelbar nebeneinander oder auch verstreut liegend in einer homogenen, ungestörten Schicht. Dies kann höchstens vor wenigen Tausend Jahren passiert sein.

Dies zeigt eindeutig, dass der Dinosaurier seine Notdurft genau an dieser Stelle neben seiner eigenen Spur verrichtete. Ein Koprolith kann aber nicht auf der Erdoberfläche über sehr lange Zeiträume, ja zig Millionen Jahre erhalten bleiben, allein unter Berücksichtigung der Frost-Tau-Wechsel in dieser Höhenlage und den extremen Klimaverhältnissen. Der glatt geformte Dinosaurier-Kot und auch die Fußspuren sollten unter Wasser im damaligen Seeboden hinterlassen worden sein und waren derart durch das darüber befindliche Wasser geschützt, solange keine heftigen Wellen auftraten. Dann entwässerte der See, und Trittsiegel, Knochen und Koprolithe lagen schließlich ungeschützt auf der Erdoberfläche, scheinbar zu Lebzeiten prähistorischer Indianer (Fotos 59 und 60, S. 81).

80 Irrtümer der Erdgeschichte

Foto 57: Der in den Grand Canyon mündende Little Colorado River zeichnet sich durch steile Canyonwände aus. Der urzeitliche Hopi Lake wurde durch diese Erosionsrinne in den Grand Canyon entwässert.
Ich drehte mehrere große Koprolithe um und untersuchte die raue Unterseite näher. Zuerst fiel auf, dass zum Teil die auf der Erdoberfläche liegenden kleinen Kieskörnchen in dem Koprolith mitversteinert wurden. Die gesamte Unterseite des fossilen Kothaufens spiegelte als exaktes Negativabbild die darunterliegende Erdoberfläche wider, mit allen Erhebungen und Vertiefungen zur Zeit der Untersuchung (Fotos 58 und 59)!

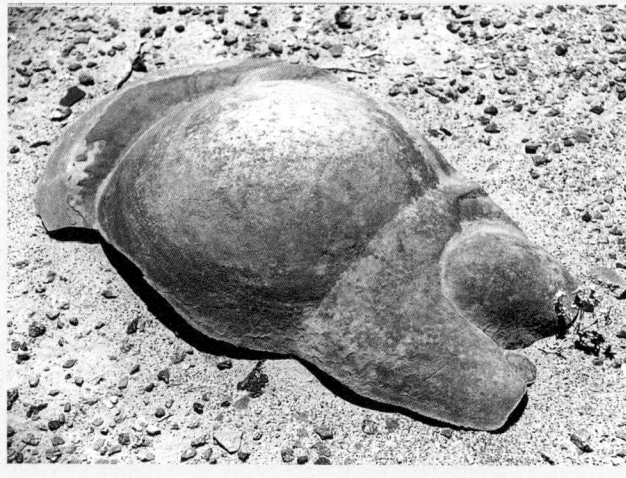

Foto 58: Einer von unzähligen Koprolithen liegt unversehrt und ohne jedes Anzeichen einer Erosion auf der Erdoberfläche, wie gerade frisch hinterlassen.

1 Dinosaurier-Menschen-Gruppenbildnis

Foto 59: Die Unterseite des Koprolithen spiegelt die Topographie der Geländeoberfläche exakt wider. Die Mulde (Am) entspricht genau dem Buckel (Ab) des Koproliths. Die losen Kiesel des Untergrunds drückten sich in die weiche Masse ein und versteinerten gemeinsam mit ihr (S). Deshalb erscheint die Erdoberfläche unter dem Koprolithen fast kieselfrei.

Foto 60: Neben versteinerten Dinosaurier-Spuren sind auch fossilierte Knochen in das Gestein eingeschweißt. Links liegen zerbrochene Koprolithe.

Foto 61: Einer von vielen versteinerten Abdrücken in länglicher Fußform, die teilweise mehrfach in Schrittlänge hintereinander liegen. Zum Vergleich der Fuß von Renate Zillmer (Schuhgröße 39).

Flutkanal Grand Canyon

Nicht weit entfernt von Tuba City befindet sich der Grand Canyon (Abb. 30, S. 73). Die Ureinwohner dieser Gegend, die Havasupai, bestätigen, dass sich die Berge in die Höhe drückten und dann Flüsse entstanden, wovon einer davon den großen Graben einschnitt, der zum Grand Canyon wurde. Diese auf einer Hinweistafel im *Yavapai Geology Museum* im Grand Canyon Nationalpark dokumentierte Überlieferung wurde lange Zeit belächelt, aber neue wissenschaftliche Untersuchungen haben diese Darstellung gestützt.

Robert H. Webb (U.S. Geological Survey in Tucson, Arizona) bestätigt, dass ein Teil des Grand Canyon katastrophenartig zu Lebzeiten der prähistorischen Indianer entstand. Vor angeblich 165 000 Jahren soll eine Flutwelle mit mehr 400 000 Kubikmetern pro Sekunde – etwa 37-mal so mächtig wie die größte bekannte Mississippi-Flut – durch den Grand Canyon zu Tal geschossen sein, bevor die letzte Phase der Auswaschung vor nur 1300 Jahren vonstattengegangen sein soll, zu Lebzeiten der Ureinwohner dieses Gebiets (Fenton et al., 2002, S. 191–215).

Die Mythen der Havasupai scheinen von diesem Ereignis zu berichten. Haben sie auch damit recht, dass sich das Colorado Plateau

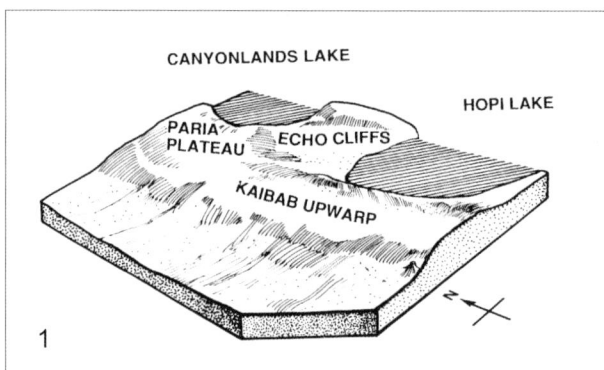

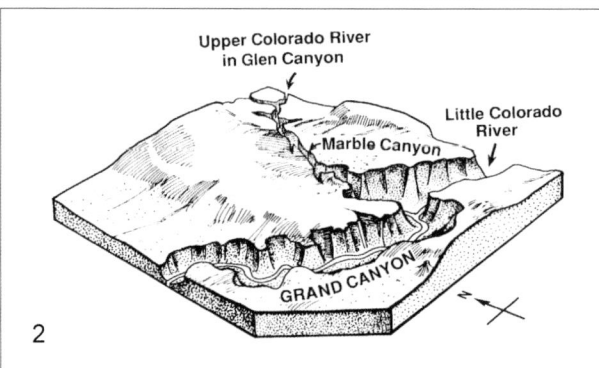

Abb. 33: **GRAND-CANYON-EROSION.** Grand Canyon, Marble Canyon und Little Colorado Canyon entstanden nicht durch einen Erosionsvorgang Körnchen für Körnchen über märchenhaft lange Zeiträume hinweg, sondern durch plötzliche Entwässerungen der vorzeitlichen Seen wie Canyonlands Lake und Hopi Lake (Skizze 1 – vgl. Abb. 30, S. 73) im Bereich des heutigen Colorado Plateaus als Erosionsrinne (Skizze 2).

noch zu Lebzeiten ihrer Vorfahren (und der Dinosaurier) in die Höhe schob und der große Graben eingeschnitten wurde, der zum Grand Canyon wurde?

Die Barriere der urzeitlichen Seen im Bereich des Grand Canyon lag ungefähr in 1800 Metern Höhe. Das gestaute Wasser bedeckte eine Fläche von ungefähr 80 000 Quadratmetern. Durch heftigen Regenfall während des Kataklysmus erhöhten sich die Wasserspiegel, und noch nicht endgültig verfestigte Dämme wurden überflutet und aufgerissen. Die ehemaligen Seen *Canyonlands Lake* und *Hopi Lake* ergossen sich einerseits durch den Marble Canyon bei Page (Abb. 33, Bild 2) sowie den Little Colorado River in den Grand Canyon (Abb. 30, S.73, und Abb. 33). Kaum erodierte, steile Canyon-Wände bezeugen eine schnelle und eben nicht langsame Erosionsarbeit der Wassermassen. So wurden nacheinander viele Canyons gebildet.

Abb. 34: **LITTLE GRAND CANYON OF TOUTLE**. Ein bis zu 42 Meter tiefes Canyon-System mit einem vorher nicht vorhandenen Bach am Talgrund entstand am Mount St. Helens in wenigen Stunden durch schnell strömende Schlammfluten.

Bisher galt als sicher, dass der Grand Canyon und andere Schluchten über einen Zeitraum von etlichen Millionen Jahren entstanden sind. Denn die meisten Geologen glauben, es dauert Jahrmillionen, bis Flüsse Gräben ins Gestein erodieren, und fast jeder Besucher des Grand Canyons betet diese Tatsache nach. Aber die schnelle Bildung von Schluchten konnte in den letzten Jahren sogar live beobachtet werden.

Der im Nordwesten der USA gelegene Vulkan Mount Saint Helens brach am 18. Mai 1980 aus. Zu Tal schießende Schlammmassen erodierten festes Gestein ungefähr 30 Meter tief und es wurden Canyons in den Untergrund gefräst. Dabei wurden über Nacht durch Schlamm- und Wasserfluten geologische Schichten mit einer Mächtigkeit von bis zu 50 Metern aufgeschichtet. Dann, am 19. März 1982, schoss wiederum eine Schlammflut den Vulkankegel hinunter und wusch ein System von Kanälen und drei Schluchten innerhalb von neun Stunden aus den 1980 aufgeschütteten Sedimenten. Eine derart entstandene Schlucht erhielt den Namen der »Kleine Grand Canyon vom Toutle Fluss«, da diese wie ein Modell des Grand Canyons im Maßstab 1:40 aussieht. Und tatsächlich schlängelt sich am Grund des kleinen Grand Canyon ein Bach entlang, den es vorher *gar nicht gab* (Abb. 34, S. 83).

22 Jahre später untersuchte ein Forscherteam den *Canyon Lake Gorge* in Texas (Abb. 35), der 2002 bei einer Sturzflut entstand. Die Wassermassen benötigten nur einen einzigen Spülgang, um sich um 7, ja bis zu 15 Meter tief in die Landschaft zu graben (Lamb/Fonstad, 2010).

Wenn mächtige Schlammfluten durch Landschaften rauschen, wird alles mitgerissen, auch Pflanzen, Bäume, Tiere, Menschen und Gerätschaften. Auf dem weiteren Fließweg des Schlamms wird dann alles *größenmäßig sortiert*. Dies bedeutet, dass zuerst die schweren Teile zum Liegen kommen, und säuberlich nacheinander wird alles Mitgerissene, sozusagen nach Korn-

Abb. 35: **CANYON LAKE GORGE**. Im Juli 2002 erodierte dieser bis zu 15 Meter tiefe Canyon durch eine Wasserflut, bestehend aus 1900 m³ Wasser.

Foto 62: Der Loowit Canyon nördlich des Mount St. Helens hat sich im Sommer 1980 plötzlich neu gebildet. Der solide Fels wurde in kurzer Zeit 30 Meter tief eingeschnitten. Der Wasserfall am linken Bildrand scheint auf ein lang andauerndes Erosionswerk durch den kleinen Bach hinzudeuten. Demzufolge müsste es Millionen von Jahren bis zur Bildung dieses Canyons gedauert haben. Dieser Rückschluss wäre jedoch ein gewaltiger Irrtum, da wir Augenzeugen des katastrophischen Ereignisses waren.

Foto 63: Die Bildung von dicken und/oder gebänderten Gesteinsschichten geht schnell vor sich und nicht unmerklich langsam. Eine 8 Meter dicke Schicht (S) – Größenvergleich Mensch (M) – entstand an einem Tag am 12. Juni 1980, und darüber bildeten sich viele fein gebänderte Schichten (G) am 19. März 1982 in wenigen Stunden beim Ausbruch des Mount St. Helens. Zahlreiche dünne oder massiv dicke Erdschichten stellen keinen Beweis für lange Zeiträume dar. Fazit: Wenn Erdschichten schnell wachsen können, ist die Einteilung der Erdzeitalter (Lyell-Dogma) der größte Irrtum des zweiten Jahrtausends.

86 Irrtümer der Erdgeschichte

Foto 64: Nach offizieller Ansicht stellt die gewaltige Sandsteinschicht (Coconino Sandstone) am Bright Angel Trail eine versteinerte Sanddüne dar. Deutlich ist die ausgeprägte Kreuzschichtung zu erkennen. Diese Felsen können aber das Ergebnis einer Flut mit einer Wassergeschwindigkeit von ca. 80 cm/s sein (siehe Abb. 28, S. 58). Fazit: Unter katastrophischen Voraussetzungen entstanden diese Klippen innerhalb von Stunden und nicht von Jahrmillionen. Der Mensch (links unten) dient als Größenvergleich.

Foto 65: Dieser Sandsteinblock besteht aus durch Wasserbewegung gerundeten Sandkörnern und enthält eine Schicht hellgrauen Sandsteins. Die Quarzkörner wurden durch einen natürlichen Zement verkittet, der Kieselerde genannt wird. Kieselerdezement ist haltbarer als der allgemein häufiger vorkommende Kalkspatzement anderer Sandsteinarten. Die Mineralien stammen von Vulkanausbrüchen im westlichen Utah und wurden mit der vulkanischen Asche vom Wind verweht. Diese offizielle Darstellung bezeugt die schnelle Bildung von Sandstein unter katastrophischen Umständen: Wasser und Vulkanausbrüche. Gleichzeitig wird die Bildung dieses Sandsteins als eine Art »Betonierungsvorgang« des ursprünglich nassen, weichen Sandgemisches bestätigt. Dieser Vorgang ist aber kein Spezialfall, sondern das allgemeine Rezept der Sedimentsteinbildung und entspricht der von mir vorgestellten »Naturbetontheorie«.

1 Dinosaurier-Menschen-Gruppenbildnis 87

Foto 66: Geschichteter Sandstein in verschiedenen Richtungen kreuz und quer versteinert. Handelt es sich um eine versteinerte Sanddüne in der Wüste oder eine durch schnell fließendes Wasser erzeugte Lagerung?

Foto 67: Wie eine Sandburg aus nassem Sand sieht dieser Felsen im »Arches Nationalpark« aus. Der kreuzgeschichtete Sandstein scheint wie aus einer Spritztüte in kurvenförmigen Lagen gebildet worden zu sein. Der Sand war eine feuchte, formbare Masse, bevor er jeweils als großes Gebilde zu einer von drei verschiedenen Felsformation (A, B, C) versteinerte.

Abb. 36: **FOSSILIENBILDUNG.** Gewaltige Schlammfluten reißen Flora, Fauna oder Artefakte mit sich und erhärteten dann am Ablagerungsort teilweise schnell zu Sedimentgesteinen mitsamt dem Treibgut. Das rechte Bild zeigt ein modernes Beispiel nach dem Ausbruch des Vulkans Mount St. Helens.

und Gewichtsgröße sortiert, hintereinander liegend abgelagert. Derartige Hinterlassenschaften befinden sich dann teilweise im Schlamm, der, nachfolgend schnell erhärtet, vor Verrottung der Hinterlassenschaften schützt. Derart können Fossilien, wie zum Beispiel mit Mineralien angereicherte Knochen, relativ schnell versteinern.

Dann sollte auch die schnelle Entstehung der Kohleflöze – analog zu den Sedimentschichten – mit darin senkrecht stehenden Baumstämmen kein wissenschaftliches Rätsel mehr darstellen (Abb. 37).

In ferner Zukunft werden Geologen von derartigen, sich heutzutage ereignenden kataklysmischen Ereignissen wahrscheinlich gar nichts mehr wissen und konstatieren, dass die Bildung von Geländeeinschnitten und der zuvor beschriebenen (schnell aufgeschütteten!) Schichten sehr langsam vor sich ging …

Aber es ist doch alles genau datiert, und das Alter der Gesteine steht doch fest? Es ist kaum bekannt, dass Sedimente (wie u. a. Schiefer, Sand- und Kalkgesteine) nicht durch irgendwelche Messungen unmittelbar datiert werden können. Fossilien befinden sich aber fast ausschließlich in Sedimentgesteinen, können also nicht direkt datiert werden, außer diese sind wirklich jünger als 50 000 Jahre und es ist noch biologisches Material vorhanden. Für diese Fälle wird die Radiokarbonmethode verwendet. Entsprechende Datierungen ergeben nicht selten falsche Ergebnisse (Abb. 40, S. 90).

Hingegen gibt es für Eruptivgesteine wie Granite und Basalte radiometrische Messmethoden. Da im *Grand Canyon* Basaltflüsse vorhanden sind, kann man diese radiometrisch datieren. Sehen wir uns diese Messungen genauer an.

Abb. 37: **STEINKOHLEWALD**. Nicht nur im Kohlensandstein von St. Etienne in Frankreich fand man aufrecht stehende Baumstämme, die etliche geologische Schichten durchstoßen und nicht an dieser Stelle gewachsen sind. »Von unten nach oben sind folgende Schichten zu sehen: Steinkohle, Kohlenschiefer mit Pflanzenabdrücken, Kohlenlager mit Toneisennieren, darüber Sandstein mit stehenden Stämmen.« Diese Schichten haben keine Verschiebungen oder Faltungen erlitten und sollen Millimeter für Millimeter über sehr lange Zeiträume langsam gewachsen sein. Die Lage der Baumstämme beweist jedoch, dass Flutwellen zunächst die Kronen der Bäume kappten, dann wurden die teilweise mit ihren Wurzeln aufrecht schwimmenden Stämme abgelagert, mit Erdmaterial verfüllt und schnell durch mehrere Überflutungsphasen aufrecht stehend verschüttet. Diese Erd- und Kohleschichten entstehen in einem kurzen Zeitraum, der vielleicht sogar nur einen Tag dauerte, sehr schnell hintereinander, und zwar bevor das Holz verrotten konnte (vgl. Abb. 21, S. 50).

Abb. 38: **FLUTKANAL.** Der *Wadi Hadramaut* liegt in der Wüste der Republik Jemen, Südarabien, und präsentiert sich heutzutage als Taloasen-Landschaft. Diese wird derzeit als Trockenbett eines ehemaligen Flusses im Wüstengebiet angesehen, das nur bei heftigen Regenfällen Wasser führt. Satellitenkarten zeigen deutliche Spuren früherer großer Wasserströme auf der Arabischen Halbinsel (Zillmer, 2011, S. 124 ff.). Das Wadi Hardamaut wurde vor wenigen tausend Jahren durch Superfluten innerhalb eines kurzen Zeitraumes in das Plateau eingefräst, bevor vor etwa 5000 Jahren sich aride Klimaverhältnisse einstellten und in der Folgezeit bis zum heutigen Tag eine Wüstenbildung fortschritt (vgl. »Proceedings of the Seminar for Arabian Studies«, Bd. 38, 2008, S. 33).

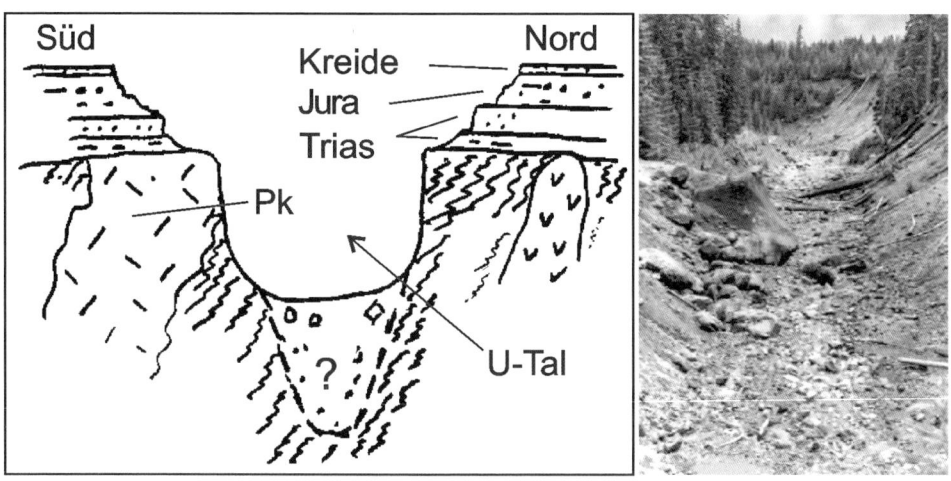

Abb. 39: **FEHLINTERPRETATION**. V-förmige Täler entstehen durch lange Zeit andauernde Erosion kleinerer Wassermassen. U-förmige Täler gelten deshalb wissenschaftlich als Beweis für den Ausschürfvorgang eines Gletschers. Jedoch erzeugen große Wassermassen alternativ auch U-förmige Täler. Die Schnittskizze zeigt den U-förmigen »Unaweep Canyon« in Colorado, der infolge großer Wassermassen entstand. Hinterlassen wurden zig Tonnen schwere Findlinge. Das Foto zeigt eine kleinere U-förmige Erosionsrinne, geformt durch Schlammfluten, die beim Vulkanausbruch des Mount St. Helens 1980 ausgeworfen wurden. Pk = Präkambrium (Erdfrühzeit).

Abb. 40: **UNTERSCHIEDLICH**. Eine mumifizierte Frau mit zwei Kindern in Südamerika, die anscheinend plötzlich starben. Radiokarbon-Datierungen ergaben unterschiedliche Alterswerte: Die Frau wurde in das Jahr 1095, aber das eine Kind 252 Jahre sowie das andere 111 Jahre älter datiert.

Glücksspiel Datierung

Einzelne Regionen des *Colorado Plateaus* sollen sich gemäß geologischer Zeitskala zu verschiedenen Zeitpunkten über zig Millionen Jahre hinweg aufgefaltet haben. Die entscheidende Frage ist nur: Zu welchen Zeitpunkten passierte dies? Aber wichtiger zu klären ist, ob Hebungen in diesem Gebiet – gemäß geologischem Weltbild – kaum merklich langsam oder im Gegensatz dazu schnell vor sich gingen. Lässt man also die im Sinne der Evolutionstheorie zwingend notwendig postulierten, sehr langen Entwicklungszeiträume der Fauna jeweils schrumpfen wie eine zusammengepresste Quetschkommode, verschieben sich die Erdzeitalter wie ein gedehntes und dann einseitig losgelassenes Gummiband in Richtung des Fixpunktes, in diesem Fall der Gegenwart. Um derart komprimierte Zeiträume wird die Erdkruste jünger, die zwar weitgehend noch aus älteren Gesteinen und Sedimenten besteht, jedoch weltweit kataklysmisch umgelagert und -geformt, teils auch neu gebildet wurde, z. B. infolge Vulkanausbrüchen.

Falls sich beispielsweise ein Erdrutsch in einem Gebirge wie den Alpen ereignet, dann ist kein neues Erdmaterial hinzugekommen, aber das Aussehen der Erdkruste präsentiert sich ganz neu, sei es am Hang oder im Tal im Bereich des Erdrutsches: Eine neue Landschaft ist entstanden! *Die Erde als gesamter Planet ist älter, wie alt auch immer. Dies ist aber nicht Gegenstand unserer Betrachtungen.*

Sehen wir uns die Datierungen der geologischen Schichten im Bereich des Grand Canyon genauer an. Verschiedene Datierungsmethoden ergeben oft stark voneinander abweichende Ergebnisse. Die Lava im westlichen Teil des Grand Canyon gehört zu den jüngsten Formationen. Überall kann dieses basaltische Gestein auf dem *Uinkaret Plateau* im Grand Canyon gefunden werden. Indianische Überlieferungen berichten von entsprechenden Vulkanausbrüchen *nach* der Bildung des Grand Canyon.

Gemäß einer Veröffentlichung in einem Geologie-Fachmagazin wurde anhand eines Kalium-Argon-Modells das Alter des Gesteins eines Vulkans nördlich vom Colorado River in Arizona auf *nur 10 000 Jahre geschätzt* (Reynolds et al., 1986, S. 1 ff. – vgl. Abb. 41). Aus *demselben* Lavafluss wurde eine andere Probe auf 117 Millionen Jahre datiert (Damon, 1967). Diese Altersbestimmung entspricht der geologischen Vorstellung von der Entstehung dieses Vulkans. Im zweiten Fall wurde das glasig glänzende, flaschengrün bis

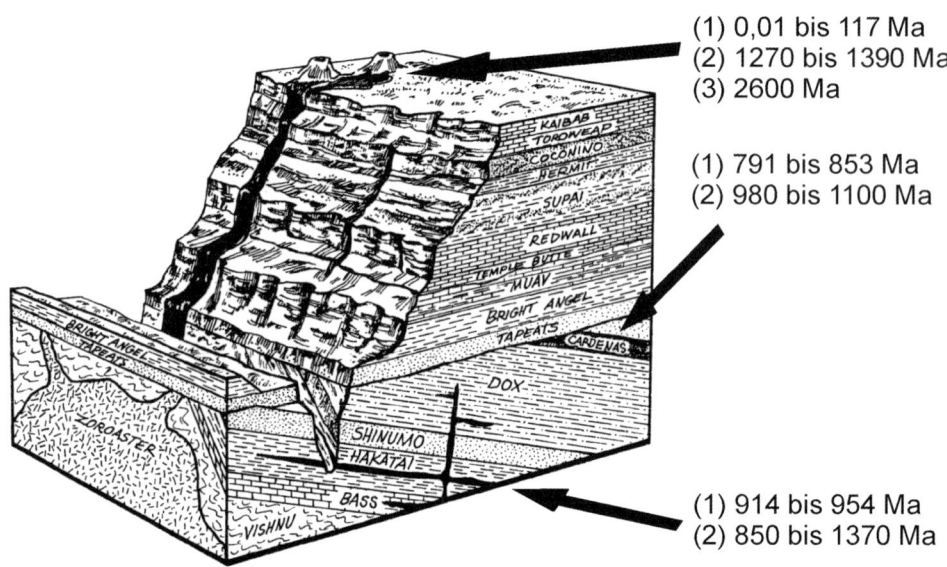

Abb. 41: **DATIERUNG.** Das Blockdiagramm zeigt unterschiedliche Ergebnisse der Datierungen im Bereich des Nordrandes des Grand Canyon. Kalium-Argon-Methode (1), Rubidium-Strontium-Methode (2), Blei-Blei-Methode (3). Bild: bearbeitet nach Austin (1994).

gelblich durchscheinende Mineral Olivin untersucht. Diese Probe enthielt allerdings sehr wenig Kalium, aber dafür sehr viel Argon. Anscheinend wird durch diese Mischung für die Bestimmung des Kalium-Argon-Modellalters ein zu hoher Wert ermittelt. Eine andere Probe einer Lava, die das Plateau überflutete und in das Flussbett des Colorado River floss, ergab ein Alter von etwa 1,2 Millionen Jahren (McKee u. a., 1968). Nach der Rubidium-Strontium-Methode ergab eine Isochron-Altersbestimmung allerdings ein Alter von 1340 Millionen Jahren (Austin, 1994, S. 126) und gemäß einer weiteren Methode 2600 Millionen Jahre. Mit den beiden zuletzt genannten Altersangaben wäre die junge Lava auf dem Uinkaret Plateau wesentlich älter als der geologisch in sehr tiefen Schichten auf Höhe des Colorado River liegende *Cardenas-Basalt* im Grundgestein.

Nach der Rubidium-Strontium-Methode ergab sich für das Grundgestein nur ein Alter von 1070 Millionen Jahren gegenüber 1340 Millionen Jahren der Lava auf dem Plateau (Abb. 41). Ist die Lava nach offizieller Datierung jetzt 10 000 Jahre oder aber 1340 Millionen Jahre, vielleicht auch 2600 Millionen Jahre alt? Sollte das Messergebnis mit nur ein paar Tausend Jahren richtig sein, wäre das jugendliche Alter des Grand Canyon in Übereinstimmung mit indianischen Überlieferungen augenscheinlich gegeben.

Radiometrische Datierungsmethoden beruhen auf der Zerfallsreihe des Uran 238, wobei durch entsprechenden Zerfall nacheinander neun verschiedene Isotope erscheinen. Schneidet man durch ein solches als Kugel erscheinendes radioaktives Uran-Atom, erscheinen die einzelnen Stufen der radioaktiven Zerfälle als einzelne Schalen, wie bei einer Zwiebel. Jede Stufe des radioaktiven Zerfalls besitzt eine charakteristische Schale. Die letzten drei Glieder der radioaktiven Zerfallskette bilden Polonium 218, 214 und 210, bevor stabile Blei-Isotope entstehen. Aufgrund der geringen Zerfallszeiten von 10 Minuten, 164 Mikrosekunden und 138,4 Tagen sollten Polonium-Isotope nur als Tochterprodukte des ursprünglichen Uran-Atoms im Gestein eingeschlossen sein, wurden aber ohne ihre Mutter-Isotope in Granit nachgewiesen. Dies bedeutet, dass der Granit nicht unmerklich langsam, sondern, analog der verhältnismäßig kurzen Halbwertszeiten der isoliert vorkommenden Polonium-Isotope, innerhalb entsprechend dieser Zerfallszeiträume entstanden sein muss. Es wurde sogar nachgewiesen, dass Polonium

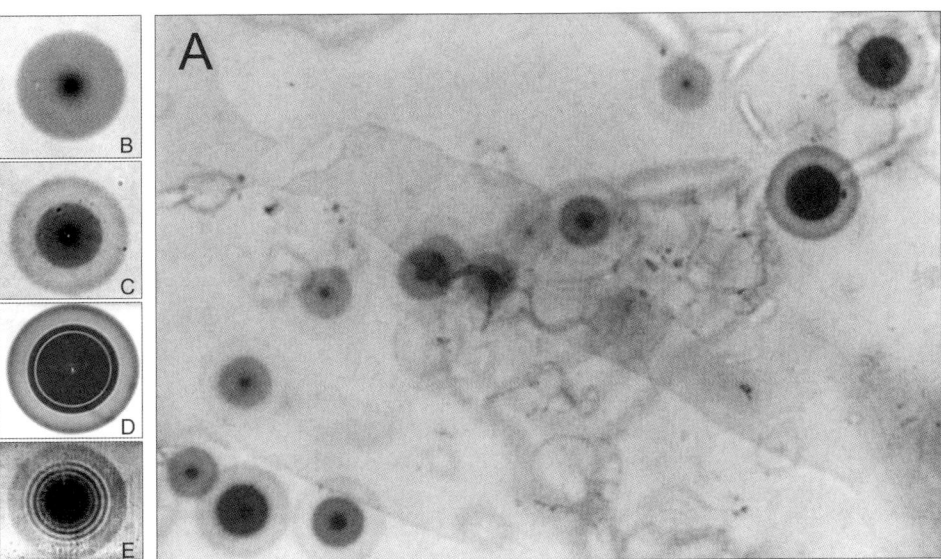

Abb. 42: **ISOLIERT**. Verschiedene Polonium-Halos in Biotit (Glimmergestein) mit unterschiedlichen Zerfallsketten (Bild A) ohne jede Strahlungskugel der Mutterelemente: nur Polonium 210 (Bild B), Polonium 214 und 210 (Bild C), Polonium 218, 214 und 210 (Bild D) sowie die komplette Zerfallsreihe von Uran 238 mit Polonium 218, 214 und 210 (Bild E). Bild: bearbeitet nach Gentry (1995).

218, 214 und 210 sowie Polonium 214 und 210 jeweils gemeinsam, als Zerfallsreihe, aber auch nur Polonium 210 isoliert in Granit vorkommen: Granit kann sich daher nur innerhalb entsprechend kurzer Zeiträume, aber nicht in Millionen von Jahren verfestigt haben (Gentry, 1992).

Gemeinsame Funde

In Glen Rose (Texas) wurden in kreidezeitlichem Kalkstein Trittsiegel von Menschen, einem Hund und ein Pfad von sieben Abdrücken einer großen Katze – eines Säbelzahntigers? – hintereinander in den gleichen geologischen Schichten gefunden, die auch Abdrücke von Dinosauriern beinhalten (Abb. 43).

Von versteinerten menschlichen Fußspuren, die aus der Dinosaurier-Ära stammen, wurde zum Teil auch von Wissenschaftlern berichtet. Ausgewählte Beispiele:
- in Kentucky (»Science News Letter«, 10.12.1938, S. 372).
- in Missouri, berichtet von Henry Schoolcraft und Thomas Benton in »The American Journal of Science and Arts« (5. Jahrgang 1822, S. 223 ff.).

Abb. 43: **KOEXISTENZ**. In mehreren US-Bundesstaaten wurden versteinerte Abdrücke von großen Säugetieren in kreidezeitlichen Schichten dokumentiert, in denen sich auch Trittsiegel von Dinosauriern befinden. Die Fotos (Dougherty, 1971) zeigen Beispiele vom östlichen Rand des Gebirges Llano Uplifts in Texas, das an der Westküste des kreidezeitlichen Binnenmeeres in Nordamerika lag. Links: Hundepfote. Rechts: Großkatze, evtl. Säbelzahntiger.

- in Pennsylvania, dokumentiert im »Science News Letter« vom 29.10.1938 (S. 278 f.) unter dem Titel »Versteinerte menschliche Fußspuren sind ein Rätsel für Wissenschaftler«.
- Im Jahr 1983 schrieben die »Moskauer Nachrichten« (Nr. 24, S. 10) über den Fund eines anscheinend menschlichen Fußabdrucks in 150 Millionen Jahre altem Gestein in Turkmenistan, gleich neben einem versteinerten riesigen dreizehigen Trittsiegel eines Dinosauriers. Professor Amannijazow, korrespondierendes Mitglied der Turkmenischen Akademie der Wissenschaften, gab zu, dass der Abdruck einem menschlichen Fuß ähnlich sei, betrachtete ihn aber nicht als Beweis für die Koexistenz von Menschen und Dinosauriern.
- Die Mitglieder einer chinesisch-sowjetischen paläontologischen Expedition fanden 1959 »in der Wüste Gobi in einem vom Sand begrabenen Stein den Abdruck eines Millionen Jahre alten Schuhs, der aus einer Zeit stammt, in der es noch keine Menschen gab« (Moskauer Zeitschrift »Smena«, Nr. 8, 1961).
- Im Fachmagazin »American Anthropologist« (Bd. IX/1896, S. 66) wird der Fund eines ungefähr 37 Zentimeter langen perfekten Fußabdrucks beschrieben, der vier Meilen nördlich von Parkersburg im US-Bundesstaat West Virginia entdeckt wurde. Nach moderner geologischer Datierung müsste hier vor 150 Millionen Jahren zu Lebzeiten der Dinosaurier ein Mensch im Osten der USA umhergelaufen sein.
- Mehrere Fuß- und Schuhabdrücke wurden in den 1970er-Jahren im Carrizo Valley in Nordwest-Oklahoma entdeckt. Diese 52 Zentimeter (!) langen Abdrücke befanden sich nicht nur in der für Dinosaurier-Funde typischen *Morrison Formation*, sondern wurden sogar unmittelbar neben Trittsiegeln von Dinosauriern in derselben Gesteinsschicht entdeckt. Andere Abdrücke befanden sich in kreidezeitlichem Dakota Sandstein.

Außerdem fand man menschliche Fußabdrücke aus der Zeit *vor* den Dinosauriern, also aus dem Erdaltertum:

Professor W. G. Burroughs, der Leiter der geologischen Abteilung am Berea College in Berea (Kentucky), schrieb von »Geschöpfen, die zu Beginn des oberen Kohlezeitalters auf ihren zwei Hinterbeinen gingen, mit Füßen, die menschlichen ähnlich waren, (...) in Rockcastle, Jackson und an mehreren Stellen zwischen Pennsylvania und Missouri« (Burroughs, 1938). Es wurde gefolgert, dass menschenähnliche Fußspuren in nassem, weichem

Sand hinterlassen wurden, bevor dieser sich vor angeblich etwa 250 Millionen Jahren zu hartem Stein konsolidierte. Demzufolge hätten menschliche Wesen bereits vor Beginn der Dinosaurier-Ära im Erdaltertum gelebt. Eine offizielle Reaktion folgte im »Science News Letter« (1938): »Menschenähnliche Fußspuren in Stein geben den Wissenschaftlern Rätsel auf. Menschlich können sie nicht sein, weil sie viel zu alt sind – aber welche seltsamen zweifüßigen Amphibien könnten sie dann hinterlassen haben?« Viel Spaß bei dieser Suche, die seit 1938 erfolglos blieb.

Die nachfolgende Feststellung wirft ein bezeichnendes Bild auf die Geologie: »Was nicht sein kann, das nicht sein darf.« Diese Sichtweise wurde in »Scientific American« (Bd. 162, 1940, S.14) kategorisch untermauert: »Wenn der Mensch oder auch nur sein äffischer Vorfahre oder selbst frühe Säugetier-Vorfahren dieses Affenvorfahren in welcher Gestalt auch immer in einem weit zurückliegenden Zeitalter wie dem Karbon existiert haben würden, dann wäre die ganze geologische Wissenschaft so grundsätzlich falsch, dass Geologen ihren Beruf an den Nagel hängen und Lastwagen fahren sollten ...«

1908 besuchte eine internationale Studienkommission den prähistorischen Fund eines versteinerten menschlichen Unterschenkelknochens im östlichen Flöz Braun, 2. Sohle, Querschlag 3. 1909 wurde der »Braun«-Fund als geheim eingestuft und nach dem preußischen Staatsmuseum in Berlin verbracht (Krajewski, 1975). Geheim muss diese Angelegenheit schon behandelt werden, denn Menschen können nicht im Karbon-Zeitalter vor vielleicht 300 Millionen Jahren gelebt haben.

In der Fachzeitschrift »The Geologist« erschien im Dezember 1862 ein interessanter Bericht: »Im Landkreis Macoupin, Illinois, wurden neulich 90 Fuß (27,5 Meter) unter der Erdoberfläche in einem Kohlenflöz, der von einer zwei Fuß (60 Zentimeter) dicken Schieferschicht bedeckt war, die Knochen eines Mannes gefunden (...). Die Knochen waren bei ihrer Entdeckung von einer Kruste aus hartem, glänzendem Material überzogen, das so schwarz war wie die Kohle selbst, die Knochen aber weiß und in natürlichem Erhaltungszustand beließ, sobald es abgekratzt wurde.«

Diese damals abgebaute Kohle im Macoupin County soll aber 286 bis 320 Millionen Jahre alt sein. Gemäß den geologischen Datierungen müsste somit ein Mensch bereits vor den Dinosauriern gelebt haben. Zu dieser geologischen Datierung passt der Fund eines Artefakts. Am 9. Juni 1891 füllte die Herausgeberin der Lokalzeitung in Morrisonville im US-Bundesstaat Illinois, S. W. Culp, ihren Kohlenkasten. Da einer der Kohlebrocken zu groß war, zerkleinerte sie ihn. Er zerbrach in zwei nahezu gleich große Teile. Zum Vorschein kam eine zarte, ungefähr 25 Zentimeter lange Goldkette »von alter und wundersamer Kunstfertigkeit« (»Morrisonville Times«, 11. Juni 1891, S. 1). Die eng beieinanderliegenden Enden der Kette waren noch immer fest in der Kohle eingebettet. Dort, wo der jetzt gelöste Teil der Kette gelegen hatte, war ein kreisförmiger Abdruck in der Kohle sichtbar. Das Schmuckstück war offenbar so alt wie die Kohle selbst. Eine Analyse ergab, dass die Kette aus achtkarätigem Gold gefertigt wurde und zwölf Gramm wog. Als die Besitzerin der Kette 1959 starb, ging diese verloren. Die Kohle, in der die Kette eingebettet war, ist angeblich 260 bis 320 Millionen Jahre alt.

Im US-Bundesstaat South Carolina wurde in den Phosphatgesteinen ein riesiges Massengrab mit an Land lebenden Säugetieren (u. a. Mammuts, Elefanten, Schweine, Hunde, Schafe) Seite an Seite mit Vögeln und Meerestieren (u. a. Wale, Haie) gefunden. Auch Relikte von Menschen wurden ausgegraben (Willis, 1881). Professor F. S. Holmes, Paläontologe und Kurator am nationalhistorischen Museum in Charleston, dokumentiert in einem Report an die *Academy of Natural Sciences* (Akademie der Wissenschaften) den Fund einer sechs Meter langen Echse. Er führt ergänzend aus, dass dieser Fund aus der späten Tertiärzeit stammt, »als Elefant, Mammut, Rhinozeros, Megatherium, Hadrosaurier und andere riesige Vierbeiner die Wälder South Carolinas durchstreiften« (Holmes, 1870, S. 31). Mit anderen Worten, ein Fachmann beschreibt den Fund von angeblich vor 80 Millionen Jahren (nach heutiger Auffassung) existierenden Hadrosauriern zusammen mit über 50 Millionen Jahre jüngeren Säugetieren, die sogar zusammen mit Menschen in einem Massengrab liegen. Auf dem Titelblatt seines Buches »The Phosphate Rocks of South Carolina« (Die Phosphatgesteine von Süd-Carolina) ist zur Dokumentation eindeutig ein Hadrosaurier-Skelett abgebildet. Auch Plesiosaurier sollen gefunden worden sein. Es wird bestätigt, dass Dinosaurier-Skelette aus der Oberkreidezeit zusammen mit mindestens 30 Millionen Jahre jüngeren Großsäugern und noch wesentlich jüngeren Menschen in einem zusammengeschwemmten, riesigen Massengrab gefunden wurden. Große Säugetiere, Menschen und Dinosaurier starben scheinbar gemeinsam bei einer großen Naturkatastrophe. Diese Phosphatlager sind heutzutage verschwunden, da ausgebeutet.

In einer Veröffentlichung des *Geologischen Dienstes* der USA wurde bestätigt: Einige in der Supai-Formation (Esplanade Sandstein) im Grand Canyon nordöstlich vom Havasu Canyon von Gilmore (1936) entdeckten Trittsiegel ähneln solchen von Pferdehufen (»Geological Survey Professional Paper 1173«, Washington D. C. 1982, S. 93–96, Fotos S. 100). Der Esplanade Sandstein soll 290 bis 287 Millionen Jahre alt sein und stammt somit aus einer Zeit von zig Millionen Jahren *vor* der Dinosaurier-Ära.

Lebten Säugetiere bereits vor den Dinosauriern und mit diesen zusammen? Forscher von der Staatlichen Universität in Pennsylvania kamen bereits 1998 zu dem Schluss, dass die meisten Säuger-Arten schon vor 100 Millionen Jahren lebten – während der Dinosaurier-Ära (Kumar/Hedges, 1998). Scheinbar gab es größere Säugetiere auch noch früher. Wissenschaftler in China entdeckten die angeblich 164 Millionen Jahre alten fossilen Überreste eines Ur-Bibers. Damit gab es entgegen der Evolutionstheorie schon zu Zeiten der Dinosaurier große Säugetiere, die erstaunlich weit entwickelt waren, wie im Fachmagazin »Science« dokumentiert (Ji et al., 2006).

Deltatheridium, einer der frühesten Beuteltierverwandten, wurde aus Ukhaa Tolgod in der Wüste Gobi geborgen und wird auf ein Alter von etwa 80 Millionen Jahre datiert. Dieser Fundort des Deltatheridiums in Zentralasien deutet darauf hin, dass die heute meist in Australien und Südamerika lebenden modernen Beuteltiere möglicherweise ihren Ursprung in Asien haben sollen (Rougier et al., 1998).

Bereits in den 1990er-Jahren sammelten mehrere Expeditionen unter Professor Timothy Rowes im Südwesten der USA, aber auch in Mexiko, Europa und Südafrika Hunderte von Säugetier-Skeletten, die zeigen, dass die Diversifikation, also die Entwicklung von Unterschieden bei der Artbildung der Säugetiere bereits während der Kreidezeit, also zu Lebzeiten der Dinosaurier stattfand und nicht, wie bisher dogmatisch propagiert, danach (Rowe, 1998).

Diese Untersuchungen zeigen aber auch, dass die Säugetiere erst relativ spät im frühen oder mittleren Jura-Zeitalter vor etwa 160 bis 180 Millionen Jahren, gemäß geologischer Datierung, und nicht bereits noch früher im Trias-Zeitalter auftauchten, wie noch 1997 in der Fachliteratur ausgeführt wurde (Dingus/Rowe, 1997). Mit anderen Worten, »Säugetiere sind 20 bis 40 Millionen Jahre jünger als bisher angenommen« (Rowe, 1999) und entwickelten sich damit erst zu einer Zeit, als die Dinosaurier schon voll entwickelt eine angebliche Weltherrschaft angetreten hatten, und nicht schon vorher, wie bisher wissenschaftlich proklamiert!

Da die Entwicklung diverser höher entwickelter Säugetiere von der Erdneuzeit (Tertiär), also der Nach-Dinosaurier-Ära weiter zurück in die Vergangenheit ins Erdmittelalter (Kreide und Jura) hinein verschoben wurde, verlieren die Dinosaurier somit ihren Weltbeherrscher-Nimbus der angeblich alle biologischen Nischen ausfüllenden Spezies im Erdmittelalter (Rowe, 1999). Im Jahr 2005 bestätigen Forscher im Fachmagazin »Nature«, »dass Säugetiere im Erdmittelalter verschiedene Nischen besetzten und dass einige große Säugetiere wahrscheinlich mit Dinosauriern um Nahrung und Territorium konkurrierten« (Hu et al., 2005). Die Vielfalt der Säugetiere während der Dinosaurier-Ära reichte von bodenbewohnenden Generalisten bis zu Spezialisten, die sowohl an Land als auch im Wasser oder Wäldern lebten, aber auch gleitende Gewohnheiten aufwiesen (Luo, 2007).

Es wurde bereits zuvor dokumentiert (s. S. 30 f.), dass in einer 128 bis 139 Millionen Jahre alten Formation des frühen Kreide-Zeitalters in der nordost-chinesischen Provinz Liaoning zwei neue größere Säugetiere entdeckt wurden, wobei ein opossum-großes Exemplar einen am Stück verschlungenen jungen Psittacosaurier im Magen hatte. Warum ist dieser Fund sogar mit Mageninhalt derart gut erhalten?

Im vorliegenden Fall wird vermutet, dass in dieser chinesischen Region ein Vulkanausbruch zu einem Massensterben von Dinosauriern, Säugetieren und Amphibien führte, die in Tuffschichten der Yixian-Formation eingeschlossen wurden (Zhonghe et al., 2003). Diese Formation hat sich schon häufiger als Fundstätte spektakulärer Fossilien herausgestellt. Die dortigen Vögel sind, wie solche in der Grube Messel (Deutschland) erhaltenen, wahrscheinlich durch vulkanisches Gas, vor allem Kohlendioxid, getötet worden und fielen dann in die kurze Zeit später aushärtende Vulkanasche; andererseits sind auch Vögel nach der Explosion mit gebrochenen Knochen in den See gestürzt (vgl. Magazin »Bild der Wissenschaften«, 8/2002, S. 54–63).

Das bei Vulkanausbrüchen freigesetzte Kohlendioxid entsteht durch die Oxidation von Methan, das aus der Tiefe aufsteigt und den eigentlichen Zünder einer Vulkan-Explosion darstellt, und nicht etwa Lava, die *nicht explosiv* sein kann, auch nicht unter Druck. Falls heiße Lava ganz einfach ohne externen Treiber aus einer Magmakammer bis zur Erdoberfläche gepresst werden soll, dann würde sie die relativ dünnen Schlote, also die

Aufstiegskanäle, ganz einfach vulkanisieren und damit schließen, da das die Schlote umgebende Gestein kälter als die heiße Lava ist. Aufsteigende Lava benötigt also einen Treiber. Eine Druckentlastung der Magmakammer erfolgt durch den gemeinsamen Aufstieg von Methan und Lava. Auf diesem Weg nach oben oxidiert das Methan durch den vorhandenen Sauerstoff und es entsteht chemisch einerseits Wasser, das nicht selten, wie u. a. auch bei Ausbrüchen des Ätna dokumentiert, am Ende eines Vulkanausbruchs in Form von Schlammfluten den Vulkankegel herabschießt, wovon selten berichtet wird. Andererseits bildet sich durch die Oxidation des Methans Kohlendioxid, weshalb bei Lava-Vulkanausbrüchen immer Kohlendioxid gemessen wird.

Bei dem zuvor beschriebenen Vulkanausbruch in China fand ein Zeitimpakt statt, denn entsprechende 125 Millionen Jahre alte Schichten der Yixian-Formation aus der frühen Kreidezeit entstanden plötzlich nach einem Vulkanausbruch (Xu et al., 1999). Deshalb stellen die hierin enthaltenen Fossilien nur die schnappschussartige Momentaufnahme einer Lebensszene dar: Diese Schicht hat also ein sehr kurzes Entstehungsalter von Stunden, höchstens Tagen. Eine evolutive Entwicklung kann aus den Tierfunden daraus nicht abgeleitet werden.

Können große, hoch entwickelte Säugetiere und eventuell auch Menschen zusammen mit Dinosauriern im Erdmittelalter vor über 65 Millionen Jahren gelebt haben? Kaum, aufgrund der langen Zeiträume. Denken wir alternativ jetzt genau entgegengesetzt und lassen Dinosaurier zusammen mit Säugetieren und Menschen vor wenigen Jahrtausenden zusammenleben. Für diesen Fall müssen wir die angeblich die nach dem Aussterbezeitpunkt der Dinosaurier entstandenen Sedimentschichten des Zeitalters Tertiär quasi auf fast null reduzieren, in geologischen Zeiträumen betrachtet.

Große Naturkatastrophen bewirken immer einen Zeitsprung (also einen Zeitimpakt) für die betroffenen Gebiete, denn kataklysmische Prozesse laufen in rasantem Tempo ab, quasi als eine Art Zeitraffer angeblich gleichförmig ablaufender, lang andauernder geologischer Sedimentierungs-Prozesse. Berücksichtigt man einen derartigen Zeitimpakt nicht, ist die Naturkatastrophe ein kurzzeitiger Statthalter für ansonsten fast unendlich lang erscheinende geologische Zeiträume, die wiederum als Grundlagen geologischer und biologischer Entwicklungen herhalten müssen, denn eine darwinsche Evolution braucht sehr viel Zeit.

Die Schichtenfolge (Stratigrafie) für die Tertiär- und die folgende Quartär-Zeit nach dem Aussterbezeitpunkt der Dinosaurier (K/T-Grenze) charakterisiert der Geologe Professor Kenneth Jinghwa Hsü tatsachengemäß: »Nirgendwo auf der Erde könnten wir eine durchgehende, kontinuierliche vertikale Sequenz vom heutigen Tag bis zurück zur Dinosaurierzeit (also im Quartär und Tertiär, d. V.) finden« (Hsü, 1990, S. 80). Dabei ist zu beachten, dass im Tertiär die größten Sedimentmengen aller Zeitalter gebildet wurden).

Bereits der Vordenker moderner Geologen, Charles Lyell (1833, S. 15), erkannte richtig, »dass die tertiären Formationen generell aus allein-stehenden, weithin isolierten Massen bestehen, die allseits von primärem und sekundärem (also ursprünglichem Gestein, d. V.) umgeben sind. Gegenüber diesen Formationen platzieren sie sich wie kleinere oder größere inländische Seen bzw. Buchten gegenüber den sie tragenden Landmassen. Sie sind, ebenso wie diese Gewässer, oftmals sehr tief, wenn zugleich auch von begrenztem Ausmaß«.

In diesem Fall hat Lyell richtig beobachtet, denn tertiäre Schichten sind nicht großflächig verteilt geschichtet, sondern liegen verstreut wie Einzelteile eines Flickenteppichs, etwa so, als ob man Dominosteine (= geologische Schichten) mit einem heftigen Schwung verstreut. Mit anderen Worten: Um eine reine relative Chronologie tertiärer Schichten aufstellen zu können, müssten diese auf eine gewisse nachvollziehbare Weise zueinander gelagert sein, wie übereinandergestapelte Dominosteine. Diese notwendige Voraussetzung *fehlt jedoch gänzlich und grundsätzlich.*

Wenn wir geologische Übersichtskarten von Europa, Nordamerika, Südamerika oder Asien betrachten und die Verteilung der Meeresablagerungen, die nach der Kreidezeit im Tertiär gebildet wurden, dann ergibt sich eine Systematik. Denn eine Anzahl der größten Flüsse entwässern breite oder schmale Becken, deren Ränder aus konzentrischen Bändern schüsselförmig ineinanderliegender Formationen bestehen.

Ein schönes Beispiel hierfür ist das Pariser Becken (Seine-Becken), dessen Ränder im Dinosaurier-Zeitalter (Jura und Kreide) gebildet wurden, während die einzelnen (jüngeren) Glieder der Tertiärformationen, immer engere Räume bedeckend, als konzentrisch gelagerte Schalen zur Nordküste hin sich erstreckend, auf- und hintereinander folgen. Ganz ähnlich ist der Aufbau des Themse-Beckens (England). Auch Rhône und Donau fließen aus lang gestreckten tertiären Rinnen, und in Nordamerika ist das untere Mississippi-Tal von Bändern tertiärer Gesteine bedeckt, ebenso die Ostküste von Florida bis Carolina. In Südamerika fließt der Amazonas durch ein weites Becken *junger* Meeresabsätze, und in Asien entwässern die größten Ströme ehemaligen Meeresgrund. Fazit: »Es lässt sich kaum ein größeres Küstengebiet der heutigen Kontinente namhaft machen, welches nicht während der Tertiärzeit (nach der Dinosaurier-Ära, d. V.) Schritt für Schritt vom Meere verlassen wurde« (Walther, 1908, S. 455).

Analog zu den Ausführungen in diesem Buch kann man unschwer einerseits das Überfluten und anschließende Abfließen riesiger Wassermassen erkennen und andererseits die Entstehung bzw. Auffaltung der Gebirge am Ende der Dinosaurier-Ära bzw. Ende der Kreidezeit, wodurch die großen Ströme überhaupt erst entstehen konnten, die es vorher zu Zeiten der Dinosaurier nicht gegeben hat.

Erst in diesem Zeitraum wurde die Erdkruste während der Tertiär-Zeit weiträumig bewegt und gefaltet. In Europa entstanden die Alpen, die Karpaten, der Apennin, die Pyrenäen und zahlreiche kleinere Bergzüge. In Asien türmten sich gewaltige Gebirgssysteme auf, deren Falten wie die Wogen eines Meeres aus dem Inneren Asiens bis zum Indischen und Pazifischen Ozean vorwärtsdrangen. Im Westen Nord- und Südamerikas entstanden die großen Gebirgsketten.

Wie wurde die Unterteilung der Tertiärzeit in lang andauernde einzelne Serien (Paläozän, Eozän, Oligozän, Miozän, Pliozän) überhaupt begründet? Die Gliederung des Tertiärs beruht auf Auswertung der Anzahl mariner Schalentiere (Mollusken) in einem Vorkommen. Dabei spielte die Höhe des Anteils in einer Serie die entscheidende Rolle. Im 19. Jahrhundert wurde das Tertiär in drei (heute fünf) Serien aufgeteilt, wobei nach Charles Lyell das Eozän 5 Prozent, das Miozän 17 Prozent und das Pliozän 35 bis 95 Prozent lebende (rezente) Arten enthalten soll: Je geringer der Anteil an Muschelarten, desto älter soll die Schicht analog einer evolutiven Weiterentwicklung sein. Wie zu erwarten, stellte sich schon »frühzeitig heraus, dass die angeführten Prozentzahlen nicht einmal von Frankreich auf England übertragen werden konnten« (Walther, 1908, S. 454).

Man geht bei dieser Methode davon aus, dass die Aussterbe- und Neubildungsrate insbesondere bei Mollusken (Muscheln) überall auf der Erde gleich ist. Trotz dieser aus der Luft gegriffenen Idee einer Systematik für das

Tertiär hat sich dieses willkürlich diktierte Prinzip der Einteilung und Zeitdauer bis zum heutigen Tag erhalten. Warum ist bisher nur von Meerestieren in tertiären Schichten die Rede, wenn sich im Tertiär doch die Säugetiere entwickelt haben sollen? Warum spielten Fossilien von Landtieren in Bezug auf die Stratigrafie keine Rolle? »Das Material (…) war nur den Spezialisten bekannt und zugänglich« (Thenius, 1959, S. 4).

Stephan J. Gould konnte zeigen, dass jeder Versuch, eine kontinuierliche Höherentwicklung der Säugetiere zu unterstellen, mit dem empirisch vorliegenden Material kollidieren muss (Gould, 1998). Als Paradebeispiel der Evolution gilt der Stammbaum des Pferdes: »Alle wichtigen Abstammungslinien der Unpaarhufer (zu denen die Pferde gehören) sind erbärmliche Überbleibsel früherer, üppiger Erfolge. Mit anderen Worten: Die heutigen Pferde sind Versager unter Versagern – also so ungefähr das schlechteste Beispiel für den Evolutionsfortschritt, was immer ein solcher Begriff bedeuten mag« (ebd., S. 97).

Fand die Koexistenz von Dinosauriern, Säugetieren und Menschen nicht im Erdmittelalter vor über 65 Millionen Jahren, sondern vor wenigen Jahrtausenden statt, dann könnte es einerseits überlebende Dinosaurier in den Ozeanen oder auch großen Seen geben (Abb. 44), und andererseits sollten

Abb. 44: **WASSERMONSTER**. In fast jedem größeren See sollen nach indianischen Überlieferungen Wassermonster gelebt haben: Eine prähistorische Anasazi-Zeichnung aus dem Nationalpark *Bandelier National Monument*, Neumexiko, stellt scheinbar einen aus Wasserwellen herausragenden Dinosaurier dar (vgl. Insert: ein fossiler Psittacosaurier-Schädel). Ein Psittacosaurier wäre auch im realistischen Größenverhältnis zum ebenfalls abgebildeten an Land stehenden Krieger gezeichnet.

auch nicht versteinerte Dinosaurier-Knochen oder sogar Proteine zu finden sein, die es nach 65 und mehr Millionen Jahren nicht mehr geben könnte.

Falls unsere Vorfahren im Wasser lebende große Dinosaurier sahen, sollte man Dinosaurier-Knochen und -Reste finden, die nicht versteinert oder mineralisiert sind und somit dokumentieren, dass deren Tod sich erst vor relativ kurzer Zeit und nicht vor über 65 Millionen Jahren ereignete.

Im Nordwesten Alaskas entdeckte man bereits 1961 eine Ansammlung von Dinosaurier-Knochen in versteinertem und nicht mineralisiertem Zustand. Es dauerte jedoch über 20 Jahre, bis sie als Knochen von Entenschnabel- und Horndinosauriern identifiziert wurden (»Journal of Paleontology«, Bd. 61/1, S. 198–200, 1986).

Im östlichen Kanada an der Baffin Bay befindet sich innerhalb des nördlichen Polarkreises die unbewohnte Bylot-Insel. Hier wurde 1987 der Unterkiefer eines Entenschnabel-Dinosauriers von einem jungen Eskimo entdeckt, der 1987 mit Wissenschaftlern von der Memorial *Universität von Neufundland* in Kanada auf der Insel Bylot Island arbeitete: Der Dinosaurier-Knochen war unversteinert und befand sich in »frischem« Zustand. Berichtet wurde von diesem Fund im »Edmonton Journal« vom 26. Oktober 1987.

Aber es gibt noch erstaunlichere Funde, denn man entdeckte Biomoleküle (DNA) von Dinosauriern. Knapp unter der Oberfläche eines Kohleflözes in Price (Utah) wurde ein angeblich 80 Millionen Jahre alter Dinosaurier-Knochen gefunden, aus dem Reste von DNA gewonnen wurden (Woodward, 1994).

Wie lange kann DNA überhaupt erhalten bleiben? Eiweiß verdirbt innerhalb weniger Tage, aber genetisches Material soll zig Millionen von Jahren überstehen? Man kritisierte diesen Fund von DNA und vermutete Verunreinigungen bei der Untersuchung. Jedoch im April des Jahres 2000 veröffentlichten Wissenschaftler der Universität Alabama, dass es ihnen gelungen war, Erbgut aus einem angeblich 65 Millionen Jahre alten Triceratops-Knochen aus Nord-Dakota zu isolieren. Interessant ist der Erhaltungszustand der Knochen: *nicht stark mineralisiert*.

Das Alter versteinerter Knochen kann nicht gemessen werden, aber dasjenige von organischen Resten mithilfe der Radiokarbonmethode theoretisch schon, falls diese nicht älter als 50 000 Jahre sind, weil sonst kein messbarer radioaktiver Kohlenstoff mehr vorhanden ist.

Zwei verschiedene Wissenschaftlerteams aus Amerika unter Leitung von H. R. Miller bestimmten das Alter von fossilen Knochen eines Arcocanthosaurus aus der Gegend des Paluxy River in Texas anhand von Radiokarbon-Datierungen und Messungen mit einem Massenspektrometer (Ivanov et al., 1993). Das Ergebnis widerspricht den gängigen Vorstellungen der Evolution, denn für die Knochen wurde ein Alter von nur 36 500 und 32 000 Jahren ermittelt.

Deshalb überrascht es schon nicht mehr, dass bereits 1997 Blutspuren von einem Tyrannosaurus rex der Hell-Creek-Formation untersucht wurden, ohne Erbgut nachweisen zu können. Jedoch enthielt ein Tyrannosaurus-Fossil aus den Rocky Mountains in Montana noch etliche offenbar intakte Zellen sowie gut erhaltenes Weichgewebe und elastische sowie dehnbare Blutgefäße, nachdem man fossilierte Knochensplitter in einer schwachen Säure eingeweicht hatte. Mary Schweitzer (2005) von der Staatlichen Universität North Carolina räumte ein: »Es war ein absoluter Schock. Ich habe meinen Augen nicht getraut, bis der Test 17-mal gelaufen war.« Ihr Kollege Lawrence Witmer von der Ohio-Universität stimmt ihr zu: »Wenn wir Gewebe finden, das nicht versteinert ist, müssten wir ihm eigentlich auch (Erbbausteine) DNA entziehen können.«

Nachdem diese Entdeckung nicht alle Zweifel der Fachwelt beseitigen konnte, wurde dann der Femur-Knochen eines Hadrosauriers untersucht, der durch seine Lage, sieben Meter tief in Sandstein, noch besser erhalten war. Um Umwelteinflüsse auf die Eiweißstoffe auszuschließen, bargen sie den Knochen mitsamt dem Sandstein und legten diesen erst in ihrem Labor frei. Das US-Team fand in dem Hadrosaurier-Fossil nach der Entmineralisierung noch ursprüngliches Gewebe und Moleküle sowie Mikrostrukturen, die von Blutgefäßen und Zellen stammten. Mit der Sequenzierung des Proteins konnte dieser Hadrosaurier dem gleichen Stammbaum zugeordnet werden, dem nicht nur der Tyrannosaurus rex angehört, sondern auch Hühner, Strauße und etwa 20 weitere Tierarten *unserer Zeit*. Weiter entfernte Verwandte des Entenschnabel-Sauriers sind sowohl Alligatoren als auch Ratten (Schweitzer et al., 2009)

Wie jedes Lehrbuch aussagt, verfallen Weichteile wie Blutgefäße, Muskeln und Haut, wenn ein Tier stirbt, und verschwinden im Laufe der Zeit, während Hartgewebe wie Knochen Mineralien aus der Umwelt aufnehmen und zu Fossilien werden können. Die Wissenschaft war bisher

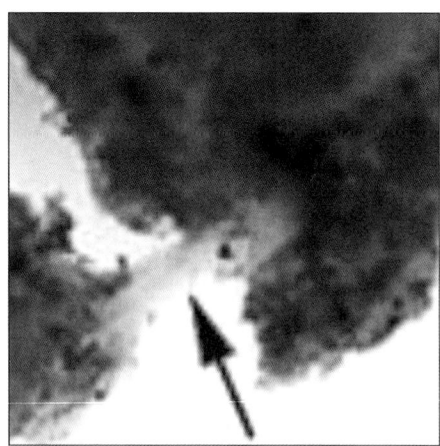

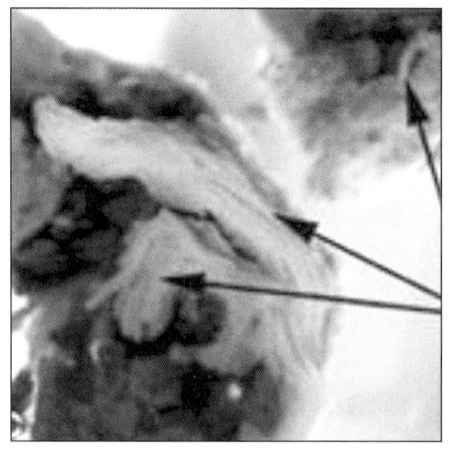

Abb. 45: **DEHNBAR**. Oben: Gewebefragmente an einem Oberschenkelknochen (Femur) eines Tyrannosaurus rex, die flexibel-elastisch sind und nach Dehnung (Pfeil) in ihre ursprüngliche Form zurückkehrten. Unten: Knochenregionen mit faserigem Charakter, die normalerweise bei fossilen Knochen nicht zu sehen sind. Bilder verändert, nach Schweitzer (2007).

davon ausgegangen, dass Proteine selbst in Fossilien allerhöchstens eine Million Jahre überleben können. Normalerweise beginnen sich die Eiweißstoffe mit dem Tod des Lebewesens zu zersetzen.

Schweitzer setzte erstmals die Werkzeuge der modernen Zellbiologie zur Untersuchung von Dinosauriern ein. Diese Vorgehensweise stellte die konventionelle Weisheit auf den Kopf, indem sie zeigte, dass angeblich zig Millionen Jahre alte Fossilien möglicherweise Reste von Weichgeweben in ihrem Inneren versteckt haben können. »Der Grund, warum es noch nie entdeckt wurde, ist, dass kein richtig denkender Paläontologe das tun würde, was Mary mit ihren Proben gemacht hat. (...). Die neuen Erkenntnisse könnten dazu beitragen, eine langanhaltende Debatte darüber beizulegen, ob Dinosaurier warmblütig, kaltblütig oder beides waren« (Fields, 2006). Britische Forscher berichten von erhalten gebliebenen Protein-, also Eiweiß-Spuren in einem angeblich 68 Millionen Jahre alten Dinosaurier (Service, 2015).

Aber es geht noch weiter zurück in die Vergangenheit mit derartigen Funden. Verschiedene, angeblich über 190 Millionen Jahre alte Skelettelemente des prosauropoden Dinosauriers Lufengosaurus aus dem Landkreis Lufeng der Provinz Yunnan in China, wurden eingehend untersucht. Ein kompakter Knochen einschließlich der Rippen bestand aus funktionellen Einheiten eines zentralen Knochenkanals mit Gefäßkanälen, Blutgefäßen und Nerven, und in den Lücken befanden sich erwachsene reife Knochenzellen, umgeben von der Knochenmatrix (Lee, 2017).

Normalerweise zerfallen Proteine innerhalb kurzer Zeiträume, spätestens in einigen Jahrtausenden, überdauern aber nicht zig Millionen Jahre. Ein neuer Rekord in Sachen Erhalt uralter Erbinformationen soll 2019 aufgestellt worden sein: Es wurde der Backenzahn eines Nashorns untersucht, das vor 1,8 Millionen Jahren im heutigen Georgien lebte (Cappellini et al., 2019). Aber auch dieser Zeitraum sollte zu lang sein …

Was spricht denn letztendlich und tatsächlich dagegen, dass die nachgewiesene Koexistenz von Dinosauriern und Menschen historische Wirklichkeit war und dass die Drachen unserer Märchen vermutlich Restpopulationen der Dinosaurier-Ära oder teilweise auch große urzeitliche Echsen darstellten? In dem erst im zwölften Jahrhundert in Frankreich entstandenen, aber vielleicht auf keltischen Ursprüngen basierenden Epos »Tristan und Isolde« tötet Tristan einen Drachen und schneidet ihm zum Beweis die Zunge heraus. Auch in der Nibelungensage kommen Drachen vor. Siegfried badet sogar im Blut des von ihm erlegten Urtieres. Auch der heilige Georg soll einen Drachen getötet haben. Handelt es sich nur um Phantasiewesen, oder waren die Drachen unserer Märchen kleinere Saurierarten (vgl. Abb. 29, S. 59)?

So gesehen rückt aber auch das durch die Existenz der Dinosaurier nachgewiesene globale Tropenklima nahe zur Gegenwart, und die Eiszeiten fanden erst in geschichtlicher Zeit statt. Die Existenz der Dinosaurier in Spitzbergen, Alaska und der Antarktis stützt diese anscheinend unvorstellbare Überlegung. Fast schon selbstverständlich wird unter dieser Voraussetzung und Berücksichtigung der kosmopolitischen Anwesenheit einiger Dinosaurier-Gattungen auf mehreren Kontinenten bewiesen, dass die Kontinentalverschiebung bzw. Entfernung der Kontinente untereinander schnell und nicht langsam, schon gar nicht über zig Millionen von Jahren hinweg, stattgefunden haben kann. Viel hängt vom Zeitpunkt des Aussterbens der Dinosaurier ab; sehr viel sogar: unser gesamtes Weltbild. Das ist auch der Grund, warum dieser Zeitpunkt, der auch das Ende der Kreidezeit und damit des Erdmittelalters symbolisiert, *energisch verteidigt wird*! Bringt man diesen Eckpfeiler unseres schulwissenschaftlichen Weltbildes und damit der darwinschen Evolutionstheorie zu Fall, stürzt ein Gedankenmodell in sich zusammen, das bisher unerschütterlich schien.

Foto 68: Javier Cabrera Darquea zeigt auf einen menschlich aussehenden Schädel, der zusammen mit einer fossilen Masse versteinerte, die wie die umliegenden Klippen aus dem Erdmittelalter stammen soll.

Foto 69: Die Knochen des in der Nähe von Moab gefundenen Menschen haben einen smaragdgrünen Überzug. Der »Malachit Man« wurde 15 Meter unter der Erdoberfläche in Dakota-Sandstein (Jura) gefunden, der aus der Ära der Dinosaurier stammt.

Die vorgestellten Funde zeigen, dass der Aussterbezeitpunkt der Dinosaurier nach Streichen mehrerer Nullen in Richtung Gegenwart rutscht (vgl. Fotos 68 und 69).

Warum sollten Dinosaurier unter dieser Voraussetzung, insbesondere im Wasser lebende, nicht überlebt haben, wenn doch einige Krokodilarten, Schildkröten und Haie das Ende der Dinosaurier-Ära definitiv überlebten? Der Kölner Zoologe Ludwig Döderlein besuchte zwischen 1879 und 1881 die Bucht von Tokio. In den Fängen der Fischer entdeckte er ein seltsames Exemplar, einen urtümlichen Sechs-Kiemen-Hai. Es handelte sich um den Krausenhai, ein lebendes Fossil. Dieses zwei Meter lange Tier lebt unverändert ohne evolutive Entwicklung angeblich seit mindestens 150 Millionen Jahren in den Ozeanen.

Anscheinend schwammen ja auch Mosasaurier bis vor kurzer Zeit im Sahara-Meer, da ihre Skelette noch im Wüstensand der Sahara von der Sonne bleichen. Auf einer Urne aus der Türkei, die auf ein Alter von etwa 2500 Jahren datiert wird, scheint ein Mosasaurier abgebildet zu sein, zusammen mit einem Delphin und anderen bekannten Seetieren (Carpenter et al., 1991). Weitere Beispiele zeigt Abbildung 46.

Auch Bäume leben unverändert seit anscheinend 200 Millionen Jahren, wie zum Beispiel der Ginkgobaum. In Guayana hat man sogar in angeblich über 600 Millionen Jahre altem Gestein aus dem Präkambrium (Erdfrühzeit) Pollen und Sporen von Blumen und Pflanzen entdeckt (Stainforth, 1966). Zu dieser Zeit gab es angeblich noch kein Leben auf dem Land, das erst im Kambrium erschienen sein soll. Ist ganz einfach die geologische Zeitskala falsch?

In einem Artikel im »Acta Histochemica«, einem Fachmagazin für Strukturbiochemie, Zell- und Gewebebildgebung wurde 2013 dokumentiert, dass bei einem Triceratops-Fossil Weichgewebe aus einem über der Augenhöhle befindlichen Horn entdeckt wurde (Armitage, 2013). Dieses aus einer Ausgrabungsstätte in der *Hell Creek Formation* im US-Bundesstaat Montana stammende Dinosaurier-Gewebe wurde auf ein Alter von nur 4000 Jahren datiert. Nach dieser Veröffentlichung entließ die staatliche Universität *California State University* in Northridge, Kalifornien, den hauptverantwortlichen Wissenschaftler Mark Armitage, der seit 30 Jahren in seinem Fach tätig war und in dieser Zeit zahlreiche Studien in von Experten begutachteten Fachzeitschriften veröffentlichte. Grund der Kündigung war, dass er

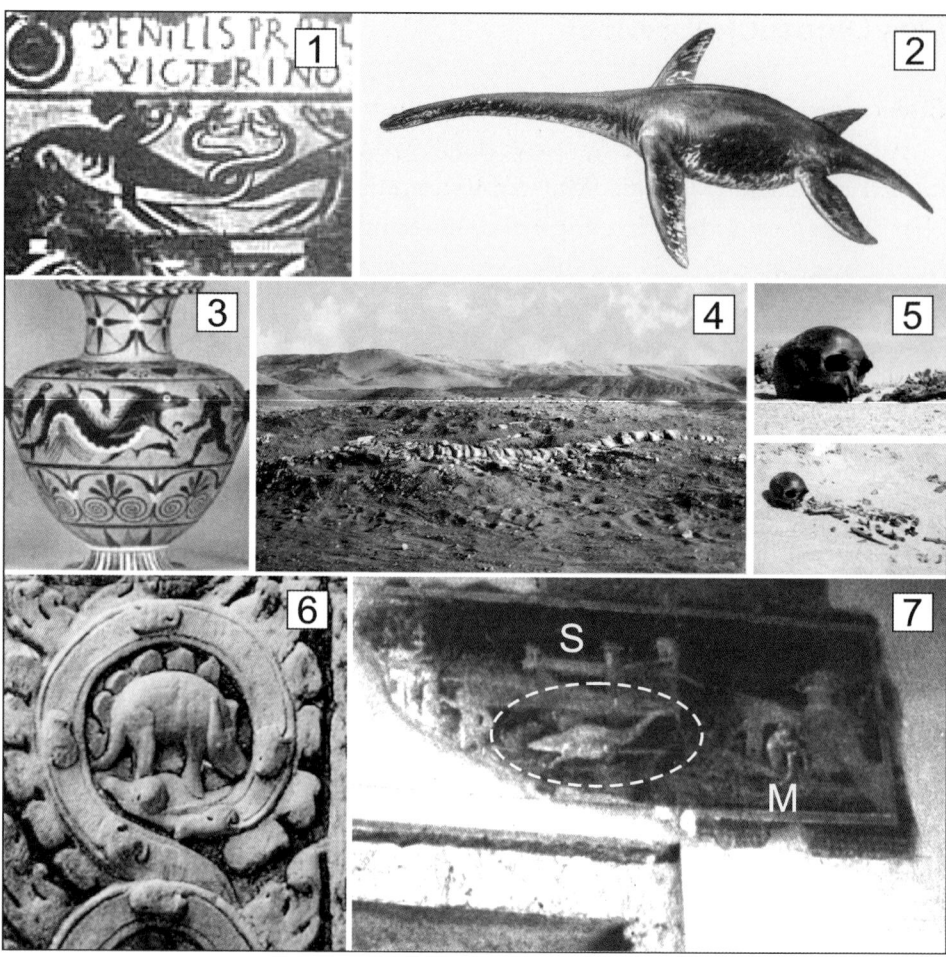

Abb. 46: **ERINNERUNGEN UND ÜBERBLEIBSEL**. Bild 1: Römisches Mosaik um das Jahr 200 mit zwei langhalsigen Wassermonstern. Bild 2: ein Schlangenhalssaurier gemäß aktueller Rekonstruktion. Bild 3: Anscheinend wurde ein Mosasaurier auf einer altgriechischen Urne abgebildet. Bild 4 und 5: In der Sahara bleichen unzählige Skelette von Schwimmsauriern, u. a. Mosasauriern, und Ur-Krokodilen an der Wüstenoberfläche (links), ebenso wie versteinerte Knochen von Kühen und Menschen (rechts). Bild 6: Realistische Darstellung eines Stegosauriers im Ta Prohm-Tempel in Kambodscha aus dem 12. Jahrhundert. Bild 7: Scheinbar wird vor einer Stadtmauer (S) ein Plesiosaurier (oval-gestrichelter Kreis) dargestellt, zusammen mit einem Menschen (M.)

kreationistische Ansichten hätte, also an die Bibel glaube und nicht an die Evolutionstheorie. Wie auch immer, allein die Tatsache, dass Weichgewebe entdeckt wurde, bezeugt, dass dieser Dinosaurier höchstens vor Jahrtausenden, aber nicht zig Millionen Jahren verendet sein muss.

Das Dinosaurier-Rätsel

Einige der Dinosaurier überlebten den gigantischen Kataklysmus vielleicht in relativ gleichmäßig angehobenen Regionen. Eine Überlebenschance hatten sie – wie auch die Mammutbäume im Gebirge des Yellowstone-Nationalparks – auf die Dauer nicht, denn sie befanden sich viel zu hoch und in kalter, unwirtlicher Umgebung. Denn riesige Dinosaurier hatten Schwierigkeiten, ihr Blut durch die riesigen Leiber zirkulieren zu lassen, falls die Vorstellung von muskelbewehrten Giganten richtig sein sollte. Das Herz eines riesig langen Sauropoden hätte sehr schwer sein müssen. Nach wissenschaftlichen Berechnungen bei einem warmblütigen Barosaurier etwa 2000 Kilogramm, so dass es wesentlich zu langsam geschlagen hätte (Seymour/Lillywhite, 2009; vgl. H. J. Zillmer in PRO7 »Welt der Wunder«, 22.09.2002). Unter diesen Umständen müssen riesige Dinosaurier in großer Höhe und dünner Luft eigentlich unmittelbar dem Tod geweiht gewesen sein. Große oder sogar riesige Dinosaurier können daher nicht in höheren Gebirgslagen gelebt haben, obwohl man heutzutage auch dort ihre Knochen massenhaft findet.

Betrachten wir jetzt ein denkbares Größenwachstum genauer: »Die Schwerkraft verbietet, dass es auf der Erde einen King Kong von der Größe eines Hochhauses gibt. Wenn man sich einen Gorilla um das Zehnfache vergrößert vorstellt und die Proportionen beibehält, bedeutet dies, dass alle Abmessungen – Länge, Breite und Höhe – um das Zehnfache wachsen. Das Volumen des Riesen stiege entsprechend mit der dritten Potenz an und würde das Gewicht auf das Tausendfache erhöhen. Die Querschnittsflächen der Knochen, die das Gewicht tragen, würden aber nur quadratisch zunehmen, also um das Hundertfache wachsen. Der Druck würde sich demnach bei einer Verzehnfachung aller Abmessungen ebenfalls verzehnfachen. Das Ergebnis: King Kong könnte nicht zehnmal schneller laufen als sein kleiner Bruder, sondern er würde schon nach dem ersten Schritt zusammenbrechen« (Bührke, 1999).

Als diese Zeilen geschrieben wurden, wusste man nichts von einem Fund eines 2012 in Argentinien entdeckten Titanosauriers, der den Namen *Patagotitan mayorum* erhielt. Dieser Pflanzenfresser wog angeblich 70 Tonnen, so viel wie eine voll bestückte Boing 737, und war 37 Meter lang, bei einer Schulterhöhe von 6 Metern. Ein Skelett von *Patagotitan mayorum* passt noch nicht einmal vollständig in die Ausstellungshalle des *American Museum of Natural History* in New York.

Das statische Problem verschärft sich, da Dinosaurier hohle Röhrenknochen besaßen. Bei einem Gewicht von bis zu 70 Tonnen mussten pro Beinröhre, je nach Belastungsart, vielleicht bis zu 35 Tonnen getragen werden, denn bei einer Fortbewegung sollten sich zwei Beine in der Luft befunden haben. Gar nicht zu reden von Darstellungen von auf zwei Hinterbeinen balancierenden Sauropoden. Es ergibt sich ein statisches Problem des Skeletts. Lebten zumindest große Dinosaurier im Wasser, zur Gewichtsverminderung infolge des herrschenden Auftriebs, wie man auch noch zu meiner Jugendzeit in den 1960er-Jahren glaubte?

Es überrascht auch, dass die Apatosaurier ihren Kopf nicht höher als die Schultern heben konnten, obwohl die Hälse bis zu zwölf Meter lang waren. Die Halsregion der Reptilien wurde im Computer nachbildet, um die Bewegung der Tiere zu rekonstruieren: »Zumeist«, so Parrish, »hielten die Saurier ihren Kopf an waagerecht ausgestreckten Hälsen oder knapp über dem Boden«, und zwar kaum höher als drei Meter (Stevens/Parrish, 1999). Die

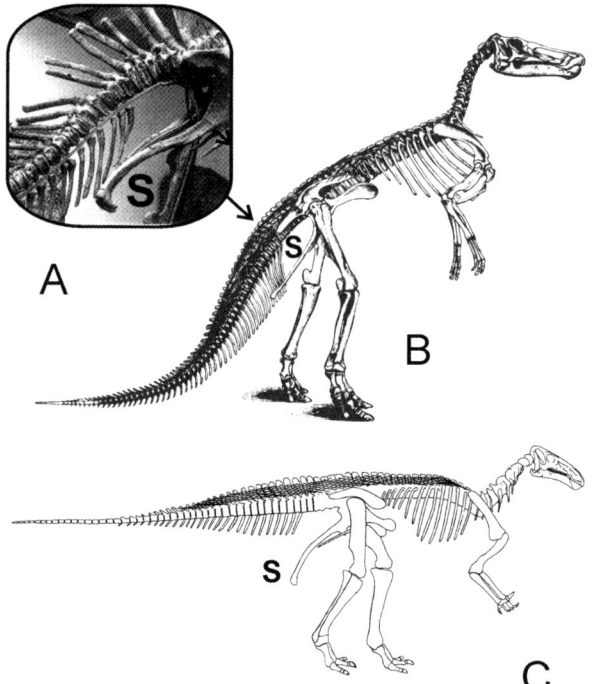

Abb. 47: **SITZBEIN (ISCHIUMGABEL)**. Im Bild B (veröffentlicht 1896) ist ein Claosaurier als Schwanzschleifer rekonstruiert. Das Sitzbein (S) und die Chevrons unter den Schwanzwirbeln sind sich im Weg. Dieses Problem ergibt sich auch bei dem montierten Schwanzschleifer Tsintaosaurier (Bild A). Berücksichtigt man einen waagerecht gehaltenen Schwanz, wird die Situation gebessert. Entsprechend ist ein Iguanodon im Bild C dargestellt. In dieser Position wurde eines der Iguanodon-Skelette bei Bernissart in Belgien gefunden: Rücken- und Schwanzwirbelsäule bilden miteinander eine Gerade. Zumindest viele Dinosaurier-Arten sind keine Schwanzschleifer. Unter diesen Umständen konnte der Oberkörper jedoch höchstens geringfügig aufgerichtet werden, der Schwanz bewegte sich wahrscheinlich wellenförmig horizontal und besaß möglicherweise einen Schwimmsaum.

Abb. 48: **GANZ ANDERS**. Dr. Winfried Werner (m.) und Dr. Markus Moser (r) und ich mit dem 2002 neu mit waagerechter Wirbelsäule rekonstruierten Plateosaurus.

Begründung ist, dass sich ihre Wirbelknochen bei dem Hochrecken der Köpfe ineinander verkeilt hätten. Damit wäre die Vorstellung von einem in hohen Bäumen äsenden Apatosaurier ein schlichtes Märchen und die Modelle in den Museen und Abbildungen in Fachbüchern oder Magazinen sind zum Teil falsch. Ähnlich wie bei den Halswirbeln entsteht ein Problem mit der Schwanzwirbelsäule: Schwanzschleifer können Dinosaurier nicht gewesen sein, da sich die einzelnen Wirbel der rekonstruierten Giganten teilweise überlappen würden.

Aber nicht nur Apatosaurier, sondern auch Stegosaurier, Hadrosaurier und Iguanodon sind zurzeit noch oft in Museen falsch montiert. Die Wirbelsäure dieser Giganten war horizontal gestellt, also ohne hochgereckten Kopf und bodenschleifenden Schwanz (Abb. 47). In neueren Dokumentarfilmen wird diesem Umstand teilweise Rechnung getragen, im Gegensatz zum Zeitpunkt der Erstveröffentlichung dieses Buches im Jahr 2001.

Der Plateosaurus im *Paläontologischen Museum* in München wurde auch in veränderter Skelettrekonstruktion neu errichtet. »Die Neukonstruktion war nötig«, sagte Dr. Winfried Werner, stellvertretender Direktor des Museums anlässlich eines Pressetermins in meiner Gegenwart am 9. August 2002, »weil wir heute ganz neue Erkenntnisse über Formen und Bewegungsart der Dinosaurier haben«. Nach vierjähriger Forschungsarbeit des damaligen Doktoranden Markus Moser wurde die Schwanzhaltung in eine horizontale geändert, nachdem dieser Plateosaurus bisher mit hängendem Schwanz rekonstruiert und an einem Baum stehend im Museum präsentiert wurde (Abb. 48).

Betrachten wir jetzt noch einmal den an einer Felsbrücke dargestellten Sauropoden (Foto 29, S. 60). Seltsam ist, dass dieser den Schwanz abgeknickt hält. Die Hebung des Colorado-Plateaus hatte der Dinosaurier scheinbar überlebt, jedoch scheint der Schwanz während dieses Kataklysmus gebrochen zu sein. Der Grund könnte sein, dass dieser Sauropode in einem See lebte, bevor das Wasser infolge des Kataklysmus abfloss, wie die auf dem Bild anscheinend dargestellten Flüsse zu dokumentieren scheinen. In der Folge, ohne Unterstützung durch den Auftrieb des Wassers, brach der statisch-grazile Schwanz.

Aus den zuvor diskutierten Gründen ist anzunehmen, dass Sauropoden vornehmlich im Wasser oder in Sümpfen lebten, Deshalb war es sinnvoll, dass das Gebiss pflanzenfressender Saurier aus einzelnen Stiftzähnen bestand, die eine Art *Rechen* bildeten. Somit waren diese Sauropoden in der Lage, irgendetwas aus dem Wasser zu sieben (Abb. 49).

Abb. 49: **RECHEN**. Anordnung rechenartig angeordneter Stiftzähne bei Diplodocus.

Und deshalb brauchten diese Pflanzenfresser Hals und Kopf nicht wesentlich über Schulterhöhe zu heben – die Schwänze schwammen dann auch im Wasser, die, auch aus statischer Sichtweise, nur horizontal bewegt werden konnten. Durch peitschenartige Horizontalbewegungen an der Wasseroberfläche konnten diese Pflanzenfresser ihre Nahrung hin zum – im Vergleich zum großen Körper – relativ winzigen Kopf von Sauropoden schleusen, der mitsamt dem Halse horizontal beweglich war. Nach Passieren des »Rechens« gelangte das Futter in den Hals, der jedoch sehr dünn war. Große Futtermassen konnten diese riesigen Sauropoden durch den relativ sehr kleinen Schädel und sehr dünnen Hals also gar nicht aufnehmen – viel zu wenig Energie für muskelbewehrte Giganten erzeugend.

Hohle Dinosaurier

Betrachten wir die bereits zuvor beschrieben (s. S. 28 f.), auf der Insel *Isle of Wight* gefundenen vier versteinerten Raubsaurier-Wirbelknochen genauer, denn es handelt sich um eine Sensation, da dokumentiert wurde: »Wir waren beeindruckt, wie hohl dieses Tier war – es ist voller Lufträume« (Barker et.al., 2020).

Entsprechend mit Lufträumen gefüllte Knochen bewirken eine Gewichtsreduktion. Als lebende Beispiele sind Vögel zu benennen, da diese sich derart leichter in die Luft erheben können. Aber Knochen mit Hohlräumen wären aufgrund des Auftriebsfaktors auch für im Wasser lebende Tiere von Vorteil, falls diese vornehmlich an der Wasseroberfläche leben, um ohne größeren Kraftaufwand vom vorhandenen Biosystem profitieren zu können. In den Ozeanen, zur »Blütezeit« der Dinosaurier vor 135 bis 65 Millionen Jahren, herrschten Durchschnittstemperaturen von bis zu 35 Grad Celsius. Die Kreidezeit war einer der wärmsten Abschnitte der Erdgeschichte, eine Tropenwelt von Pol zu Pol. Es war heiß, denn auf der Erde war es wie in einem Treibhaus, und die Meeresspiegel sanken um bis zu 40 Meter ab – bestätigt André Bornemann, Geologe an der Universität Leipzig (Internetlink 2).

Waren Dinosaurier vielleicht gar nicht muskelbewehrt wie zum Beispiel Säugetiere? Waren sie »luftiger« gebaut, weil größere Tiere als Elefanten an Land heutzutage definitiv nicht lebensfähig wären? Dann waren solche Giganten tatsächlich *keine trägen* Riesen, *sondern aktive*. Folglich wäre die Vorstellung von einem allmählichen Aussterben wenig verständlich, und um das Ende einer evolutionären Sackgasse könnte es sich auch nicht gehandelt haben. Hierzu schreibt Professor Dr. Josef Reichholf (*Zoologische Staatssammlung München*): »Offensichtlich trifft hier die Sicht der Evolutionsvorgänge, wie sie Charles Darwin entwickelt hat, nicht die wirklichen Verhältnisse« (Reichholf, 1992, S. 82).

In einem persönlichen Telefonat diskutierten wir, welchen Zweck Großformen von Sauropoden überhaupt gehabt haben könnten. Tiere, die sich von pflanzlicher Kost ernähren, brauchen ein Mehrfaches der Menge, die Fleischfresser zu sich nehmen müssen, weil Pflanzen eiweißarm sind. Ein großer Elefant verzehrt täglich 100 bis 360 Kilogramm pflanzliche Nahrung und ist bis zu 18 Stunden mit der Nahrungsaufnahme beschäftigt. Der Nahrungsbrei kommt nach Durchwandern des Darms etwa *halb verdaut* wieder zutage.

Riesige Sauropoden besaßen winzige Köpfe. Im Verhältnis zu etwa sechs Tonnen wiegenden Elefanten gesehen, hätte dies eine wesentlich erhöhte Nahrungsaufnahme bedeutet. Da der Vergleich mit Elefanten definitiv nicht passen kann, müssen Pflanzen verwertende Dinosaurier einen höheren Verwertungsgrad als heutige Pflanzenfresser erzielt haben.

Auf dieses Problem hatte ich schon bei der wissenschaftlichen Eröffnungsrede zur Dinosaurier-Ausstellung *Dinoversum* am 11. April 2004 im Kölner Zoo hingewiesen und ausgeführt, dass riesige Sauropoden-Leiber überhaupt keinen Sinn, schon gar keinen Vorteil für die Lebensweise ergeben. Allein schon aus statischen Gründen sollte es sich nicht um muskelbewehrte Körper der Sauropoden gehandelt haben, sondern die riesigen Körper sollten fast hohl gewesen sein. Deshalb findet man zwar viele Knochen, aber so gut wie nie Bauchrippen, die sich zur Stabilisierung unterhalb des Bauches befunden haben müssen! Aus diesem Grund werden Skelette von Pflanzen fressenden Sauropoden, aber auch Fleisch fressenden Theropoden, in den meisten Fällen ohne unteren Abschluss durch Rippen im Bauchbereich rekonstruiert.

Professor Dr. Josef Reichholf führt aus, wie es von mir auch in den Fernsehsendung PRO-7 »Welt der Wunder« im Jahr 2002 vorgetragen wurde, dass riesige, zig Tonnen schwere Sauropoden sich nicht direkt von vergleichsweise nährstoffarmen Pflanzen ernähren konnten (Reichholf, 1992, S. 83ff.). Anstatt mit Tonnen von Grünzeug kamen diese Dinosaurier mit 300 bis 1500 Kilogramm am Tag als Futter aus. Der Trick besteht in einem hohlen Körper, der eine Gärkammer in Form eines Gärungsfasses dargestellt haben könnte, worin Fettsäuren erzeugt wurden. Auf dem darin befindlichen Pflanzenbrei entwickelten sich Bakterien oder einzellige Mikroben wie auf einem Komposthaufen. Diese Einzeller produzierten aus der vegetarischen Nahrung energiereiches Eiweiß, die eigentliche Kost der Pflanzenfresser.

Heutzutage gibt es auch Tiere, in deren Körper das Pflanzenprotein in bakterielles Protein umgewandelt wird: Sowohl Kühe als auch Pferde besitzen ein »Gärungsfass«. Dieses liegt bei Kühen an einer Stelle, wo die Nahrung noch nicht verdaut ist, während dieses bei Pferden im hinteren Darmbereich positioniert ist, wo die Nahrung bereits verdaut ist, also zwischen dem Hauptteil des Darms und dem Anus. Kühe verwerten ungefähr 75 Prozent des Proteins und scheiden nur 25 Prozent aus, während es sich bei

Abb. 50: **DINOVERSUM**. Die Eröffnung dieser Dinosaurier-Ausstellung im Jahr 2004 fand mit mir als Autor des »Dinosaurier Handbuchs« statt, zu der ich die wissenschaftliche Einführungsrede zur Ausstellung hielt. Bürgermeister Josef Müller, Zoo-Direktor Professor Dr. Gunther Nogge und ich schnitten gemeinsam das rote Band zur Ausstellungseröffnung durch.

Pferden genau umgekehrt verhält und diese deshalb eine geringere Überlebensfähigkeit bei längeren Dürreperioden und in strengen Wintern besitzen. Auch Kühe besitzen einen verhältnismäßig voluminösen Körper bzw. Bauch, ähnlich den pflanzenfressenden Sauropoden, aber auch Theropoden.

Die Hörner an Schwanz, Kopf und/oder Körper pflanzenfressender Großechsen (wie Stegosaurus und Triceratops) dienten dann vielleicht auch nicht – nur – der Verteidigung, sondern der Wärmeaufnahme. Horn- und Knochenbildungen geben aufschlussreiche Hinweise auf das Nahrungsangebot: je eiweißreicher, desto stärker werden Horngebilde entwickelt (Geist, 1987 und Clutton-Brock, 1989). »Auch bei heute lebenden Reptilien gilt der Befund, dass besonders eiweißreiche Nahrung die Bildung von Hornstacheln oder -dornen fördert« (Reichholf, 1992, S. 87).

Nach dem Vorbild heutiger pflanzenfressender Säugetiere hätten schlechte Futterverwerter nicht genügend Eiweiß zur Bildung von Hörnern oder Knochenplatten produziert. Eine grundlegende, oft nicht in Betracht gezogene

Unterscheidung von Ursache und Wirkung führt zu neuen Erkenntnissen und ganz anderen Sichtweisen.

Vielleicht waren die riesigen, Pflanzen fressenden Dinosaurier mit ihren »Gärkammern« gar keine klassischen warm- oder kaltblütigen (wechselwarmen) Tiere im herkömmlichen Sinne. Waren die Dinosaurier fast hohl, reduzierte sich ihr Gewicht dank der Hohlräume (Gärkammern) wesentlich. Die relativ dünnen Beine wären unter diesen Voraussetzungen überhaupt erst in der Lage, den leichteren Körper, allein unter statischen Gesichtspunkten, auch zu tragen, im Gegensatz zu konventionellen Rekonstruktionen mit muskelbewehrten Tieren. Hinzu kommt, dass die Wirbel zumindest größerer Dinosaurier quasi hohl und deshalb leicht waren, da das Innere vieler ihrer Knochen eine gewichtsreduzierende wabenförmige Struktur aufwies, nur aus Balken und Streben bestehend.

Da Sauropoden – wie bereits erläutert – ihre Köpfe nicht in die Baumwipfel heben konnten (Verkeilung der Nackenwirbel, Absenkung des Blutdrucks, langer in senkrechter Richtung steifer Schwanz) und ihre Stiftzähne teilweise einem Rechen glichen, sollten diese Tiere eher Bewohner von Sümpfen gewesen sein. Das Körpergewicht würde durch den Auftrieb des Wassers noch einmal zusätzlich reduziert. Sauropoden lebten wahrscheinlich hauptsächlich dicht unter der Wasseroberfläche, siebten ihre Nahrung aus dem Wasser, und nur die Oberseite des Kopfes schaute ähnlich dem Erscheinungsbild schwimmender Krokodile etwas aus dem Wasser heraus.

Wie bekamen unter Wasser lebende Sauropoden Luft zum Atmen? Sie lagen bis zu den Nasenlöchern im Wasser. Im Gegensatz zu Nilpferden und Krokodilen lagen die Nasenöffnungen im Schädel nicht vorne, sondern zwischen den Augen an der höchsten Stelle am Kopf. Deshalb positio-

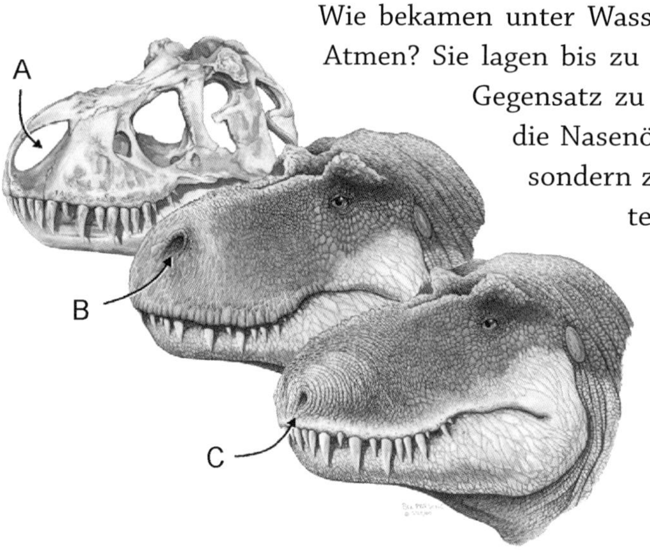

Abb. 51: **NASENLÖCHER**. Im Gegensatz zu den Sauropoden liegen bei Tyrannosauriern die Nasenöffnungen im Schädel vorne an der Schnauzenspitze (A). Entsprechend wurden die Nasenlöcher bisher auf der Oberseite der Schnauze rekonstruiert (B). Nach der neuen Theorie sollen sie ganz vorne direkt über dem Maul liegen, mehr waagerecht angeordnet (C).

Abb. 52: **SCHWIMMENDE FLEISCHFRESSER.** Die Art mehrerer 1980 gefundener Abdrücke verrät, dass ein fleischfressender Megalosaurus schwimmen können musste, da nur Zehen und Krallen deutlich zu erkennen sind, nicht aber der Fuß selbst. Damit konnte die Ansicht revidiert werden, dass sich pflanzenfressende Dinosaurier einer angeblichen Bedrohung durch Flucht ins Wasser entzogen. Die Skizze zeigt anderseits einen Laufstil, der ein Rätsel lösen könnte: Warum findet man viele versteinerte Spuren, aber so gut wie keine Schwanzschleifspuren?

nierte man bei Rekonstruktionen früher Nasen *auf* der Schnauze mit nach oben geöffneten Nasenlöchern, wie es für im Wasser lebende Tiere vorteilhaft wäre. Mit der zwischenzeitlich geänderten Annahme, dass Sauropoden und Theropoden ausschließlich Landbewohner waren, verschob man die Nasenöffnungen bei Schädeln von Tyrannosauriern und Triceratops im Vergleich zu heutigen Tieren von der Oberseite herunter zur Spitze der Schnauze (Abb. 51). Ein endgültiger Beweis fehlt, da fossil erhaltene Nasen nicht vorliegen.

Bis vor kurzer Zeit glaubte man, dass fleischfressende Saurier nur an Land jagten und Sauropoden sich den Angriffen durch Flucht ins Wasser entziehen konnten. Im Jahre 1980 fand man jedoch Trittsiegel eines Megalosaurus in Sedimentgesteinen aus dem Jura, die beweisen, dass auch »Raubsaurier« zumindest zeitweise ins Wasser gingen. Man entdeckte versteinerte Abdrücke von Zehen und Krallen, aber nicht vom Fuß selbst. Aus diesem Laufstil schloss man, dass der Megalosaurus sich im Seeboden während der schwimmenden Vorwärtsbewegung abdrückte.

Fleischfressende Dinosaurier gingen, entgegen früherer Auffassung, (zumindest auch) ins Wasser und »schwammen«. Aufgrund des wirkenden äußeren Wasserdrucks könnten Dinosaurier sich nur direkt unter der Wasseroberfläche bewegt haben, da ansonsten die Lungen nicht hätten expan-

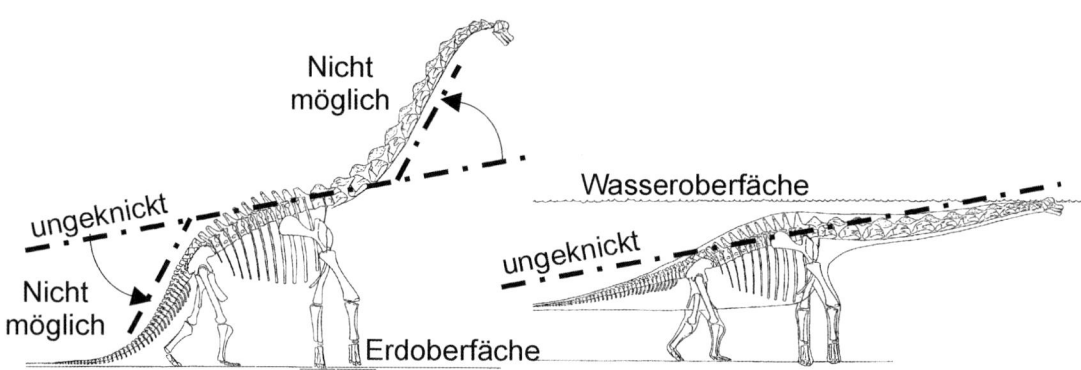

Abb. 53: **BRACHIOSAURUS**. Die Rekonstruktion (rechtes Bild) zeigt einen Brachiosaurus als einen Bewohner von Flachmeeren. Der Schwanz war ausgestreckt und schwamm im Wasser. Deshalb trugen Sauropoden ihre Nasenöffnungen auf der Stirn. So war es ihnen möglich, unter der Wasseroberfläche zu leben und gleichzeitig über die stirnständigen Nasenlöcher Luft einzuatmen. Die linke Abbildung (nach Janensch, 1950) zeigt einen 23 Meter langen Brachiosaurus aus Ostafrika als Schwanzschleifer. Die in Wipfeln urzeitlicher Bäume äsenden Sauropoden, die manchmal sogar auf den Hinterbeinen balancierend dargestellt werden, sind eine falsche Vorstellung. Die Giraffenhaltung – als Vermutung aufgrund der langen Vordergliedmaßen – lässt sich mit der Anordnung der Knochenanhänge an der Unterseite der Schwanzwirbelsäule (Chevron) nicht in Übereinstimmung bringen, da diese bei entsprechenden Rekonstruktionen jeweils treppenförmig versetzt sind. Die Außenkante der Wirbel sollte jedoch quasi eine gerade Linie bilden.

dieren können – den Dinosauriern wäre förmlich die Luft ausgegangen. »Hohle« Dinosaurier wären aufgrund des Auftriebs im Wasser allerdings auch nicht zu Tauchaktionen fähig gewesen.

Falls die langhalsigen Sauropoden dennoch ihre Köpfe hoch in die Kronen der Bäume gereckt hätten, wäre ihr Blutdruck in der Kopfregion drastisch abgesunken. Deshalb hätten diese Urgiganten mindestens einen zweiten Herzmuskel benötigt, wovon auch manche Wissenschaftler ausgehen. Denn auch die Durchblutung und die Sauerstoffversorgung stellen bei solch riesigen Tieren ein Problem dar. Dieses Problem wird verschärft, falls Dinosaurier in der dünnen Luft höherer Lagen, dort wo diese Urtiere nicht selten gefunden werden, und nicht nur auf Meereshöhe gelebt haben sollen. Unter diesen Umständen konnte der Oberkörper jedoch höchstens ganz geringfügig aufgerichtet werden, da die Schwanzwirbelsäule zumindest bei großen Dinosauriern mit langem Schwanz in senkrechter Richtung steif war. Um Stabilität zu erzeugen, waren die über der Schwanzwirbelsäule angeordneten Dornfortsätze wahrscheinlich mit kreuzweise angeordneten Sehnen verstärkt, sodass der Schwanz nur wellenförmig horizontal bewegt werden

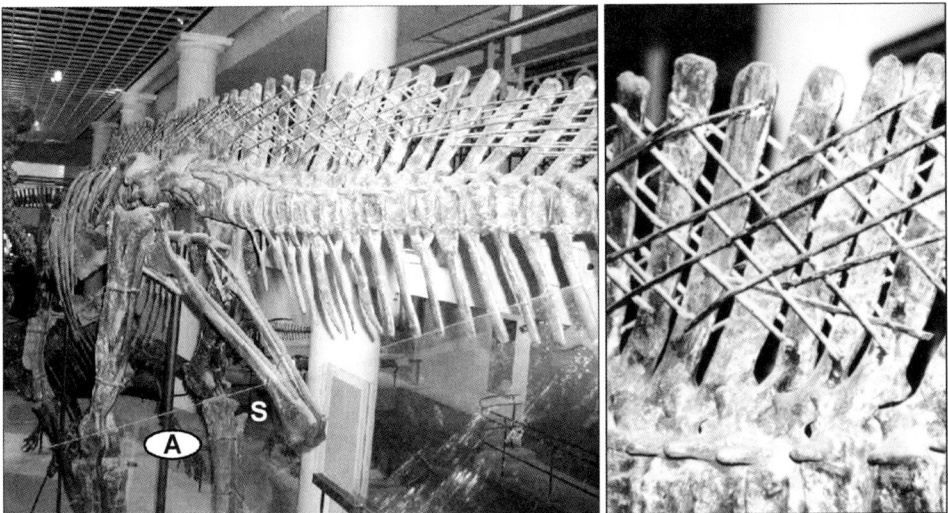

Abb. 54: **SEHNEN**. Entlang den Dornenfortsätzen kreuzweise angeordnete Sehnen versteiften den langen Schwanz gegen ein Durchbiegen in senkrechter Richtung, sodass nur horizontale Bewegungen möglich sind. Bei dieser Rekonstruktion kann die Afterknolle (A) aus Platzgründen nur vor dem Sitzbein (S) und nicht dahinter platziert gewesen sein.

konnte. Unter diesen Voraussetzungen wäre zu vermuten, dass sich oben auf dem Schwanz ein Schwimmsaum befand, der jedoch fossil bisher nicht gefunden wurde.

Rätselraten Körperumriss

Die meisten Paläontologen waren in der Vergangenheit ratlos, wie sie den Umriss der Dinosaurier im Becken- und Afterbereich rekonstruieren sollten, denn das Sitzbein (Ischium) überragt bei allen Sauriern signifikant die von der Schwanzwirbelsäule aus nach unten gerichteten Knochenanhänger, Chevrons genannt (Abb. 55).

Platziert man die »Afterknolle« hinter der Sitzbeingabel, entsteht unter dieser Voraussetzung dort ein Versatz zwischen dem notwendigerweise dünnen Schwanz, damit die Afterknolle nicht verdeckt wird, und der Bauchunterseite. Falls die Körperöffnung jedoch analog zu den Verhältnissen bei heutigen Vögeln nicht hinter, sondern vor dem Sitzbein rekonstruiert wird (vgl. Abb. 55), dann würde die Umrisslinie der Schwanzunterseite vom

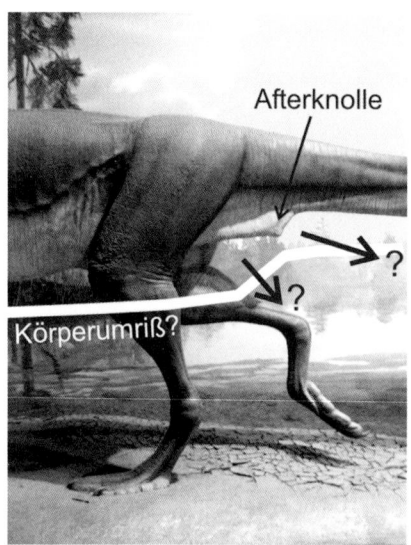 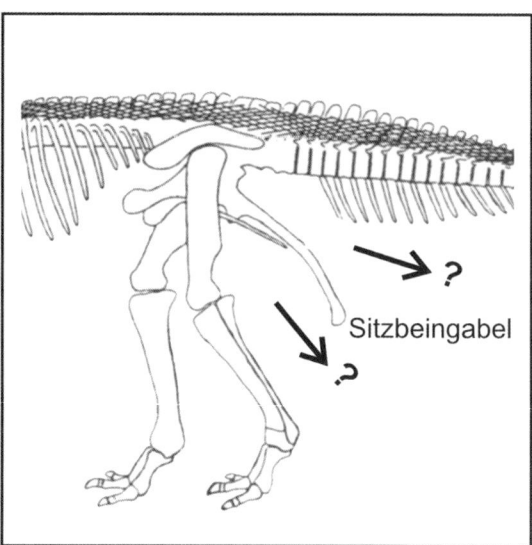

Abb. 55: **RÄTSELRATEN**. Je nachdem, ob man die Afterknolle hinter oder vor dem Sitzbein rekonstruiert, erhalten Dinosaurier ein ganz anderes Aussehen: einerseits schlanker für die erste oder andererseits plumper, weil voluminöser, für die zweite Möglichkeit.

Sitzbein quasi bis zur Schwanzspitze qualitativ ohne Versprung verlaufen, so wie bei dem mumifizierten Kadaver eines Corythosaurus zu sehen. Der Schwanz setzt etwas unterhalb hinter dem Sitzbein, aber auch etwas oberhalb der Bauchunterseite an (Abb. 56) und wird deshalb insgesamt wesentlich höher, als es bei den aktuellen Rekonstruktionen möglich ist. Derart erhalten Ur-Giganten ein ganz anderes, voluminöseres Aussehen, aufgrund der *vor* dem Sitzbein platzierten Afterknolle.

Der in Alberta (Kanada) gefundene mumifizierte Corythosaurus mit langen Hinterbeinen und kürzeren Vorderbeinen, entenartigem Schnabel und einem knöchernen Kamm auf dem Schädel scheint förmlich mitten in einer Schwimmbewegung erstarrt zu sein. Interessant sind die Umrisse, denn eine ausgeprägte Afterknolle besitzt er hinter dem Sitzbein nicht. Das zahnlose breite Maul, das wahrscheinlich mit entenschnabelartigen Hornscheiden überzogen war, deutet auf ein Leben im Wasser hin, wo sie nach Art der Entenvögel ihre Nahrung vielleicht aus dem Schlamm am Boden bezogen (Abb. 56).

Es gibt die Gruppe der Entenschnabelsaurier. Sie lebten am Ende der Kreide weiträumig verteilt über Asien, Europa und Nordamerika, bis man zur Überraschung der Fachleute ein Exemplar in Marokko, Afrika fand. Diese Dinosaurier müssen Proto-Afrika erreicht haben, als angeblich bereits Ozeane, der Proto-Atlantik und das Tethysmeer, die Vorläuferkontinente Nordamerika von Europa und Afrika trennten.

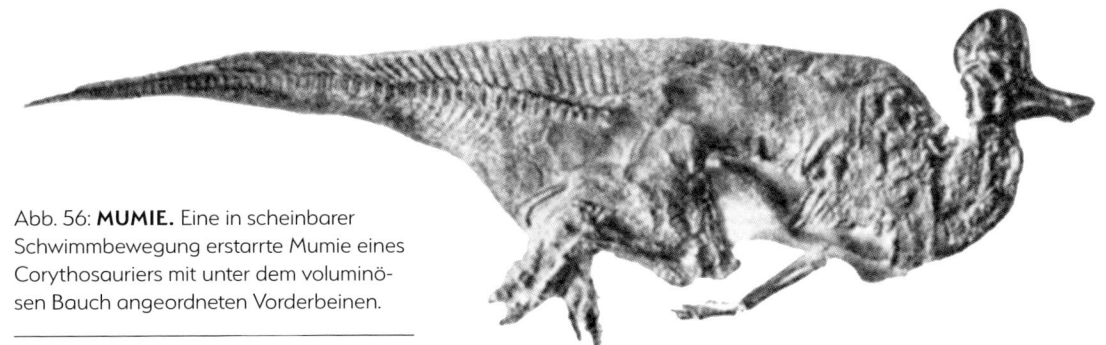

Abb. 56: **MUMIE.** Eine in scheinbarer Schwimmbewegung erstarrte Mumie eines Corythosauriers mit unter dem voluminösen Bauch angeordneten Vorderbeinen.

Betrachten wir noch einmal die Stellung der Vorderbeine, die bei der Dinosaurier-Mumie (Abb. 56) nach rückwärts angeordnet sind, im Gleichschritt mit den Hinterbeinen. Fraglich erscheint nach diesem Fund, ob die Anordnung der Vorderbeine bisher richtig konstruiert wurde. Die Vorderbeine auch großer Saurier sind bei fast allen Rekonstruktionen nicht mit dem Körper direkt verbunden, beispielsweise durch ein Kugelgelenk bzw. Gelenkplatte: Die Oberarmknochen wurden rekonstruiert auf und neben dem Brustkorb sitzend, deshalb mit diesem *nicht* kraftschlüssig verbunden (Abb. 57).

Abb. 57: **STUMMELARME.** Tyrannosaurier werden mit Armen rekonstruiert, die zusammen mit dem Brustbein und den Schulterblättern auf den Rippen weit oben bis unmittelbar unterhalb der Wirbelsäule platziert werden (B), ohne kraftschlüssige Verbindung mit dem Skelett. Um das gegenüber dem Schwanz größere Gewicht des Vorderkörpers auszugleichen, wurde eine Unterstützung (U) eingebaut.

Diese Rekonstruktionsart war naheliegend, weil man nur Fragmente von Rippen fand, die an der Wirbelsäule platziert sind und der untere Abschluss des Skeletts an der Bauchunterseite normalerweise nicht fossil erhalten ist, so als wenn die Bäuche dieser Tiere geplatzt waren (Abb. 58). Der Fund vieler Knochensplitter und Knochenfragmente, meist chaotisch vermischt in einem Grabungshorizont, scheint diesen Umstand zu bestätigen.

Hinzu kommt, dass nicht nur diese Raubsaurier ein statisches Problem haben, falls sie nur auf zwei Beinen gelaufen sein sollen. Bei einem Zweibeiner (Abb. 59, oberes Schaubild) muss das Gesamtgewicht (G) vom Kniegelenk (K) aus durch Unterschenkel und Fuß in den Boden geleitet werden (B), wobei das Gewicht des Vorderteils (GK) mit demjenigen des Hinterteils (GS) im Gleichgewicht stehen sollte. Es sollte kein Kipp- bzw. Drehmoment MK entstehen, deshalb soll gelten (Abb. 59, oberes Schaubild):

$$GK \times b = GS \times c \text{ oder } MK = O = GK \times b - GS \times c$$

Die Abweichungen der Gelenke von der Ruheachse sollten so klein wie möglich sein. Auch das Gelenk zwischen Vorder- und Mittelfuß sollte in der Nähe der Ruheachse liegen. Wird diese Bedingung eingehalten, werden zusätzliche Drehmomente (Verdrehungen) auch in diesem Gelenk vermieden bzw. auf ein Minimum beschränkt.

Rekonstruiert man den Schwanz eher rund und vom Volumen her relativ klein, fehlt das Gegengewicht zum wesentlich schwereren Vorderkörper, da es sich um muskelbewehrte Tiere gehandelt haben soll. Es entsteht ein Problem wie bei einer Wippschaukel, an deren Enden jeweils zwei gewichtsmäßig unterschiedliche Personen sitzen. Im Fall der Raubsaurier müsste dieses Kipp- als Drehmoment in den Beinen kompensiert werden, da der Schwerpunkt des gesamten Tieres nicht durch die Kniegelenke hindurch wirkt, sondern weit *vorderhalb* der Fußflächen platziert ist und mit dem Hebelarm d wirkt (Abb. 59, S. 126, oberes Schaubild).

Im Nationalmuseum für Naturgeschichte in Washington D. C. wurde ein mit Tyrannosaurus rex verwandter Raubsaurier mit Bauchrippen und unterhalb des Brustkorbes angeordneten Vorderbeinen rekonstruiert. Dieses Brustbein ist kraftschlüssig mit dem Skelett verbunden. Derart sicherlich realitätsnah rekonstruiert, wird aus dem angeblich auf zwei Beinen flink durch die Landschaft umherrasenden Zweifüßer ein Vierfüßer, der sich relativ lahm bewegt (Abb. 60, S. 127).

1 Dinosaurier-Menschen-Gruppenbildnis

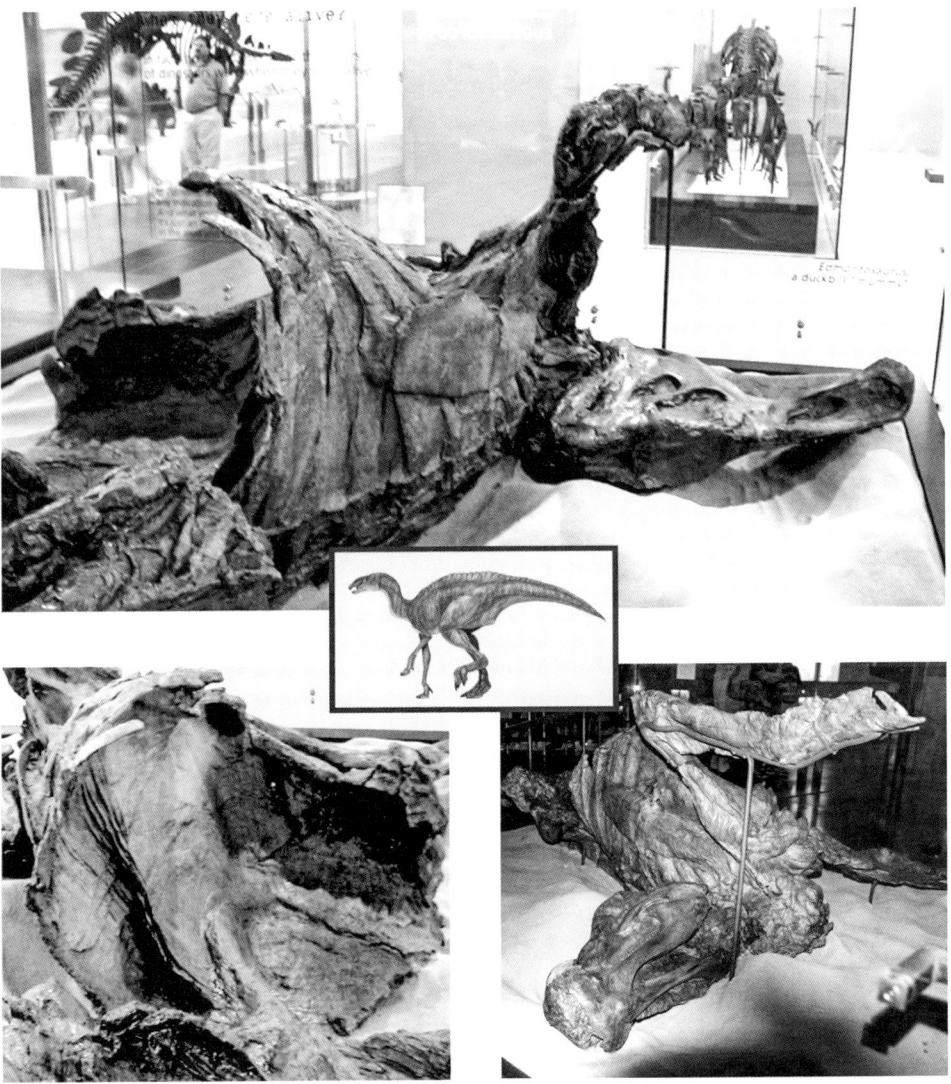

Abb. 58: **GROSSER BAUCHRAUM**. Im *American Museum of Natural History* (New York) fotografierte ich einen ganz seltenen Fund, der 1912 an dem Fluss *Red Deer River* in Alberta (Kanada) entdeckt wurde: der Kadaver eines Hadrosauriers. Dieser angeblich 67 Millionen Jahre alte pflanzenfressende Dinosaurier aus der Oberkreide ist mit der hornigen Schnauze sowie Rücken-, Rippen und Beinbereichen fossil erhalten. An den Schwanzwirbeln sind Hautabdrücke zu erkennen, die man abtasten durfte. Der leere, wie aufgeplatzt erscheinende fossile Bauchraum (Bild unten links) wirkt sehr voluminös, fast rund wie ein Fass, ähnlich wie bei rezenten Kühen. Die Zeichnung stellt einen jugendlichen, schlank erscheinenden Entenschnabelsaurier (Edmontosaurus) nach aktueller Ansicht zum Vergleich dar.

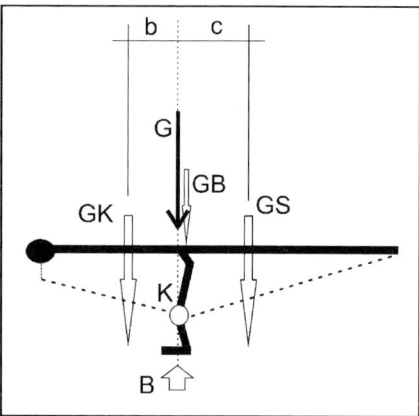

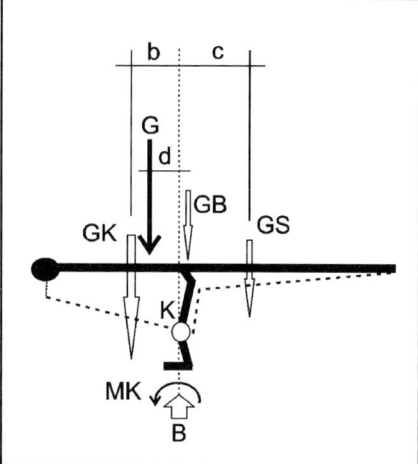

Abb. 59: **GLEICHGEWICHTSPROBLEM.** Idealisierter Theropode im Gleichgewichts-Ruhestand (Schaubild oben) und mit einem Kippmoment (MK) gemäß aktuellen Rekonstruktionen (Schaubild unten). Die gestrichelte Linie zeigt den jeweils sich ergebenden Körperumriss. G= Gesamtgewicht, GK = Gewicht Körper, GS = Gewicht Schwanz, GB = Gewicht Beine, K = Kniegelenk, B = Unterstützungskraftgröße im Boden.

Aus einer neuen Studie geht hervor, dass ein Mensch einen vorausgesetzt auf nur zwei Beinen schwankend-balancierenden Raubsaurier sogar im Trödel-Gang hätte begleiten können (Bijlert et al., 2021).

Waren Raubsaurier gar keine wieselflinken Tiere, handelt es sich zwangsläufig um langsame Aasfresser?

Benutzten diese Raubsaurier, um das Gleichgewicht zu halten, die Vorderarme bzw. Vorderfüße zur Abstützung, dann müssen viele Pfade mit hintereinander in Schrittlänge liegenden Trittsiegeln neu interpretiert werden. Der Grund liegt darin begründet, dass oft zusammen mit den Abdrücken der Hinterfüße nicht selten kleinere Handabdrücke oder runde Mulden versteinert erhalten geblieben sind, so im ehemaligen Seeboden des Sees *Hopi Lake* (Abb. 61). Dort konnten wir dokumentieren, dass diese kleineren Trittsiegel prinzipiell oft in der gleichen Schrittlänge der Hinterbeine vorhanden sind.

Die runde Form vieler Abdrücke erklärt sich daraus, dass die Handflächen nach rückwärts orientiert sind und ein Abstützen im Seeboden dann mit den zusammengerollten Händen erfolgte, manchmal aber auch mit der offenen Hand bzw. dem Vorderfuß.

Die offizielle Version ist, dass es sich bei den kleineren Abdrücken um solche von Jungtieren gehandelt habe. Aber dann hätte ein separater Pfad mit Trittsiegeln entstehen müssen, da aufgrund der geringeren Schrittlänge anzahlmäßig mehr Trittsiegel in kürzeren Abständen existieren müssten. Das ist bei den mir bekannten Trittsiegelpfaden aber nicht der Fall.

1 Dinosaurier-Menschen-Gruppenbildnis 127

Abb. 60: **BAUCHRIPPEN**. Bild A und B: Rekonstruktion eines Allosauriers mit vor den Hinterbeinen (H) fast bis zum Boden herabhängenden Vorderbeinen (V). Die durch einen Kreis markierten Hände bzw. Vorderfüße sind rückwärts ausgerichtet, sodass der Handrücken und nicht die offene Hand in Ruhestellung zum Boden hin ausgerichtet ist. Beim Vorwärtsbewegen kann sich dieser Raubsaurier mit den Hand- bzw. Vorderfußrücken abstützen, um das Gleichgewicht aufrechtzuerhalten. Das Sitzbein (SI) ist weit nach hinten und das Schambein (S) vom Becken aus nach unten gerichtet. Bild C und D: Die Bauchrippen sind einerseits mit den Vorderbeinen und andererseits mit dem Schambein (S) kraftschlüssig verbunden.

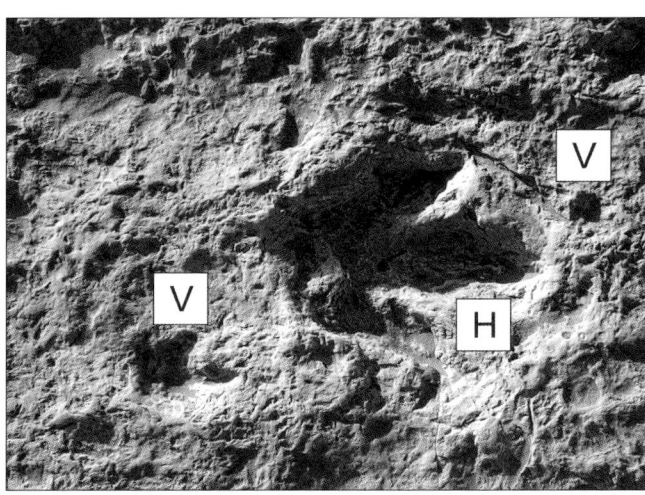

Abb. 61: **RÄTSEL**. Im versteinerten Seeboden des ehemaligen Sees Hopi Lake sind Pfade von Raubsaurier-Trittsiegel versteinert. In Schrittlänge zu den Abdrücken der Hinterbeine (H) existieren kleinere Abdrücke, zum Teil kleinere mit drei Zehen und teils abwechselnd auch einfach rundliche, die von den Vorderfüßen bzw. -beinen (V) stammen.

Das wankende Dogma

Anhand der hier vorgelegten Dokumentation kann der Schluss gezogen werden, dass zumindest große Theropoden und Sauropoden, sogenannte Echsenbecken- als auch Vogelbeckensaurier, zumindest hauptsächlich im Wasser und nicht an Land lebten. Deshalb würden sich die Lebensräume von Dinosauriern und großen Säugetieren sowie auch von Menschen kaum überschneiden.

Das chinesische Schriftzeichen für Dinosaurier bedeutet »schrecklicher Drache«. Anscheinend wird damit auf eine Verbindung von Drachen und Dinosauriern hingewiesen. Bei meinen wiederholten Besuchen in Asien fielen mir stets die vielfältigen und allgegenwärtigen Drachendarstellungen auf, und auch die Boote der Wikinger waren mit Drachenköpfen verziert.

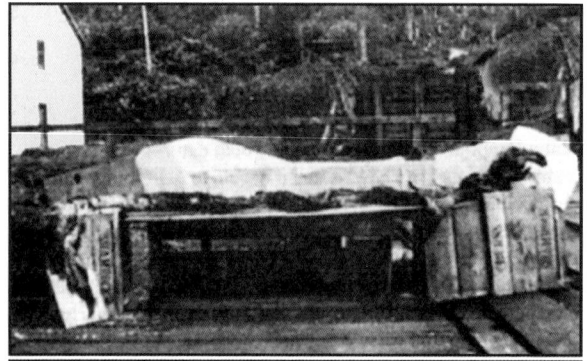
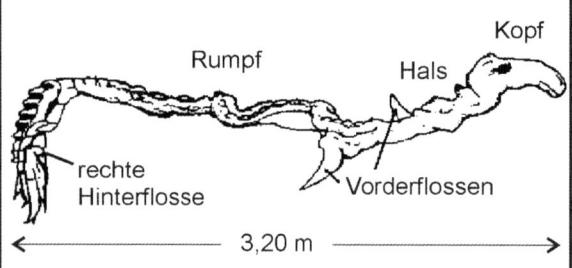
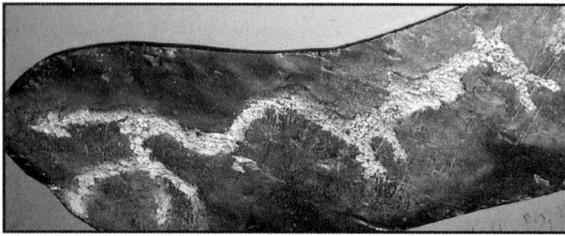

Abb. 62: **CADDY**. Erstes Bild (oben): Das Foto zeigt den im Hafen *Naden Harbour*, British Columbia, Kanada, im Magen eines Pottwals gefundenen mysteriösen Kadaver: einen Cadborosaurier? Auf dem Rücken befanden sich überlappende, mit Spitzen versehene Hornplatten, und der Kopf gleicht dem eines Kamels, wie viele Augenzeugen anderer Sichtungen ähnlicher Meeresungeheuer in dieser Gegend berichten. Zweites Bild: Die Zeichnung ist eine Darstellung des Kadavers (Baigent, 1998, S. 74). Drittes Bild: Eine alte Felszeichnung ist im Maine State Museum in Augusta (Maine) ausgestellt. Von einem furchterregenden im Wasser lebenden Monster berichten die indianischen Sagen in vielen US-Bundesstaaten. Viertes Bild (unten): Bericht aus Boston, Massachusetts, über die Sichtung einer monströsen Seeschlange im Hafen von Gloucester und am *Cape Ann* 30 Kilometer nordöstlich von Boston durch Hunderte von Besuchern. Viele weitere Sichtungen von Seemonstern folgten.

Wie das deutsche Newsportal *welt.de* am 14.06.2014 berichtete, wurden Weiße Haie bei Bremer Bay, einer Küstenstadt an der Südküste Westaustraliens, mit Peilsendern ausgestattet. Die Daten sollten Aufschluss über den Lebensraum der Tiere geben. Der Sender eines drei Meter langes Weibchen, Shark Alpha genannt, wurde vier Monate später an einen Strand gespült, offensichtlich gebleicht von Magensäften. Von Shark Alpha fehlte jedoch jede Spur. Die Daten des Chips dokumentieren, dass dieser Weiße Hai plötzlich und mit hoher Geschwindigkeit rund 580 Meter in die Tiefe gezogen wurde. Gleichzeitig erhöhte sich die vom Chip gemessene Temperatur: innerhalb von wenigen Sekunden von sieben auf 25 Grad. Dies entspricht einer Temperatur, die im Bauch eines lebendigen Tieres erreicht wird. Bei einem Weißen Hai beträgt diese jedoch nur 18 Grad. Acht weitere Tage bewegte sich der Chip unter Wasser, bis er scheinbar ausgeschieden wurde. Da Weiße Haie die größten bekannten Raubfische sind, wurde Shark Alpha wahrscheinlich von einem noch größeren bisher unbekannten Superraubfisch am Stück gefressen, da sich die Temperatur quasi schlagartig erhöhte.

Abb. 63: **RÄTSELFUND**. Anfang 1969 wurde ein riesiger Kopf in Tecolutla (Mexiko) angeschwemmt. Er war ungefähr vier Meter hoch, wog eine Tonne und wurde für den Kopf einer Seeschlange gehalten, ähnelt aber dem Kopf eines Plesiosauriers, obwohl im Verhältnis dazu dieser zu groß ist.

Im Vorderasiatischen Museum in Berlin betrachtete ich eingehend die Darstellungen auf dem original aufgebauten Ischtar-Tor von Babylon mit herrlich farbig glasierten Ziegeln. Der babylonische König Nebukadnezar (605–562 v. Chr.) gab folgende Bauinschrift in Auftrag: »Unbändige Stiere und ergrimmte Drachen stellte ich in ihrem Torraum auf und stattete dieses Tor mit üppiger Pracht so überreich aus, dass die ganze Menschheit sie staunend betrachten möge.« Stellte man einen lebenden Drachen und einen Stier zur Schau? Auf jeden Fall sind Drachen sowie Stiere groß und vor allen Dingen realistisch detailliert als erhabenes Dekor aus bunten Fliesen auf dem Tor angebracht. Der »Sirrusch« genannte Drache ähnelt teilweise einem

Saurier, besitzt aber katzenartige Vorderfüße, während die Hinterfüße an Flugsaurier erinnern könnten. Handelt es sich um ein Phantasiebild? Warum stellt man es dann aber mit einem Stier dar, den es wirklich gegeben hat? Allerdings war dieser Stier (»Reem«) zu damaliger Zeit in Mesopotamien schon ausgestorben, lebte aber noch in Europa. »Für die Babylonier war es ein ›Tier von weither‹, und das Gleiche lässt sich wahrscheinlich auch vom Sirrusch sagen« (Ley, 1953). Stellte man also ein reales Tier dar, das einem uns nicht bekannten Saurier ähnelt (vgl. Abb. 25, S. 55)?

Aus den vorgelegten Fakten, Untersuchungen und Überlegungen kann man auf die Koexistenz von Menschen und Dinosauriern schließen. Mit anderen Worten: Es müsste alles ganz neu überdacht werden, denn Erzählungen oder Darstellungen von kollektiven Erinnerungen an Ereignisse einer Zeitepoche von vor 65 oder mehr Millionen Jahren sind undenkbar. Deshalb liegt der Schluss nahe, dass Dinosaurier noch vor relativ kurzer Zeit lebten und als Drachen in unserem Bewusstsein oder als künstlerisches Motiv erhalten blieben (vgl. Abb. 29, S. 59).

Die Säule der Evolutionstheorie fällt mit den bisher diskutierten Gegebenheiten in sich zusammen. Aber auch die Eckpfeiler der geologischen und biologischen Datierung mit Beginn und Ende des Erdmittelalters wanken, hin in *Richtung Jetztzeit*. Diese Sichtweise ergibt einschneidende Konsequenzen für unser schulwissenschaftliches Weltbild. Der endgültige Aussterbezeitpunkt der Dinosaurier dient als Eckpfeiler der Evolutionstheorie. Die geologischen Schichten werden anhand der darin enthaltenen Fossilien und Dinosaurier-Arten datiert. Lebten die Urgiganten noch vor relativ kurzer Zeit, verschieben sich die Erdzeitalter wie eine zusammengequetschte Ziehharmonika in Richtung Jetztzeit. Das Aussehen der Erde, umgeformt und verändert durch Naturkatastrophen, wird vom Erscheinungsbild her – nicht die Erde an sich – jünger! Damit ergeben sich jedoch einschneidende Konsequenzen, zum Beispiel für die klimatischen Bedingungen der Vorzeit und damit das Große Eiszeitalter oder auch die geophysikalischen Vorstellungen über die noch zu diskutierende Kontinentalverschiebung.

2 Evolutionsgrab Galápagos

Die geologische Zeitskala unserer Erde ist nicht das Ergebnis moderner wissenschaftlicher Forschungen, wie man vielleicht meinen könnte. »Ich frage mich, wie viele von uns sich vor Augen führen, dass die Zeitskala in ihrer heutigen Form bereits 1840 festgelegt war (...). Wie sahen 1840 die geologischen Kenntnisse über die Welt aus? Man kannte sich ein bisschen in Westeuropa aus, aber nicht zu gut, und noch etwas weniger am östlichen Rand Nordamerikas. Ganz Asien, Afrika, Südamerika und der größte Teil Nordamerikas waren praktisch unbekannt. Wie konnten die Pioniere nur annehmen, dass ihre Einteilung sich auf Felsbildungen in jenen riesigen Gebieten anwenden ließe, die den weit größten Teil der Erde ausmachen?« Diese kritische Feststellung des Geologen Edmund Spieker in einem Vortrag vor der American Association of Petroleum Geologists (Cremo/Thompson, 1997) hinterfragt unser schulwissenschaftliches Weltbild.

Vorgeschriebene Meinung

Die Galápagos-Inseln liegen ungefähr 1000 Kilometer westlich der südamerikanischen Küste im Pazifik und gehören offiziell zu Ecuador. Charakteristisch für die Tierwelt der Inseln ist die Tatsache, dass Säugetiere fast völlig fehlen. Dafür bevölkern die Inseln viele Arten von Reptilien, wovon die überwiegende Mehrheit endemisch ist, also *nur* auf den Galápagos-Inseln vorkommt.

Charles Darwin besuchte das Reich der Elefantenschildkröten und Leguane mit der »Beagle« im Jahre 1835. Der abgelegene Archipel Galápagos scheint ein »Labor« für die Entwicklung von Tierarten zu sein, da sich viele Tier- und Pflanzenarten nur auf diesen Inseln entwickelt zu haben scheinen.

Diesem Umstand war es sehr wahrscheinlich zu verdanken, dass sich die Idee über die Entstehung neuer Arten bei Darwin manifestierte und über die Jahrzehnte langsam zum Dogma, zu einem unumstößlichen Gesetz, heranreifte.

Der Eindruck von exotischen Lebewesen auf den Lavafeldern ließ Darwin in seinem 1845 erschienenen Tagebuch »The Voyage of the Beagle« schwärmerisch formulieren, dass man »sowohl im Raum wie in der Zeit der großen Tatsache, dem Geheimnis aller Geheimnisse, nämlich dem Auftreten neuer Lebewesen auf der Erde näher gebracht« werde.

Das Reich der großförmigen Schildkröten-Kolosse und Überreste von Meerechsen und Landleguanen hatte eindrucksvoll seine Wirkung hinterlassen. Anscheinend entwickelte sich hier das Leben separat wie in einem Getto mit überlebenden Arten aus der Ära der Dinosaurier, wie die urzeitlich anmutenden Meerechsen *(Meer-Iguana)* als Drachen im Kleinformat vermuten lassen, vergessen vom Rest der Welt für angeblich zig Millionen Jahre.

Der Meeresleguan lebt beispielsweise heutzutage nur auf den Galápagos-Inseln und sonst nirgendwo auf der Welt. Die direkten Verwandten der Meeresleguane existierten bereits während der Dinosaurier-Ära, aber scheinbar nicht mehr danach (Hutchinson, 1992, S. 456). Anscheinend sind diese Tiere während der Ära der Dinosaurier weltweit ausgestorben und haben nur im Galápagos-Archipel überlebt. Dieser Schluss liegt nahe, da Fossilien von Meeresechsen in vergleichbaren geologischen Schichten des Erdmittelalters in anderen Teilen der Welt existieren, aber in jüngeren Schichten bisher nicht gefunden wurden. Auch wenn Fossilien nur zufällige Zeugnisse für die Existenz einer Art in einer bestimmten Periode darstellen, erscheint ein Zeitraum von zig Millionen Jahren *ohne* entsprechende fossile Funde nicht gerade dazu angetan, die Existenz und gegebenenfalls auch Fortentwicklung der Meeresleguane bis zum heutigen Tag plausibel zu machen. Bemerkenswert ist, dass die Fossilien aus der Dinosaurier-Ära sich nicht von rezenten, also heutzutage lebenden Meeresechsen unterschieden. Es fand anscheinend keine Entwicklung über derart lange Zeiträume hinweg statt!

Automatisch stellt sich dann auch die Frage nach dem Alter des Galápagos-Archipels. Aufgrund der skizzierten Überlegungen müsste dieser schon während der Ära der Dinosaurier bestanden haben. Welches geologische Alter weist der Galápagos-Archipel auf? Aus biologischer Sicht ergibt sich aus der *Koexistenz von Dinosauriern und Meerechsen* zwangsläufig ein sehr hohes Alter des Galápagos-Archipels gemäß geologischer Zeitskala.

Vom Schiff »Glomar Challenger« aus wurde 1076 Meter tief in den Meeresboden gebohrt. Das Bohrloch mit der Bezeichnung 504-B befindet sich im Costa-Rica-Rücken in der Nähe der Galápagos-Inseln. Die Datierung der ozeanischen Kruste ergab ein Alter von nur sechs Millionen Jahren (Francheteau, 1988, S. 118). W. D. Dall beschrieb 1928 die von den Inseln Baltra und Santa Cruz stammenden, aus dem Meer herausgehobenen und in die Lavafelder hinein-zementierten Fossilien als Überreste mit einem Alter von 11 bis 3 Millionen Jahren. Im Wissenschaftsmagazin »Science« wurde den ältesten heute *über* dem Meeresspiegel liegenden Inseln ein Alter von *nicht mehr* als 5 Millionen Jahren zugebilligt, den jüngeren sogar nur einige Hunderttausend Jahre (Hickmann/Lipps, 1985). Durch dieses geologisch jugendliche Alter entsteht jedoch ein gewichtiges Problem (Heinsohn, 1995, S. 374): »Da es Meeresleguane nur auf den Galápagos gibt, ist nicht ersichtlich, wo diese Spezies die 95 Millionen Jahre überlebt hat, die zwischen dem Untergang ihrer Kreidezeitvorfahren aus der Dinosaurier-Zeit und dem Auftauchen der Inseln verstrichen sind.«

Aus diesen Überlegungen ergibt sich eine interessante Parallele. Setzt man die *Koexistenz von Dinosauriern und Menschen* als Tatsache voraus, erscheinen nahezu 100 Millionen Jahre Erdgeschichte aus der Luft gegriffen, falls man nicht davon ausgeht, dass es damals schon Menschen gegeben hat. In Bezug auf Galápagos kann man zu ähnlichen Schlussfolgerungen gelangen:

»Da die Generationskette aber *niemals* unterbrochen worden sein kann, wenn eine Spezies heute noch da ist, zwingt simple biologische Logik dazu, die fehlenden 95 Millionen Jahre einfach zu streichen. Die Mitte der Kreidezeit datiert im Hinblick auf die Meeresleguane des Galápagos-Archipels mithin nicht auf −100 Millionen, sondern auf maximal −5 Millionen Jahre. Zusammen mit den Vorfahren der Meeresleguane von Galápagos sterben die Dinosaurier 95 Millionen Jahre später aus, als heute gelernt werden muss« (Heinsohn, 1995, S. 376).

Die offensichtlich vorhandene zeitliche Lücke versuchen die Geologen zu schließen, denn es wäre peinlich für unser schulwissenschaftliches Weltbild, wenn dieses allgemein bekannte Freiluftlabor und der *eigentliche Geburtsort der Evolutionstheorie* Galápagos sich in diesem Sinne als gänzlich *ungeeignetes* Vorzeigeobjekt entpuppen, ja sogar einen Beweis gegen die Abstammungslehre von Darwin darstellen würde.

Inzwischen ist man sich unter den Geologen einig, dass es vor 14 Millionen Jahren bereits einen isolierten Galápagos-Archipel gegeben haben soll. Das gesamte Gebiet ist tektonisch aktiv und liegt auf einem sogenannten »heißen Fleck« (*Hot Spot*), einer Stelle also, an dem heiße Magmaströme aus der Tiefe des Erdmantels bis dicht an die Lithosphäre aufsteigen. Die Lithosphäre umfasst sowohl die Erdkruste als auch die obersten Teile des Erdmantels, die in Bezug auf die Festigkeit eine Einheit bilden.

Das Auf- und Abtauchen der Galápagos-Inseln in der jüngeren Erdvergangenheit wird durch folgenden Vergleich deutlich gemacht: Es ist, als würde man ein Kuchenblech (eine Erdkrustenplatte: unsere Erdoberfläche) langsam, aber stetig über eine Gasflamme ziehen. Somit ergibt sich – wie an einer Perlschnur aufgefädelt – eine ganze Kette von Vulkanen: ältere, schon erloschene und wieder versunkene, und heutige, aktive Vulkane. Mit derartigen Vulkanen ist oftmals die Entstehung von Inseln verbunden: zum Beispiel Galápagos oder Hawaii.

Auf diesem heißen Kuchenblech müssten demzufolge die Tiere von untertauchenden zu dann gerade auftauchenden Inseln förmlich hin und her gehüpft sein. Die Landleguane und Elefantenschildkröten können aber *gar nicht schwimmen*. Wie kommen sie auf eine andere Insel, wenn die bisher von ihnen bewohnte untergeht?

Tierische Nichtschwimmer

Früher lebten die Elefantenschildkröten auf elf Inseln der Galápagos. Die bis zu einer halben Tonne schweren Tiere unterscheiden sich durch die Form ihrer Panzer, sodass man die gewaltigen Kolosse nicht einfach zwischen den Inseln austauschen kann.

Interessant ist, dass die ältesten bekannten Überreste von Riesenschildkröten aus dem Beginn des *Eozäns* (vor 55 bis 36 Millionen Jahren) stammen sollen. Entsprechende Fossilien fand man in den US-Bundesstaaten Wyoming und Nebraska sowie in Frankreich, Indien, Brasilien, im Libanon und auf Malta, also auf mehreren Kontinenten. Auch im Falle Maltas fragt man sich, wie Nichtschwimmer auf diese Insel gelangten.

Zwischen dem scheinbaren Aussterbezeitpunkt dieser Kolosse und dem Auftauchen der Galápagos-Inseln liegen mindestens 30 Millionen Jahre. Wo lebten sie in der Zwischenzeit? Woher und vor allen Dingen *wie* kamen die schwimmunfähigen Elefantenschildkröten auf ein ungefähr 1000 Kilometer von der Küste entferntes Eiland? Als blinder Passagier auf einem treibenden Baumstamm oder auf einer grünen Insel aus irgendwie zusammenhängendem Pflanzengeflecht? Zu berücksichtigen ist noch die Tatsache, dass es sich im Pazifik um Salzwasser handelt, das diese Tiere nicht trinken, denn sie benötigen Süßwasser zum Überleben. Wie lange kann dieses einsame Tier auf dem einsamen Baumstamm überleben? Klappte dann schon der erste Versuch, auf den kleinen Inseln in dem großen Ozean zu landen?

Entsprechend findet der ungarische Zoologe Dénes Balázs folgende Erklärung für dieses Phänomen (Balázs, 1975, S. 169). Ihm zufolge »[...] kann es nur das Werk eines außerordentlich glücklichen Zufalls gewesen sein, dass Schildkröten auf einer solchen ›grünen Insel‹ über den Ozean gelangten und tatsächlich auf den Inseln Fuß fassten. Wieder muss ich mich auf die Zeit berufen, die – was Galápagos betrifft – nicht mit menschlichen Maßstäben gemessen werden kann. Zieht man jedoch die Jahrmillionen in Betracht, dann erscheint es durchaus wahrscheinlich, dass dank solcher »außerordentlicher Zufälle« mehrere Elefantenschildkröten über den Ozean getragen wurden.«

Zufall und lange Zeiträume dienen immer wieder der wissenschaftlichen Begründung. Falls *mehrere* Schildkröten diese Odyssee ohne einen Tropfen Wasser hinter sich brachten, dann auch noch aufgrund notwendiger Fortpflanzung notwendigerweise relativ zeitgleich, wäre auch die Fortpflanzung gesichert. Handelt es sich aber hierbei um eine einleuchtende Erklärung?

Bei unserem Besuch des Galápagos-Archipels im November 2000 musste ich feststellen, dass es auf den verschiedenen Inseln diverse andere Nichtschwimmer gibt: Galápagos-Nattern, Lava-Echsen und Skorpione.

Bekannt sind aber zwei dort lebende große Leguan-Arten, die Meerechse und der Drusenkopf, ein Landleguan. Letzterer ist zwar ein naher Verwandter der Meerechse, taucht seinen Körper jedoch niemals ins Wasser. Die Entwicklungslinien beider Tierarten sollen sich hier auf den Galápagos-Inseln getrennt haben. Die Abstammungslehre Darwins fand anscheinend einen oder besser gesagt *den anschaulichen Beweis in der Tatsache, dass sich diese Tierarten auf dem von der restlichen Welt abgeschlossenen Galápagos-Archipel entwickelt haben sollen.* Dieser griffig formulierte biogenetische Kernsatz blieb weit über 100 Jahre unwidersprochen. Neue molekularbiologische

Untersuchungen bestätigen diese bisher vertretene Ansicht jedoch nicht. Die DNA-Analysen der Tiere sollen zeigen, dass »sich ihre Entwicklungslinien vor 20 Millionen Jahren getrennt haben« (»Bild der Wissenschaft«, online 15.7.1999). Laut petrologischen und geochemischen Untersuchungen soll das Alter dieses Archipels jedoch nur höchstens 3,3 Millionen Jahre sein (White et al., 1993).

Nach der bisherigen, im Sinne der Evolutionstheorie geltenden Ansicht waren jedoch gerade diese Tiere auf Galápagos ein *Paradebeispiel für die sich langsam vollziehende Entwicklung der Arten in der Isolation*. Die neue Erkenntnis war da natürlich ein schwerer Schlag für den bisher glorifizierten Evolutionszoo Galápagos. Hätte Darwin die molekularbiologischen Untersuchungen und das wirkliche Alter der Galápagos-Inseln gekannt, wären seine schwärmerischen Sätze über die seltsame Galápagos-Fauna und damit der Evolutionstheorie anders oder vielleicht gar nicht formuliert worden.

Hinzu kommt, dass Darwin scheinbar eine dritte Leguan-Art, »Rosadas« genannt, auf den Galápagos-Inseln übersah. Diese kommen nur in der Nähe des Vulkans *Wolf* auf der Galápagos-Insel Isabela vor. Nach eingehenden genetischen Untersuchungen scheint sich die Entwicklungslinie der rosafarbenen Landechsen bereits vor 5,7 Millionen Jahren von denen der übrigen Land-Leguane abgespalten zu haben. Allerdings eröffnet sich damit ein Rätsel: Der Vulkan Wolf, an dem die Rosadas bislang ausschließlich entdeckt wurden, war zum Zeitpunkt der angenommenen Artenspaltung noch gar nicht entstanden, denn dessen Alter wird auf weniger als 0,35 Millionen Jahre angesetzt (Gentile et al., 2009).

Indoktrinierte Ansichten

Aber die Galápagos-Inseln hielten noch andere Überraschungen bereit. Früher nahm man an, dass der dort beheimatete Seelöwe mit den Südlichen Seelöwen *(Eumetopias jubata)* identisch sei. Der Norweger Erling-Sievertsen untersuchte jedoch den Kopf eines Galápagos-Seelöwen, der in die Sammlung des Osloer Museums gelangt war. Dabei stellte er fest, dass dieses Tier als eine eigenständige Art betrachtet werden muss, und es erhielt seinen zoologischen Namen nach dem Norweger Wollebaek *(Zalophus wolle-baeki)*. Der Galápagos-Seelöwe stammt nicht von südlich, sondern vielmehr von nördlich so in Kalifornien beheimateten Seelöwen ab. Über *ein Jahrhundert* hinweg waren in Hunderten von Büchern – deren Autoren sich jeweils auf die vorher erschienenen Veröffentlichungen beriefen – falsche Angaben über den Galápagos-Seelöwen gemacht worden. Diese Entdeckung erzeugte im Lager der Biologen eine nicht geringe Aufregung.

Die häufig an mich gerichtete Frage in Bezug auf von mir kontrovers diskutierte Themen lautet: Können sich so viele Wissenschaftler und Autoren jahrzehntelang geirrt haben? Im wissenschaftlichen Denken sind Widersprüche prinzipiell gar nicht erlaubt, da man sich immer auf die bisherigen Wissenschaftsergebnisse beziehen *muss*! Eine kontrovers erscheinende Doktorarbeit würde in der Regel erst gar nicht zugelassen, da man seinem Doktorvater und den Gutachtern widersprechen müsste! Um im Fachmagazin »Science« zu publizieren, müssen zwei Gutachter den Daumen nach oben richten. Es gibt Fachwissenschaftler, die scheinbar kontroverse Untersuchungsergebnisse in diesem Fachmagazin veröffentlichen wollten, aber am Urteil der Gutachter scheiterten. Nach Ablehnung der Veröffentlichung werden diese Dokumentationen in Fachmagazinen veröffentlicht, die nur wenige Fachleute lesen. Es gibt in diesem wissenschaftlichen System keine »frei denkende« Wissenschaft ...

Landbrücke

Um die peinliche Lücke in der Entwicklungsgeschichte der Fauna auf den Galápagos-Inseln zu schließen, wurde von Biologen immer wieder die Frage gestellt, ob es nicht denkbar wäre, dass in der geologischen Vergangenheit irgendwann einmal der Galápagos-Archipel mit dem Kontinent verbunden war. Gegen eine eventuelle *neu* gebildete Landbrücke sprechen verschiedene gesteinskundliche Untersuchungen (Balázs, 1975, S. 163): »Die chemische Zusammensetzung der in Laboratorien analysierten Gesteinsproben verrät durch ihre Armut an Silizium und ihren übrigen Stoffbestand, dass die aus großer Tiefe kommende Lava nur ozeanischen Boden durchbrochen haben kann. Nirgendwo kam sie mit Granit, der die Hauptmasse unserer Kontinente bildet, in Berührung.«

Trotzdem stellt eine vorzeitliche Landbrücke die Lösung für viele der aufgezeigten Problematiken dar. Die Verbreitung der verschiedenen Schild-

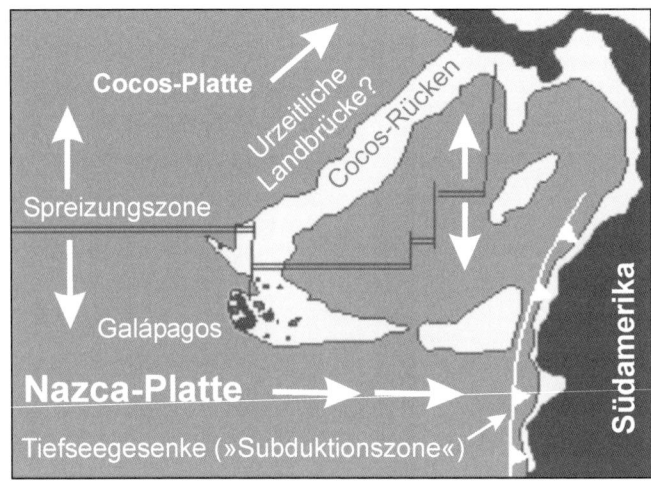

Abb. 64: **GALÁPAGOS**. Dieser Archipel könnte durch eine Landbrücke (helle Partien) mit dem Festland verbunden gewesen sein, aber nur, falls der Meeresspiegel sehr viel tiefer lag als heutzutage. Innerhalb der Cocos- und Nazca-Platte sind theoretisch jeweils stark unterschiedliche Bewegungsrichtungen (Pfeile) zu verzeichnen. Die Platten müssten eigentlich zerreißen. Anderseits sollten die Galápagos-Inseln nach der Theorie der Plattentektonik schon lange in der »Subduktionszone« verschwunden sein.

krötenarten, aber auch der Landleguane auf den unterschiedlichen Inseln des Galápagos-Archipels wäre so einfacher zu erklären. Irgendwann stieg dann der Meeresspiegel der Ozeane, und die Tiere kletterten zum Schutz vor dem Wasser auf die Berge. Die Bergspitzen bilden die heute zu sehenden Inseln. Der Boden des Pazifiks zwischen den Galápagos-Inseln und dem Festland liegt gemäß unseren aktuellen Vorstellungen jedoch *zu tief*, als dass wir eine ehemalige Landbrücke annehmen könnten. Nur unter Berücksichtigung eines in früheren Zeiten noch *wesentlich* tieferen Meeresspiegels könnte es eine ringförmige Landbrücke mit einer nördlichen Verbindung zu Mittelamerika (Panama) und einer südlichen zu Südamerika (Ecuador) gegeben haben, über die die seltsamen Echsen und Schildkröten trockenen Fußes einwanderten (Abb. 64). Diese mit unserem Weltbild nicht zu vereinbarende Theorie wurde jedoch bereits von K. W. Vinton und anderen Wissenschaftlern vertreten. Bleibt die Frage zu klären, ob der Meeresspiegel der Ozeane irgendwann in klarem Gegensatz zu den aktuell favorisierten erdgeschichtlichen Modellen wirklich wesentlich tiefer lag als heutzutage.

3 Zerrissene Tektonik

Das Hochgebirge der Anden verläuft an der gesamten pazifischen Küste entlang und bildet förmlich das Rückgrat des südamerikanischen Kontinents. Die Anden, aber auch die Rocky Mountains erhoben sich vor wenigen Tausend Jahren mit den Menschen und ihren Städten schnell in die Höhe.

Küstenstreifen in gewaltiger Höhe

Bereits der Forschungsreisende Alexander von Humboldt (1769–1859) führte von 1799 bis 1804 zusammen mit dem französischen Botaniker Aimé Bonpland in Lateinamerika genaue Ortsbestimmungen und Höhenmessungen durch und maß die Temperaturen des später nach ihm benannten Humboldtstroms. Humboldt beschrieb den *kreideweißen Streifen an den Küstenfelsen der Kordilleren*, der den uralten Küstenstreifen markiert. Diese Strandlinie, die sich früher in Meereshöhe befand, liegt heute in einer Höhe von 2500 bis 3000 Metern. Es stellt sich also die Frage: Wuchs der gesamte Küstenstreifen *langsam* in die Höhe, oder wurde er *schnell* in diese Höhe gewuchtet?

Auf seiner Reise von 1834 bis 1835 durch Südamerika schrieb Charles Darwin in sein Tagebuch (Darwin, 1835): »aber die unterirdischen Kräfte traten wieder in Tätigkeit, und ich sah nun das Bett dieses Meeres eine Kette von Bergen bilden, die über 7000 Fuß hoch waren (…). So ungeheuer und kaum begreiflich derartige Veränderungen auch erscheinen müssen, so sind sie doch alle in einer Periode aufgetreten, welche mit der Geschichte der Cordillera verglichen als neu erscheinen muss; und die Cordillera selbst wieder ist absolut modern zu nennen, wenn man sie mit vielen der fossilführenden Schichten von Europa und Amerika vergleicht.«

Darwin bezeugte die aus seiner Sicht jungen Prozesse der Gebirgsauffaltung, und er war überrascht, in 400 Metern Höhe im Bereich einer der früheren Strandlinien am Fuße der Anden in Valparaiso (Chile) Meeresmuscheln zu finden, die noch *nicht verwittert* waren! Diese Funde zeugen jedoch davon, dass das Land erst vor *sehr kurzer* Zeit über den Pazifischen Ozean gestiegen sein kann, und zwar »innerhalb der Periode, während welcher hochgehobene Muscheln unverwittert auf der Oberfläche bleiben« (Darwin: »Geological Observations on the Volcanic Islands and Parts of South America«, Teil II, Kap. 15). Wie lange aber benötigen Muscheln bis zur endgültigen Verwitterung? Jahrmillionen oder realistischer vielleicht doch nur Jahrtausende oder noch weniger? Das Emporsteigen des Meeresspiegels konnte auch nicht langsam nach und nach erfolgt sein, da nur einige wenige Brandungslinien zwischen dem heutigen Meeresspiegel und der in 400 Metern Höhe befindlichen Brandungslinie festzustellen sind.

Die Ruinen der Festung Tiahuanaco an der Südseite des Titicacasees unweit der Grenze zwischen Bolivien und Peru liegen 3810 Meter hoch und sind nur ein paar Tausend Jahre alt. Die Stadt nahm eine weiträumige Fläche ein und ist aus enormen Steinblöcken erbaut worden, sodass sie in Bezug auf die Größe der verarbeiteten Steine als *megalithisch* bezeichnet werden könnte. Die Erbauer sind jedoch offiziell unbekannt.

Das eigentliche Rätsel liegt in der gegenwärtigen Kargheit dieser Hochebene zwischen den westlichen und östlichen Kordilleren: Wie konnten die Einwohner einer großen Stadt oder sogar ein ganzes Volk unter diesen ungünstigen klimatischen Gegebenheiten überhaupt existieren? In diesem Sinn merkte Sir Clements Markham (1910, S. 21) an: »Eine solche Region ist nur fähig, eine spärliche Bevölkerung (…) zu unterhalten.« Auch A. Posnansky (1945, S. 15) ist dieser Ansicht: »In der heutigen Zeit ist das Plateau der Anden ungastlich und fast unfruchtbar. Mit dem heutigen Klima wäre es während keiner Periode als Zufluchtsort großer Menschenmassen geeignet gewesen.«

Dieser Meinung kann ich nach dem Besuch dieser Gegend nur zustimmen, denn es gibt zwar noch viele alte künstliche Terrassen, die die Urbevölkerung anlegte, aber diese liegen bis zu 5600 Meter und sogar noch höher über dem Meeresspiegel. Mais reift aber beispielsweise nicht in dieser Höhe. Aus diesem Grund »bot der damalige Präsident der *Royal Geographical Society*, Leonard Darwin, die Vermutung an, dass das Gebirge nach dem Bau der

Abb. 65: **UNERGIEBIG**. Terrassen auf der 5,5 Kilometer langen und bis zu 1,6 Kilometer breiten peruanischen Insel Taquile, die sich bis zu einer Höhe von 4050 Meter über dem Meeresspiegel und damit 240 Meter über die Wasseroberfläche des Titicacasee-Sees erhebt. Auf Taquile werden vor allem Kartoffeln und die alte Kulturpflanze Quinoa angebaut, die etwa ab einer Höhenlage von 4500 Metern jedoch nicht mehr gedeiht.

Stadt maßgeblich emporgestiegen sei« (Velikovsky, 1980, S. 103). Ich unterstreiche die Feststellung: Nach dem Bau der Stadt erhoben sich vielleicht erst die Anden. Unter der Annahme, dass die Anden vor wenigen Tausend Jahren zum Zeitpunkt der Errichtung Tiahuanacos wesentlich tiefer gelegen haben, ergeben die Terrassen einen Sinn, denn unter den dann herrschenden besseren klimatischen Bedingungen hätte auch Mais reifen können.

Die Existenz einer *Krustentier-Meeresfauna* im Titicacasee, der etwa 15,5-mal so groß wie der Bodensee ist, dokumentierte Ende des 19. Jahrhunderts bereits Alexander Agassiz (»Proceedings of the American Academy of Arts and Sciences«, 1876). Wie aber kommen Meerestiere in eine Höhe von 3812 Metern? Einfachste Lösung: Die Hochebene muss einmal viel tiefer, etwa auf Meereshöhe gelegen haben. Außerdem fand man Überreste des *Cuvieronius* und *Toxodons* am Südufer des Titicacasees. Diese Elefanten oder Flusspferden ähnlichen Tiere lebten aber nicht in Höhen, die 2000 bis 3000 Meter oder höher über ihrem normalen Lebensraum lagen (Hancock, 1995). Das Sediment eines höher gelegenen ausgetrockneten Sees beinhaltete charakteristische Mollusken, »was geologisch gesehen einen relativ modernen Ursprung nachweist« (Posnansky, 1945, S. 23). Aufgrund dieser Funde, weiterer Untersuchungen und chemischer Analysen kommt Posnansky (1945) zu dem Schluss: »Titicaca und Poopó, der See und das Salzbett von Coipasa, die Salzlager von Uyuni: Mehrere dieser Seen und Salzlager sind in ihren chemischen Eigenschaften ähnlich wie die des Ozeans.«

Die Stadt Tiahuanaco wurde nach ihrer Erbauung anscheinend mit den Seen und der gesamten Andenkette in ihre heutige Höhenlage emporgeschoben, und das in geschichtlicher Zeit, nicht vor zig Millionen von Jahren. Die vorherrschende Meinung der Geologen im Sinne der Lyell-Hypothese ist, dass die Gebirgsbildung ein langsamer, kontinuierlicher Prozess sei. Offenbar kann die drastische Höhenveränderung im Fall von Tiahuanaco aber kein Ergebnis eines lang andauernden und urzeitlichen Prozesses gewesen sein, da Menschen diesen Prozess anscheinend miterlebten. Natürlich spielte sich alles in mehreren Phasen ab. Irgendwann befand sich Tiahuanaco am Seeufer des Titicacasees, der auch einmal 30 Meter höher lag, wie eine alte Strandlinie beweist. An anderer Stelle befindet sich diese Strandlinie jedoch mehr als 120 Meter über der gegenwärtigen Seeoberfläche. Mit anderen Worten: Sie ist geneigt. Bedeutet dies eine ursprüngliche Schiefstellung des Plateaus? Es gibt aber viele gehobene Strandlinien, die sehr frisch aussehen und ihr geringes Alter durch die darin vorkommenden Fossilien beweisen (Moon, 1939, S. 32).

Sehen wir uns ein anderes Beispiel an. In einer Höhe von 2840 Meter über Meer am Westgrat des Schweizer Berges *Piz S-chalambert* wurden im Sommer 2018 Dinosaurier-Trittsiegel entdeckt. Insgesamt sind 19 Einzelabdrücke in drei Fährten vorhanden, die auf einer Gesamtfläche von rund 60 Quadratmetern verteilt liegen. Die längste Fährte misst dabei zwölf Meter und besteht aus 14 linken und rechten Fußabdrücken. Diese Trittsiegel sollen über 200 Millionen Jahre alt sein und würden damit aus einer Zeit stammen, als die Kontinentalverschiebung noch gar nicht begonnen hatte. Zu dieser Zeit war Graubünden ein seichtes Meer mit Uferbereichen. Dort befanden sich viele Pflanzen und Tiere, auch Dinosaurier. Durch einen Auffaltungsprozess wurden diese Trittsiegel in große Höhen geliftet. Unter Berücksichtigung dieser offiziellen Zeitangaben erscheint zweifelhaft, dass versteinerte Fußabdrücke die Erosionseinflüsse während dieses langen Zeitraums sowie die mechanischen Einflüsse durch die Gebirgsauffaltung schadlos überstanden haben könnten, um dann von einer Schulklasse entdeckt zu wurden, wie es in diesem Fall geschehen ist.

Diese in den Bündner Alpen entdeckten Trittsiegel von Prosauropoden – eine Gruppe pflanzenfressender, mittelgroßer und großer Echsenbecken-Dinosaurier – bestätigen die weite Verbreitung einer heterogenen Dinosaurier-Gemeinschaft, wie ähnliche Trittsiegel in Lesotho, Südafrika und Südfrankreich aufzeigen. Es gelang tatsächlich der *erstmalige* Nachweis des *zeitgleichen* Auftretens von Prosauropoden und Sauropoden: »Das ist eine Weltsensation«, zeigt sich Professor Christian Meyer von der Universität Basel begeistert. Bisher war angenommen worden, dass sich die Sauropoden erst später aus ihren Verwandten, den Prosauropoden entwickelt haben (Internetlink 3).

Plötzlich gehoben

Die bereits 2001 mit Erstauflage dieses Buches beschriebenen Widersprüche in der geologischen und geophysikalischen Auffassung vom Aufbau und von der Entwicklung unseres Planeten führten zum Kontakt mit Geophysik-Professor Dr.-Ing. Karl-Heinz Jacob (Technische Universität Berlin, an der auch ich Bauingenieurwesen studierte). Bei einer Diskussion mit ihm über die Selbstorganisation geologischer Systeme überraschte mich eine Frage: »Wie alt sind Ihrer Meinung nach die Anden?« Ich antwortete: »Da südamerikanische Mythen von diesem Ereignis berichten, sollte der Zeitpunkt vor höchstens vielleicht 10 000 Jahren liegen.« »Tatsächlich so alt?«, erhielt ich die unerwartete Gegenfrage, und Professor Dr.-Ing. Karl-Heinz Jacob fuhr, ohne eine Antwort abzuwarten, fort:

»Wir waren als eine Gruppe von Geologen und Geophysikern hoch oben in den bolivianischen Anden in Südamerika. In über 3600 Metern Höhe befindet sich dort die größte und höchstgelegene Salzpfanne der Welt, der *Salar de Uyuni*. Wir übernachteten dort auf einer Insel in einem Zelt. Es war eisig kalt. Aber auf dieser Insel gab es versteinerte Korallen, die dort überall einfach so zwischen Kakteen herumstanden. Sie waren unzerstört. Wie lange bleiben solche Versteinerungen in ihrem ursprünglichen Erscheinungsbild ohne Schutz erhalten, wenn man allein schon an den ständigen Temperaturwechsel und die sprengende Wirkung von Frost denkt?«

»Ja«, antwortete ich, »das ist das in meinen Büchern vielfach beschriebene und weltweit auftretende Phänomen, dass man ideale, also wie frisch wirkende versteinerte Tiere, Pflanzen oder auch Fußspuren an der Erdoberfläche findet, obwohl diese zig Millionen Jahre alt sein sollen. So hat der bekannte Saurierforscher Paul Sereno im Sand der Wüste Sahara an der Oberfläche derselben geologischen Schicht, wo Skelette von Dinosauriern und Ur-Krokodilen in der heißen Sonne bleichen, versteinerte Menschenknochen und den versteinerten Kopf einer rezenten Kuh gefunden. Wie lange bleiben Dinosaurier-Knochen an der Wüstenoberfläche erhalten? Sind diese vielleicht nur so alt wie die versteinerten Menschen und Kühe, die vielleicht vor ein paar Tausend Jahren starben, als die Sahara noch eine bewaldete Seen- und Wald-Landschaft war? Das Wasser der Sahara verschwand zum allergrößten Teil vor wenigen Tausend Jahren, und genau zu dieser Zeit müssen Saurier und Ur-Krokodile gestrandet oder verdurstet sein. So leben noch heute inmitten der Sahara in übrig gebliebenen kleinen Wasserlöchern Krokodile, die die Beduinen bei ihrer Wasserbeschaffung bedrohen. Wie lange kann eine Handvoll großer Raubtiere in derart kleinen Tümpeln überleben, und wovon ernähren sie sich in der Wüste? Da sind höchstens wenige Jahrtausende im Spiel, ja wahrscheinlich eher weniger als mehr.«

»Interessant«, antwortete der Professor. »Ich habe damals von den in über 3600 Metern Höhe unversehrt auf der Erdoberfläche herumstehenden versteinerten Korallen ein Stück mitgenommen, da ich keinen Überblick hatte, wie alt diese sind. Zu Hause in der Universität habe ich die Koralle dann einem Fachmann gezeigt, der diese den *heutzutage* im Pazifik wachsenden zuordnete. Wie also kommen rezente Korallen in eine Höhe von mehr als 3600 Meter? Das kann nicht Millionen von Jahren her sein! Falteten sich die Anden tatsächlich erst vor relativ kurzer Zeit auf? Die Fakten scheinen dies zu bestätigen!«

Meine Erwiderung: »Bereits Anfang des 20. Jahrhunderts stellte eine geologische Studie aufgrund von Untersuchungen in Europa fest, dass noch zur Zeit der Kelten die Alpen zu einem wesentlichen Teil gewachsen sind, wodurch die Uferlinien der alten Seen im Alpenvorland schief gestellt wurden, wie in meinem Buch ›Die Erde im Umbruch‹ dokumentiert. Fest steht, die Erdkruste ist fragiler und beweglicher, als es heutzutage in Wissenschaft und den Medien dargestellt wird, ohne angeblich durch Menschen verursachten Klimawandel.«

Amazonas-Quelle in der Sahara

Weit vom Ozean entfernt fangen Eingeborene Pfauenaugen-Stachelrochen im Oberlauf des Amazonas. Es handelt sich eigentlich um einen Bewohner *salzigen* und nicht süßen Wassers. Jetzt leben diese Tiere 4000 Kilometer von der Küste entfernt mitten im südamerikanischen Kontinent. Wie kommen sie dorthin? Stellen diese und auch andere Fische in diesem Gebiet stumme Zeugen einer gewaltigen Katastrophe dar und wurden in einer eigentlich für sie lebensfeindlichen Umwelt gefangen? Es handelt sich um eines von vielen bislang nicht gelösten Rätseln.

Überlieferungen der in Amazonien (Brasilien) lebenden Indianer berichten, dass es *zwei* die Erde verwüstende große Katastrophen gegeben haben soll. Die erste soll sich vor über 10 000 Jahren ereignet haben und gewaltig gewesen sein (Brugger, 1976, S. 48 ff.): »Eine rote Sonne, ein schwarzer Weg kreuzten sich (...). Sie sahen die Sonne nicht mehr, nicht den Mond und nicht die Sterne (...). Dunkelheit brach herein. Seltsame Gebilde zogen über ihren Häuptern dahin. Flüssiges Harz troff vom Himmel, und im Dämmerlicht suchten die Menschen nach Nahrung (...). Die erste Große Katastrophe gab dem Antlitz der Erde eine neue Gestalt. In einem Geschehen, das für immer unbegreiflich bleibt, veränderten sich der Lauf der Flüsse, die Höhe der Berge und die Kraft der Sonne. Kontinente wurden überflutet. Die Wasser des großen Sees flossen in die Meere zurück. Der große Fluss wurde durch eine neue Bergkette zerrissen. In einem breiten Strom trieb er jetzt nach Osten. An seinen Ufern entstanden riesige Wälder. In den östlichen Gebieten des Reiches breitete sich eine schwüle Hitze aus. Im Westen, wo sich gewaltige Berge aufgetürmt hatten, erfroren die Menschen in der bitteren Kälte der Höhen.«

Die Bergkette im Westen, also die Anden, soll erst vor 10 000 Jahren entstanden sein? Der große Fluss – der Amazonas? – soll geteilt worden sein und seine Fließrichtung geändert haben? Änderte sich das Gefälle des Flussbettes gravierend, und zwar in entgegengesetzter Richtung? Die Überlieferungen bestätigen die bereits beschriebene Kippung des südamerikanischen Kontinentalsockels und anderseits auch die von Menschen miterlebte heftige Auffaltung der Anden. Dieses Ereignis hat sich anscheinend tief in das Bewusstsein der vorzeitlichen Menschen eingegraben.

Auch die Beschreibung, dass die Menschen erfroren, da sie sich plötzlich in zu großen Höhen befanden, erscheint auf den ersten Blick unglaubwürdig. Aber wurden nicht einige Indianer in alpinen Höhenlagen verschiedener Gebirgsspitzen in den Anden gefunden, bei denen sogar noch die Organe erhalten sind, weil diese schockgefroren wurden?

Die indianischen Legenden berichten jedoch auch von einer zweiten Erdkatastrophe, die sich nach der ersten ereignet haben soll (Brugger, 1976, S. 60): »Feuer (...), heller als tausend Sonnen (...). Dreizehn Monde lang regnete es (...). Die Wasser der Meere stiegen an. Rückwärts flossen die Flüsse. Der große Strom verwandelte sich in einen gewaltigen See. Und die Menschen wurden vernichtet. In den schrecklichen Fluten ertranken sie.«

Der Amazonas mündete früher einmal laut indianischen Überlieferungen in den Pazifik und nicht in den Atlantik wie heutzutage? Eine anscheinend unglaubwürdige Behauptung. Doch lassen meine jahrelang andauernden Recherchen gar keinen anderen Schluss zu.

Im ORF sowie ZDF (»Der Uramazonas«, 24.9.2000, 19.30 Uhr) wurde ein aufwendig erstellter Dokumentarfilm ausgestrahlt. Nach intensiver Vorarbeit und Expeditionen in Südamerika und Afrika kam der Wissenschaftler Gero Hillmer vom Institut für Geowissenschaften der Universität Hamburg aufgrund geologischer und paläontologischer Untersuchungen zu dem definitiven Schluss, dass der Ur-Amazonas in der Sahara entsprang, also seine Quelle im Herzen der heutigen Wüste lag, durch den Tschadsee floss und in den Pazifik mündete. Damit wird die unglaubhaft erscheinende Überlieferung der Ureinwohner Amazoniens bestätigt und die Tragweite dieser Erkenntnisse erst richtig deutlich. Falls Menschen von diesem ungeheuren kataklysmischen Ereignis berichten konnten, müssen sie es selbst miterlebt haben. Seit wann gibt es Menschen? Fand dieses Ereignis vor relativ kurzer Zeit statt, also vor wenigen Tausend Jahren, wie die Ureinwohner Brasiliens genau in dem von mir vorgetragenen Sinn berichten? Oder hat Hillmer recht, der das Horror-Szenario auf ein Alter von 130 Millionen Jahren datiert? Damals gab es aber keine Menschen, die davon berichten konnten. Um es klar und deutlich zu sagen, alles, was Hillmer festgestellt hat, ist richtig und entspricht meiner Auffassung. Nur, einzig und allein hinsichtlich der Datierung sind wir gravierend unterschiedlicher Meinung. Fest steht, der Amazonas floss einmal genau entgegengesetzt zur heutigen Fließrichtung: unglaublich, aber wahr. Wann aber falteten sich die Anden auf und zwangen den Amazonas, in den Atlantik zu fließen?

Das Fernsehteam fand außerdem in einer Höhe von 80 Metern befindliche Seekreide über 1000 Kilometer vom heutigen Nordufer des innerafrikanischen Tschadsees entfernt in der heutigen Wüste Sahara. Hillmer entdeckte hier in den Sedimenten des urzeitlichen Sees in einem Felsblock – unmittelbar an der Erdoberfläche (!) – inmitten der Sahara auch einen fossilen Mesosaurier, der in den Flüssen und Seen des urzeitlichen Südkontinents Gondwana vor 250 Millionen Jahren gelebt haben soll und auch in Südamerika entdeckt wurde. Damit ist aber auch das Rätsel des Pfauenaugen-Stachelrochens gelöst (s. S. 145), als Überbleibsel urzeitlicher Gegebenheiten an einem anscheinend falschen Platz im Amazonas inmitten Südamerikas.

In einem 200 Meter langen See – den Hillmer u. a. als Restwasser einer ursprünglichen Amazonas-Quelle ansieht – entdeckte er fünf Wüstenkrokodile, mitten in der eigentlich lebensfeindlichen Umgebung inmitten der ariden Sandwüste. Aber in der Sahara leben an vielen weit voneinander entfernten Orten – in Niger, Südmauretanien, im Tschad und bis in den 1930er-Jahren in Südalgerien – Exemplare des nur bis circa 2,20 Meter langen Nil-Krokodils. Wie lange überleben diese wenigen Tiere jeweils in einem kleinen See oder einer »unterirdischen, fossilen Wasserstelle«, sogenannten Gueltas, inmitten einer lebensfeindlichen Sandwüste? Jahrmillionen oder doch nur wenige Jahrtausende? Woher bekamen diese Reptilien in der Sandwüste anscheinend über Jahrmillionen hinweg ihr Futter, auch wenn sie genügsam sind?

Wie auch immer, die Sahara war einst ein großes Meer und die Quelle des Amazonas, wie auch die reichhaltigen Fossilien-Funde beweisen. Zu dieser Zeit bildeten Afrika und Südamerika noch eine Einheit. Zu welchem Zeitpunkt aber brachen diese Kontinente wirklich auseinander, und wann war die Sahara ein großes Meer? Passierte alles vor nur wenigen Tausend Jahren?

Zerreißt Afrika?

Der Erforscher des Ostafrikanischen Grabensystems (Abb. 66) J. W. Gregory (1920, S. 290) stellt fest: »Vom Libanon bis fast zum Kap (Südafrika, d. V.) verläuft (...) ein tiefes und vergleichsweise schmales Tal, mit beinah senkrechten Wänden und ausgefüllt vom Meer, von Salzsteppen und alten Seebecken sowie einer Kette von 20 Seen, von welchen nur einer in das Meer fließt. Es handelt sich um eine Sachlage, die sich von allen anderen auf der Erdoberfläche anzutreffenden völlig unterscheidet.«

B. Willis (1936) schrieb: »Der einfachste Gedanke war, Afrika sei entzweigerissen worden.« Der als Autorität geltende Deutsche Krenkel (1922, S. 169) stellt fest: »Die tektonische Aufspaltung der ostafrikanischen Bruchzonen im Einzelnen wie im Ganzen lässt nur eine Deutung zu: *Es sind Zerreißzonen der Kruste, entstanden durch gerichtete Zerrung* (...) Wirkungen faltender Kräfte sind nirgends zu erkennen.« Dies stellt eine der großen Ausnahmen in der Geologie dar, denn fast alle markanten topografischen Erscheinungen wie Gebirge und Täler sollen durch *Druck- und nicht durch Zugkräfte* entstanden sein – dies bedeutet: genau die umgekehrte Ursache wäre verursachend.

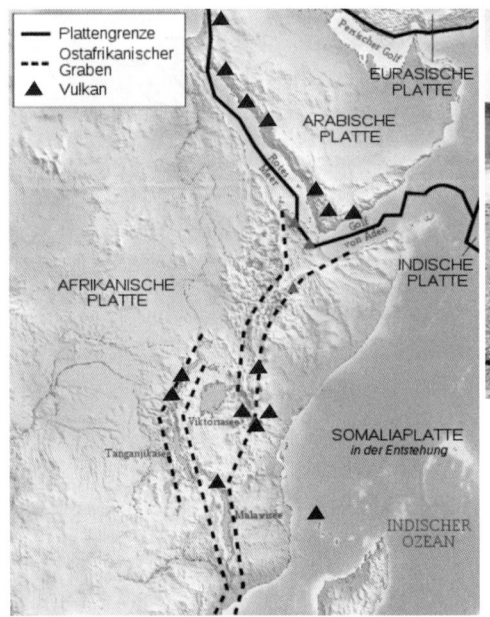

Abb. 66: **OSTAFRIKANISCHER GRABEN.** Bild links: Als Plattengrenze (gestrichelte Linien) zwischen Afrikanischer und neu entstehender Somali-Platte. Bild rechts: Panoramafoto mit Menschengruppe (M) zum Größenvergleich.

In diesem Sinn hatten Geologen durchaus vermutet, dass der Graben unter horizontalem Druck entstanden sei. Diese Ansicht würde eigentlich der Idee der Plattentektonik entsprechen. Die Frage ist nur, wie Druck überhaupt tiefe Täler erzeugen kann, ohne dass gleichzeitig hohe Gebirge entstehen. Aber ein prominenter Geologe der Jahrhundertwende, Professor Eduard Sueß, gab den Ausschlag für einen Sinneswandel in geologischen Kreisen, als er meinte, dass die Öffnung von Spalten dieser Größenordnung nur durch die *Wirkung einer Zugspannung* zu erklären sei, die senkrecht zum Verlauf des Bruches ausgerichtet ist (Velikovsky, 1980, S. 110). Für mich als ein in Festigkeitslehre studierter Bauingenieur ist diese Erklärung das Natürlichste der Welt, denn breite Risse entstehen im Normalfall durch Zugspannungen senkrecht zur Rissebene.

Entsprechend kam Gregory (1920, S. 31 ff.) zu dem Schluss: »Dieses ausgedehnte Grabensystem ist offensichtlich nicht das Ergebnis einer lokalen Zerklüftung. Seine Länge entspricht einem Sechstel des Erdumfangs. Es muss eine weltweite Ursache haben, deren erste verheißungsvolle Spur die Zeit seiner Entstehung ist.« Wichtig ist die Feststellung, dass es sich um eine *weltweite* Ursache handeln muss.

Der Ostafrikanische Graben ist eine *in Bildung begriffene* Plattengrenze zwischen der Afrikanischen sowie der sich neu bildenden Somali-Platte. Dieses Grabensystem zweigt ab von der durch das Rote Meer verlaufende Spreizungszone bzw. Plattengrenze zwischen der Afrikanischen und Arabischen Platte (Abb. 66). Waren Menschen Zeugen des Auseinanderreißens Afrikas? »Überall entlang der Linie bewahren die Eingeborenen Traditionen über große Veränderungen in der Struktur des Landes.« Diese Ansicht wird durch geologische Erscheinungen unterstrichen, denn einige »der Grabenböschungen sind so kahl und scharf, dass sie jüngeren Datums sein müssen (…) bis in menschliche Epochen.« Ereigneten sich diese gewaltigen geodynamischen Prozesse also vor relativ kurzer Zeit? (…) durch dieselbe Ursache hervorgerufen (…) die Zeit des Bruches und der Faltung muss mit einer der gebirgsbildenden Perioden in Europa und Asien zusammengefallen sein. Diese Berge erreichten ihre heutige Höhe zur Zeit des Menschen; das Ostafrikanische Grabensystem (…) wurde größtenteils ebenfalls zur Zeit des Menschen gebildet, am Ende der Eiszeit« (Gregory, 1920).

Eine überzeugende Darstellung globaler Ereignisse. Also waren *Menschen Augenzeugen der Bildung von Gebirgen*, mittelozeanischer Rücken und des

Ostafrikanischen Grabensystems, das damit gar keine klassische Spreizungszone darstellt? Aber vielleicht sind die mittelozeanischen Rücken auch keine klassischen Spreizungszonen in dem Sinn, wie diese geophysikalisch-wissenschaftlich interpretiert werden. Es gibt auf der Erde drei große von Norden nach Süden verlaufende Risse in der Erdkruste: den Mittelatlantischen Rücken, die Ostpazifische Schwelle und den Mittelindischen Rücken mit dem Carlsberg-Rücken als Verlängerung, der sich in den Ostafrikanischen Rücken bis fast zum Mittelmeer fortsetzt.

Liegt diesem regelmäßig scheinenden Bruchschema mit – qualitativ gesehen – parallelen Rissen eine gemeinsame, vielleicht noch nicht endgültig geklärte Ursache zugrunde? Wie schon festgestellt, entstehen Risse in der Regel durch Zugkräfte, die senkrecht zur Rissebene wirken. Im Fall der Erdkugel müsste diese Zugkraft in Richtung der Breitenkreise, also im Spezialfall des Äquators, verlaufen. Gerade in der Nähe des Äquators sind zusätzliche Risse zu erkennen, wie zum Beispiel das Ostafrikanische Grabensystem. Da die an den Polen abgeflachte Erdkugel am Äquator den größten Umfang hat, kann man hier auf ein größeres Spannungssystem in der Erdkruste schließen. Dehnt sich also die Erde vielleicht wie ein aufgeblasener Luftballon langsam aus?

Da der Kontinent Afrika zerreißt, die Afrikanische Platte größer wird und auch der Abstand zwischen den diesen Kontinent umgebenden mittelozeanischen Rücken zunimmt, wäre eine Ausdehnung der Erdkruste die einfachste logische Erklärung.

Gab es zusätzlich eine, zwei oder auch mehr große Erdkatastrophen, die dieses zerrissene Erscheinungsbild erzeugt oder, falls bereits vorhanden, wesentlich verstärkt haben? Welche gigantische Kraft ließ einen ganzen Kontinent wie Afrika in zwei Teile zerreißen und erzeugte die großen Risse in der Meereskruste?

Zweifelhafte Plattentektonik-Hypothese

Die auch in indianischen Legenden beschriebene Kippung des südamerikanischen Kontinents hinterließ weitere geologische Spuren. Betrachten wir den Westrand des südamerikanischen Kontinents, der im zentralen Bereich der Anden eine Krustendicke von bis zu 70 Kilometern aufweist. Im Gegensatz zur atlantischen Ostküste mit einem seicht ins Meer verlaufenden Kontinentalsockel – bevor dieser steil in die Tiefen des Atlantiks abfällt – verhält es sich an der pazifischen Westküste genau andersherum. Der Kontinentalsockel fällt hier sehr steil ins Meer ab, und ein tiefer Graben vor der Küste im Pazifik verläuft parallel zur kontinentalen Hoch-Kordillere. Ein Teil dieses Grabens, der sich fast vor der ganzen amerikanischen Westküste erstreckt, ist das Peru-Chile-Gesenke (Abb. 67).

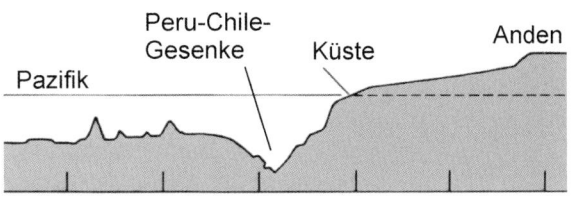

Abb. 67: **PERU-CHILE-GESENKE.**. Der Schnitt durch die westliche Küstenregion Südamerikas zeigt den bis zu mehr als acht Kilometer hinabreichenden Tiefseegraben und die steil ansteigenden Gebirge der Anden. Bild: bearbeitet nach Toksöz (1987).

»Auf kurze horizontale Entfernung steht bei Antofagasta einer Tiefe von 8000 Metern im Peru-Chile-Tiefseegesenke eine Höhe von fast 7000 Metern (Vulkan Ojos de Salado) in der Hoch-Kordillere gegenüber. *Heftige junge Vertikalbewegungen* in der Kruste haben diese Höhenunterschiede bewirkt« (Zeil, 1986, S. 72). Unter diesen Umständen liegt es nahe, die große Anhebung der steilen südwestlichen Seite des südamerikanischen Kontinentalsockels mit dem direkt davor im Ozean liegenden Tiefseegraben in Zusammenhang zu bringen. Setzt man einmal voraus, dass die Ozeankruste früher gegen die Landkruste stieß oder sich auch unterhalb befand, dann würde eine Anhebung des Kontinentalsockels in der Kontaktzone zum Ozeanboden hin einen Riss erzeugen.

Bis zur Mitte des 20. Jahrhunderts glaubte man, allein aus mechanischen Gründen (u. a. auftretende Reibung und Zugfestigkeit) und der Materialfestigkeit, dass die Kontinente ortsfest seien – aufgrund der in der Festigkeitslehre bestehenden Gesetzmäßigkeiten sicher zu Recht. Aber im Jahr 1910 kam dem deutschen Geowissenschaftler Alfred Wegener (1880–1930) bei der Betrachtung einer Weltkarte bereits der Gedanke, dass die einander gegenüberliegenden Küsten Afrikas und Südamerikas sich in ihrer Form ergänzen. So entwickelte er die Idee, dass alle Kontinente zueinanderpassende Fragmente einer ursprünglich zusammenhängenden Landmasse darstellen, prinzipiell eine richtige Beobachtung. Dieser Urkontinent »Pangaea« in Form einer großen Insel, die von einem Ur-Ozean umgeben gewesen sein soll, wurde schließlich in einzelne Kontinentalplatten aufgespalten. Dieser

Prozess begann vor angeblich 200, aufgrund neuer Messungen vielleicht vor 180 Millionen Jahren. In den Trennungszonen entstanden der Indische Ozean und der Atlantik. An den Stirnseiten der driftenden Kontinente falteten sich die Gebirge auf (Wegener, 1915). Diese schlichte Theorie fand unter dem Namen »Kontinentalverschiebung« schließlich in den Sechzigerjahren des 20. Jahrhunderts Eingang in die Wissenschaften, nachdem Wegener zu Lebzeiten für seine Ideen nur Spott geerntet hatte.

Betrachten wir Wegeners Gedanken näher, bedeutet dies, dass die Kontinente nicht quasi ortsfest sind, sondern in der Lage, sich zu bewegen. Folgerichtig muss die Kontinentaldrift-Theorie aussagen, dass die Kontinente über einen elastisch-plastischen Untergrund schwimmen (driften). Diese Vorstellung wurde aufgrund von Echolotvermessungen der Ozeane und Tiefbohrungen zur Theorie der Plattentektonik weiterentwickelt. Die Kontinente treiben demnach nicht losgelöst umher, wie Wegener vermutete, sondern bilden zusammen mit Teilen der Meereskruste sechs große und zahlreiche sich gegeneinander verschiebende kleinere Platten (Abb. 68).

Was geschieht aber, wenn zwei Kontinentalplatten auseinanderdriften? Es entsteht ein Riss. In diese Spalte dringt von unten glutflüssiges Magma – basaltische Lava – und bildet nach erfolgter Verfestigung neue ozeanische Kruste *entlang* der mittelozeanischen Rücken, untermeerische Gebirgsketten bildend. Setzt sich dieser Prozess fort, dehnt sich der Meeresboden – von den submarinen Rücken ausgehend – seitlich nach beiden Seiten der Naht aus. Diese Nähte nennt man deshalb auch *Spreizungszonen*. Wie ein riesiges Förderband soll die sich im Bereich der Spreizungszone ständig neu bildende ozeanische Kruste die Kontinente auseinanderschieben.

Die neu gebildete Erdkruste wird angeblich Millimeter für Millimeter zur Seite geschoben, stößt schließlich irgendwann an einen Kontinentalrand, um dann an dieser Stelle in das Erdinnere abzutauchen. Dieser als Subduktion bezeichnete Vorgang charakterisiert einen angeblich ständig ablaufenden Abtauchvorgang der Ozeankruste. Da es mehrere tektonische Platten mit mittelozeanischen Rücken dazwischen gibt, muss es also mehrere nebeneinander existierende Kreisläufe geben. Entsprechende Prinzip-Skizzen scheinen diesen Prozess einleuchtend zu dokumentieren. Aber das ist ein Trugschluss, denn die Skizzen zeigen einen idealisierten zweidimensionalen Zustand, der nicht den Tatsachen entspricht. Der Grund hierfür liegt einerseits in der räumlichen Ausdehnung der tektonischen Platten mit zerklüfteten, *nicht*

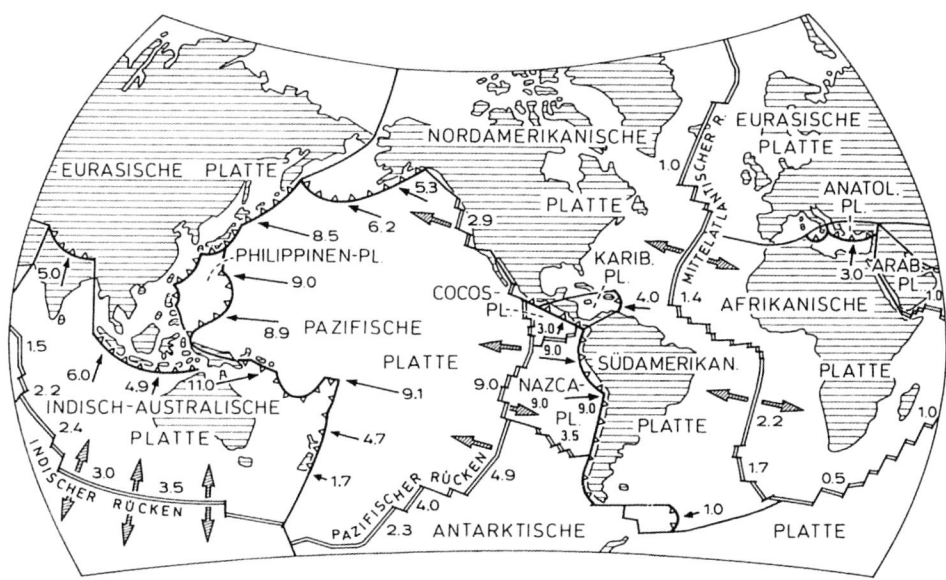

Abb. 68: **PLATTEN.** Die Erdkruste besteht aus mehreren großen und kleinen tektonischen Platten, die sich unterschiedlich schnell und in verschiedene Richtungen bewegen (in cm pro Jahr).

parallelen Rändern und andererseits analog der kugeligen Oberfläche der Erde in den zwangsläufig entsprechend gewölbten Platten. Die Platten liegen wie Steine eines Mosaiks aneinander und sind regelrecht miteinander verzahnt. Die Verschiebungsrichtung der Platten kann daher nicht gleich sein. Mit anderen Worten: Es kann keine einheitlichen Bewegungsrichtungen geben (Abb. 68).

Transformstörungen

Bisher ging man davon aus, dass die ozeanischen Schwellen kontinuierlich hintereinander fortlaufende Risse in den Ozeanböden darstellen. Aber auch das ist eine falsche Vorstellung. Die mittelozeanischen Rücken sind in unregelmäßigen Abständen von zahlreichen Störungen (Rissen) quer zur Hauptachse des Rückens durchsetzt, sodass einzelne Abschnitte mit sehr unterschiedlichen Längen entstanden sind. Diese durch die Zerstückelung entstandenen Bereiche sind oft Hunderte von Kilometern *gegeneinander versetzt* (Rona, 1988, S. 141). Die Bruchzonen werden auch als »Transformstörungen« (»Relay-Zonen«) bezeichnet.

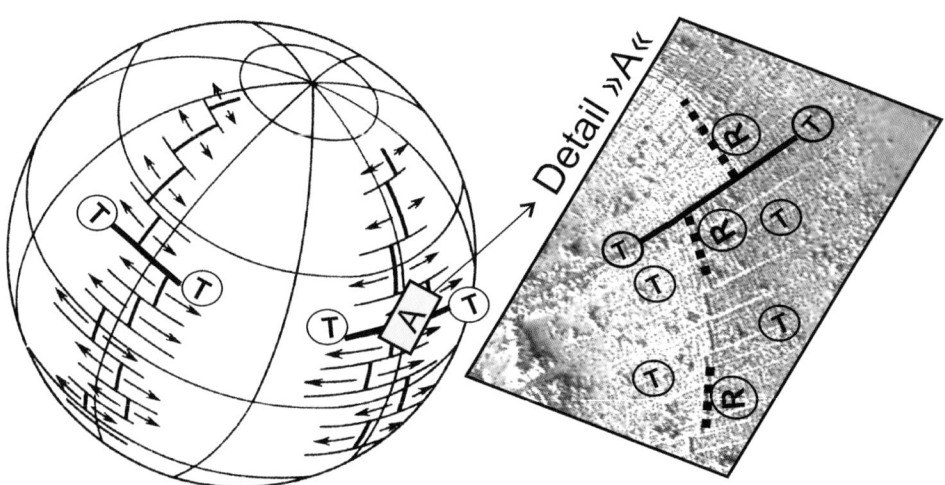

Abb. 69: **TRANSFORMSTÖRUNGEN**. Die mittelozeanischen Rücken (R) bilden keine durchgehenden Rifte, sondern sind durch Transformstörungen (T) gegeneinander parallel verschoben. Die Größe des Versatzes erscheint breitenabhängig und ist in der Nähe des Äquators am größten. Die rechte Abbildung zeigt einen Teilbereich des wirklichen Ozeanbodens (generiert aus Satellitenmessungen): Bruchlinien sind verstärkt markiert.

Mit anderen Worten: Es gibt keine sich über größere Entfernungen erstreckenden Spreizungszonen in Linienform, sondern diese Nähte sind in relativ kleine Abschnitte zerstückelt, die oftmals parallel zueinander *verschoben* sind (Abb. 69). Wenn aber diese Nähte als Teilstücke bis zu mehrere Hundert Kilometer versetzt positioniert sind, erscheinen die Voraussetzungen für die Theorie der Spreizungszonen mehr als *zweifelhaft,* denn der aus der Tiefe aufsteigende heiße Magmastrom müsste oft seine Position wechseln. Man versucht dieses Problem damit zu lösen, dass man neuerdings auch von »Spreizungszellen« spricht. Jeweils in der Mitte zwischen zwei Transformstörungen gibt es angeblich von kleinen aneinandergereihten Domen (Blasen) begleitete kleine Berge von Höhen bis zu 500 Metern. Der Physiker Jean Francheteau (1988, S. 115) von der Universität Paris stellt diesbezüglich fest: »Wahrscheinlich entspricht jeder Dom einer eigenen Spreizungszelle: einem kleinen Bereich, wo unabhängig von benachbarten Rückensegmenten neue Kruste erzeugt wird. Statt aus einer einzigen großen Fabrik könnte ein mittelozeanischer Rücken also in Wahrheit aus einer Kette von kleinen Werkstätten bestehen.« Lang gestreckte gleichförmige Spreizungszonen existieren demzufolge gar nicht.

Wie man sich durch einen Blick auf die Satellitenkarte (Abb. 70) leicht vergegenwärtigen kann, *verlaufen die Transformstörungen als Querrisse nicht parallel zueinander* (Morgan, 1968)! Wie kann sich daraus eine gleichmäßige Bewegung des Ozeanbodens entwickeln? Auf jeden Fall ist *die Vorstellung von lang gestreckten Spreizungszonen völlig falsch*! Unter dieser Voraussetzung – der Grundlage der Plattentektonik– fragt man sich, wie sich die Platten überhaupt in Richtung der in unregelmäßigen Abständen auftretenden nicht parallelen Bruchlinien verschieben können. Kann ein Zug auf nicht parallelen Schienen fahren? Der sich angeblich horizontal bewegende starre Ozeanboden müsste zwischen nicht parallelen Rändern in viele Stücke zerreißen, einerseits unter anderem wegen auftretender Stauchung infolge Druck- und andererseits wegen Dehnung durch Zugkraftgrößen. Mit anderen Worten: Der Verschiebungsprozess wird bei nicht parallelen Seiten in Verschiebungsrichtung bis zum Bruch der Platte behindert.

Dass die ozeanische Kruste jedoch *nicht* in kleine Stücke zerbröselt ist, bestätigt die Feststellung des Geologen Professor John F. Dewey (1987, S. 29): »Seismische Reflexionsprofile zeigen, dass die Sedimente auch in älteren Schichten völlig flache und ungestörte Schichten bilden.« Aber es gibt weitere Widersprüche, die diese Theorie als ein mit viel Phantasie geschwängertes Gedankenmodell entlarven.

Überlappungszonen

Eigentlich ist die Situation im Bereich der Spreizungszonen noch wesentlich komplizierter. An vielen Stellen des Ozeanbodens im Atlantik sowie Pazifik *überlappen* sich die mittelozeanischen Rücken um knapp 10 bis 1000 Kilometer (Macdonald et al., 1988). Mit anderen Worten: Es liegen zwei Spreizungszonen, also Risse in der Ozeankruste nebeneinander (Abb. 70).

Über diese *überlappenden* Spreizungszonen liest man so gut wie gar nichts. Sie passen auch *nicht in das klassische Modell der Plattentektonik*. Denn falls die Platten in diesen Bereichen auseinanderdriften, müssten die Zonen zwischen diesen sich überlappenden Spreizungszonen anwachsen. Die Spreizungszonen sollten sich voneinander entfernen, da von beiden Zentren neues sich erhärtendes Magma in den Zwischenraum gepresst werden müsste. Andere derartige Diskontinuitäten sollen bereits »Millionen von

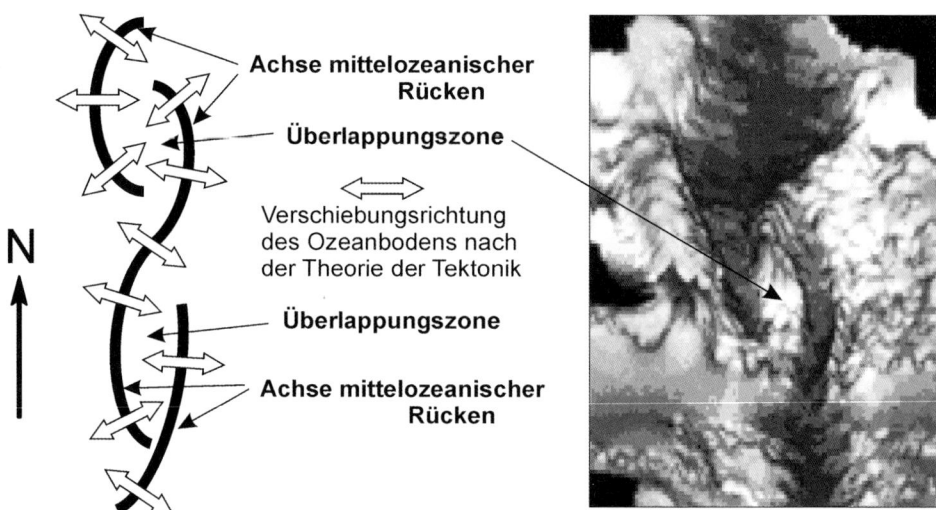

Abb. 70: **ÜBERLAPPUNGSZONEN.** Die »Spreizungszonen« überlappen sich teilweise. Nach der Theorie der Plattentektonik dürfte es jedoch nur eine einzige geben. Die topografische Karte (rechts) zeigt die tatsächlichen Verhältnisse am mittelozeanischen Rücken.

Jahren bestehen, wandern entlang des Mittelozeanischen Kamms und stören den strukturellen und geochemischen Charakter von ungefähr 20 Prozent der ozeanischen Lithosphäre« (ebd., 1988, Abstract).

Außerdem liegen diese sich überlappenden Spreizungszonen nicht parallel zueinander, sondern erscheinen kurvenförmig gekrümmt. Das ganze Problem wird dadurch verschärft, dass die Richtung der Spreizung beider Zonen unterschiedlich ist. Anders ausgedrückt: Die entsprechenden Teile des angeblich neu gebildeten Ozeanbodens müssten in *verschiedene* Richtungen auseinanderdriften, auch auf andere Spreizungszellen zu. Eigentlich sollte sich der Ozeanboden theoretisch gleichförmig hin zur Subduktionszone bewegen. Außerdem liegen die mittelozeanischen Rücken und die Subduktionszonen noch nicht einmal parallel zueinander. Diese Gegebenheiten müssten zu Spannungen und damit zu Brüchen in der Ozeankruste führen, aber diese liegt flach und fast unzerstört da.

Das Modell der Plattentektonik berücksichtigt nicht die zuvor diskutierten Diskontinuitäten, aber auch nicht die flächige Ausdehnung der Erdkruste noch die Krümmung der Erdoberfläche. Im Grunde sind nur kleinere Verschiebungen der tektonischen Platten untereinander möglich, so als wenn man ein fertiges Puzzle mit zwei Händen in unterschiedliche Richtungen bewegt. Das Puzzle wird je nach Elastizität und Fugenbreite leicht nachgeben. Dies ist auch bei den tektonischen Platten zu beobachten. Die unterschiedliche Bewegung der Platten – man hat angeblich auch negative, also Rückwärtsbewegungen gemessen – erscheint so durchaus natürlich oder auch als eine *Restbewegung* eines etwas größeren, plötzlichen Verschiebungsprozesses, der sich beispielsweise im Zuge des Waltens globaler Naturkatastrophen, u. a. Supervulkanausbrüche, vollzogen haben kann.

Mobile Nähte

Die populäre Plattentektonik-Theorie weist weitere gravierende Widersprüche auf. Der neue Meeresboden soll bekanntlich vom Mittelatlantischen Rücken ausgehend nicht nur westlich in Richtung der Ostküste Südamerikas, sondern auch östlich in Richtung Afrika verschoben werden. Auch vor dieser Platte müsste sich eine den Ozeanboden vernichtende Subduktionszone befinden, also ein Gegenstück zum Peru-Chile-Gesenke. Aber die Afrikanische Platte – wie auch die mit ihr zusammenhängende Somali-Platte – ist nur von *platzenden Nähten* (Spreizungszonen) umgeben, also eine der propagierten plattentektonischen Bewegungsrichtung *entgegengesetzte* Kraftgröße.

Betrachten wir die Afrikanische Platte als Gesamtes, dann umgeben diese der Carlsberg- und der Mittelindische Rücken, im Süden der Atlantisch-Indische Rücken, westlich der Mittelatlantische Rücken, und im Norden stößt sie an die Eurasische Platte. *Nirgends* ist eine Subduktionszone zu entdecken. Auf vielen Darstellungen der tektonischen Platten vermisst man die die Bewegungsrichtung kennzeichnenden Pfeile in Bezug auf die Afrikanische Platte. Zeichnet man sie ein (Abb. 71), erkennt man, dass der Meeresboden von praktisch allen Seiten gegen die Afrikanische Platte drückt und sie eigentlich zu zerquetschen drohen *müsste*. Anderseits sollen sich hohe Gebirge als Folge eines gewaltigen Quetschungsprozesses bilden, falls das geologische Bild von der Entstehung der Hochgebirgsketten stimmt. Aber davon ist auch nichts zu erkennen. Eigentlich müsste der Afrikanische Kontinent wie in einer Schraubzwinge gequetscht werden. Aber es passiert das genaue Gegenteil: Afrika *vergrößert* sich sogar untermeerisch. Dass Afrika scheinbar zerreißt, hatten wir schon im Zusammenhang mit der Diskussion des Ostafrikanischen Grabens diskutiert (s. S. 148 f. und Abb. 71).

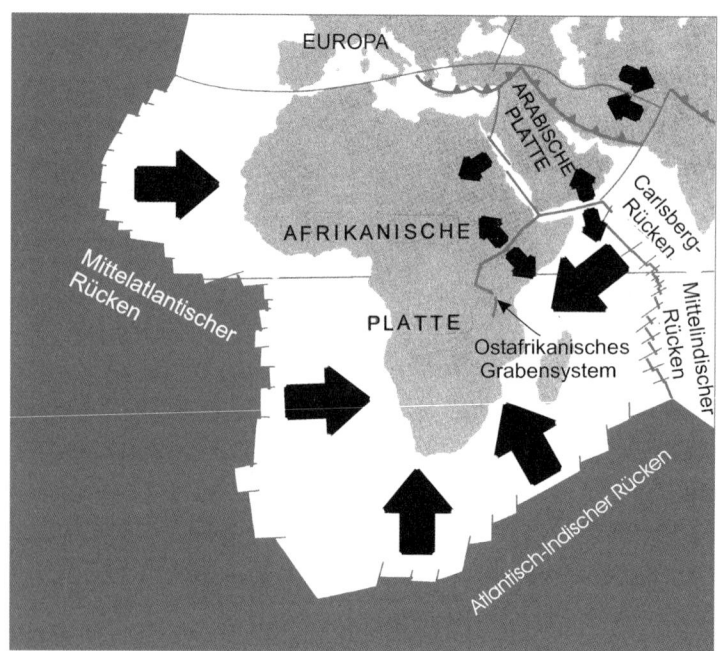

Abb. 71: **AFRIKA ZERREISST.** Die Afrikanische Platte ist von platzenden Nähten – Spreizungszonen – umgeben. Nirgends ist eine »Subduktionszone« vorhanden, die nach der Theorie der Plattentektonik die überschüssige Erdkruste vernichten sollte. Afrika müsste sich daher in einer Art Schraubstock befinden und zerdrückt werden. Aber genau das Gegenteil ist der Fall, denn die Afrikanische Platte wird größer. Nach Francheteau (1988).

Diesen der Plattentektonik widersprechenden Sachverhalt bestätigt John Dewey (1987, S. 29), Professor für Geologie an der Staatlichen Universität in Albany, New York, unmissverständlich: »Das Wachstum der Afrikanischen Platte hat zudem die Konsequenz, dass sich die Entfernung zwischen dem Carlsberg-Rücken im Indischen Ozean und dem Mittelatlantischen Rücken ständig vergrößert.« Das Gegenteil der Plattentektonik-Aussage ist also Wirklichkeit: Der afrikanische Kontinent wird nicht zusammengedrückt, sondern im Gegensatz dazu dehnt dieser sich sogar in Richtung der Spreizungszellen aus. Man hat für die Frage nach dem Warum angeblich eine Antwort gefunden, denn nicht nur die tektonischen Platten sollen in Bewegung sein, sondern auch die aufgerissenen Nähte. Die mittelozeanischen Rücken sollen sich von Afrika wegbewegen.

Klaus Jakob formuliert die sich daraus ergebende Konsequenz im Magazin »Bild der Wissenschaft« (Ausg. 3/1999, S. 19) treffend: »Wenn aber die Nähte mobil sind, stimmt auch das plattentektonische Standardmodell der Konvektionswalzen nicht: Unmöglich, dass an den mittelozeanischen Rücken ein Konvektionsstrom aufsteigt und nach beiden Seiten abströmt.«

John Woodhouse und Adam Dziewonski (Harvard Universität) entwickelten tomographische Karten über die Fortpflanzungsgeschwindigkeit der

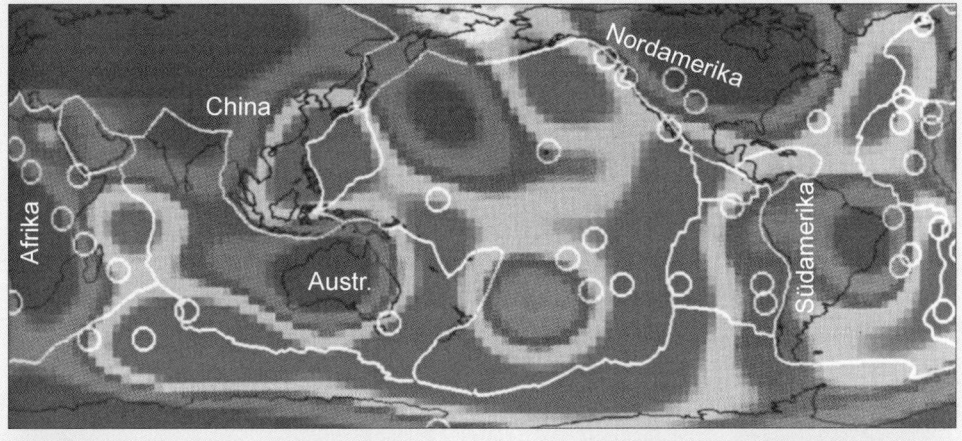

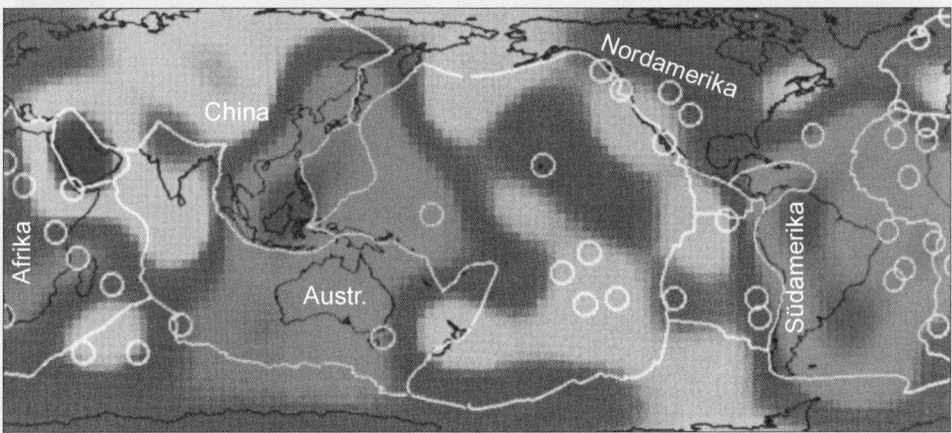

Foto 70 und Foto 71: Die tomografischen Karten von Woodhouse/Dziewonski zeigen rot gefärbte Bereiche mit heißen und blaue Bereiche mit kälteren Zonen des oberen Mantels. Foto 70 zeigt die Verhältnisse in 150 km Tiefe. In 550 km Tiefe (Foto 71) gibt es außer im Bereich des Roten Meeres entgegen der Theorie des Plattentektonik gar keine Aufströmzonen mehr.

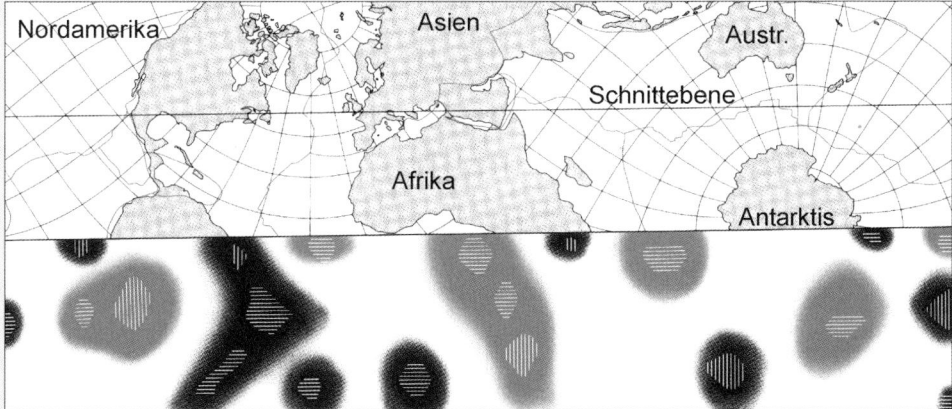

Foto 72: Dieses Bild zeigt einen Profilschnitt durch die Erdkugel bis in 350 km Tiefe. Senkrechte Schraffur steht für vertikale und waagrechte für horizontale Strömung. Nur im Bereich des Roten Meeres ist eine senkrecht durchgehend heiße Anomalie zu erkennen. Die restlichen Gebiete scheinen durch seitliche und nicht senkrecht aufsteigende heiße Strömungen gespeist zu werden. (Foto 72: Nataf/Nokanischi/Anderson am »Caltech«, Beschriftung von mir)

Scherkomponente in Oberflächenwellen (Anderson/Dziewonski, 1988, S. 70 ff.). Dabei ist zu berücksichtigen, dass *heißes Mantelmaterial eine niedrige, und kaltes Material eine hohe seismische Geschwindigkeit* zulassen. Unter dieser Voraussetzung ergeben sich interessante Erkenntnisse:
- Unter dem nördlichen und südlichen Atlantik erkennt man in 150 Kilometern Tiefe heißes Material, während unter dem ganzen südamerikanischen Kontinent fast komplett kaltes Material anzutreffen ist. Das Erdinnere unter dem Pazifik längs der Ostpazifischen Schwelle erscheint wie erwartet heiß (Foto 70).
- »In 350 Kilometern Tiefe dagegen stimmen seismische Geschwindigkeit und Oberflächenstruktur bereits weniger gut überein« (Anderson/Dziewonski, 1988, S. 72). Mit anderen Worten: *Die heißen Gebiete werden rarer, je tiefer sich die Schichten befinden.* Nur noch im nördlichsten Teil des Atlantiks zwischen Spanien und Grönland sowie im südlichsten Teil zwischen den Südspitzen Afrikas und nördlich der Antarktis gibt es noch ganz heiße Gebiete – wie auch in mit der Tiefe kleiner werdenden Bereichen des Pazifiks.
- In 550 Kilometern Tiefe gibt es nur noch *wenige heiße*, wider Erwarten aber gar keine sehr heißen Gebiete mehr. Unter der *ganzen Südamerikanischen Platte* und dem Atlantik bis zur Höhe von Spanien wird *kaltes* Material ausgewiesen (Foto 71).

Aus diesen wissenschaftlichen Erkenntnissen ergeben sich Konsequenzen für das Modell der Plattentektonik. Wo sind mit zunehmender Tiefe im Erdmantel die Bereiche mit dem *zirkulierenden heißen Magma* geblieben? Irgendwo unter Südamerika müsste es ja hindurchströmen, wenn das Modell der Konvektionszellen stimmen soll. Außerdem soll es zum Erdkern hin doch immer heißer werden. *Das Modell der Plattentektonik mit dem integrierten Prozess der Konvektionswalzen erscheint als nicht haltbar.*

Anhand der Untersuchungsergebnisse seismischer Tomografie wird festgestellt (Anderson/Dziewonski, 1988, S. 77): »Unter anderen Rückenabschnitten wie dem Zentralteil des Mittelatlantischen Rückens und dem Atlantisch-Indischen Rücken finden sich wider Erwarten jedoch keine anomal heißen Zonen (…) scheinen diese Gebiete vielmehr von seitlichen heißen Strömungen gespeist zu werden.« Und weiter (vgl. Abb. 74, S.164): »Offensichtlich ist das System der mittelozeanischen Rücken also nicht einfach die äußere Manifestation senkrecht aufsteigender Ströme aus dem

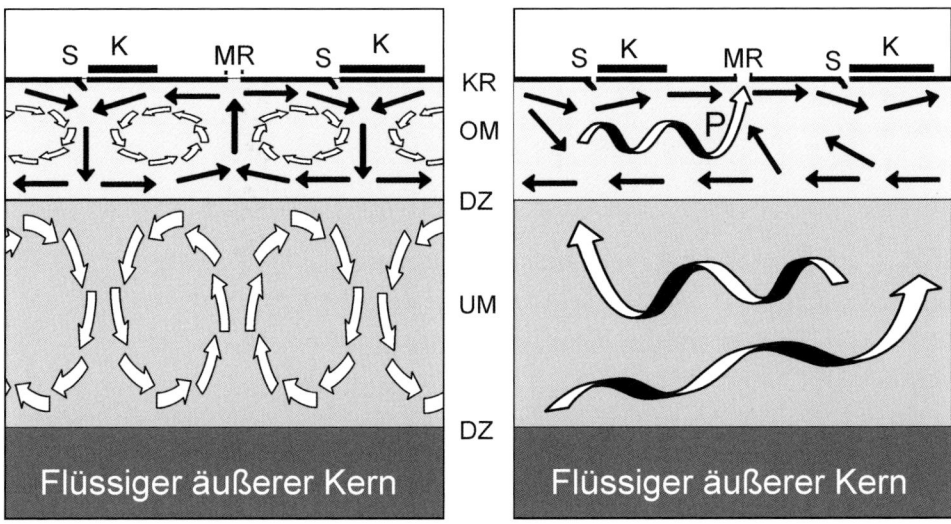

Abb. 72: **TURBULENZEN.** Das linke Bild stellt das Strömungsmodell nach der klassischen Theorie der Plattentektonik mit vielen nebeneinanderliegenden Konvektionswalzen im unteren (UM) und oberen Mantel (OM) dar. Deshalb müsste es, ausgehend von den mittelozeanischen Rücken (MR), entgegengesetzt gerichtete Strömungen unter der Erdkruste geben (linkes Bild). Die oberflächigen Strömungsrichtungen verlaufen jedoch einsinnig und ungehindert turbulent in verschiedenen Richtungen – hauptsächlich horizontal – wie Strömungen in einem Meer (rechtes Bild). Diese Strömungen bewegen sich unter den mittelozeanischen Rücken (MR) und Subduktionszonen (S) an den Rändern der Kontinente (K) in fast beliebigen Richtungen und eben *nicht senkrecht* zu deren Achse, wie es die Theorie der Plattentektonik zwingend fordert. Allerdings gibt es wenige einzelne, regional begrenzte Zonen, in denen das heiße Gesteinsmaterial als senkrechter Strom – Plumes (P) – unter die Erdkruste (KR) züngelt. Derartige Plumes sollen jedoch von der Kern-Mantel-Grenze in etwa 2900 Metern Tiefe bis unter die Erdkruste züngeln.

Erdinnern. Stattdessen scheint es von ein paar wenigen ausgedehnten thermischen Anomalien gespeist zu werden, die ihm von der Seite her heißes Material zuführen.«

Anomalien als generell vorhandenes Phänomen *widersprechen* der Vorstellung von gleichmäßig verteilten Konvektionswalzen oder auch einheitlichen Aufströmzonen entlang der mittelozeanischen Rücken, insbesondere, wenn das *heiße Material nicht von unten, sondern von der Seite kommt.* Deshalb: »Heißes sowie kaltes Material strömt seitwärts in viele verschiedene Richtungen; der oberflächennahe Strom von den Rückenachsen weg und der Rückstrom im Mantel erfolgen keineswegs in derselben vertikalen Ebene. Auch wenn sich die thermischen Anomalien unter mittelozeanischen Rücken, kontinentalen Rifts und selbst Vulkangebieten bis in große Tiefen verfolgen lassen, sind sie gegenüber den Strukturen an der Erdoberfläche oft seitlich versetzt und stellen nicht einfach senkrecht aufsteigende Magmaströme dar« (ebd., S. 78).

Stellen die mittelozeanischen Rücken vielleicht gar nicht die Geburt neuen Ozeanbodens dar? Handelt es sich nur um Nähte, aus denen das heiße, flüssige Magma austritt, das wiederum die Risse nur notdürftig verkittet (Abb. 72)? Die Messungsergebnisse widersprechen jedenfalls der klassischen Theorie der Plattentektonik mit aus dem Erdinneren aufströmendem heißem Magma. Sogar die Vorstellung von zum Erdkern hin immer heißer werdendem Material ist grundsätzlich infrage gestellt.

Da sich die Kontinente voneinander entfernen und eine gewisse ständige Neubildung des Meeresbodens an den mittelozeanischen Rücken erfolgt, müsste es hierfür eine ganz andere Erklärung geben. Vergrößert sich die Erde vielleicht laufend geringfügig? Zur Erklärung dieser Idee: Malt man zwei Punkte auf einen Luftballon und bläst diesen auf, so entfernen sich diese Punkte mit zunehmendem Volumen des Ballons voneinander (Abb. 73), aber die Punkte bleiben quasi-ortsfest, falls man sich einen Vektor vorstellt, der den Erdmittelpunkt geradlinig mit dem ursprünglichen und auch infolge einer Expansion dann weiter entfernt liegenden Punkt miteinander verbindet.

Der Kontinentaldrift erscheint unter diesem Gesichtspunkt zwar formal als richtig, da sich die Kontinente voneinander entfernen, aber es findet in Wirklichkeit kein Driftvorgang statt: Die dicken Kontinentalplatten sind relativ stationär und bewegen sich nur als Teile eines Puzzles geringfügig mit kleiner Relativgeschwindigkeit und kleinen Rotationsbewegungen relativ zueinander und entfernen sich mit der Expansion der Erde trotzdem voneinander.

Betrachten wir aus diesem Blickwinkel noch einmal den afrikanischen Kontinent, denn obwohl er nach dem Modell der Plattentektonik gestaucht, also kleiner werden müsste, breitet er sich im Gegenteil dazu noch aus. Da die bisher angebotenen Erklärungsversuche durch die Ergebnisse der seismischen Tomografie offensichtlich nicht bestätigt wurden, müssen neue Erklärungen gesucht werden. Aus diesen Gründen wird neuerdings ein anderes Szenario favorisiert: Tief aus dem Erdinnern sollen Ströme heißen Gesteins als hitzige Wallungen – sogenannte »Plumes« – punktuell zur Erdkruste emporsteigen und die Erdkruste aufweichen. In welcher Tiefe entstehen denn diese »Plumes«? Ist es richtig, wenn im Magazin »Spektrum der

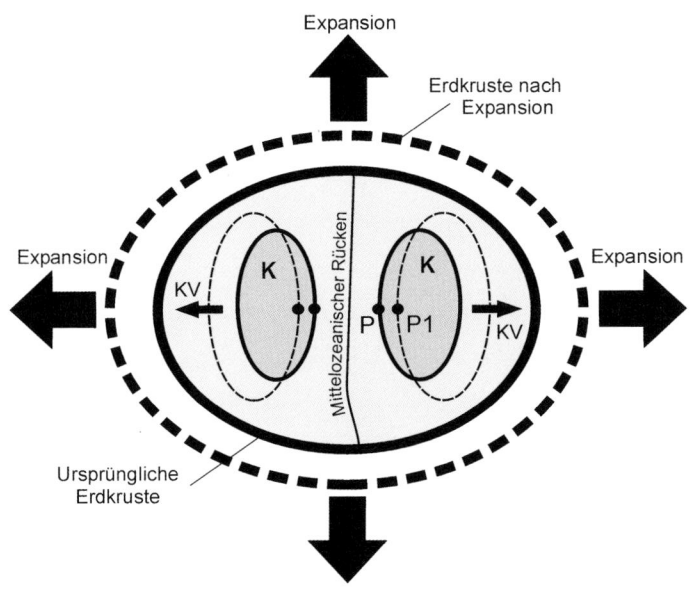

Abb. 73: **EXPANSION.** Eine sich ausdehnende Erde würde eine scheinbare Kontinentalverschiebung (KV) hervorrufen. Die Kontinente (K) entfernen sich voneinander bzw. ein Punkt P driftet nach P1, aber die Kontinente bleiben quasi ortsfest. Diese werden aber entsprechend der Oberflächenvergrößerung gedehnt und ggf. nur über kurze Entfernungen verschoben oder gedreht.

Wissenschaften« (Ausg. 3/1999, S. 18) in Übereinstimmung mit den allgemeinen Ansichten der Geophysik festgestellt wird: »Der glutflüssige Erdkern und radioaktiver Zerfall liefern genügend Wärme, um dem Gesteinsdeckel tüchtig einzuheizen«?

In geophysikalischen Kreisen wird viel über die Frage diskutiert, wie tief die thermischen Anomalien reichen. Die seismische Tomografie liefert 3-D-Bilder des Erdmantels, die beweisen, dass sehr heißes Magma nur bis in Tiefen von ungefähr 400 Kilometern vorkommt (Anderson/Dziewonski, 1988, S. 74 f.). Müsste es nicht auch in tieferen Schichten des Erdinnern heiß sein, wenn ein glutflüssiger Erdkern das angeblich flüssige Material der Erdkugel aufheizt, sodass »das Mantelgestein zu wallen beginnt wie der Grießbrei auf der Herdplatte« (»Spektrum der Wissenschaft«, Ausg. 3/1999, S. 18)?

Seltsamerweise sind die thermischen Anomalien, die 400 Kilometer tief reichen, »gegen ihre Manifestationen an der Erdoberfläche aber oft um weite Strecken versetzt« (Anderson/Dziewonski, 1988, S. 75). Die gewaltigen »Plumes« sind so betrachtet keine senkrecht aufsteigenden Ströme heißen Steinmaterials und können *auch nicht der Ausgangspunkt geschlossener Konvektionswalzen entlang der mittelozeanischen Rücken sein* (Abb. 74).

»350 Kilometer unter der Erdoberfläche ist das weltumspannende System der mittelozeanischen Rücken nicht länger eine zusammenhängende Ein-

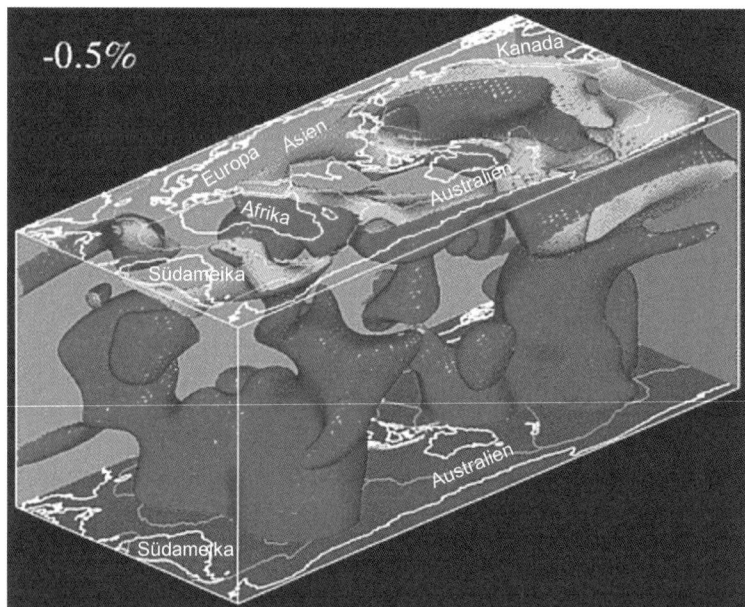

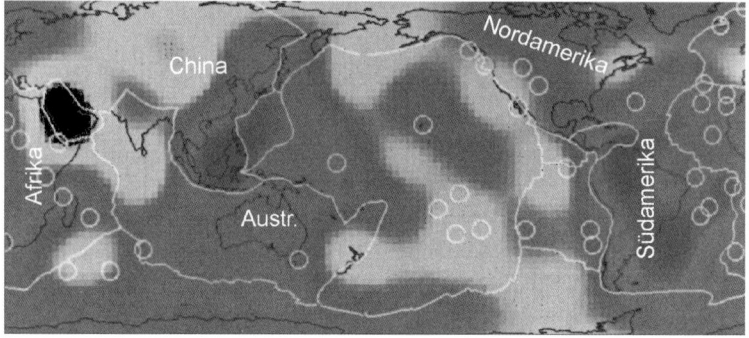

Abb. 74: **PLUMES**. Oberes Bild: Dieses an der Harvard-Universität entwickelte dreidimensionale Modell lässt auf eine Durchmischung des oberen Mantels schließen. Einheitliche Aufströmzonen längs der mittelozeanischen Rücken und Absinkzonen an den »Subduktionszonen« sind nicht zu erkennen. Die dunklen Zonen stellen Bereiche von ausströmendem heißen Gesteinsmaterial (Plumes) dar, während die helleren relativ kältere Zonen anzeigen. Insgesamt lässt sich auf einen punktuell durch Plumes unterbrochenen ausgedehnten horizontalen Transport von sowohl heißem als auch kälterem Gesteinsmaterial schließen. Unteres Bild: Tomografische Karten zeigen die Verhältnisse in 550 Kilometer Tiefe und dort nur einen einzigen schwarz gefärbten Bereich mit heißen, ansonsten nur hellgrauen Bereichen mit kaltem Materialmaterial, nach John H. Woodhouse (Anderson/Dziewonski, 1988, S. 72 f.)

heit, sondern zerfällt in einzelne Segmente. Der Zentralteil des Mittelatlantischen Rückens ist in dieser Tiefe sogar durchsetzt von ›schnellem‹ (= kaltem, d. V.) Material ... In 550 Kilometern Tiefe stimmen die Strukturen im Mantel noch weniger mit denen an der Oberfläche überein« (Anderson/Dziewonski, 1988, S. 76 f., vgl. Abb. 74). Wenn die erstaunlichen Untersuchungsergebnisse der seismischen Tomografie richtig sind, muss das Modell der Plattentektonik und der damit erforderlichen Konvektionswalzen mehr als infrage gestellt werden, insbesondere da Anderson und Dziewonski feststellen, dass das heiße Material »von ein paar wenigen, ausgedehnten thermischen Anomalien gespeist« wird, indem heißes Material *von der Seite und nicht von unten* zugeführt wird. Magma kann deshalb unter keinen Umständen aus einer glutflüssigen, tiefen Erdmitte stammen. So flüssig, wie wir es beobachten, wird die Gesteinsschmelze erst, wenn sie den Rand der Erdkruste erreicht (Boschke, 1985).

Die am »Caltech« mit Rayleigh-Wellen einer Periode von 200 Sekunden erstellte Karte (Abb. 75) für den oberen Mantel in einer Tiefe von 200 bis 400 Kilometern zeigt die *horizontale* (!) Strömung. Wie schon ausführlich diskutiert, wird auch durch diese Messung nachgewiesen, dass die Strömungsrichtung *entgegen* der Aussage der Theorie von der Plattentektonik *nicht senkrecht* zu den Achsen der Spreizungszonen und »Subduktionszonen« liegt. Die Messungen ergeben außerdem nicht die Richtung der Strömung, die genau um 180 Grad gegensätzlich gerichtet sein kann. Aber man ist sich aufgrund der aufgestellten Theorie absolut sicher und *setzt deshalb ganz einfach voraus*, dass die Strömung generell von den Subduktionszonen zu den Rücken erfolgt (vgl. Anderson/Dziewonski, 1988, S. 79).

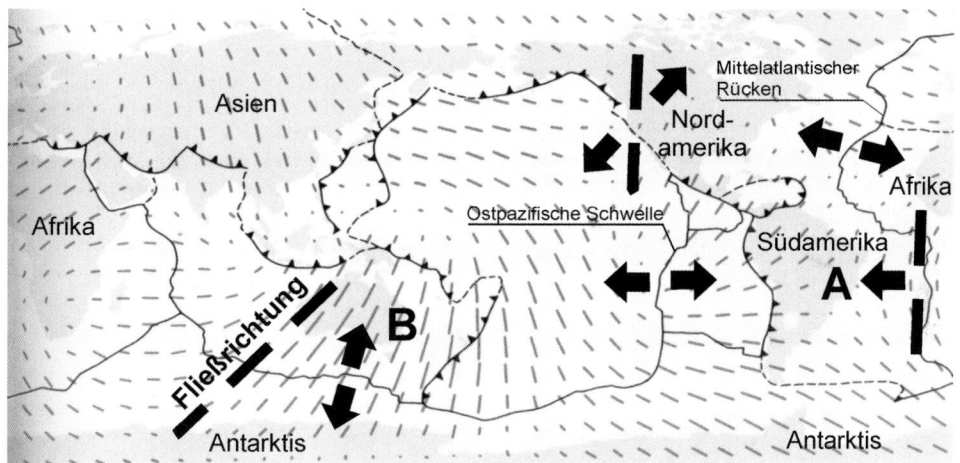

Abb. 75: **STRÖMUNGEN.** Die horizontalen Strömungsrichtungen im oberen Erdmantel in einer Tiefe von 200 bis 40 Kilometer sind entgegen den Annahmen der Plattentektonik fast nie rechtwinklig – Pfeile – zu den Achsen der Plattengrenzen ausgerichtet. Zwischen Afrika und Südamerika verläuft die Strömungsrichtung (dicke gestrichelte Linie) sogar parallel zum Mittelatlantischen Rücken, also ungefähr um 90 Grad zur Verschiebungsrichtung (A) der Kontinente versetzt. Außerdem besteht eine Unsicherheit von 180 Grad hinsichtlich der Richtung der Strömungslinien. Anderseits müsste die Strömung jeweils von den Spreizungszonen weg in zwei entgegengesetzte Richtungen verlaufen, wie die schwarzen Pfeile verdeutlichen. Die Strömungsrichtungen scheinen jedoch nicht an den Spreizungszonen geteilt zu sein, sondern verlaufen in diesen Tiefenbereichen offenbar flach und einsinnig gerichtet unter den mittelozeanischen Rücken hinweg (dünne gestrichelte Linien). Bild: bearbeitet nach Anderson/Dziewonski (1988).

Gibt es Magnetstreifen?

Alfred Wegeners Idee von der Kontinentalverschiebung konnte lange Zeit keinen nachhaltigen Erfolg erzielen, da es für die Art des Antriebs keine plausible Idee gab. Anfang der Sechzigerjahre gab der Geologe Harry H. Hess von der Universität Princeton den Anstoß mit seinem Konzept von der Spreizung der Meeresböden. Beim sogenannten *sea floor spreading* (Ozeanboden-Spreizung) soll der Meeresboden – wie bereits beschrieben – an den schmalen Rissen auf den mittelozeanischen Rücken ständig auseinandergeschoben werden.

Professor Dewey (1987, S. 26) merkt an: »Es wäre nicht leicht gewesen, diese kühne Vorstellung zu beweisen, wäre nicht ein anderes, bis dahin unbekanntes Phänomen aufgetaucht: Das Magnetfeld der Erde wechselt in mehr oder weniger regelmäßigen Abständen seine Polarität. Bei systematischen Magnetometer-Messungen auf dem Meeresgrund hatte sich ein Muster des Ozeanbodens ergeben, in dem Streifen abrupt wechselnder Magnetisierung wie an einem Zebrastreifen nebeneinanderlagen, und zwar parallel zum nächstgelegenen Ozeanrücken.«

Der magnetisch gestreifte Meeresboden gilt als Doppelbeweis *einerseits* für die Theorie der Ozeanboden-Spreizung (sea floor spreading) und *andererseits* für einen häufigen Polaritätswechsel des Magnetfelds der Erde. Falls die Magnetstreifen keinen Beweis für die wechselnde Polarität der Erde darstellen, ist auch die Theorie von der Plattentektonik ihres *tragenden Fundaments beraubt*, wie Dewey richtig feststellt.

Entlang der mittelozeanischen Rückenachsen dringt, so heißt es, kontinuierlich basaltisches Magma nach oben und erstarrt. Bei Abkühlung und Erhärtung des Gesteins unter die Curie-Temperatur – die für Basalt ungefähr 578 Grad Celsius beträgt – wird das Gestein in Richtung des zu diesem Zeitpunkt jeweils herrschenden Magnetfeldes der Erde magnetisiert. Durch entsprechende paläomagnetische Messungen können auf diese Weise die »eingefrorenen« Magnetisierungsrichtungen im Gestein bestimmt werden: Die Bestimmung der Magnetisierungsrichtungen an altersgleichen Proben vom selben Kontinent hat trotz Streuungen die weitgehend übereinstimmende Lage der Pole ergeben (Berckhemer, 1997, S. 155). Derartige Streuungen können jedoch als Einfluss *magnetischer Stürme* interpretiert werden. Diese »korrelieren fast perfekt mit dem Auftreten der Erde zugewandter großer Sonnenflecke« (ebd., S. 150).

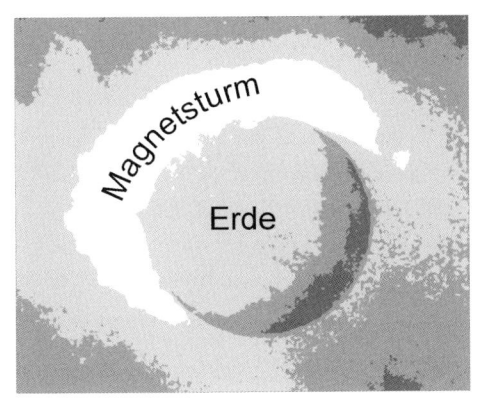

Abb. 76: **MAGNETSTURM**. Das Bild des Satelliten »IMAGE« zeigt die stürmische Umgebung der Erde als UV-Strahlung ionisierten Heliums. Die Unregelmäßigkeiten der Helium-Atmosphäre am Rande der Erdkugel (helle Fläche) dokumentieren einen Magnetsturm.

Durch den am 25. März 2000 gestarteten Satelliten »Image« wurde erstmals die elektromagnetische Umgebung der Erde mittels einer Dipolantenne gemessen und komplett dargestellt. Aufgrund von Unregelmäßigkeiten des durch UV-Strahlung ionisierten Heliums in der Helium-Atmosphäre, die sich zwei bis drei Erdradien in den Weltraum erstreckt, konnte einseitig am Rande der Erdkugel ein Magnetsturm (Abb. 76) nachgewiesen werden (»Bild der Wissenschaft«, 8/2000, S. 8). Die Erde wird von der Sonne durch Protonen- und Elektronenstürme bombardiert, die für Magnetfeldstörungen verantwortlich sind und deren Stärke mit der Aktivität der Eruptionsprozesse an der Sonnenoberfläche wechselt. Kataklysmische Katastrophen können diese anomalen Vorgänge wesentlich verstärkt haben. Wie auch immer, die Sonnenaktivität beeinflusst die irdische Magnetfeldstärke und hat vielleicht einmal oder mehrmals in der Erdvergangenheit regelrecht heftige Magnetstürme erzeugt. Mit anderen Worten, man weiß nicht, wie stark früher magnetische Anomalien in der Erdvergangenheit beeinflusst wurden, denn es gibt zeitlich variable Einflüsse, die durch Tag-und-Nacht-Effekte, Gezeitenkräfte von Sonne und Mond, Variationen der Sonnenaktivität oder auch von der Ionosphäre verursacht werden (Greulich, 1998, Bd. 3, S. 424). Wie stark diese irgendwann einmal wirkten oder das »normale« Erdmagnetfeld überlagerten, weiß man nicht. Demzufolge steht auch nicht zweifelsfrei fest, wie stark das eigentliche Magnetfeld zu einem bestimmten Zeitpunkt war und welche Richtung es tatsächlich hatte.

Betrachten wir aber den angeblichen Beweis für den mehrfachen Polaritätswechsel des Magnetfelds der Erde und damit der Kontinentalverschiebung. Woher weiß man bei einem paläomagnetischen Messergebnis, wo sich damals der Nordpol befand? Die Stärke der Magnetisierung kann bestimmt werden, aber woher kennt man das Vorzeichen (den Richtungssinn) und

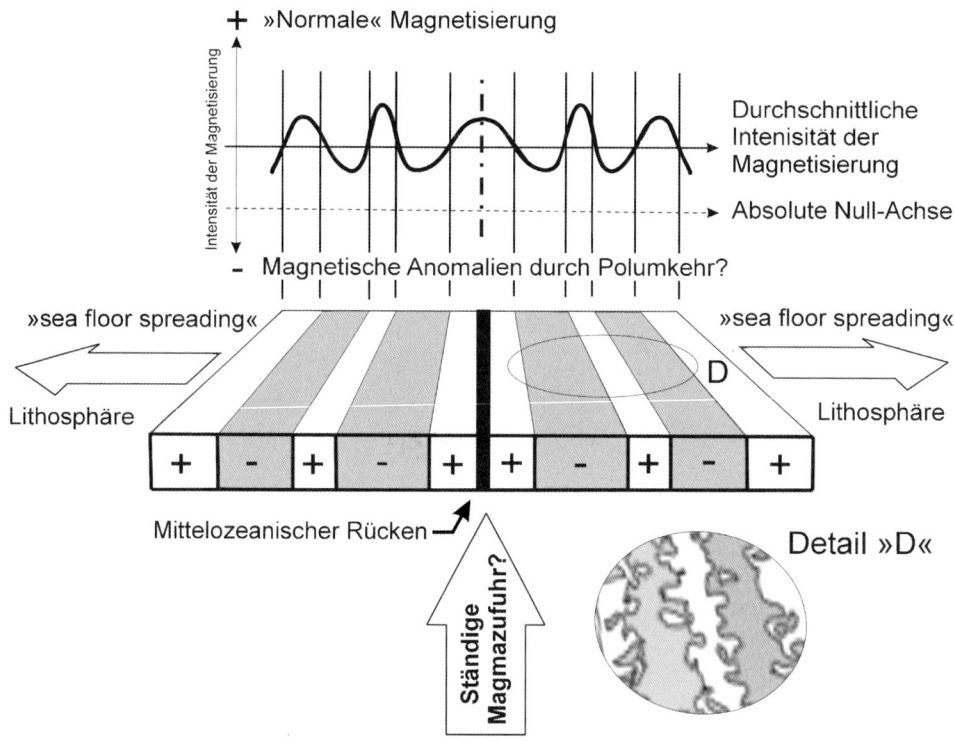

Abb. 77: **MAGNETSTREIFEN.** An den mittelozeanischen Rücken (MR) soll ständig neu Magma zugeführt werden, wodurch der Ozeanboden rollbandartig nach beiden Seiten auseinandergeschoben wird (sea floor spreading). Dadurch würden gleichmäßige Streifen beidseitig des MR gebildet, die durch wechselnde Polarität gekennzeichnet sind. Die Streifen sind jedoch nicht linienförmig begrenzt, sondern ausgefranst (Detail D). Außerdem gibt es keine gemessenen Plus-Minus-Werte (+/− -Werte) in Bezug auf einen Wechsel der Pole, sondern nur absolute Messwerte, die Schwankungen aufweisen.

weiß, wo der Nordpol lag: im Norden oder im Süden? Die klassischen Messungen mit einem Magnetometer ergeben unterschiedlich hohe, aber *absolute* – vorzeichenlose – Werte, die, ausgehend vom mittelozeanischen Rücken, auf charakteristisch symmetrische Streifenmuster schließen lassen sollen. Diese Streifen sind aber keineswegs linienförmig scharf abgegrenzt, wie man vielleicht meinen möchte, sondern es handelt sich um »ausgefranste« und unterbrochene Bereiche mit linienförmigem Charakter, und auch die *exakt symmetrische Anordnung kann höchstens für Ausnahmefälle* dokumentiert werden (Abb. 77).

Wie ermittelt man jetzt die oft auch in Skizzen dargestellten positiven und negativen Werte (Abb. 77), also den Polarisationswechsel? Karl Turekian von der Yale Universität in New Haven (Connecticut) schreibt (Turekian, 1985, S. 188):

»Wird ein hochempfindliches Magnetometer, das die Intensität des irdischen Magnetfeldes misst, von einem Schiff oder Flugzeug über ein Gebiet geschleppt, so ist es möglich, geringste Veränderungen der magnetischen Feldstärke über lokalen magnetischen Körpern, wie z. B. basaltischen Gesteinen zu erfassen. Sind die Minerale in der Richtung des gegenwärtigen irdischen Magnetfeldes magnetisiert, so verstärkt sich die vom Magnetometer gemessene magnetische Intensität. War jedoch die Richtung des irdischen Magnetfeldes zur Zeit der Auskristallisation der Minerale umgekehrt, so kommt es zu einer geringfügigen Abschwächung der gegenwärtigen magnetischen Intensität aufgrund der anders ausgerichteten Minerale. Beide Effekte bewirken die so genannten *magnetischen Anomalien*.«

Die Schwankungen der Messwerte sind also sehr gering, und der Einfluss der bereits diskutierten zeitlich variablen Anomalien ist auch nicht bekannt. Man legt das gegenwärtige Magnetfeld als Maßstab bzw. Normalfall – oder besser gesagt »willkürliche Nullachse« – zugrunde und interpretiert anscheinend geringer gemessene Werte als negativ und höhere als positiv (siehe Abb. 77). Aber die Messwerte selbst sind *absolute Zahlen*, besitzen also gar kein Vorzeichen. Aufgrund dieser Deutung der Messwerte wurde dann ein mehrfacher Polwechsel proklamiert, aber auch ein Alter

Abb. 78: **MAGNETOMETERMESSUNG.** Basalt wird nur magnetisch, falls die Temperatur unter dem Curie-Punkt, für dieses Gestein bei ca. 578 Grad Celsius, liegt. Die verschiedenen Risse parallel zum mittelatlantischen Rücken bewirken ein Abkühlen des Magmas auf unterschiedlich hohe Temperaturen und damit auch einen variierenden Magnetisierungsgrad. Das Messergebnis eines Magnetometers in Richtung von der Achse des mittelozeanischen Rückens weg würde deshalb eine unterschiedliche hohe Intensität ergeben (siehe Abb. 77). Keinesfalls kann dies als Beweis für eine wechselnde Polarität bzw. Vertauschung der Pole angesehen werden, denn die niedrigsten gemessenen Werte (Wu) sind immer noch grundsätzlich positiv wie die höchsten (Wo) und nicht negativ! Es gibt Ozeanböden, die jedoch gar keine Magnetisierung aufweisen, wie im Azorengebiet, weil das Magma beim Erkalten zu heiß war und deshalb keine derartigen Eigenschaften aufweist.

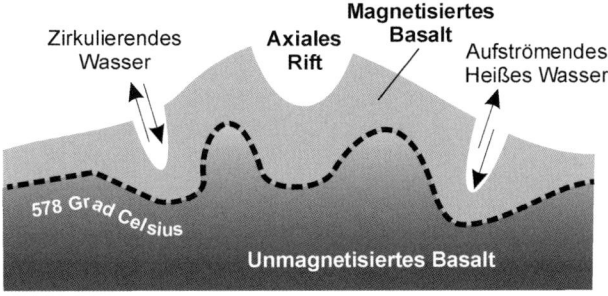

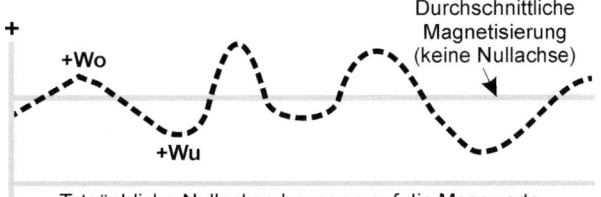

der Ozeanböden kalkuliert. Hieraus resultierend definierte man auch eine Kontinentalverschiebung, ja letztendlich auch eine angebliche Driftgeschwindigkeit, denn aufgrund »datierbarer magnetischer Umkehrungen an Land ist es möglich, diese Verteilungsmuster der magnetischen Anomalien in einen zeitlichen Rahmen zu stellen« (Turekian, 1995, S. 186). Die Interpretation der so ermittelten Werte und deren Kalkulation zurück in die Erdvergangenheit kann nur unter der Voraussetzung gelten, dass die Verhältnisse immer konstant waren und es keine großen und/oder plötzlichen Veränderungen gab. Das Gleichförmigkeitsprinzip bzw. der Aktualismus können in diesem Fall jedoch sicher nicht zweifelsfrei angewendet werden, und damit darf eine Interpretation in diesem Sinn ernsthaft bezweifelt werden, insbesondere falls man Kataklysmen in der jüngeren und/oder auch älteren Erdvergangenheit berücksichtigt, denn dann sind auch weit streuende und in der Intensität stark schwankende Magnetfelder normal. Wie stellte doch Dewey (1985) richtig fest: »Falls die Magnetstreifen keinen Beweis für die wechselnde Polarität der Erde darstellen, ist auch die Theorie von der Plattentektonik ihres *tragenden Fundaments beraubt*«.

Arthur D. Raff (1961) beschreibt in »Scientific American« (Oktober 1961, S. 146–156) magnetische Streifenmuster (Anomalien), die *senkrecht* zu den mittelozeanischen Rücken, also parallel zu den Querrissen (Transformstörungen) und damit in Richtung des sich *angeblich* rollbandartig bewegenden Ozeanbodens liegen. Dieses Phänomen widerspricht der klassischen Plattentektonik-Theorie in einer grundsätzlichen Art und Weise, da der Ozeanboden, unter Zugrundelegung der Plattentektonik-Prinzipien, sich nicht gleichzeitig in alle Richtungen ausdehnen kann, denn die dafür allseitig notwendigen »Subduktionszonen« fehlen ganz einfach, insbesondere in Ost-West-Richtung. Mit einer sich ausdehnenden, also expandierenden Erde kann dieses Phänomen ungezwungen ohne Widersprüche erklärt werden. Außerdem entstehen Zugspannungen in derartig beanspruchten Platten, die diese nicht aufnehmen können und in der Folge Risse entstehen.

Durch die aufgerissenen Zonen parallel zu den mittelozeanischen Rücken – aber auch senkrecht dazu (Transformstörungen) – können die unterschiedlich hohen Intensitätswerte vielleicht ganz einfach erklärt werden. In den Gräben bzw. Rissen zirkuliert das Wasser durch einen Kamineffekt stärker, wodurch auch die Flanken schneller abkühlen als horizontal in offen liegenden Bereichen des Ozeanbodens. Es entstehen somit im Verhältnis zur

Curie-Temperatur Bereiche mit erkaltendem Magma und somit unterschiedlich hohen Temperaturen, ohne dass diese Struktur auf ein unterschiedliches Alter schließen lassen würde (Abb. 79). Über dem Curie-Punkt nimmt das Gestein sogar *überhaupt keine* Magnetisierung an. Das ist zum Beispiel im Bereich der Azoren der Fall, wo es *keine Magnetstreifen* gibt. Da die »Datierung mithilfe der Polarität der Magnetisierung« (Berckhemer, 1997, S. 176) bestimmt wird, muss folglich auch die Altersbestimmung der Ozeanböden abgelehnt werden.

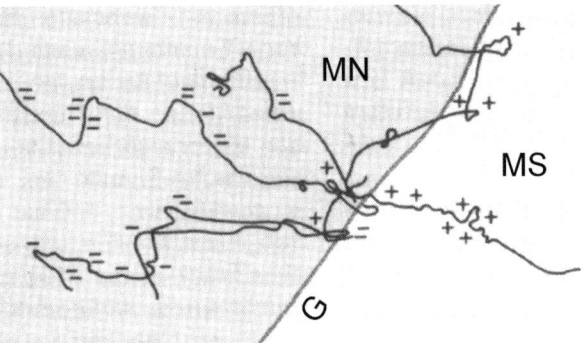

Abb. 79: **MAGNETISIERUNG**. Die Messergebnisse am Ozeanboden werden als positive und negative Werte angegeben, obwohl nur absolute Werte gemessen werden. Es handelt sich jedoch nur um relative, zueinander unterschiedliche Messwerte. Die Grenzlinie G soll die beiden Krustenstreifen mit unterschiedlicher Polarität voneinander scharf abgrenzen. Dies würde auch einen sehr schnell ablaufenden Polwechsel bedeuten. Im dunklen Bereich lag der magnetische Südpol angeblich im Norden (MN) und im hellen Bereich wie heutzutage im Süden (MS). Seltsamerweise gibt es auch im dunklen Bereich sehr viele dort nicht hingehörende Pluswerte.

Die zebra-streifigen Magnetisierungen sind kein einheitliches, ja noch nicht einmal ein grundsätzlich vorhandenes Phänomen. Auch rechts und links vom Ostpazifischen Rücken im Pazifischen Ozean sind keine gleichmäßigen »Altersstreifen« wie im Atlantik vorhanden.

Die aus kataklysmischer Sichtweise direkt am Ozeanboden ermittelten, jedoch falsch interpretierten Magnetometer-Messungen wurden durch direkte Messungen an einigen Hundert Bohrkernen ergänzt, die im Rahmen eines Wissenschaftsprojekts, dem *Ocean Drilling Program*, aus vielen geografisch unterschiedlichen Bohrorten entnommen wurden. Turekian führt in »Geowissen kompakt« (1985, S. 94) aus: »Da die normalerweise angewendete Technik bei Kernbohrungen keine sichere Aussage über die Orientierung des Kerns in der Horizontalen liefert, kann die Polarisierung nur festgestellt werden, wenn die magnetischen Feldlinien ziemlich steile vertikale Komponenten aufweisen (...). Zeigt ein magnetischer Vektor, relativ zur horizontalen Schichtung des Kernmaterials gemessen, also nach oben, so liegt eine umgekehrte Polarisierung im Vergleich zu einem in demselben Kern nach unten zeigenden magnetischen Vektor vor.«

Wie man auf einfache Weise an den sich nach den magnetischen Feldlinien des Magnetfeldes eines Stabmagneten ausrichtenden Eisenfeilspänen demonstrieren kann, ist die vertikale Komponente der magnetischen Feldlinien jedoch in hohen Breiten (Pole) am größten und nähert sich am Äquator dem Wert null. Deshalb beinhalten Messungen in mittleren Bereichen (Breiten) Unsicherheitsfaktoren, da der zu messende Winkel sehr klein oder fast null ist. Es bestehen weitere Unsicherheiten, wie Turekian weiterhin feststellt: »Diese Methodik kann jedoch nicht angewendet werden, wenn irgendein Zweifel an der kontinuierlichen Sedimentabfolge des Kernmaterials besteht oder wenn kennzeichnende paläontologische Kriterien fehlen. Es handelt sich hierbei nämlich um eine Abfolge ähnlich einer Wechselschaltung, bei der ein Vorgang den anderen bedingt.«

Mit anderen Worten, jede Messmethode bzw. die Auswertung von Messwertreihen besitzt immer eine bestimmte Voraussetzung. In den diskutierten Fällen geht man wie immer bei den Grundprinzipien unseres geophysikalischen Weltbildes von einer langsamen und gleichmäßigen Entwicklung unter Voraussetzung heutiger analoger Verhältnisse aus. Die von mir in geschichtlicher und ggf. auch früherer Zeit propagierten Erdkatastrophen lassen jedoch eine andere Interpretation der ausgewerteten Kernbohrungen zu, denn für diesen Fall wurden die Sedimente nicht in kontinuierlicher Folge schön langsam und gleichmäßig abgelagert. Außerdem können und haben sicherlich die bereits diskutierten

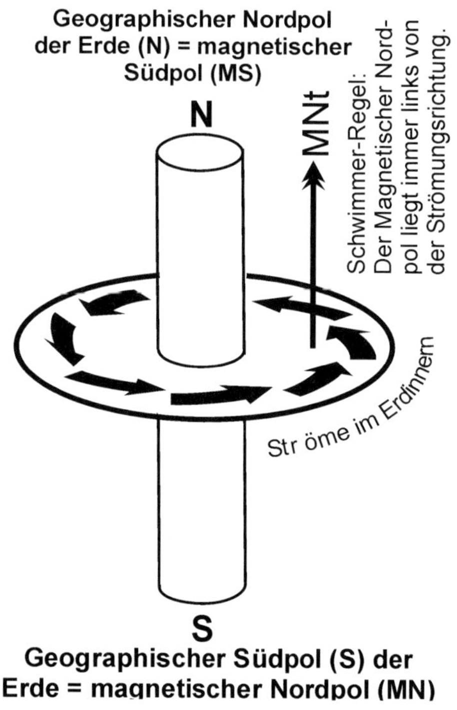

Abb. 80: **WIDERSPRUCH ERDMAGNETISMUS**. Der magnetische Nordpol (MN) der Erde soll auf der geografischen Südhalbkugel liegen (Greulich, 1998, Bd. 3, 1999, S. 424). Laut der Ampèreschen (Schwimmer-)Regel liegt der Nordpol eines Magnetfeldes jedoch in Richtung des linken ausgestreckten Armes eines Schwimmers (Greulich, 1998, Bd. 2, 1998, S. 86). In Bezug auf die angeblich aufgrund der Erdrotation in West-Ost-Richtung kreisenden Ströme im Erdinnern (Pfeilkreis) müsste der magnetische Nordpol theoretisch (MNt) am geografischen Nord- und nicht am Südpol liegen, also entgegengesetzt der tatsächlichen Gegebenheit: ein eklatanter Widerspruch in der Theorie der Erzeugung des Erdmagnetismus! Anderseits wird deutlich, dass unter diesen Voraussetzungen (Dynamo-Modell) die proklamierten Polumkehrungen in der Erdvergangenheit unwahrscheinlich sind. Denn eine Polumkehr bedeutet nach dem geophysikalischen Dynamo-Modell, dass sich die Ströme im Erdinnern hätten umkehren, also entgegengesetzt fließen müssen. Dafür ist aber die Trägheit der Masse im Erdinneren viel zu groß.

zeitlich variablen magnetischen Anomalien in der Erdvergangenheit und die Erdkatastrophen begleitenden Magnetstürme sogar entscheidenden Einfluss auf die heutzutage zu messenden magnetischen Anomalien ausgeübt.

Mobilisten und Fixisten

Ende des 19. Jahrhunderts glaubte man noch an die auf den französischen Naturwissenschaftler René Descartes (1596–1650) zurückgehende, von dem französischen Geologen Élie de Beaumont im Jahr 1829 formulierte Kontraktionstheorie. Sie geht davon aus, dass die Erde ursprünglich ein glutflüssiger Himmelskörper war. Allmählich soll die Erde dann abgekühlt und geschrumpft sein. Und durch die fortschreitende Kontraktion (Verringerung des Volumens) soll die bereits *erstarrte* Erdrinde *gefaltet* und *zerbrochen* worden sein. Die tektonischen Bewegungen mussten in diesem Fall hauptsächlich vertikal, also in senkrechter Richtung ausgerichtet gewesen sein. Diese Vorstellung – auch als »fixistisch« bezeichnet – schloss zugleich die Idee von ortsfesten, nicht verschiebbaren Landmassen ein, da diese wissenschaftliche Theorie besagt, dass die Erdkruste als Ganzes oder in ihren Teilen fest mit ihrem Untergrund verbunden ist – im Grundsatz eine mit der Erdexpansions-Theorie übereinstimmende Aussage.

Im Sinne dieser Kontraktionstheorie wurde die Gebirgsbildung der Erde mit einem Bratapfel verglichen. Der Apfel schrumpelt mit zunehmender Abkühlung zusammen, die Haut wirft Falten, und er verringert seine Abmessungen. Und so, meinte noch mein Lehrer im Erdkundeunterricht erklären zu können, entstanden die Gebirge, die den Falten der Apfelschale entsprechen. Leider ist dieser wie viele solcher vorab scheinbar einleuchtenden Vergleiche schlicht und einfach falsch. Denn die Erde dehnt sich eher aus und zieht sich nicht zusammen, wie man es von einem abkühlenden Körper erwarten würde. Zwangsläufig muss man sich fragen, ob die Vorstellung von einem ehemals feurigen Glutball überhaupt stimmt. Außerdem verhält sich eine Apfelschale elastisch, die Erdkruste ist jedoch in materialtechnischer Hinsicht relativ starr. Die meisten Gebirgsauffaltungen können nicht analog des Apfel-Vergleichs wie in diesem Vergleich funktionieren, denn es wird dabei praktisch jedes *Gesetz der Festigkeitslehre verletzt*. Für Fachleute möchte ich kurz das oft in Geologie-Büchern angesprochene Argument des *Fließens* von

Gesteinsmaterial widerlegen. Dieses Prinzip gibt es zwar, aber um rissfreie Gesteinsformationen – Gebirge – aus sprödem Material aufzutürmen, müsste das Fließen nicht nur in eine Richtung erfolgen, sondern in alle, also auch quer zur angeblichen Verschiebungsrichtung. Sollte dies nicht der Fall sein, reißen spröde Gesteinsmassen auf. Aber genau das ist in den allermeisten Fällen nicht zu beobachten. Aus diesen Gründen muss das ursprüngliche Gesteinsmaterial bei der Bildung der Gebirge eher weich bzw. elastisch-plastisch gewesen sein. Eine langsame Wanderung der Kontinente erscheint aus den ausführlich dargelegten logischen Gründen unmöglich und undenkbar zu sein. Anderseits sind biologische Beweise für ehemalige Landverbindungen zwischen den Kontinenten unwiderlegbar. Man zog Landengen in Betracht oder suchte nach großen versunkenen Kontinenten am Grund der Ozeane.

Die Frage nach der Drift der Kontinente spaltet die geologische Fachwelt in zwei größere Lager: einerseits Fixisten, die eine Drift verneinen, und andererseits die beliebige Verschiebungen von Kontinenten bejahenden Mobilisten, die derzeit noch in der Überzahl sind. Es besteht also auf keinen Fall eine einhellige Meinung, obwohl die Theorie der Plattentektonik seit den Sechzigerjahren sehr starken Aufschwung erhalten hat. Die Vertreter der fixistischen Theorie können sich mit den Vertretern der mobilistischen Theorie nicht darüber einigen, ob die äußere Kruste bei horizontal wirkenden Kräften starr bleibt oder ob sie durch langsame Horizontalverschiebungen ausweicht. Es gibt Beweise sowohl für die fixistische als auch für die mobilistische Theorie. Gibt es vielleicht eine dritte Möglichkeit, die die realistischen Gesichtspunkte beider Theorien verknüpft?

»Heute weiß man, dass sich die Erde in den letzten ein bis zwei Milliarden Jahren nur ganz unwesentlich abgekühlt haben kann, und durch paläomagnetische Messungen ließ sich zeigen, dass der Erdradius während dieser Zeit nicht kürzer geworden ist; im Gegenteil, man kann nicht ausschließen, dass er sich sogar etwas vergrößert haben mag.« (Closs et al., 1987, S. 47).

Zu leichte Erdkruste?

Sehen wir uns die Aussagen der Plattentektonik-Hypothese genauer an und lassen den Ozeanboden von den mittelozeanischen Rücken herkommend gleichförmig-rollbandartig auf einen Tiefseegraben bzw. die sich in diesem

Bereich befindliche Subduktionszone hin verschieben, um dann durch diese in das Erdinnere hin zum Erdmantel ein- und unterzutauchen, wie es an der Westküste Südamerikas ständig geschehen soll (Abb. 81).

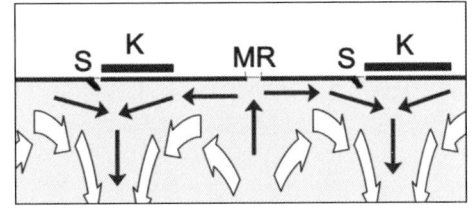

Abb. 81: **SUBDUKTION.** An den mittelozeanischen Rücken (MR) zwischen den Kontinenten entsteht neuer Ozeanboden, wie geodätische Messungen ergeben haben, weshalb sich die Kontinente voneinander entfernen. Der neu gebildete Ozeanboden bzw. die Lithosphärenplatte soll sich unter diejenige der Kontinente (K) rollbandartig bis zu einer Subduktionszone (S) schieben, in der etwa ebenso viel neue Plattenbereiche absinken, wie an den mittelozeanischen Rücken neu gebildet werden. Gibt es keine Subduktion, führt die Neubildung von »Ozeankruste« zu einer größeren Oberfläche der Erde und damit zu einer Expansion. Für diesen Fall entfernen sich die Kontinente voneinander, bleiben aber trotzdem ortsfest.

Fragen wir grundsätzlich, ob ozeanische Kruste überhaupt bis in den Erdmantel hinein abtauchen kann. Betrachten wir deshalb die Eigenschaften der ozeanischen Kruste im Verhältnis zu denjenigen des geschichteten Untergrundes. Es ist eine unbestrittene, durch seismische Messungen erwiesene Tatsache, dass die Materie mit zunehmender Tiefe bis hinunter zum äußeren Kern eine jeweils erhöhte Dichte aufweist, angeblich aufgrund der Gravitation. Die Ozeankruste ist also leichter als der Untergrund, auf dem diese Platte verschoben werden soll. Wie also soll, rein anhand mechanischer Gesetzmäßigkeiten betrachtet, eine leichtere Platte in einen schwereren Untergrund abtauchen können?

Aber auch falls im unteren Mantel die ozeanische Kruste, deren Dichte mit 2,9 bis 3,0 g/cm^3 angegeben wird, in eine Hochdruckmodifikation des Quarzes umgewandelt werden würde, beträgt dessen Dichte nur 4,34 g/cm^3 gegenüber einer mittleren Dichte des unteren Mantelmaterials von 5,0 g/cm^3 und sogar bis zu 5,7 g/cm^3: Auftrieb und nicht Eintauchen wäre das zutreffende Gedankenmodell (Abb. 82).

Die Vorstellung, dass die kühleren und vor allen Dingen leichteren Ozeankrustenteile wie »zähflüssiger Honig von einem Teller tropfen« (Hutko, 2006) und durch das mit zunehmender Tiefe immer dichter erscheinende Material des Erdmantels hindurch bis an den Rand des äußeren Erdkerns gelangen, ist analog den Prinzipien der Mechanik als reines Wunschdenken ohne Realitätsbezug einzustufen. Die Folgen dieser Feststellung sind für das geophysikalische Bild vom Aufbau unserer Erde schwerwiegend, da es zu einer Paradoxie im konventionellen Modell führt. Zwischen äußerem Kern und unterem Mantel befindet sich eine meist zwischen 200 und 250 Kilometer mächtige Zone, die als D"-Schicht bezeichnet wird.

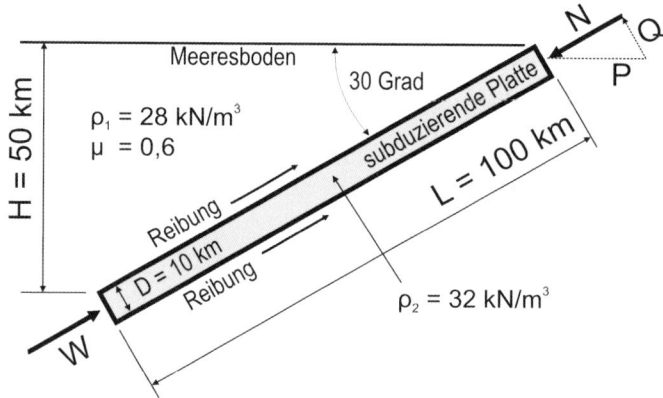

Abb. 82: **FIKTION SUBDUKTION.**
Setzen wir (entgegen der Wirklichkeit) voraus, dass die abtauchende ozeanische Platte schwerer ist als das Material, in das diese abzutauchen in der Lage sein soll. Unter Berücksichtigung des Gleichgewichts aller Kräfte muss die am Plattenende schiebende Kraftgröße N – Spannung (б) mal Fläche (d) – zuzüglich des Anteils aus dem Gewicht der Platte (G) größer sein als die ihr unten am eintauchenden Plattenkopf entgegenwirkende Kraftgröße (W) zuzüglich der Reibungskräfte (R) – resultierend aus der Auflast der Erdkruste und dem Eigengewicht der Platte. Der Reibungskoeffizient (µ) wird konstant angesetzt für Temperaturen kleiner als 350 Grad Celsius (vgl. Kirby/McCormick, 1982), also der Temperatur, die am tiefsten Punkt der eintauchenden Platte herrschen soll (Subarya, 2006, S. 50).
N + G > W + R
N + G = (б · D) + (ρ2 – ρ1) · L · D · sin 30o
(б · 10 000) + (32 – 28) · 100 000 · 10 000 · 0,500
W + R = W + ρ1 · H/2 · L · µ + ρ2 · D · cos 30o · L · µ
0 + 28· (50 000 / 2) + 32 · 10 000 · 0,866) · 100 000 · 0,6
Mit diesen Werten ergibt sich die Berechnung zu:
(б · 10 000) + 2 · 109 > 4,2 · 1010 + 1,67 · 1010
б > (4,2 · 1010 + 1,67 · 1010 – 2 · 109) / 10 000
б > 5,67 · 106 kN/m² = 5670 N/mm² > zulässig б bis zu 400 N/mm²

Fazit: Eine Subduktion ist nicht möglich, denn die Platte würde aus materialtechnischen Gründen zerreißen, bevor die erforderliche Kraft zum Eintauchen in den Mantel aufgewendet werden könnte. Oder kurz gesagt: Eine drückende oder ziehende Kraft kann keine Subduktion hervorrufen. Führt die sich aus der schiebenden Kraft P ergebende Querkraft (Q) bzw. die Umlenkkraft bereits zum Bruch der Platte, bevor die Platte etwas gedrückt werden kann? Jede kleine »Ausbeulung« der idealisiert skizzierten Platte führt zu zusätzlichen Beanspruchungen (Biegemomenten) in der Platte, durch die materialtechnisch nicht aufnehmbare Zugkräfte erzeugt werden.
Hinweis: Die manchmal von Fachleuten vertretene Meinung, dass partielles Aufschmelzen und die Bildung von Feuchtigkeit die Reibung der Platte herabsetzen und damit Subduktion glaubhaft machen soll, ist falsch, da Reibungskräfte von der Stärke der Kraft und nicht von der Größe der Reibungsfläche abhängen. Dieser Einwand wäre nur richtig, falls die *gesamte* Platte keine Reibungsfläche aufweist.

Da die Ursache für das Vorhandensein der D"-Schicht ungeklärt erscheint (vgl. Lay/Garnero, 2004), letztere aber wesentlich kälter als das sie umgebende Gestein ist, wird vermutet, dass es sich bei der unregelmäßig und heterogen aufgebauten D"-Schicht um einen von den Subduktionszonen »herabtropfenden« Bodensatz handelt (Vogel, 1994). Diese Vorstellung wird ausschließlich der Heiße-Erde-Theorie geschuldet, denn das »kältere« Material kann ja nicht aus dem äußeren Kern stammen, falls dieser 2900 Grad Celsius heiß sein soll. Rätsel werden nicht durch die Natur, sondern durch falsche Gedankenmodelle geschaffen, so wie dieses scheinbare Paradoxon!

Fazit: Da das kältere Material der D"-Schicht nach den Regeln der Mechanik definitiv nicht aus subduzierten, also abtauchenden Resten ozeanischer Kruste bestehen kann, bleibt als Lösung übrig, dass das kalte Material der

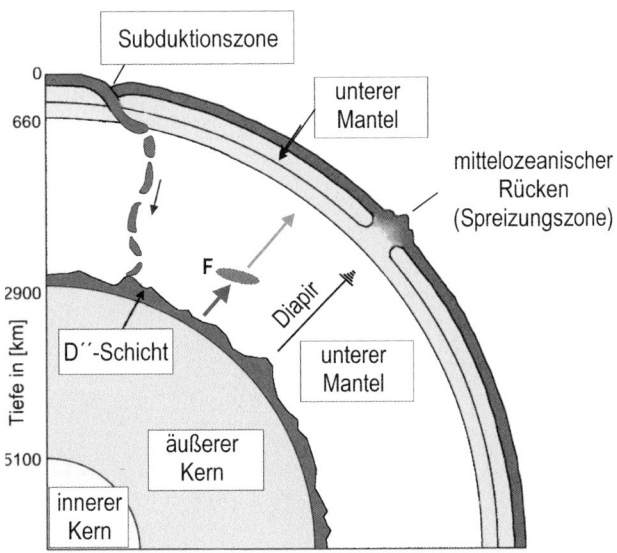

Abb. 83: **D"-SCHICHT.** Die auf dem äußeren Kern befindliche D"-Schicht ist kühler als das dieses umgebende Material und wird als thermische Grenzschicht bezeichnet. Eine Hypothese besagt, dass das Material der D"-Schicht aus Subduktionszonen »heruntertropft«, obwohl die »verschluckte« Ozeankruste leichter als das Material des unteren Mantels ist (vgl. Abb. 82, S. 176). Gleichzeitig sollen nach konventioneller Vorstellung einzelne Diapire (Mantelplumes) von der Kern-Mantel-Grenze aus aufsteigen und z. B. Vulkane mit heißem Material versorgen. Heißes Magma kommt jedoch nur bis in Tiefen von ungefähr 400 Kilometern vor (vgl. Abb. 74, S. 164). Die größere Struktur »F« kennzeichnet spezielle von mehreren Bereichen im Erdmantel verifizierte leichtere, der Erdkruste ähnliche Materialbereiche, die subduziert worden sein sollen. Hierbei sollte es sich jedoch um abgelöste D"-Schicht-Teile handeln, die infolge Druckentlastung in Richtung Erdoberfläche auftauchen.

D"-Schicht im Erdinneren produziert wird, also im äußeren Kern, der demzufolge scheinbar »kalt« sein muss, damit das kalte Material für die D"-Schicht produziert werden kann. Wenn wir jetzt kaltes anstelle des proklamierten glutflüssigen Materials im äußeren Erdkern erkannt haben, dann steht dies im Widerspruch zur konventionellen Theorie vom Aufbau der Erde (vgl. Zillmer, 2009/2022).

Bereits der weltbekannte theoretische Physiker Professor Pascual Jordan (1966, S. 88) hatte festgestellt, dass im Erdinneren die Tiefenverteilung der Schallgeschwindigkeiten für niedrige und eben nicht hohe Temperaturen spricht. Diese niedrigen Temperaturen im Erdinneren sind möglich, falls der Kern der Erde aus metallischem Wasserstoff besteht. Der innere Erdkern könnte daher aus gefrorenem Wasserstoff bestehen, bei einer Temperatur von höchstens 14,02 Kelvin (= −259,13 Grad Celsius), also nahe dem absoluten Temperatur-Nullpunkt. In diesem Zustand bildet der Wasserstoff einen kristallinen Festkörper. In welchem Zustand sich fester Wasserstoff im inneren Kern tatsächlich befindet, ist aber Spekulation, da experimentelle Versuche unter diesen extremen Bedingungen bisher technisch schwierig sind. Jedoch wurde vor Kurzem erstmals metallischer Wasserstoff auf der Erde hergestellt (Dias/Silvera, 2017).

Wichtiger für unsere Betrachtungen ist hinsichtlich seiner Eigenschaften jedoch der darüber liegende äußere Kern, der glutflüssig sein soll. Bei Temperaturen zwischen 14,02 und 20,27 Kelvin wird Wasserstoff flüssig und unter sehr hohem Druck metallisch.

Laut Pressemitteilung des Max-Planck-Instituts für Chemie vom 18. November 2011 verfügt der Gasriese Jupiter über ein starkes Magnetfeld. Astronomen machen dafür eine metallische Form von Wasserstoff verantwortlich, die im Inneren des Planeten durch die dort herrschenden extrem hohen Drücke entsteht. Auch das Innere anderer Gasplaneten unseres Sonnensystems und sogar mancher Exoplaneten könnte gemäß neuesten Forschungsergebnissen aus metallischem Wasserstoff bestehen, der unter extremem Druck aus atomarem Wasserstoff gebildet wird und eine elektrisch leitende Eigenschaft erlangt. Metallischer Wasserstoff würde für diesen Fall Strom ohne Widerstand leiten als auch ohne Reibung fließen lassen! Die Bildung von Planeten sollte auf die gleichen Prinzipien zurückzuführen ist, weshalb auch die inneren Planeten unseres Sonnensystems im Kern Wasserstoff aufweisen sollten.

Wasserstoff ist zwar das einfachste aller Atome, stellt gleichzeitig aber nicht die einfachste Form von Feststoffen oder Flüssigkeiten dar: Flüssiger metallischer Wasserstoff ist nicht ausschließlich entweder supraleitend oder superfluid, sondern stellt eine neue Art von Quanten-Fluid dar. Forscher gehen davon aus, dass bei Anwesenheit eines Magnetfelds flüssig-metallischer Wasserstoff mehrere Übergangsphasen von einem Supraleiter bis hin zu einem Suprafluid annehmen kann (Babaev, 2004). Es wird auch vermutet, dass flüssig-metallischer Wasserstoff bislang unbekannte elektromagnetische Eigenschaften zeigt.

Aber es ist gelungen, metallischen Wasserstoff herzustellen. Genau genommen ist flüssiger metallischer Wasserstoff gar keine Flüssigkeit, sondern ein Plasma, das ausschließlich unabhängige Ladungsträger enthält. Es wird seit Langem vermutet, dass metallischer Wasserstoff selbst bei hohen Temperaturen supraleitfähig bleibt. Dies sollte auf elektrische Ströme hindeuten, die im äußeren Kern der Erde induziert werden und dort fast ohne elektrischen Widerstand fließen. Die Energie, also der Strom hierzu müsste dann von der Sonne durch das Plasma im Universum hinweg zu einem Pol der Erde fließen, um dann in den Erdkern zu gelangen. Die Erde würde demzufolge als Kondensator wirken bzw. man »kann sogar sagen, dass das Erdinnere ein gigantischer Magnetohydrodynamik-Generator ist, der elektrischen Strom erzeugt. Das gleiche Ergebnis wird bei einem Temperaturgefälle erzielt, wenn ein Leiter an einem Ende erwärmt und am anderen Ende abgekühlt wird. Jeder Elektrolyt ist ein Leiter, und nichts ist leichter, als im Erdinneren in eine Situation ›heiß – kalt‹ zu geraten« (Drujanow, 1984, S. 52).

Mit der Bildung von Substanzen im äußeren Kern steigen die neuen Atome von innen nach außen durch den Erdmantel hin zur Erdoberfläche auf und verbinden sich unterwegs in bestimmten Tiefen, in denen bestimmte Druck- und Hitzeverhältnisse herrschen, zu Wasser, Erdgas und Erdöl. Pascual Jordan (1966, S. 74) bestätigt, wie bereits 1941 eindrucksvoll gezeigt wurde, dass die Mehrzahl der Unstetigkeitsflächen im tiefen Erdinneren eher Phasengrenzen als Unstetigkeiten der chemischen Zusammensetzung darstellen. Hieran ist nicht zu zweifeln, weil das Alter der Erde nicht ausreichend ist, um eine mehrstufige chemische Entmischung unter Trennung des Materials zu Zonen verschiedener Zusammensetzung erlaubt zu haben, bestätigt in der Fachzeitung »Geologische Rundschau« (Bd. 32, 1941, S. 215). Deshalb erscheint die Interpretation der modernen Geophysik vom Aufbau der Erde und des Antriebs für die Erddrehung als definitiv falsch!

Nach geophysikalischer Ansicht soll ein Dynamo im Erdkern isoliert, also rein erdgebunden, sozusagen aus sich selbst heraus funktionieren. Es ist aber noch nicht einmal der Startmechanismus geklärt, und wie soll der auch immer einmal gestartete Geodynamo dann in Schwung bleiben? Angeblich sind drei Energiequellen verfügbar: »1. Der Wärmevorrat des Kerns, 2. die latente Kristallisierungswärme und 3. die gravitative Energie beim Ausfrieren und Absinken des Nickeleisens« (Berckhemer, 1997, S. 131). Die erste

Quelle ist aber reine Spekulation, da der Kern alternativ auch kalt sein kann und der tatsächliche Wärmevorrat unbekannt ist. Die zweite mögliche Quelle gibt es zwar qualitativ, ist jedoch eindeutig zu schwach für den erforderlichen Dynamoantrieb. Die dritte Quelle ist wiederum Spekulation, da man nicht weiß, aus welchem Material der Erdkern besteht. Außerdem ist die Corioliskraft, durch welche die Konvektionsströme im Erdinneren infolge ihrer eigenen Trägheit abgelenkt und auf eine Schraubenbahn gezwungen werden sollen, viel zu gering: »Das Entstehen der Strudel durch die Corioliskraft bei der großen Viskosität der Erdkernschmelze (riesiger Druck) und niedrigen Temperaturgradienten (große Leitfähigkeit der Substanz) scheint unmöglich zu sein« (Oesterle, 1997, S. 98).

Der Erdkern soll aus einer Eisenschmelze aus 80 Prozent Eisen und 20 Prozent Nickel bestehen. Es fragt sich, woher die Masse von $1{,}9354 \cdot 10^{24}$ Kilogramm – also eine Zahl mit 24 Nullen – überhaupt kommen soll? Durch Gravitationswirkung aus der Erdkruste und dem Erdmantel, also durch Bereiche mit sich stetig erhöhenden Drücken, unmerklich langsam in den Erdkern migriert? Ersetzt man im konventionellen Modell das Wort »Eisenschmelze« durch »flüssigen metallischen Wasserstoff«, dann besitzt man für den Fall einer kalten, elektrischen Erde mit der von der Sonne empfangenen Energie einen Grund für den Startmechanismus bzw. die Aufrechterhaltung des Magnetfeldes. Die Wirbeleffekte des elektrischen Stroms im äußeren Kern sorgen für ein Schließen elektrischer Feldlinien. Zwangsläufig bildet sich ein Magnetfeld, in unserem Fall das Erdmagnetfeld aus, das senkrecht auf dem elektrischen Feld steht!

Derart wird das Erdmagnetfeld erzeugt, nicht durch das geophysikalische Dynamo Modell, das rein erdgebunden als ein *Perpetuum mobile* funktionieren soll, wie zuvor bereits diskutiert. Durch die Schließung der elektrischen Felder im Erdkern entsteht materialisierte Energie, die durch die Rotation am Rand des äußeren Kerns als Materie angereichert und eine den äußeren Kern umhüllende Schale bildet, die aus kaltem Material besteht und bereits zuvor als D"-Schicht diskutiert wurde. Die Grenze zwischen Kern und Mantel zeigt deshalb keine Unstetigkeitsfläche der chemischen Zusammensetzung gemäß konventionellem Modell, sondern es handelt sich vielmehr um eine bloße Phasengrenze, da der Druck sich mit zunehmendem Abstand vom Erdmittelpunkt nach außen hin stetig verringert. Der urzeitliche Mantel wuchs daher beständig, ohne jegliche Zufuhr von Materie: Aus

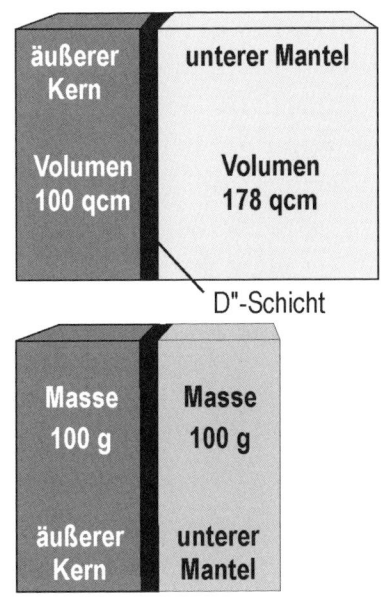

Abb. 84: **VOLUMENVERGRÖSSERUNG.** An der Kern-Mantel-Grenze (D″-Schicht, Abb. 83, S. 177) vollzieht sich eine Vergrößerung des Volumens durch Phasentransformation infolge Druckentlastung, während die Masse konstant bleibt. Auch an den weiteren nach außen hin folgenden Diskontinuitätszonen erfolgen Phasenumwandlungen mit einhergehender Volumenvergrößerung, insbesondere in 660 Kilometern Tiefe, in der die Grenzschicht zwischen dem oberen (bzw. der Mantelübergangszone) und dem unteren Mantel definiert ist.

100 Kubikzentimetern Volumen des äußeren Kerns werden allein aufgrund der Druckentlastung etwa 178 Kubikzentimeter des (unteren) Mantels; *ohne Erhöhung der Masse* und damit des Gewichts, unter Zugrundelegung der Dichteverhältnisse von äußerem Erdkern und unterem Mantel zueinander. Diese Annahme der Volumenvergrößerung beruht auf den durch seismische Messungen ermittelten Dichteverhältnissen im Erdmantel und im äußeren Kern.

Aufgrund der angeblich ungeheuer hohen Temperaturen im Erdinneren glaubte man früher an eine kleiner werdende, also schrumpfende Erde. Heutzutage setzt man einen in etwa konstanten Erddurchmesser voraus. Demzufolge müsste zwingenderweise die an den mittelozeanischen Rücken ständig neu gebildete Ozeankruste in gleichem Maße in den Subduktionszonen »vernichtet« werden, falls die geophysikalische Plattentektonik-Hypothese von einem in etwa konstanten Erdradius ausgehen will. Falls es keine Subduktionszonen gibt bzw. auch theoretisch nicht geben kann, dann vergrößert sich die Erdoberfläche infolge der an den mittelozeanischen Rücken neu gebildeten Erdkruste. Angaben über das derzeitige Wachstum bzw. die Expansionsrate der Erde reichen von 0,5 mm pro Jahr (Egyed, 1957, S. 108 und 1960, S. 251) über das Zehnfache, also 5 mm pro Jahr (Jordan, 1966, S. 77) bis hin zu 11 mm Wachstumsrate pro Jahr im Mittel für verschiedene Messpunkte in Australien, in den USA und in Europa, wie Auswertungen von Daten des Internationalen Erdrotationsdienstes (IERS) für eine Zeitperiode von 1992 bis 2000 zu belegen scheinen (Maxlow, 2005, S. 78).

Schätzen wir alternativ die sich heutzutage vollziehende Vergrößerung der Erdkruste über den Zuwachs der Ozeankruste in den Spreizungszonen ab. Diese Bereiche sind etwa 70 000 Kilometer lang, und die Kontinente sollen nach geodätischen Messungen zwischen 1 und 20 Zentimeter pro Jahr auseinanderdriften. Legen wir einmal vier Zentimeter als mittlere Spreizungsgeschwindigkeit zugrunde, dann werden pro Jahr knapp drei Quadratkilometer Ozeankruste neu gebildet, was einer Wachstumsrate von derzeitig 17 mm pro Jahr entspricht. Nimmt man diese durchschnittliche Spreizungsrate als konstant über die Erdgeschichte an, könnten die Ozeane in nur 110 Millionen Jahren entstanden sein (Howell, 1988, S. 96).

Was sagt denn die Geologie zu dem phantastisch scheinenden Modell einer expandierenden Erde? Karl Turekian von der Yale University schreibt in seinem Buch »Die Ozeane«: »Das Auseinanderdriften der Ozeanböden bringt nun mit sich, dass sich die Erde entweder ausdehnt, um die im Bereich der Schwellen neu geschaffene Kruste aufzunehmen, oder dass im Falle eines konstanten Erdumfangs die Kruste irgendwo verschluckt werden muss« (Turekian, 1985, S. 189). Mit anderen Worten: Auf einer sich ausdehnenden Erde entfernen sich die Kontinente zwangsläufig voneinander, aber andererseits benötigt man nicht das phantastisch-märchenhafte Modell der krustenverschluckenden Subduktionszonen.

Laut einer Studie aus dem Jahr 2014 scheinen sich die tektonischen Platten der Erde derzeit schneller als zu irgendeinem Zeitpunkt in den letzten 2 Milliarden Jahren zu bewegen (Condie et al., 2015), weshalb wir auf eine etwas schnellere Expansionsrate schließen könnten.

Das Ergebnis dieser Studie erscheint kontrovers, da frühere Arbeiten davon ausgingen, dass die innere Wärme des Planeten die Plattentektonik antreibt. Da diese Hitze mit zunehmendem Alter der Erde angeblich nachlässt, sollte sich auch die Bewegung der Platte verlangsamen. Inzwischen weiß man aber von verschiedenen Monden anderer Planeten in unserem Sonnensystem sowie auch Kleinplaneten, dass diese trotz einer Oberflächentemperatur von beispielsweise 128 Grad Celsius unter dem Gefrierpunkt, wie beim Saturn-Mond Enceladus, vulkanische Aktivität aufweisen, die durch sehr hohe Fontänen aus Wassereispartikeln auf der südlichen Hemisphäre dokumentiert wird, wodurch eine dünne Atmosphäre erzeugt wird. Gravimetrische Messungen deuten darauf hin, dass sich nicht nur unter dem Eis der Südpolregion des Asteroiden Cassini ein Ozean aus Wasser befindet. Ein Wasserozean führt dazu, dass die Eiskruste sich unabhängig vom Kern drehen kann, was besser zu den Messwerten passt als eine feste Verbindung mit dem Kern (Thomas et al., 2015).

Im Gegensatz zu früherer geophysikalischer Ansicht, gemäß der die Wasserdichtigkeit mit zunehmender Tiefe erhöht wird, aufgrund der angeblich zum Erdmittelpunkt hin wirkenden Gravitationskraft, wurde gemäß einer Studie aus dem Jahr 2014 tief unter der Erdoberfläche ein Wasserreservoir entdeckt, das dreimal so groß ist wie das aller Ozeane und sich in 700 Kilometern Tiefe befindet. Forscher der NASA haben in der Antarktis durch den Forschungssatelliten ICESat-2 zwei neue Seen unter dem »ewigen« Eis entdeckt, die über ein mit dem *gesamten* Planeten verbundenes Wassersystem verbunden sind (Siegfried/Fricker, 2021).

Eine andere Studie soll zeigen, dass die Erde vom ersten Tag an Wasser gehabt haben könnte, durch die Adsorption von Wasser an den fraktalen Oberflächen von interplanetaren Staubpartikeln (Leeuw, et al., 2010). Dann kann die Erde jedoch nicht heiß gewesen sein. Auf jeden Fall wirft die enorme Größe des unterirdischen Wasserreservoirs neues Licht auf den Ursprung des irdischen Wassers, das wissenschaftlich gesehen von Kometen auf die Erde gebracht worden sein soll. Unter dieser Voraussetzung ergibt sich zwangsläufig ein Mengenproblem …

Alter der Ozeanböden

»Durch die Analyse ozeanischer Krustenproben, die beim *Deep Sea Drilling Project* gewonnen wurden, wissen wir heute jedoch, dass die Ozeane tatsächlich erstaunlich jung sind. Das Alter der ozeanischen Kruste reicht von praktisch null Jahren an den Kämmen der untermeerischen Rücken, also direkt an den Spreizungszentren, bis lediglich 180 Millionen Jahre im Ostpazifik, der am weitesten von einem Spreizungszentrum entfernten Region« (Howell, 1988, S. 96). Die Bestimmung der ältesten Teile des Ozeanbodens stimmen mit der von der *Scripps Institution of Oceanography* entwickelten digitalen Karte (Ref. Series 93–30) des Alters der Ozeanböden überein, jedoch nicht in Bezug auf die Altersstruktur (Foto 73, S. 210).

Auf Grundlage eines konstanten Spreizungstempos der Ozeanböden hatten wir deren Alter auf nur 110 Millionen Jahren kalkuliert. Die Kontinentalverschiebung soll allerdings vor 200 bis 180 Millionen Jahren begonnen haben. Um einen gleichmäßig ablaufenden Prozess kann es sich sicherlich nicht handeln. Vor diesem Zeitpunkt gab es die *heutigen* Ozeane überhaupt nicht. Man glaubt daher auf einen einzigen Urkontinent zu damaliger Zeit schließen zu können, der Pangaea genannt wird und sich vor vielleicht 160 bis 140 Millionen Jahren in zwei Teile aufgespalten haben soll. Der dadurch angeblich entstandene Nordkontinent heißt *Laurasia* (Nordamerika, Europa, Asien) und der südliche *Gondwana* (Antarktis, Südamerika, Afrika, Australien, Indien). Diese beiden Superkontinente behielten aber auch während der folgenden Phase des Auseinanderbrechens grob ihre geografische Lage. Wie erklärt man sich dann aber versteinerte Korallen beispielsweise in Grönland? Da Korallen in der Jetztzeit nur in der Nähe des Äquators wachsen, also auch nicht im Mittelmeer, müssen sich diese Landmassen zu irgendeinem Zeitpunkt am Äquator befunden haben, falls das schulwissenschaftliche Weltbild richtig sein soll. Es gibt jedoch neben dieser wissenschaftlich favorisierten Möglichkeit auch eine andere Alternative. Falls vor einem kataklysmischen Weltuntergang ganz andere atmosphärische Bedingungen herrschten und die Erdachse gerade stand, gab es *gar keine Jahreszeiten*. Auf der Erde herrschte unter dieser Voraussetzung weltumspannend ein gleichmäßig warmes Klima vom Nord- bis zum Südpol. Die bei Wassertemperaturen unter 20 Grad Celsius absterbenden Korallen konnten demzufolge in heutzutage kälteren oder sogar vereisten, in früheren Zeiten jedoch warmen Meeresgebieten auch ohne Berücksichtigung einer Kontinentaldrift gedeihen, bevor sie durch kataklysmische Vorgänge plötzlich versteinerten und sich das Klima drastisch verschlechterte.

Aus der Untersuchung von Sauerstoffisotopen der etwa 130 bis 120 Millionen Jahre alten Yixian Formation, China, weiß man, dass die durchschnittliche Jahrestemperatur in diesem Zeitraum bei nur 10 Grad Celsius lag, also deutlich kälter war als angenommen. Dies zeigt ein gemäßigtes Klima mit ungewöhnlich kalten Wintermonaten für das in der Regel warme Erdmittelalter. Eine Studie aus dem Jahr 2013 kommt zu dem Schluss, dass es infolge der Form der Erdumlaufbahn und Verschiebungen in der Neigung der Erdachse zu den Klimaschwankungen in der etwa 130 bis 120 Millionen Jahre alten Formation gekommen sein könnte (Wu et al., 2013).

Eine wichtige Rolle könnte auch eine andauernde vulkanische Aktivität gespielt haben, die einen »vulkanischen Winter«, also eine Abkühlung der unteren Erdatmosphäre hervorrief. Dabei wurden Asche und Schwefeldioxid, aus denen sich Aerosole aus Schwefelsäure bilden, bis in die Stratosphäre geschleudert und verteilten sich dort wie ein Schleier über den gesamten Erdball, eine Abkühlung der Erdatmosphäre auslösend (Ding, et al. 2003).

Die Untersuchungen von Sauerstoff-Isotopen aus verschiedenen Reptilienresten aus China, Thailand und Japan zeigten, dass das Klima in der *frühen* Kreidezeit kalt war, so wie es heutzutage in denselben Breitengraden der Fall ist. Die abgeleiteten niedrigen Temperaturen stimmen überein mit den Meeresaufzeichnungen von vor etwa 130 Millionen Jahren und damit etwa dem Alter der zuvor beschriebenen Yixian Formation im Nordosten Chinas und dokumentieren einen signifikanten Klimawandel (Price, 1999).

Erdgeschichtlich werden großflächige und länger anhaltende vulkanische Aktivitäten (z. B. die Bildungen des Sibirischen Trapps, des Emeishan-Trapps und des Dekkan-Trapps) mit verschiedenen Massenaussterben in Verbindung gebracht. Folgenschwer war der Ausbruch des Vulkans Tambora auf der Insel Sumbawa im Jahr 1815, der einen Rückgang der Durchschnittstemperatur um 2,5 Grad Celsius bewirkte. In Europa gab es Frost im Juli, weshalb das Jahr 1816 auch das Jahr ohne Sommer genannt wird. Bis 1819 führte die Kälte zu Missernten und dadurch zu Auswanderungswellen von Europa nach Amerika.

Seit Beginn der uns bekannten Kontinentalverschiebung vor vielleicht gut *180 Millionen Jahren befand sich Grönland definitiv und bewiesenermaßen niemals in der Nähe des Äquators*. Korallen konnten unter heutigen Klimabedingungen bis zum damaligen Zeitpunkt dort nie gewachsen sein. Da diese Feststellung dem wissenschaftlichen Modell entspricht, werden ganz einfach mehrere Kontinentalverschiebungen hintereinander als ewiglich andauernder Kreislauf von Kontinentalverschiebung und anschließender Vereinigung zu Superkontinenten propagiert. Die Konsequenz wäre, dass sich Grönland zu irgendeinem Zeitpunkt vor einer früheren Kontinentalverschiebung in Äquatorlage befunden haben kann oder, besser gesagt, muss, denn ansonsten kann man die Korallenbänke nicht erklären. Die Ozeanböden geben hierauf allerdings keinen Hinweis, denn sie sind ja nur 180 Millionen Jahre alt.

Aus logischen Überlegungen heraus frage ich, ob die von Wegener propagierte Kontinentalverschiebung als ewig andauernder Kreislauf realistisch erscheint. Allerdings lagen zwischen der uns bekannten und der davor theoretisch ermittelten Kontinentalverschiebung angeblich mehrere Hundert Millionen Jahre der Ruhe. Entweder gibt es einen *permanent* ablaufenden Prozess oder eben nicht, denn ansonsten entspricht die lyellistisch-darwinsche Gleichförmigkeitstheorie mit langsamen, gleichmäßigen Prozessen nicht der Wirklichkeit.

Mehrere Kontinentalverschiebungen nacheinander sind ein rein theoretisches Modell, das aus falsch interpretierten Messergebnissen gefolgert wurde, denn es gibt ja keine Ozeanböden mehr, die *vor den heutigen* existierten. Aber bleiben wir beim Problem des Auseinanderdriftens der Kontinente im späten Erdmittelalter. Afrika und Südamerika trennten sich laut Drifttheorie erst vor ungefähr 125 Millionen Jahren. Die Behauptung, dass die Küstenlinien dieser beiden Erdteile aneinanderpassen, stimmt nicht exakt. Es ist eher so, dass die unter der Meeresoberfläche liegenden Schelfe genau an den Mittelatlantischen Rücken passen. Von diesem Ursprungsort sollen Afrika und Südamerika dann wie auf einem Förderband auseinandergeschoben worden sein. Die entscheidende Frage ist, ob dieser Vorgang schnell oder langsam vor sich ging. Falls die Kontinente sich, ausgehend von den mittelozeanischen Rücken, langsam voneinander entfernen, ergeben sich zwingende Fragen. Im Bereich der mittelozeanischen Rücken entsteht ja angeblich aus der glutflüssigen Lava andauernd neuer Ozeanboden, der erkaltet und nach beiden Seiten wie auf einem Förderband wegtransportiert wird. Daraus folgt, dass der Ozeanboden entlang dem ozeanischen Rücken jung und mit zunehmender Entfernung von diesem immer älter sein muss.

Betrachtet man die bereits angesprochene digitale Alterskarte der Ozeanböden im Atlantik, scheint sich die Vorstellung der Plattentektonik ungefähr zu bestätigen, denn der Ozeanboden wird vom Mittelatlantischen Rücken ausgehend immer älter. Betrachtet man jetzt aber den Pazifik im Bereich des Ostpazifischen Rückens (Bild 18), dann ergibt sich ein differenziertes Bild. Der östliche Teil des Pazifiks ist mit 60 Millionen Jahren verhältnismäßig jung und relativ gleichmäßig alt, ohne dicht aufeinanderfolgende magnetische Streifen wie im atlantischen Ozeanboden. Damit wird aber auch klar, dass der Ostteil des Pazifiks zu Lebzeiten der Dinosaurier gar nicht existierte, ebenso wenig wie der mittlere Bereich des Atlantiks, große Bereiche zwischen Australien und der Antarktis sowie weite Bereiche im Indischen Ozean – vergleiche Abb. 95 (S. 211).

Entfernt man diese Bereiche, dann lagen die Kontinente, falls man einen bis heutzutage konstanten Erddurchmesser und damit Erdoberfläche voraussetzt, am Ende der Dinosaurier-Ära dichter zusammen. Die scheinbar ketzerisch anmutende Alternative wäre, man denkt sich die nach der Dinosaurier-Ära entstandenen Ozeanböden ganz einfach als damals nicht existent, so dass in der Kreidezeit vor über 65 Millionen Jahren die Kontinente enger zusammenlagen. Reduziert man diese höchstens 65 Millionen Jahre alten Ozeanböden komplett, würde die restliche Erdoberfläche eine Erde mit nicht unerheblich geringerem Durchmesser als heutzutage vollflächig überdecken. Derart hätten bestimmte Dinosaurier-Arten zu dieser Zeit einfacher von Kontinent zu Kontinent wandern können bei geringerer Gravitation aufgrund des kleineren Erddurchmessers, konventionell gedacht ...

Kleinere Ur-Erde?

Zu den ersten bedeutenden Forschungsberichten im Sinne der Expansionshypothese gehörte die Studie des Deutschen B. Lindemann aus dem Jahr 1927. Und im Jahre 1933 trug der deutsche Geophysiker Otto Hilgenberg eine Theorie vor, die davon ausgeht, dass die Erdkugel vor angeblich über 100 Millionen Jahren spürbar im Volumen zunahm – tatsächlich zu Lebzeiten der Dinosaurier oder am Ende dieser Ära? Dieser Prozess soll ununterbrochen, also auch noch heutzutage andauern. Durch diesen Prozess teilte sich die Kontinentalkruste in mehrere Kontinente, und die Ozeane zwischen ihnen wurden jungfräulich gebildet.

Der als Journalist tätige sowjetische Geologe Wladimir Abramowitsch Drujanow (1984, S. 69) schreibt: »Schließlich bieten auch die Astronomen ihre Unterstützung an. Mittels Atomuhren stellten sie fest, dass sich einige der in Europa verteilten Zeitstationen nach Osten bewegen und andere nach Westen. Die einfachste Erklärung dafür ist die Expansion der Erde.«

Nachdem verschiedene Wissenschaftler, wie die sowjetischen Geologen V. M. Bukanovskij und M. M. Tetjaev 1934 sowie der ungarische Geophysiker L. Egyed (1957), mit großer Resonanz die Expansionshypothese unterstützt hatten, wurde diese in den Sechzigerjahren von der nach langem Dornröschenschlaf erwachenden Theorie der Kontinentaldrift abgelöst, da die Geologen plötzlich vor der Frage nach der Entstehung der Ozeane standen. Denn die Ozeanböden sind, wie schon dargestellt, relativ jung und können nicht langsam seit mehreren Hundert Millionen Jahren mit der Erde expandiert sein, wenn man eine *gleichförmige Entwicklung der Erde* zugrunde legt.

Die Expansionshypothese wurde durch den australischen Geologen S. W. Carey (1976) zwischenzeitlich jedoch wieder in die Diskussion gebracht, unterstützt durch E. E. Milanovsky (1983), da die Spreizungszonen in den Ozeanböden zwischen den Kontinentalsockeln zwar einerseits anerkannt werden, die umstrittenen Subduktionszonen jedoch abgelehnt werden, weil sie unter der Voraussetzung, dass die Erde expandiert, auch gar nicht nötig sind.

Sehen wir uns die Erdexpansion etwas näher an. Die erste Phase der Expansion endete zu dem Zeitpunkt als die Erde noch *komplett* umschlossen war durch eine Erdkruste, deren Dicke den heutigen Kontinentalsockeln entspricht, bevor eine Expansion erfolgte. Zu diesem Zeitpunkt repräsentierte die Oberfläche aller Kontinente, einschließlich der heutzutage flach unter Wasser liegenden Schelfgebiete, einen zusammenhängenden Urkontinent Pangaea, der eine kleinere Erde komplett umschloss, die Pangaea-Erde. Da es keine Ozeane zwischen Kontinenten gab, existierten auch keine Ozeanböden.

Der Durchmesser dieser kleineren Pangaea-Erde betrug rechnerisch etwas mehr als 60 Prozent des heutigen, unter Berücksichtigung eines gewissen Spiels beim Aneinanderpassen von Kontinentalschelfen etwa 65 Prozent. Mit anderen Worten, man kann *alle* heutigen Kontinente auf dieser kleineren Erdkugel als komplett umhüllende Kruste platzieren. Es fehlt keine aktuell vorhandene größere Landmasse auf dieser Ur-Erde. Die Plattentektonik-Hypothese geht auch von einem zusammenhängenden Ur-Kontinent aus, genannt Pangaea. Diese Landmasse bildete quasi eine Insel in einem die restliche Erdkugel umhüllenden Ur-Ozean. Dieser muss rein gedanklich postuliert werden, da von einer Erde ausgegangen wird, die ungefähr gleich groß war, wie diese auch heute erscheint. Von dem postulierten Ur-Ozean ist jedoch keine Spur vorhanden, da *alle* heutigen Ozeanböden mit etwa 180 Millionen Jahren gemäß geologischer Zeitskala quasi jung sind und erst mit dem Auseinanderbrechen des Ur-Kontinents Pangaea entstanden sein sollen (Bild 18). Ein sehr unwahrscheinliches Szenario, da keine noch älteren Ozeankrustenteile erhalten blieben.

Betrachten wir jetzt die ursprüngliche Pangaea-Erde, die durch ansteigende Druckentlastung von innen nach außen ständig in das Weltall hinaus anwächst, analog der vom Erdkern bis hin zur Erdoberfläche immer geringer werdenden Massedichten und den sich daraus physikalisch ergebenden Volumenvergrößerungen, ohne Erhöhung der Erdmasse. Diese vollzogen sich früher schneller und in größerem Umfang, da die Ur-Erde einen nicht unterteilten primitiven Erdmantel oberhalb des Erdkerns aufwies. Infolge Druckentlastung in Richtung nach außen, also zum Weltraum hin, bildete sich aus dem Erdkern heraus neue Materie, wodurch der Erdmantel anzuwachsen begann. Mit diesem Prozess erfolgte eine weitere Differenzierung des primitiven Erdmantels mit Ausbildung entsprechender Phasengrenzen. Im konventionellen Modell bilden diese, alternativ interpretiert, Unstetigkeitszonen in Bezug auf die chemische Zusammensetzung. Jedoch sind diese Phasengrenzen quasi Bereiche *mit Sprüngen in Bezug auf die mittlere Dichte der Massen im Erdinneren*, da das Dichtegefälle der Massen im Erdinneren, also vom Erdkern zur damaligen Planetenoberfläche hin, wesentlich größer war. Dies wird plausibel, falls man einen damalig kleineren Erddurchmesser zugrunde legt. Heutzutage soll die Mittlere Dichte 11,0 g/cm³ im Erdkern,

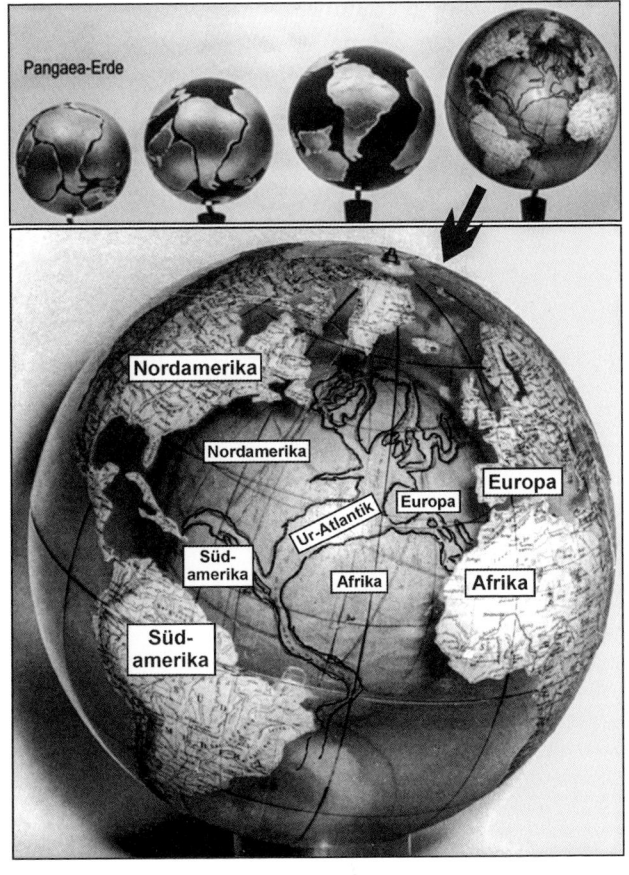

Abb. 85: **EXPANSIONSPHASEN**. Die 1933 von Ott C. Hilgenberg (TU Berlin) entwickelten und von Professor Giancarlo Scalera am Nationalinstitut für Geophysik und Vulkanologie in Rom, Italien, 2001 rekonstruierten Paläo-Globen. Bild oben: Von links nach rechts ist dargestellt die Pangaea-Erde mit Entwicklungsstufen bis zur heutigen Erde, die als ein von Klaus Vogel gebauter gläserner Globus die heutige Erde als äußere Schale und eine kleinere Ur-Erde im Inneren darstellt. Die Kontinente entfernen sich voneinander, bleiben aber ortsfest, trotz möglicher kleinerer Verschiebungen und/oder Verdrehungen aufgrund nicht exakt gleichmäßiger Volumenvergrößerung. Bild unten: Vergrößerung des gläsernen Globus.

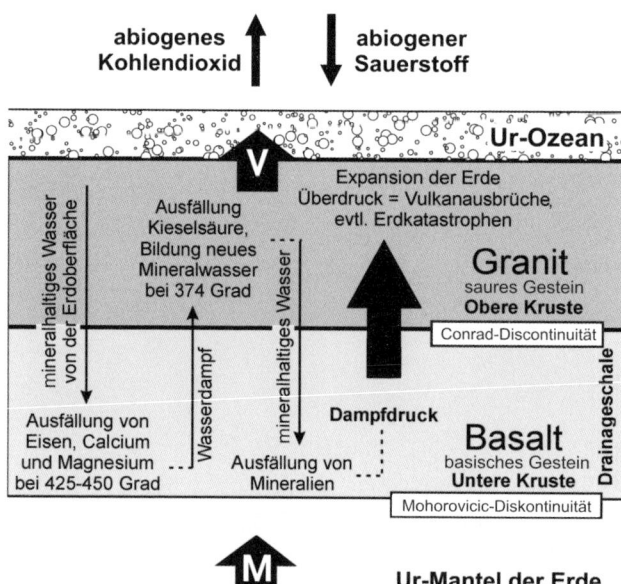

Abb. 86: **DIE ALLMEER-ERDE.** In einer Entwicklungsphase besaß eine Ur-Erde nur eine untere Kruste, über der sich die obere Kruste gemäß dem dargestellten Kreislauf chemisch durch Ausfällung von Mineralien kontinuierlich bildete. Die aus dem Ur-Mantel aufwärts migrierenden Kohlenwasserstoffe, vor allem Methan (M), werden durch den – wie u. a. beim Planeten Merkur – abiogen, also anorganisch gebildeten Sauerstoff oxidiert, und es entstehen abiogen Kohlendioxid sowie Wasser, das sich in und über der oberen Kruste sammelt. Bei der Ur-Erde gab es kleine Gasvulkane (V), aus denen Methan oder bereits in oxidierter Form Kohlendioxid aus der oberen Kruste herausschoss. Derartige Szenarien werden heutzutage für den Mars vermutet, da entsprechende Strukturen auf der Marsoberfläche dokumentiert wurden.

4,5 g/cm³ für den Erdmantel und nur 2,8 g/cm³ für die Erdkruste betragen. Deshalb expandiert die Erde derzeit nur noch in geringerem Maß.

Sehen wir uns die Pangaea-Erde genauer an. Diese wurde durch eine die ganze Erde umhüllende Kontinental-Kruste – ohne Ozeane – umschlossen. Wasser gab es schon damals, aber dieses war auf bzw. über der Oberfläche der Erdkruste verteilt. In den seichten Meeresgebieten dieser »Schelf-Kugel« lebten Dinosaurier, ob Fleisch oder Pflanzen fressende.

Wasserplaneten sollen im Universum häufig zu finden sein, und womöglich wurden zahlreiche noch nicht entdeckt, behaupten Forscher um Alain Léger vom *Institut d'Astrophysique Spatiale* in Frankreich. Im Jahr 2003 beschäftigte sich die Europäische Weltraumbehörde ESA mit der Frage, auf welche Art und Weise sich Wasserplaneten bilden können.

Betrachten wir jetzt die die Erde komplett umhüllende Kontinental-Kruste der im Verhältnis zu heute etwa ein Drittel kleineren Erdkugel, dann wies die Kruste eine Krümmung auf, die entsprechend des geringeren Erddurchmessers wesentlich mehr gekrümmt war, als es bei dem heutigen größeren Erddurchmesser der Fall wäre. Als die Pangaea-Erde weiter expandierte, ereignete sich eine Krustensprengung (Hilgenberg, 1933, S. 35 ff.).

Beim Auseinanderbrechen der kugelschaligen oberen Kruste besitzt diese noch immer die stärkere Krümmung der Pangaea-Erde und wird isostatisch von der unteren Kruste getragen. In der Folge hebt sich die Schollenmitte eines Krustenstücks über die untere Kruste, während die Schollenränder tiefer einsinken, bis es aufgrund von Gewichts-, Scher- und Auftriebskräften zum Bruch der Scholle etwa in der Mitte der Platte kommt, während am linken, entgegen der Erddrehung westwärts gerichteten Schollenende Falten- und damit Gebirgsbildung an der *Oberseite* der Scholle entsteht. Hingegen bildet sich, allein aus statischen Gründen, am entgegengesetzt östlichen Ende der Scholle Spaltenbildung infolge von Scherung auf der *Unterseite*. In Schollenmitte bildet sich gleichzeitig ein Riss, da die auftretenden Zugkräfte durch das spröd-harte Gestein nicht aufgenommen werden können, bis schließlich diese ursprüngliche Großscholle in der Mitte auseinanderbricht. Dort entstehen zwei sich gegenüberliegende Ränder der zerteilten ehemalig größeren Scholle. Die Folge ist, dass die ehemalige Schollenmitte bzw. die beiden Ränder der neu gebildeten Teilschollen isostatisch in den Untergrund absinken, während der westliche Rand der jeweiligen ehemaligen Großscholle sich isostatisch, verstärkt durch die Erddrehung, relativ schnell in die Höhe hebt, mitsamt allem, was sich auf dem Rand der Scholle befand, samt Tieren wie Dinosauriern, Korallen oder auch von Menschen errichteten Gebäuden; vorausgesetzt, diese Erdkrustensprengung vollzog sich nicht vor zig Millionen Jahren, sondern vor wenigen Tausend Jahren. In der ehemaligen Schollenmitte hingegen entstehen Staffel-, Graben- und Kesselbrüche,

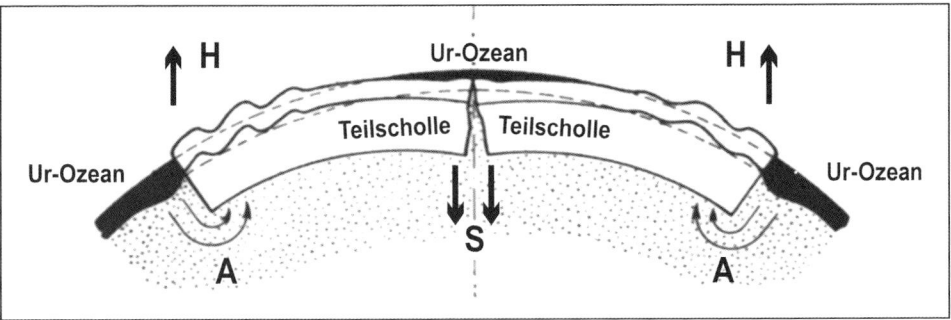

Abb. 87: **SCHNELLE HEBUNG**. Nach einer Expansion der Erde erfolgt ein Festigkeitsbruch der Scholle in deren Mitte. Infolge der dortigen, statisch bedingten Absenkung der neu entstandenen Teilschollen werden die Entstehung eines Ur-Ozeans infolge Senkung der Teilschollen sowie die isostatische Hebung des Plattenrandes (H) ermöglicht. An den Schollenrändern der alten größeren Scholle werden außerdem Faltungen erzeugt, und es entsteht eine Tiefseerinne am Rande der Scholle infolge »Verfüllung« des unter dem Schollenrand entstandenen Hohlraums (A) infolge der Hebung am Schollenrand – unter Berücksichtigung der Erdexpansion und der analog einer kleineren Erde stärker vorgekrümmten Scholle. Nach O. C. Hilgenberg (1933).

wie diese nicht nur, aber insbesondere besonders deutlich im Westen Nordamerikas ausgebildet sind.

Deshalb liegen hohe Gebirge hauptsächlich parallel zu den mittelozeanischen Rücken, also den Bruchkanten der Ur-Scholle, wie etwa die in Nord-Süd-Richtung ausgerichteten Anden und die Rocky Mountains in Amerika oder der Himalaja in Ost-West-Richtung. Durch den Bruch der Ur-Scholle wurden damalige Küstenstädte und dort lebende Menschen und Tiere mehrere Kilometer in die Höhe verfrachtet. Die Gebirge entstanden also, in erdgeschichtlichem Zeitmaßstab gemessen, relativ schnell und nicht langsam, und so wurden die aufgefundenen großen Schiffsanker aus Stein in 4000 Metern Höhe mit dem Wachsen des Ararat (Türkei) in die Höhe gehoben, genauso wie das früher viel tiefer gelegene Tiahuanaco in den Anden.

Ist so auch das Rätsel der tiefgefrorenen Inka-Mumien zu erklären? In den argentinischen Anden fand eine Expedition der National Geographic Society Anfang April 1999 in 6279 Metern Höhe die am besten erhaltenen Mumien aller Zeiten. Sämtliche Organe stellten sich bei computertomografischen Analysen als intakt heraus, es scheint sich sogar noch Blut im Herzen und in der Lunge zu befinden. Der amerikanische Archäologe Johann Reinhard bestätigte eine plötzliche Todesursache, glaubt jedoch an einen Blitzschlag. Warum sind diese Menschen dann aber erfroren?

Ebenfalls gefundene Statuetten aus Gold und Silber, Gewebe, Mokassins und Keramiken wurden als Grabbeigaben deklariert. Gibt es Parallelen zu den Hockergräbern und den plötzlich schockgefrorenen Mammuts? Wie bereits beschrieben, wurden die Anden während des Kataklysmus plötzlich mit einer Eishaube versehen. Andererseits erhoben sich die Anden schnell in die Höhe. Handelt es sich also nicht um Gräber samt Beigaben, wohingegen auch das Blut im Körper spricht, sondern um Opfer einer kataklysmischen Katastrophe? Die angeblichen Grabbeigaben könnte man ganz einfach als zusammengeraffte Habseligkeiten ansehen.

Fast wasserleere Ozeane

Gleichzeitig mit der Hebung der Randbereiche entstanden breite Gräben zwischen der aufgesprengten, ehemals zusammenhängenden Pangaea-Erdkruste. In diese Zwischenräume lief das Wasser der ursprünglichen Wasserschale. Aus diesem Szenario ergibt sich mit einzigartiger geophysikalischer Klarheit: Alle Kontinentalsockel als höhere Stufe bilden weltweit eine scharfe Grenze und reichen in *gleicher Höhe* aus den Ozeanböden heraus. Deshalb können die die Kontinentalschollen auch wie ein Puzzle aneinandergefügt werden. Die Tiefsee als tiefere Stufe weist in allen Ozeanen die *gleiche Tiefenverteilung* auf. Ausschließlich mit einer expandierenden Erde lässt sich die Verteilung und geometrische Struktur der heutigen Kontinente und der Ozeane als weltweit zu beobachtender struktureller Besonderheit hinreichend erklären.

Der kontinentale Schelf ist der untergetauchte Festlandsockel und zeigt ähnliche topografische und geologische Verhältnisse wie das angrenzende Festland. Die nordamerikanische Küste erweckt ebenso den Eindruck einer versunkenen Küste, wurde also wohl irgendwann überflutet. Die Schelfkante, der äußerste Rand des Kontinentalschelfs, liegt 10 bis 500 Meter (im Durchschnitt 200 Meter) tief unter dem Meeresspiegel der Ozeane. An dieser relativ geraden Schelfkante fällt der Kontinentalsockel mehrere Kilometer tief sehr steil ab mit einem Neigungsverhältnis steiler als 1 : 40. Jedoch durchschneiden zahlreiche Canyons den flach liegenden Kontinentalschelf und auch den steil abfallenden Kontinentalabhang. Und diese von Flüssen gebildeten Täler »durchschneiden die Fußregion und dienen als Kanäle für den weiteren Sedimenttransport in ein Tiefseebecken« (Turekian, 1985, S. 6).

Dass diese Täler bis zur Fußregion der Ozeane reichen, muss fett unterstrichen werden, da dies beweist, dass die Ozeanbecken früher einmal fast ohne Wasser frei lagen. Grundlage hierfür bildet die plötzliche Krustensprengung der Pangaea-Erde, da in der Folge die aufgesprengten Kontinentalschollen-Ränder frei lagen, bevor sich die späteren Ozeanbecken mit Wasser füllten (Abb. 88). Das derzeitig favorisierte Geophysik-Modell kann die nachgewiesene Existenz untermeerischer Canyons nicht erklären.

So setzt sich die fjordähnliche Mündung des Kongo in Westafrika über 100 Kilometer unter der Meeresoberfläche bis zu 800 Meter tief fort (Abb. 88). Der Hudson weist eine 800 Meter hohe Rinne auf und beginnt in der Nähe der Küste zwischen den US-Bundesstaaten New Jersey und Long Island hinter der heutigen Mündung des Hudson River in einer 20 bis 40 Meter tiefen Senke, schneidet dann den Kontinentalschelf seewärts 160 Kilometer lang bis hin zum Rand des Kontinentalsockels ein und erreicht dort eine Tiefe von über einem Kilometer bei einer Breite des

Canyon-Bodens von 500 Metern. Der Hudson Canyon setzt sich im Abhang des Kontinentalsockels bis in eine Tiefe von über weit über drei Kilometern bis zum Tiefseebecken hin fort. Dort ist der Canyons etwa 2,2 Kilometer tief und an dessen Boden 900 Meter breit. Von derartigen Canyons, die den Kontinentalabhang einschneiden, gibt es weltweit mehrere (Internetlink 4).

Die alten Mündungskanäle großer Flüsse liegen bis zu über 2 Kilometer tief unter der heutigen Meeresoberfläche. Es gibt Unterwasser-Canyons, die mehrfach so lang wie und gleichzeitig tiefer als der Grand Canyon sind. Außerdem besitzen sie eine *V-Form*, wurden also durch einen Fluss in den Untergrund *gefräst*. Die heutige Fließgeschwindigkeit in diesen Unterwassertälern ist zu gering, um diese Erosion zu verursachen. Anderseits können diese Canyons auch *nicht* durch hangabwärts rasende unterseeische Lawinen mit aufgewirbelten Sedimenten – sogenannte *Trübeströme* (Ericson/Heezen, 1951, S. 961) – verursacht werden, da in diesem Fall eine *U-Form und nicht eine V-Form* entstünde. Damit ist nicht gesagt, dass es nicht Trübeströme mit sogar großflächigen Unterwasser-Hangrutschen an Kontinentalabhängen gegeben hat und auch noch heute gibt.

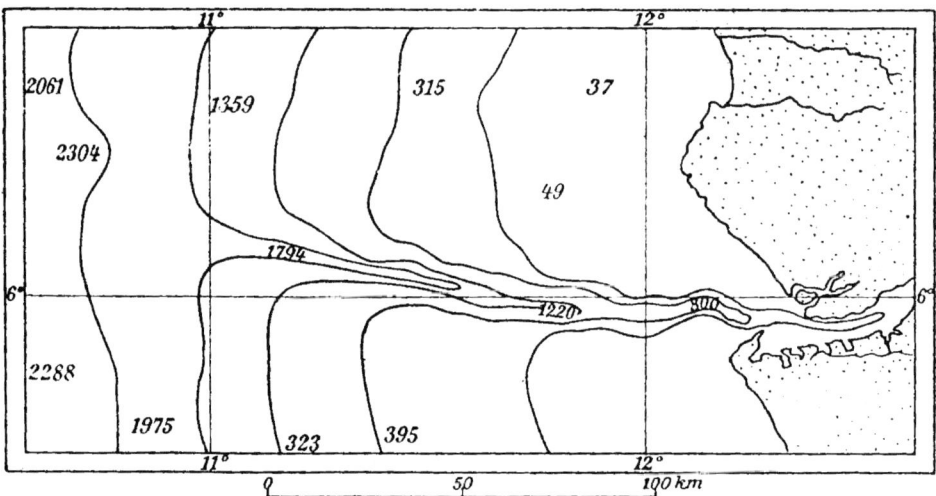

Abb. 88: **KONGORINNE.** Die Tiefenkurven des Ozeanbodens an der Kongomündung in Westafrika beweisen, dass der urzeitliche Fluss mindestens 180 Kilometer weiter westwärts bis in eine Tiefe von 2000 Metern unter dem heutigen Meeresspiegel verlief. »Der Fluss kann diese Rinne natürlich nicht im Meer selbst ausgefurcht, sondern nur im Zusammenhang mit seinem jetzigen obermeerischen Tal ausgearbeitet haben«, bestätigt Dacqué. Das heutige afrikanische Festland ist punktiert dargestellt. Aus Dacqué (1930) nach Kapfer (1921).

Aus diesen Gründen kann die Ursache für derartige Unterwasser-Canyons auch nicht im Walten der letzten Eiszeit gesehen werden, als der Ozeanspiegel mindestens 120 Meter niedriger lag als heutzutage und die Küstenlinie sich im Bereich des Hudson Canyons 160 Kilometer weiter seewärts am Kontinentalabhang befand, wie wissenschaftlich begründet wird (Butman, et al., 2006), denn der Canyon im Kontinentalabhang lag *auch zu dieser Zeit* unter dem damaligen Wasserspiel der Ozeane.

Die Existenz der unterozeanischen Canyons eröffnet eine schwerwiegende Frage, denn irgendwann müssen Ströme diese bis zu mehrere Kilometer unter die Meeresoberfläche, ja sogar bis zur Fußregion reichenden Täler erodiert haben. Mit anderen Worten: Zu einem bestimmten Zeitpunkt lag der Kontinentalabhang nicht unter der Wasseroberfläche, sondern muss frei gelegen haben. Der Wasserspiegel

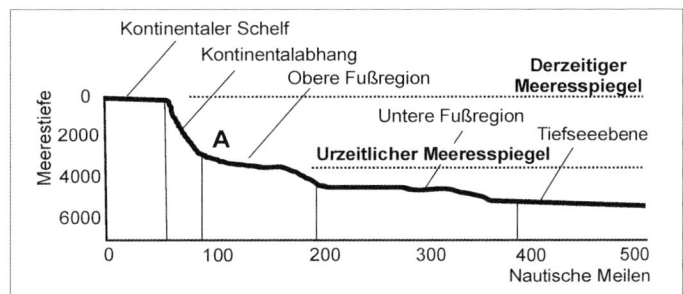

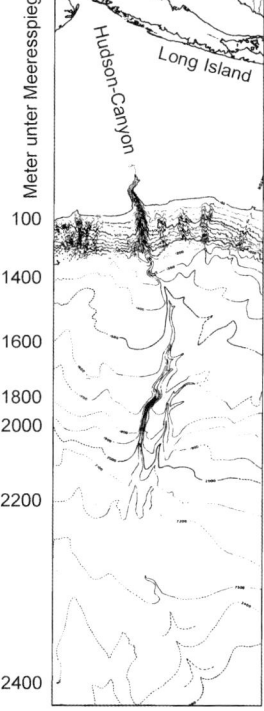

Abb. 89: **HUDSON CANYON.** Oberes Bild: Viele in den kontinentalen Schelf eingeschnittene Canyons wie der Hudson Canyon setzen sich im Kontinentalhang fort und durchschneiden die Fußregion. Die Tiefsee-Ebene besitzt dagegen nur ein schwaches Relief. In vielen Gegenden ist die Fußregion des Kontinentalabhangs durch den früheren Antransport der Sedimente durch die urzeitlichen Flüsse aufgeschüttet (A). Zu diesem Zeitpunkt lag der urzeitliche Meeresspiegel mehrere Kilometer unterhalb des kontinentalen Schelfs. Bild links unten: Die Höhenlinien der Reliefkarte (»Geological Society of America«) nach Echolotmessungen in den Jahren von 1949 bis 1950 zeigen bis in den Bereich der kontinentalen Fußregion einen deutlichen Geländeeinschnitt bis in große Tiefen (vgl. Turekian, 1985). Bild Mitte rechts: Der Kontinentalabhang lag in der Vergangenheit frei, bzw. der Meeresspiegel des Atlantiks befand sich mehrere Kilometer tiefer unter dem aktuell zu beobachtenden. Satellitenmessungen zeigen einen durch urzeitliche Flüsse zerfurchten Kontinentalabhang, der an ein erodiertes Gebirge erinnert. Bild rechts unten: Der Hudson Canyon (NOAA-Webseite).

der Ozeane lag bis zu mehrere Kilometern unter dem heutigen! Demzufolge müssen die Kontinentalschilde insgesamt hoch herausragende »Inseln« mit

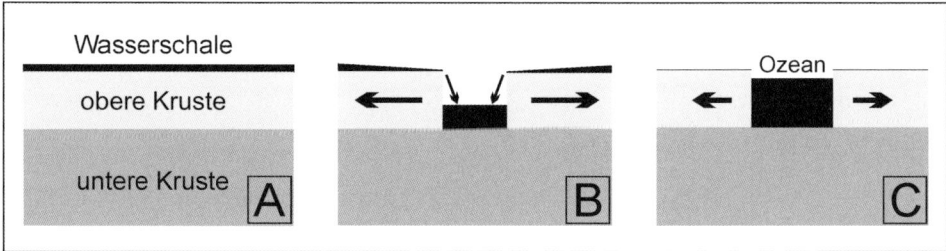

Abb. 90: **OZEAN-BILDUNG**. Bild »A« stellt den ursprünglichen Zustand der kleineren Pangaea-Erde mit einer Wasserschale dar. Mit der Vergrößerung des Erddurchmessers wurde die obere Erdkruste gesprengt und es entstanden Ur-Kontinente mit dazwischen entstehenden freien Zwischenräumen (Bild »B«), in die das Wasser der ursprünglichen Wasserschale ablief. Bild »C« stellt schematisch die heutige Situation bei vergrößertem Erddurchmesser dar.

einer hohen *Steilküste* gewesen sein, von der die Flüsse als eine Art Wasserfall oder *kaskadenartig* herabstürzten.

Da sich der Hudson Canyon von der Küste 160 Kilometer bis zum Rand des Kontinentalsockels und darüber hinaus noch weit in den Ozean bis hinunter zum Tiefseebecken erstreckt, stellte Professor M. Ewing (1949) von der Columbia University aufgrund einer Atlantikexpedition fest (»National Geographic Magazine«, November 1949): »Wenn dieses ganze Tal ursprünglich vom Fluss auf dem Festland ausgeschürft wurde, wie es den Anschein hat, so bedeutet das entweder, dass der Meeresboden der Ostküste Nordamerikas einst ungefähr 3,2 Kilometer unter seiner heutigen Höhe lag und seither untergetaucht sein muss – oder dass der Meeresspiegel einmal 3,2 Kilometer oder mehr tiefer lag.«

Diese Feststellung einer wissenschaftlichen Kapazität sollte man ganz genau lesen, denn sie ist mit unserem schulwissenschaftlichen Weltbild überhaupt nicht vereinbar. Als Beweis wurde vorgeschichtlicher Strandsand aus einer Tiefe von über drei und über fünf Kilometern »von Stellen heraufgebracht, die weit weg von heutigen Stränden liegen«. Auf dem Boden der Ozeane herrscht relative Ruhe, sodass die erodierende Wirkung der Meereswellen fehlt. Grobkörniger Sand ist daher kein Kennzeichen eines Ozeanbodens, sondern gehört zum Festland und zu den Kontinentalsockeln. Andererseits fehlen mächtige Sedimente zu beiden Seiten des Mittelatlantischen Rückens, woraus man auf ein junges Alter der Ozeanböden schließen kann. Zugleich sind in manchen Bereichen an den Flanken des Mittelatlantischen Rückens die Sedimentschichten mehrere Kilometer mächtig.

Mit dem Szenario der Erdexpansion und Krustensprengung wurde eine plausible Erklärung für die zuvor beschriebenen Gegebenheiten gefunden, mit der dieses anscheinend unglaubliche Szenario qualitativ richtig beschrieben werden kann. Natürlich liegen die Verhältnisse, global gesehen, teilweise etwas komplizierter, da die Erdexpansion nicht komplett gleichmäßig erfolgt, aufgrund des nicht ideal durchmischten Mantels, also unterschiedlichen Dichteverhältnissen, wie auch die teils nicht immer komplett ausgebildeten Diskontinuitäten als Unstetigkeitsflächen im Erdinneren sowie vom Erdkern aufsteigende Diapire oder Bereiche mit leichteren Materiebereichen im Erdmantel zeigen.

Vielleicht ist der Erdkern auch nicht kugelrund, sondern hat eine Beule? So suchten Forscher in den Aufzeichnungen von Hunderten Erdbeben nach seismischen Wellen. Dabei fiel ihnen auf, dass jene Wellen, die das Erdinnerste in Nord-Süd-Richtung, also entlang der Erdachse, durchlaufen, sich etwas schneller ausbreiten als jene Wellen, die den inneren Kern in ostwestlicher Richtung durchkreuzen (Frost et al., 2021). Dies würde auf eine ungleichmäßige Expansion der Erde hindeuten.

Tatsächlich wurde in einer Tiefe von 800 Kilometern unter der Erdoberfläche eine große Struktur mit einem Durchmesser von 130 Kilometern und einer Höhe von 600 Kilometern entdeckt – vergleiche qualitativ Abbildung 83 auf Seite 177. Die Wissenschaftler glauben, »dass es sich möglicherweise um eine alte subduzierte Platte handelt, sind sich jedoch nicht sicher, wie sie sich bewegt« (Tibulec, 1999). Diese Forscher glauben also, dass der beschriebene Brocken aus der sogenannten Subduktionszone im Erdmantel stammt! Natürlich muss man dies so annehmen, denn im Sinne der Plattentektonik-Theorie gibt es keinen alternativ denkbaren Antrieb, der solch einen großen, jedoch für ein Absinken zu leichten Riesenbrocken durch dichteres Material in die Tiefe zu befördern in der Lage sein könnte.

Außerdem kann ein solch riesiger 130 Kilometer mächtiger Brocken Ozeankruste (?), die heutzutage nur acht Kilometer mächtig ist, kaum eine Spreizungszone passiert haben. Verschluckt sich – bildlich gesprochen – die Subduktionszone nicht an diesem Riesenhappen? Alternativ könnte nur ein kataklysmisches Ereignis dafür gesorgt haben, große Brocken von der Erdoberfläche in die Tiefe zu versenken.

Jedoch, im Sinne der Expansionstheorie, stammt dieser Brocken als Ablösungsbereich aus der D"-Schicht (Abb. 83, S.177), die ja aus leichtem

Material analog zur Erdkruste besteht und steigt infolge Druckentlastung hin Richtung Erdoberfläche auf.

Wenige Jahre später wurden von Wissenschaftlern der *Universität von Kalifornien* durch Erdbebenwellen ähnliche Strukturen sogar in 2900 Kilometern Tiefe, also im unteren Mantel an der Kern-Mantel-Grenze entdeckt (Hutko, 2006).

Seit langer Zeit herrscht unter den Geowissenschaftlern Streit darüber, ob ozeanische Kruste, die an den sogenannten Subduktionszonen in den Erdmantel abtaucht, nur etwa 660 Kilometer tief bis zur Grenze zwischen oberem und unterem Erdmantel und nicht tiefer gelangen kann. Die Konvektionsströmungen, die die tektonischen Platten antreiben sollen, würden demnach nur den oberen Erdmantel durchmischen. Andere Forscher nehmen an, dass der Erdmantel als Ganzes umgewälzt wird und dass die ozeanische Kruste bis an die Grenze des Erdkerns sinkt, wie andere Studien zu belegen scheinen.

Die Alternative wäre, dass es keine Konvektionswalzen gibt, sondern einen vom äußeren Erdkern ausgehend von innen nach außen inhomogen durchströmten Erdmantel. Wie schon anhand mechanisch-statischer Gesetzmäßigkeiten nachgewiesen wurde, kann leichtere Ozeankruste nicht in den dichteren Untergrund absinken. Das gegenteilige Szenario wäre maßgebend: Leichteres müsste sozusagen Richtung Erdoberfläche aufschwimmen. Für diesen Fall werden auch keine Konvektionswalzen benötigt. Aber auch eine Expansionsrate der Erde würde demzufolge nicht über die ganze Oberfläche der Erde hinweg für ein weltweit gleichmäßiges Anwachsen der Erdoberfläche sorgen.

4 Himmlisches Chaos und die Folgen

Alte Überlieferungen bezeugen weltweit Planetenannäherungen in unserem Sonnensystem, die sich unter Zugrundelegung der Gravitationshypothesen von Newton und Einstein nicht ereignen können. Aber im Gegensatz hierzu sind Änderungen der Umlaufbahnen von Planeten und anderen Himmelskörpern in einem elektrisch und eben nicht gravitativ wirkenden Sonnensystem gemäß dem Coulomb-Gesetz möglich. Derart wirken auch zusätzliche bzw. stärkere Kräfte auf die Planeten ein, weshalb auch elektrische Entladungen zur Umformung als auch Strukturbildung der Landschaft und der Selbstorganisation in Energiefeldern führen können, wobei sich – darauf weisen experimentell erzeugte Strukturen hin – die mineralischen Komponenten der Sedimente in elektromagnetischen Feldern in der Erde zu Mustern formen.

Die antike Himmelskarte

Im Vorderasiatischen Museum auf der Berliner Museumsinsel wird fast unbeachtet von der Öffentlichkeit die älteste Sternenkarte der Menschheit unter der Katalognummer VA/243 aufbewahrt. Sie ist auf einem ungefähr 4500 Jahre alten akkadischen Rollsiegel eingezeichnet. Eigentlich handelt es sich bei diesem Rollsiegel um eine handfeste Sensation, denn es sind alle Planeten unseres Sonnensystems sogar in den richtigen Größenverhältnissen eingezeichnet, auch der sich weit draußen am Rande unseres Sonnensystems befindliche Pluto als ehemals neunter Planet, bevor dieser im Jahr 2006 zu einem Zwergplaneten degradiert wurde.

Woher kannte man vor Tausenden von Jahren alle uns bekannten Planeten des Sonnensystems auch in ihren wahren Größenverhältnissen? Fernrohre

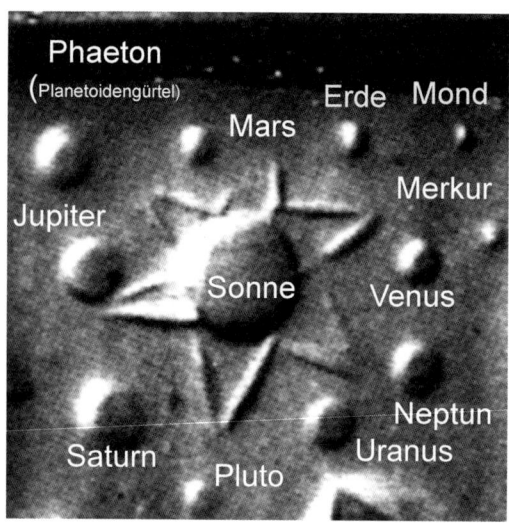

Abb. 91: **VORLÄUFERSYSTEM**. Ein über 4500 Jahre altes akkadisches Siegel zeigt unser Sonnensystem mit einem zusätzlichen Planeten an der Stelle des heutigen Planetoiden-Gürtels. Außerdem ist der ehemals als Planet bezeichnete Pluto in einer anderen Umlaufbahn gezeichnet.

hatte man damals angeblich noch nicht. Noch im Mittelalter, ja selbst in der Renaissance waren lediglich sechs Planeten bekannt, da man nur fünf mit den bloßen Augen sehen kann. Uranus wurde 1781, Neptun 1846 und Pluto sogar erst 1930 entdeckt.

Man hält die Karte für ein Kuriosum, ignoriert diese von offizieller Seite. Warum? Weil ein zusätzlicher Planet in unserem Sonnensystem eingezeichnet ist, den die Sumerer Tiamat und die Griechen Phaeton nannten, und zwar an der Position des Planetoiden-Gürtels zwischen Mars und Jupiter.

Der griechische Philosoph Platon (427–347 v. Chr.) berichtet über eine Geschichte, die der weise Solon einst von Ägypten nach Griechenland mitbrachte. Ein ägyptischer Priester aus Sais, einer großen Stadt im Nildelta, hatte erklärt: »(...) es haben viele Vernichtungen der Menschen stattgefunden (...). Was auch bei euch erzählt wird, dass einst Phaeton, des Helios Sohn – nachdem er des Vaters Wagen bespannt, es aber nicht vermocht hätte, auf des Vaters Wegen zu fahren –, alles auf Erden verbrannt habe und selbst durch einen Blitzschlag getötet worden sei (...) das Wahre davon ist aber die Bahnabweichung der um die Erde am Himmel sich bewegenden Gestirne und die nach langen Zeiträumen durch viel Feuer erfolgende Vernichtung von allem, was sich auf der Erde befindet.« Hier wird eindeutig die apokalyptische Einwirkung von aus der Bahn geratenen Himmelskörpern bestätigt.

Unsere Astronomen suchen immer wieder einen zusätzlichen Planeten in unserem Sonnensystem. Er wurde als »Planet X« bezeichnet, der zehnte Planet, da man die Sonne und unseren Mond nicht mitzählt, im Gegensatz zu früher (der »zwölfte Planet«). Heutzutage ist vom neunten Planeten die Rede, da Pluto seinen Status als Planet per definitionem verloren hat.

Die Entdeckung des ehemaligen Planeten Pluto im Jahr 1930 war kein Zufall. Aus Störungen in den Umlaufbahnen der Planeten Uranus und Neptun schloss man vor der Entdeckung Plutos auf den Einfluss eines zusätzlichen Planeten. Die Entdeckung des kleinen Pluto war also nur eine Frage der Zeit und sozusagen eine Fleißaufgabe. Warum eigentlich, falls die Sonne alles in unserem Universum anstrahlt? Erst 1978 stellte man fest, dass Pluto viel kleiner war, als es die Auswertung der physikalischen Gesetze ergeben hatte. Außerdem besaß dieser Planet einen bis dahin nicht gekannten Mond: Charon. Diese neuen Erkenntnisse lassen auf einen weiteren Planeten in unserem Sonnensystem schließen, da Größe und Masse von Pluto nicht für die gemessenen Bahnstörungen der anderen Planeten ausreichen.

Seit 2006 gibt es mehrere wissenschaftliche Veröffentlichungen über die Existenz von mindestens einem großen Himmelsobjekt auf einer Bahn jenseits des Planeten Neptun (u. a. Marcos/Marcos, 2014). Forscher von der Universität von Kobe in Japan glauben, dass es im äußeren Sonnensystem einen bislang unbekannten Planeten, einen Super-Pluto gibt (Lykawka/Mukai, 2007). Erst seit wenigen Jahren werden die letzten Winkel des Sonnensystems systematisch mit neuen Teleskopen durchkämmt. Die Auswertung von Radialbeschleunigungen, die auf das unser Sonnensystem verlassende Pioneer-10-Raumschiff einwirkten, führte zu physikalischen und orbitalen Eigenschaften eines Himmelskörpers, auf den Pioneer 10 angeblich gestoßen ist. In dieser 1999 erschienenen Studie wird über einen möglichen Ausstoß dieses Himmelskörpers aus dem Sonnensystem aufgrund einer engen Begegnung mit einem großen Planeten spekuliert (Giampieri et al., 1998). Neue, unter dem Titel »Beweise für einen entfernten Riesenplaneten im Sonnensystem« veröffentlichte Untersuchungen scheinen die Existenz eines zusätzlichen Planeten zu bestätigen.

Zumindest wird die zeitweise Existenz eines uns nicht bekannten Planeten in unserem Sonnensystem vermutet und auch eine *Planetenannäherung* für möglich gehalten, wovon prinzipiell schon die alten Sumerer berichten.

Planetenannäherung?

Die mesopotamische Schöpfungsgeschichte schildert das Auseinanderbrechen eines heutzutage nicht mehr vorhandenen Planeten, als Tiamat oder Phaeton bezeichnet. Der größere Teil des ursprünglichen Mutterplaneten irrte anschließend durch das Sonnensystem, bis sich schließlich langsam wieder stabile Planetenbahnen einstellten. Falls ein solches Szenario nicht vor etlichen zig Millionen Jahren, sondern in geschichtlicher Zeit, also erst vor ein paar Tausend Jahren stattfand, müssen unsere Vorfahren entsprechende Vorgänge am Himmel gesehen – und eben auch beschrieben – haben.

Die bereits dargestellten Planetenannäherungen könnten gut mit der Vorstellung der Entladung von elektrischen Kräften und Feldern in Zusammenhang gebracht werden, wodurch riesige Leuchtphänomene und spezielle physikalische Abläufe erzeugt wurden, die wir nur aus Laborversuchen kennen. Von riesigen elektrischen Entladungen und Blitzen wird in allen Mythologien berichtet. Immanuel Velikovsky (1994, S. 99) sieht entsprechende weltweite Zusammenhänge: »Die Erinnerung an diese großen Entladungen interplanetarischer Kräfte hat sich in Überlieferung, Sage und Mythologie aller Völker der Welt erhalten. Der Gott – Zeus bei den Griechen, Odin bei den Isländern, Ukko bei den Finnen, Perun bei den russischen Heiden, Wotan bei den alten Germanen, Mazda bei den Persern, Marduk bei den Babyloniern, Shiwa bei den Hindus – wird mit dem Blitz in der Hand dargestellt und als Gott geschildert, der den Blitz auf die von Wasser und Feuer überwältigte Welt schleudert.«

Ebenso wird von den Überlieferungen der Ureinwohner Westbrasiliens berichtet (Bellamy, 1938, S. 80): »Die Blitze zuckten, und der Donner rollte schrecklich, und alle fürchteten sich. Dann barst der Himmel, und die Trümmer fielen herab und töteten alles und jeden. Himmel und Erde vertauschten ihre Plätze. Nichts, was Leben hatte, wurde übrig gelassen.«

Ein sich der Erde nähernder Himmelskörper wird sehr groß am Himmel zu sehen gewesen sein. Unter dieser Voraussetzung sollten bildliche Darstellungen mit zwei Sonnen bei alten Kulturen zu finden sein. Und gerade im mesopotamischen Raum gibt es auf verschiedenen akkadischen Stelen und Kuderras (Grenzsteine) Abbildungen, die zwei große Sonnen und den Mond zeigen. Die bekannte akkadische Stele des Naram-Sin (2300 v. Chr.) ist im Louvre in Paris ausgestellt und zeigt zwei gleich große Sonnen, und auf einer mittelbabylonischen Kuderra (1100 v. Chr.) sind ebenfalls zwei Sonnen und der Mond abgebildet.

Deshalb ist es nicht verwunderlich, wenn im finnischen Nationalepos »Kalevala« berichtet wird, »dass die Stützen des Himmels nachgaben und dann ein feuriger Funke eine neue Sonne und einen Mond entzündete« (Velikovsky, 1994, S. 102). Falls es keine wirkliche zweite Sonne war, müsste es sich um eine Planetenannäherung gehandelt haben. Die Auswirkungen auf die Erde bei einer Planetenannäherung wären gewaltig, ja kataklysmisch und von einschneidender Konsequenz, auch für die Beschaffenheit der Erde.

Deshalb wird auch die eigentlich unglaubhafte Aussage in der Offenbarung des Johannes verständlich: »Die Sterne des Himmels fielen herab auf die Erde, wie wenn ein Feigenbaum seine Früchte abwirft.« In der Bibel wird in dem Buch Jesaja (24, 18–20) eine kataklysmische Katastrophe bestätigt: »… die Grundfesten der Erde beben. Es wird die Erde mit Krachen zerbrechen, zerbersten und zerfallen. Die Erde wird taumeln wie ein Trunkener und wird hin und her geworfen wie eine schwankende Hütte …«

Ägyptische Texte bestätigen mehrfach und eindeutig, dass »der Süden zum Norden wird und die Erde sich vornüber neigt« oder dass die Sterne im Westen aufhörten zu leben und nun als neue im Osten erschienen. Dies würde voraussetzen, dass die Erdachse sich um mehr als 90 Grad zur senkrecht stehenden Erdachse geneigt hätte. Eine größere Neigung der Erdachse führt auch zu Warmzeiten bzw. ein Trudeln der Erdachse beeinflusst die Länge von Kaltzeiten (Bajo et al., 2020).

Auch in der alten chinesischen Chronik »Schu King« wurden die Lage der Himmelsrichtungen neu bestimmt, die Bewegungen und das Erscheinen von Sonne, Mond und den Tierkreiszeichen neu berechnet und dargestellt sowie die Dauer der Jahreszeiten ermittelt und ein neuer Kalender erstellt. Chinesische Überlieferungen berichten: Die Notwendigkeit, bald nach der Flut die vier Himmelsrichtungen neu zu finden und die Bewegungen der Sonne und des Mondes neu zu ermitteln, die Tierkreiszeichen neu festzusetzen, den Kalender neu zu ordnen und die Bevölkerung Chinas über die Folge der Jahreszeiten zu unterrichten, ruft den Eindruck hervor, dass während der Katastrophe die Umlaufbahn der Erde und damit das Jahr, die Laufbahn des Mondes und dann der Monat sich geändert hatten. Wir erfahren nicht, was diesen Weltumsturz verursachte, aber in den alten Annalen steht geschrieben, dass während der Regierungszeit Yahous ein glänzender Stern aus dem Sternbild Yin auftauchte.

Der griechische Dramatiker Euripides (ca. 485–406 v. Chr.) berichtete in »Elektra« über rückwärts gelenkte Sterne und auch über eine entsprechende Bahnänderung der Sonne. Außerdem schrieb er in »Orestes«: »(…) des Sonnenwagens beflügelte Eile (…) ändernd den westwärts gerichteten Lauf durch das Himmelsgewölbe, dorthin, wo rötlich flammend die Morgendämmerung aufstieg.«

Ein anderer Grieche, der Philosoph Platon (427–347 v. Chr.), schrieb in dem Dialog »Der Staat« über den Wandel im Aufgang und Untergang der Sonne sowie der anderen Himmelskörper. Das Weltall soll sich außerdem in entgegengesetzter Richtung gedreht haben. Von einem Standpunkt auf der Erde bemerkt man, wie gesagt, natürlich die Eigenbewegung unseres Planeten nicht, sondern glaubt vielmehr an eine Bewegung der Sterne und damit des Weltalls.

Auch im Koran wird von den beiden Osten und Westen gesprochen. Der Talmud und andere alte Quellen berichten von Störungen der Sonnenbewegung zur Zeit des Exodus, dem Auszug der Juden aus Ägypten. Und der griechische Geschichtsschreiber Herodot schrieb vor etwa 2500 Jahren in seinem zweiten Buch über Gespräche mit ägyptischen Priestern während seines Besuchs in Ägypten, dass die Sonne viermal entgegengesetzt wie normal aufgegangen sei.

Eine alte Himmelskarte mit der Darstellung der Tierkreiszeichen und anderer Sternbilder fand man an der Decke des Grabes Senmuts, des Baumeisters der Königin Hatschepsut. Das südliche Blickfeld ist in umgekehrter Richtung dargestellt, und das Sternbild des Orion scheint sich nach Osten in der falschen Richtung zu bewegen. Im Großen und Ganzen sind Ost und West sowie Nord und Süd vertauscht. Augenscheinlich stellt das Bild eine Karte dessen dar, wie der Himmel vor der Vertauschung der Pole zu sehen war.

Eine Maya-Inschrift gibt an, dass »ein Planet dicht an der Erde entlangstreifte« (Bellamy, 1938, S. 258). Einerseits sah man in China nachts überhaupt keinen anderen Planeten (Fixstern), andererseits wird aber von einem Beinahe-Zusammenstoß der Erde mit einem anderen Planeten berichtet. Es müssen sich tatsächlich für uns unvorstellbare Ereignisse im Weltall, aber auch auf der Erde abgespielt haben.

Auch die chinesischen Überlieferungen erzählen von Störungen der Planetenbahnen und von kämpfenden Sternen: »Zu dieser Zeit waren die beiden Sonnen zu sehen, wie sie am Himmel miteinander kämpften. Die fünf Planeten wurden durch ungewöhnliche Bewegungen beunruhigt.« Eratosthenes, der alexandrinische Gelehrte aus dem 3. Jahrhundert v. Chr., schildert diesen Vorgang folgendermaßen: »An dritter Stelle ist der Stern (stella) des Mars (…). Er wurde verfolgt durch das Gestirn (sidus) der Venus; dann holte Venus ihn ein und entflammte ihn mit brennender Leidenschaft« (Wieger, 1922/1923).

In den Überlieferungen fast aller alten Kulturvölker, ob in chinesischen, indischen, isländischen oder Maya-Texten, wird in verblüffender Übereinstimmung von einer kosmischen Bedrohung berichtet. In mexikanischen Handschriften steht geschrieben, dass der in aztekischer Zeit vergöttlichte Herrscher des Tolteken-Reiches Quetzalcoatl die Sonne angegriffen habe, woraufhin die Sonne vier Tage nicht mehr geschienen habe. Dieser Himmelsgott verkörpert nichts anderes als die Venus.

Die kosmologische Vorstellung, dass unsere Planeten seit Milliarden von Jahren seelenruhig auf ihren heutigen Bahnen dahinrasen und dabei ewiglich rotieren, erscheint aufgrund der vorgelegten Hinweise geradezu ein schwärmerisches Idealbild zu sein. Mit den gravierenden Umwälzungen änderte sich das Klima, Land und Meer vertauschten ihre Plätze, Gebirge und Vulkane entstanden, die Erde riss in weiten Teilen auf, und ganze Tierarten wurden vernichtet.

Legt man dem Ganzen ein Sonnensystem mit elektromagnetischen Vorgängen zugrunde, kommt man aufgrund der mythologischen Überlieferungen und antiken Aufzeichnungen zu dem Schluss, dass zwischen Erde, Mars und Venus Annäherungen mit entsprechenden elektromagnetischen Entladungen stattfanden.

Durch diese Geschehnisse erscheinen viele für uns eigentlich unglaubwürdige antike Beschreibungen bestimmter kosmischer Erscheinungen am Himmel in einem ganz anderen Licht. Die Planetenbahnen wurden instabil, und es kam zu diversen Planetenannäherungen, die unsere Vorfahren sehr anschaulich beschreiben.

Die beschriebenen Planeten-Annäherungen können Realität gewesen sein. Berücksichtigen wir für unsere weiteren eingehenden Betrachtungen die durchaus in der Wissenschaft bekannte Alternative zur Gravitation: die Elektrostatik bzw. Ladungstrennung. Dieser liegt das coulombsche Gesetz zugrunde und sie kann alternativ zur Gravitation als Basis in einem elektrisch wirkenden Sonnensystem für dessen Zusammenhalt und Aufbau zugrunde gelegt werden. Diese beiden Gesetze, Gravitation und Coulomb-Gesetz, haben dieselbe mathematische Struktur und unterscheiden sich formal nur im Wirkungsprinzip; einerseits Anziehung und andererseits Abstoßung bzw. daraus folgend: Andrückung. Berücksichtigen wir das elektrostatische Prinzip nicht nur für unser Sonnensystem, werden wir und auch die Materie der Himmelskörper angedrückt und nicht gemäß Gravitation angezogen.

Abb. 92: **ELEKTRISCHE ORGANISATION.** Der Geologe Professor Dr.-Ing. Karl-Heinz Jacob füllte ein Glas mit einem feing emahlenen Mineralgemisch sowie Wasser und platzierte dieses zwischen zwei Elektroden, an die eine 1,5-Volt-Batterie gepolt wurde. Nach wenigen Wochen ordnete sich das chaotische Substrat im Energiefluss zu einer Struktur, die einer Landschaft ähnelt. Hieraus empor wuchs in einen »Pseudohimmel« aus noch wenig verdichtetem Sediment hinein ein »Vulkankegel«, der in Folge sogar ausbrach. Professor Jacob nennt diese Eruption, die an einen Lava-Ausbruch erinnert, einen Ladungsdurchbruch an der Fällungsfront.

Im elektrostatischen System stoßen sich zwei gleichsinnig geladene Körper gegeneinander ab, weshalb stabile Planetenbahnen entstehen. Durch eine Änderung des Spannungszustandes würden sich die Abstände der Planeten untereinander und die Stärke der Andrückung gemäß Coulomb-Gesetz schnell ändern, wozu eine Gravitation nicht ansatzweise in der Lage wäre.

Die elektrostatische (Coulomb-)Wechselwirkung ist nicht nur verantwortlich für stabile Bahnen im Planetensystem, sondern auch für den Zusammenhalt von Elektronen und Atomkernen in Atomen und Molekülen und damit für sämtliche chemischen und biologischen Prozesse. Infolge »Elektrischer Organisation« erfolgt auch ein wesentlicher Einfluss auf den Aufbau der Erdkruste. Das elektrische Feld der Gesteins-Schale unserer Erde (Lithosphäre) verfügt über wesentliche Gefüge bildende Kräfte, so auch bei der Entstehung (Genese) von Lagerstätten (Jacob et al., 1992). Durch naturverwandte Elektrolyse-Experimente konnte Professor Dr.-Ing. Karl-Heinz Jacob (Technische Universität Berlin) in Laborexperimenten rhythmische Mineralgefüge erzeugen, indem mit geringen Spannungen ein Stromfluss durch eine »Lagerstätte« erzeugt wurde. Mit anderen Worten, es entstehen wild gebänderte (geologische) Formationen infolge fließenden elektrischen Stroms zwängungsfrei *ohne jegliche mechanische Verformung.*

Kollisionsnarbe Pazifik?

Bereits 1878 wurde von dem englischen Astronomen George Howard Darvin (1845–1912) die Hypothese aufgestellt, dass sich im Bereich des Pazifischen Ozeans die eventuell vorhandene Granitschicht von unserem Planeten losgerissen habe und daraus dann der Mond entstanden sei.

Seltsam ist, dass der mittelozeanische Rücken im Pazifik nicht wie sonst in der Mitte des Ozeans, sondern sehr weit östlich versetzt in der Nähe der Westküste des südamerikanischen Kontinents liegt. In dem Lehrbuch »Allgemeine Geotektonik« wird festgestellt: »In jüngster Zeit wurde eine moderne Variante der alten Hypothese von J. Darvin/V. Pickering vorgeschlagen, nach der der Stille Ozean als Mondnarbe zu betrachten ist. Nach dieser Auffassung wird die Bildung des Mondes infolge Materialauswurfs aus einem gewaltigen, durch den Impakt eines Asteroiden entstandenen Krater erklärt« (Chain/Michajlov, 1989, S. 104).

Gibt es alternative Theorien zur Mondentstehung aus der Granitschale des Pazifiks? Denn die Frage nach der Entstehung des Pazifischen Ozeans stellt ein spezielles Problem dar, da er hinsichtlich seiner Kontur und seines Alters zu jung zu sein scheint. Der gesamte Pazifik ist mit einem geologisch jungen basaltischen Auswurfmaterial, aktiven Vulkanen und einer unruhigen Erdbebenzone, dem sogenannten Feuergürtel, umgeben. Wie die digitale Alterskarte (Foto 73, S. 210) ausweist, besteht zwischen den Ozeanböden an der Westküste und denen an der Ostküste Südamerikas eine *zeitliche Differenz* von über 60 Millionen Jahren. Wie wir be-

Abb. 93: **MONDKOLLISION**. In einer Pressemitteilung der NASA vom 27. September 2020 heißt es: »Die führende Giant Impact-Theorie spekuliert, dass die Erde, als sie noch ein junger Planet war und sich gerade zu formen begann, von einem anderen Planeten getroffen wurde, der sich in der Nähe befindet. Die Kollision führte dazu, dass beide Planeten vorübergehend in Gas-, Magma- und chemische Elemente zerfielen, bevor sie sich in die Körper verwandelten, von denen wir heute wissen, dass sie Erde und Mond sind« (Internetlink 5).

reits zuvor feststellten, sind *große Bereiche* des Pazifischen Ozeans relativ gleichmäßig jung im Gegensatz zum Atlantik, wo entsprechende Bereiche nur in einem recht engen Band beidseitig des Mittelatlantischen Rückens zu finden sind. Daraus könnte man schließen, dass es im Bereich des Atlantiks eine kontinuierlich andauernde Bildung neuer Ozeankruste gab, während im westlichen Teil des Pazifiks jedoch eher ein relativ *plötzliches* Ereignis für die Bildung des Ozeanbodens (Foto 73: graue und hellgraue Bereiche) in der jüngeren Erdvergangenheit verantwortlich ist. Dieses kann, wie zuvor diskutiert, einerseits ein einschlagender Himmelskörper gewesen sein, aber andererseits, genau in entgegengesetzter Richtung wirkend, auch ein riesiger Ausbruch, sei es als Lava-, Schlamm oder Gasvulkan, mit gravierenden geologischen Folgen nicht nur für die um diesen Bereich herum befindliche starre Erdkruste, sondern global. Riesige Kräfte mit tektonischer Wirkung müssten die Folge gewesen sein.

Der Geologe W. Rjabow rekonstruierte auf paläotektonischer Basis zwei gigantische Schollen der Erdkruste. Bei den Rändern dieser Platten handelt es sich um West- und Ostsibirien. »Die nördliche Grenze der metallführenden Zone Transbaikaliens ist im Vergleich mit einer solchen Zone im Gebiet von Irkutsk um ungefähr 500 Kilometer verschoben. Wenn man Ostsibirien in Fließrichtung des Jenissej um 500 Kilometer nordwärts ›verschiebt‹, so ergeben sich sofort zwei ausgezeichnet zusammenpassende Teile. Die auf Taimyr anstehenden Gesteinsschichten bilden dann die Fortsetzung der Schichten von Nowaja Semlja, die nun in Streichen übereinstimmen, und die metallführenden Zonen Transbaikaliens und des Irkutsker Gebietes vereinigen sich wieder« (Drujanow, 1984, S. 96).

In Sibirien scheinen sich kataklysmische Szenarien vollzogen zu haben (vgl. Abb. 94), die sogar zu einem gewaltigen Massenaussterben auf der Erde führten, wie eine wissenschaftliche Untersuchung aus dem Oktober 2020 zeigen soll (Jurikova et al., 2020). Analysen von Fossilien-Messungen sollen beweisen, dass die Gewässer vor 252 Millionen Jahren an der Perm-Trias-Grenze extrem versauert waren. Offenbar waren durch gewaltige Vulkantätigkeiten im sibirischen Trapp große Mengen von Kohlendioxid in die Atmosphäre gelangt. Daraufhin sank nicht nur der pH-Wert in den Meeren, sondern der gewaltig verstärkte Treibhauseffekt führte auch zu einer gewaltigen Klimaerwärmung, wodurch die Verwitterungsprozesse an Land intensiviert wurden. In der Folge wurden mehr Nährstoffe in Gewässer freigegeben. Durch die folgende Anreicherung von Nährstoffen (Eutrophierung) der

Meere verringerte sich dort der Sauerstoffgehalt, und die Lebensbedingungen sowohl an Land als auch zu Wasser wurden extrem unwirtlich. Schätzungsweise sollen vor rund 252 Millionen Jahren zirka 95 Prozent aller Organismen im Meer und ungefähr 75 Prozent aller Landlebewesen gestorben sein, in einem relativ kurzen Zeitraum von wenigen Tausend Jahren. Nach diesem Kataklysmus entwickelten sich die Dinosaurier.

Die Halbinsel Kamtschatka liegt im Nordwesten Asiens etwa am nordwestlichen Rand des Pazifiks, dort, wo entgegengesetzt zu den Erwartungen ein tieferes Loch entstanden war, das sich seit einer explosionsartigen Katastrophe durch Erosionseinflüsse wieder größtenteils geschlossen hat. Dies ergaben Daten von Messungen des Europäischen Radar Satelliten ERS-1 vom März 1996.

Abb. 94: **VULKANREGION KAMTSCHATKA**. Im Reich der Vulkane auf einer sich über 1200 Kilometer erstreckenden vulkanischen Inselkette, mit Japan verbunden, reihen sich perlenschnurartig zahlreiche Vulkane aneinander, von denen 30 als aktiv eingestuft werden. Die Vulkane unterscheiden sich teilweise ganz erheblich in ihrer Form, aber auch in ihrer Gesteinszusammensetzung voneinander. Linkes Bild: Der erloschen geglaubte 2886 Meter hohe Vulkan Bolschaja Udina ist vor einiger Zeit wieder erwacht. Falls Aschewolken ausgestoßen werden, die dann Tausende Kilometer weit fliegen und in die Stratosphäre gelangen, können die Partikel sehr schnell in einen anderen Teil der Welt gelangen. Ein kühleres Klima wäre die Folge. Rechtes Bild: Der aktive Schildvulkan Bezymianny, 2882 Meter hoch.

Wie zuvor diskutiert, zeigt die digitale Alterskarte der Ozeanböden eine Zweiteilung des Pazifischen Ozeans. Große Bereiche des sich westlich des Längengrads 150 Grad westlicher Länge bis hin zum Längengrad 150 Grad östlicher Länge befindlichen Ozeanbodens entstanden bereits zu Beginn der Expansionsphase (Plattentektonik) der Ozeanböden (blaue Bereiche im Bild 18) oder stammen, bis auf wenige inselförmig isoliert daliegende Bereiche, fast in allen restlichen Bereichen anscheinend aus der Zeit davor (graue Bereiche). Weiter in östlicher Richtung erscheint der komplette Ozeanboden des Pazifiks immer jünger und ist in den Randbereichen zum südamerikanischen Kontinent hin nicht älter als 60 Millionen Jahre.

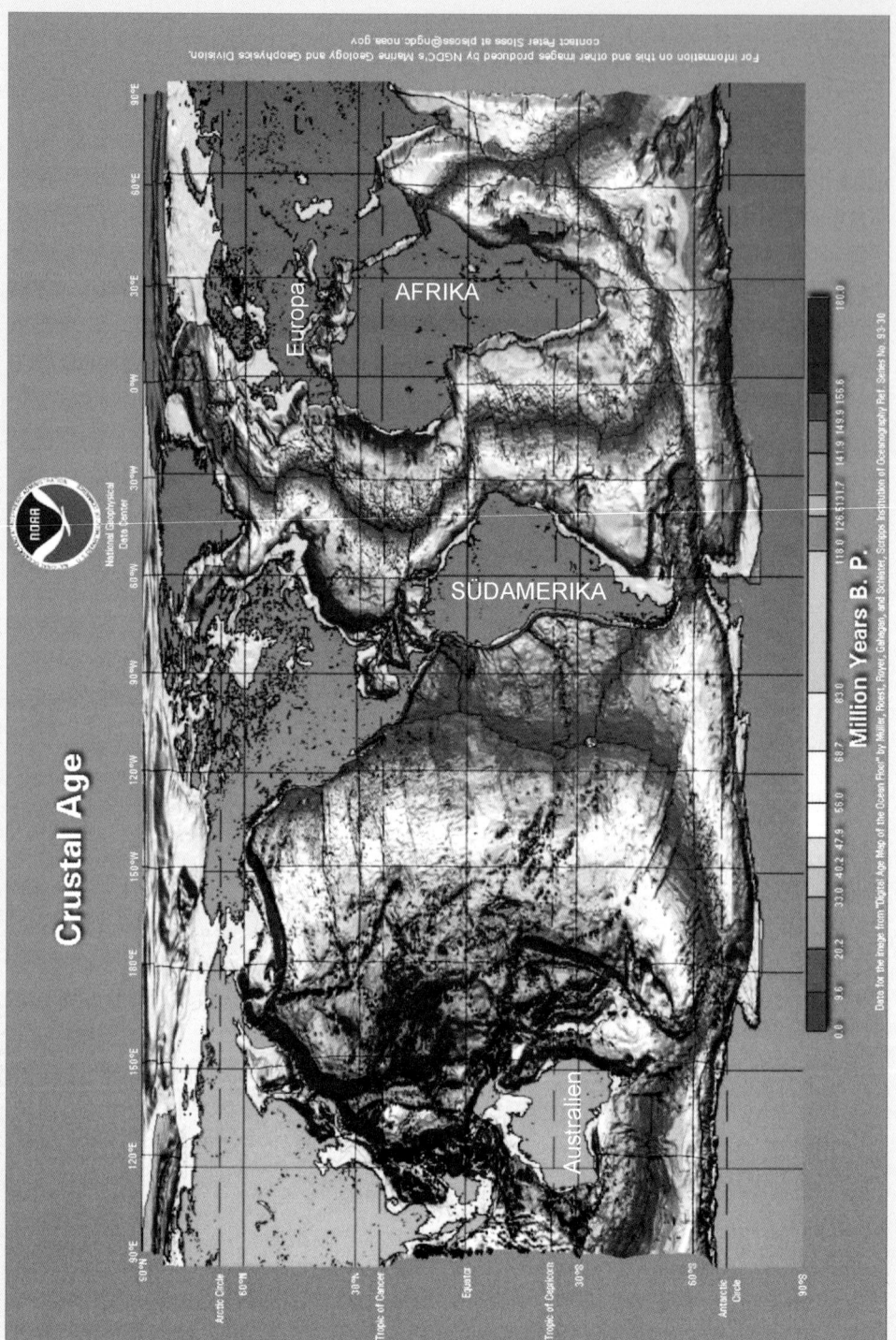

Foto 73: Der Ozeanboden im Pazifik erscheint im westlichen Bereich älter und zerfurcht, im östlichen dagegen gleichmäßig jung, ja jünger als die Dinosaurier-Ära (Galápagos) und weist eine unzerstörte Struktur auf. Ausgeprägte »Altersstreifen« wie im Atlantik sind nicht zu erkennen. Digitale Alterskarte der Ozeanböden: © Scipps Institution of Oceanography.

Der Ozeanboden zwischen Südamerika und Australien entstand etwa zur Hälfte, also im östlichen Bereich bis hin zur südamerikanischen Westküste, erst *nach* der Dinosaurier-Ära. Es hat offensichtlich eine zeitlich getrennte Entwicklung gegeben. Diese Auffassung bestätigt auch der Verlauf des mittelozeanischen Rückens, der im Bereich des Pazifischen Ozeans nicht irgendwie in der Mitte der geografisch ostwestlichen Ausdehnung verläuft, sondern sehr weit nach Osten zum südamerikanischen Kontinent hin versetzt angeordnet ist. Würde der Längengrad 150 Grad westlicher Länge, der sich ungefähr in der Mitte des Pazifiks befindet, den westlichen Rand des pazifischen Ozeanbodens bilden, dann läge die Ostpazifische Schwelle in etwa *in der Mitte des jüngeren* östlichen *Teils des Pazifiks* (Abb. 95).

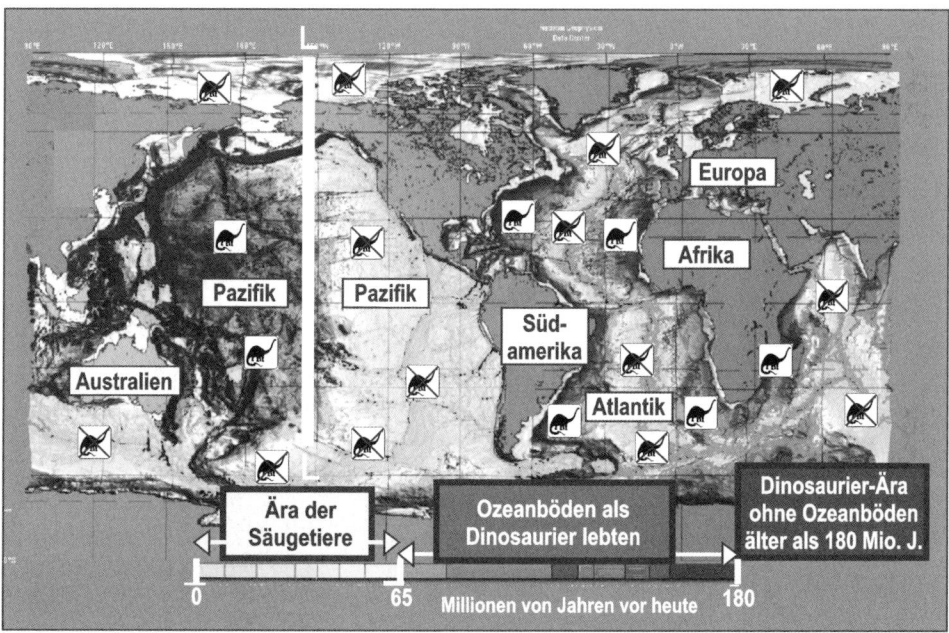

Abb. 95: **GETEILT**. Das Alter der höchstens etwa 180 Millionen Jahre alten Ozeanböden kann grob in zwei Bereiche aufgeteilt werden, die einerseits bis vor 65 Millionen Jahren während der Säugetier-Ära sowie andererseits vor 65 bis 180 Millionen Jahren während der Dinosaurier-Ära entstanden waren. Die weiß markierte Achse L-L markiert den Längengrad 150 Grad östlicher Länge, der grob die zeitliche Zweiteilung des pazifischen Ozeanbodens markiert: Der westliche Bereich entstand zu Lebzeiten von Dinosauriern und der östliche Bereich nach deren Aussterben. Vom Beginn der Dinosaurier-Ära an bis vor 180 Millionen Jahren gab es diese gesamten Ozeanböden nicht. Die Piktogramme ohne Kreuz markieren Erdzeitalter, in denen Dinosaurier gelebt haben, und entsprechende mit Kreuz solche, in denen Säugetiere nach dem Dinosaurier-Aussterben existierten.

Genauer betrachtet erscheint der gesamte westliche Teil älter und einheitlicher, denn auch die Struktur des Ozeanbodens ist hier *viel differenzierter* durch untermeerische Berge und Täler strukturiert als im flachen östlichen Teil. Stellt also der westliche Teil des Pazifischen Ozeans die Narbe eines Kataklysmus dar? Anhand der digitalen Alterskarte der Ozeanböden (Foto 73) sollte dieses für die Erde einschneidende Ereignis in ein Erdzeitalter einzuordnen sein, als die östliche Hälfte des Pazifiks noch gar nicht existierte. Unterstrichen wird dieser Eindruck dadurch, dass zumindest Teile des Ozeanbodens mit einem Alter von ungefähr 150 bis 120 Millionen Jahren ganz einfach zu fehlen scheinen oder in kleineren Bereichen als eine Art buntes Flickenmuster zu erkennen sind. Zumindest ergibt sich für die älteren Teile des Ozeanbodens nicht das geordnete Bild einer gleichmäßig gegliederten Altersstruktur, wie es die Theorie der Plattentektonik vorgibt.

Handelt es sich bei den westlichen Bereichen des Pazifiks um die durch einen Himmelskörper aufgeschlagene Wunde der Erde oder auch ein Gebiet mit heftiger Vulkantätigkeit, dann hätte dies ein Massensterben zur Folge. Dies wird auch durch eine 2006 veröffentlichte Untersuchung der Universität *Ohio State University* bestätigt. Unter der Eisdecke der Antarktis wurde eine Kraterstruktur von mehr als 450 Kilometern Durchmesser bestätigt, die, wie vermutet wird, durch einen Meteoriten-Einschlag vor 250 Millionen Jahren am Übergang zwischen den Erdzeitaltern Perm und Trias entstanden sein soll. Damals wurde fast alles Leben auf der Erde ausgelöscht. Nach diesem Massensterben entwickelten sich dann die Dinosaurier, während Australien in Richtung Norden *verschoben* worden sein soll (Internetlink 6). Neue auf der Tagung der »American Geophysical Union« in Baltimore vorgestellte Forschungen bestätigen: »Der Meteoriteneinschlag in der Antarktis ist mehr als 2,5-mal so groß ist wie der *Chicxulub-Krater* auf der mexikanischen Halbinsel Yucatan, welcher zum Aussterben der Dinosaurier führte« (Frese, 2009).

Betrachten wir jetzt den Boden des Atlantischen Ozeans (Bild 18). Dort ist, im Gegensatz zum Pazifischen Ozean, eine scheinbar gleichmäßiger gestaffelte Altersstruktur des Ozeanbodens zu erkennen. Afrika und Südamerika haben sich angeblich vor etwa 125 Millionen Jahren getrennt. Diese Trennungslinie zieht sich relativ gleichmäßig auch im Nordatlantik bis nach Grönland durch. Jedoch vor der nordafrikanischen – ungefähr ab Guinea nordwärts – und der iberischen Küste Europas einerseits und vor der nordamerikanischen von der Karibik bis Neufundland andererseits gibt es einen *wesentlich älteren Bereich*, der wie der östliche Pazifik ungefähr 180 Millionen Jahre alt ist. Auch hier fehlen 20 bis 30 Millionen Jahre – genau wie im ostpazifischen Raum. Ähnliches gilt auch für den Bereich zwischen der Küste Ostafrikas und der ihr vorgelagerten Insel Madagaskar. Ansonsten stammt nur noch ein sehr kleiner Bereich vor der nordwestlichen Küste Australiens und der Nordküste der Antarktis gegenüber der Südspitze Afrikas aus dem Anfangsstadium der Ozeanbildung.

Der restliche Ozeanboden scheint ansonsten weltweit *nicht älter* zu sein als etwa 125 Millionen Jahre. Dinosaurier existierten aber bereits vor diesem Zeitpunkt seit der Obertrias vor etwa 235 Millionen Jahren. Zu dieser Zeit bildeten die Kontinente noch den zusammenhängenden Superkontinent Pangaea, der gemäß Plattentektonik-Hypothese von einem *Panthalassa* genannten Ur-Ozean umgeben war. Alternativ, im Rahmen der Erdexpansions-Theorie, umschloss der Superkontinent Pangaea eine kleinere Ur-Erde, Pangaea-Erde genannt, komplett ohne Ozeane. Auf dieser befand sich das Wasser der späteren Ozeane auf der Pangaea-Oberfläche, in weiten Bereichen ein Schelfmeer bildend, denn hohe Gebirge gab es zu dieser Zeit noch nicht. Deshalb sind Dinosaurier-Trittsiegel oft auf schrägen oder sogar steilen Gebirgshängen zu finden, als Resultat einer nachträglich, also nach Hinterlassen der Fußabdrücke in flach liegenden Böden erfolgten Auffaltung von Bergen und hohen Gebirgen.

Berücksichtigen wir jetzt einmal die Umstände einer gewaltigen Naturkatastrophe, die ein großes Loch in die Erdkruste reißen könnte. Dann finden Verschiebungen der Erdkruste statt. Schon bei dem eher sehr regional begrenzten Erdbeben 2011 mit einem Epizentrum vor der Japanküste kam es zu konzentrischen Verschiebungen um den Krater herum von bis zu über 30 m, während sich die Erdachse um 10 cm verschob, gegenüber 7 cm beim Tsunami-Beben 2004 im Indischen Ozean. Die Erdachse ist wackeliger als allgemein angenommen, insbesondere falls man an eine massive Erdkugel mit einem sehr schweren Eisenkern berücksichtigt, da das aus dem enormen Eigenwicht resultierende große Trägheitsmoment keine Erdachsenverschiebung infolge derart geringer dynamischer Belastungen zulassen würde.

So ist der in Japan 2011 entstandene Krater, global gesehen, dermaßen winzig, dass dieser auf der Karte der Ozeanböden (Bild 18) *keine* Berücksichtigung finden würde. Berücksichtigen wir aber im westlichen Pazifik eine bereits diskutierte große Wunde, dann müsste sich Nordamerika mit einer leichten westwärts gerichteten Drehung etwas weiter nach Norden verschieben. Der Nordatlantik öffnet sich durch entsprechende geodynamische Prozesse. Währenddessen liegen Südamerika und Afrika noch dicht beisammen, nur durch eine enge Wasserstraße getrennt. Aber Südamerika driftete daraufhin *ostwärts*. Eigentlich wäre eine westwärts gerichtete Bewegung Südamerikas zu erwarten gewesen, da sich dieser Kontinent ja von Afrika entfernen soll. Gibt es Beweise für die ursprünglich ostwärts gerichtete Driftrichtung – entgegen der Plattentektonik-Hypothese, bevor tatsächlich eine plötzliche Richtungsänderung in westlicher Richtung als eine zweite unabhängige Driftphase erfolgte?

Die patagonische Driftspur

Das eindrucksvolle Bild Wegeners, nach dem die Kontinentalschollen wie Eisberge im Wasser schwimmen, hatten wir schon als nicht richtig erkannt. Falls sich eine tektonische Platte bewegt, werden große Reibungskräfte aktiviert, die in der Erdkruste schon bei relativ geringen Bewegungen im geringen Kilometerbereich Risse erzeugen würden. Zusätzlich unterliegen die Plattenränder während der Driftbewegung einem heftigen Abrieb. Dabei bröckeln kleinere oder größere Trümmer gelegentlich ab und bleiben im plastischen Untergrund stecken. So entsteht ein Driftweg, den man auf den anhand von Satellitenaufnahmen zusammengestellten Karten der Ozeanböden verfolgen kann.

Bereits Otto Muck (1976) wies auf die Driftspur Patagoniens zwischen der Südspitze Südamerikas und der Antarktis hin. Sie ist durch die südlichen Sandwichinseln, die Gruppe der Süd-Orkney-Inseln und den Palmer-Archipel gegen das antarktische Grahamland auf der Antarktischen Halbinsel sowie durch die Falklandinseln und die Insel Süd-Georgien gegen Norden markiert: »Diese Brocken sind keine Überreste oder Brückenpfeiler einer versunkenen Landscholle im Sinne der Brückentheorie, sondern die als solche leicht erkennbaren Wegmarken einer längst vergangenen Schleifspur.« Bei der Betrachtung dieser geologischen Urkunden meint man förmlich zu spüren, wie die Gesteinsschmelze die »Kontinentalsohle anfrisst und die Schollenränder annagt, von ihnen Brocken und Trümmer absprengt und

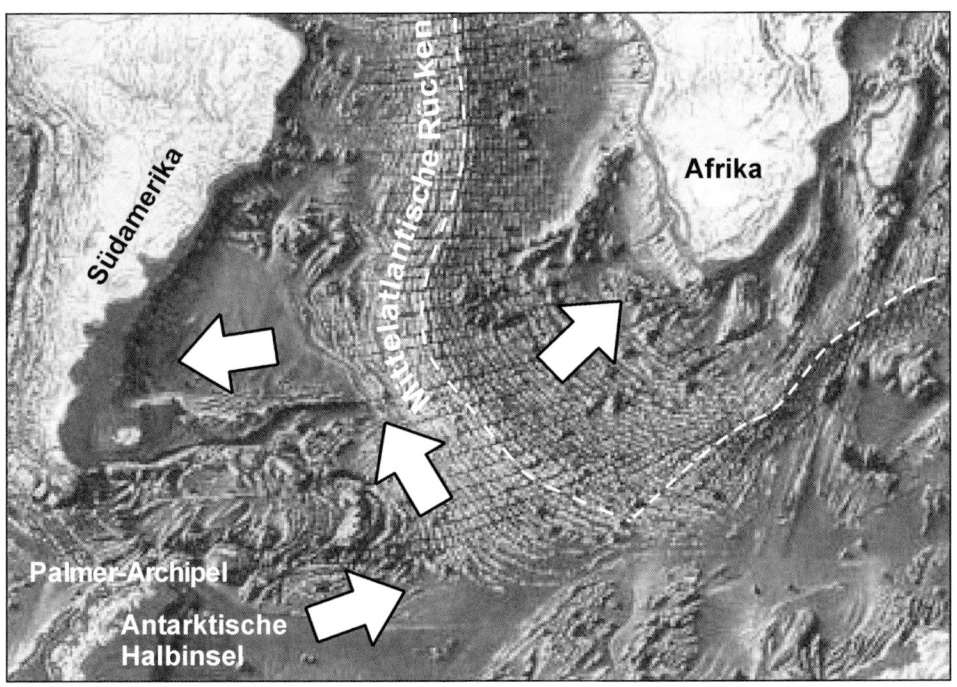

Abb. 96: **PATAGONISCHE DRIFTSPUR.** Zwischen der Südspitze Südamerikas und der Antarktis sind Wegmarken in Form einer vorzeitlichen Schleifspur am Ozeanboden zu erkennen. Man kann deutlich die ursprünglich vom Palmer-Archipel ostwärts gerichtete Driftbewegung verfolgen. Aber es ist auch eine weiter nördlich liegende Wegmarke zu erkennen, die genau entgegengesetzt westwärts am Ende einer u-förmigen Schleife verläuft. Sie beweist als geologisches Dokument die eindeutige Wirkung zweier einander entgegen gerichteter Driftimpulse.

diese festhält, während der schwere Sialblock (Kontinentalscholle, d. V.) selbst wegdriftet« (ebd., S. 159 f.).

Man erkennt deutlich die ursprünglich ostwärts gerichtete Driftbewegung, und zwar vom Antarktischen Kontinent (Grahamland) bis zu den südlichen Sandwichinseln (Abb. 96). Aber es ist auch eine weitere Wegmarke zu erkennen, die genau entgegengesetzt westwärts in einer u-förmigen Schleife verläuft (Bild 18). Eine entsprechende Schleifspur findet man auch vom Kap Adare am Rossmeer (Antarktis) bis hin zur Macquarie-Schwelle an der Südspitze Neuseelands.

Nach Professor Vincent E. Courtillot vom Institut für Physik der Erde in Paris wurde das Basalt des Jamaica-Plateaus durch den *Hot Spot* bei den Galápagos-Inseln erzeugt, wodurch eine westwärts gerichtete Verschiebung (Abb. 97) mit einer Drehung des südamerikanischen Kontinents dokumen-

Abb. 97: **DREHUNG SÜDAMERIKAS**. Der Plateaubasalt Paraná in Südamerika soll 130 Millionen Jahre alt und vom »Hot Spot« Tristan da Cunha (T) am Mittelatlantischen Rücken erzeugt worden sein. Nach Professor Vincent E. Courtillot wurde der Basalt des Jamaica-Plateaus vom »Hot Spot« bei den Galápagos-Inseln verursacht, wodurch eine ostwärts gerichtete Verschiebung zum Mittelatlantischen Rücken (= Spreizungszone) hin mit einer Drehung Südamerikas im Uhrzeigersinn dokumentiert wird. Die Südspitze Amerikas scheint durch diese Bewegung stromlinienförmig deformiert zu sein (nach Courtillot, 1997).

tiert wird (»Spektrum der Wissenschaft«, Digest 5, 1997, S. 116). Diese Drehbewegung *widerspricht* der Theorie der Plattentektonik von einer relativ gleichmäßig langsamen Verschiebung der Kontinentalplatten. Die Südspitze Amerikas scheint durch diese Bewegung *stromlinienförmig* gebildet worden zu sein.

Das Bodenrelief der Ozeane stellt ein beredtes Zeugnis dieser erdumwälzenden Vorgänge dar. Keine der aktuell zu beobachtenden Kräfte käme als Auslöser für das skizzierte Horrorszenario in Betracht, schon keinesfalls im Sinne des geologischen Lyell-Dogmas mit dem darin eingebetteten Glaubensgrundsatz von der angeblich heutzutage wie auch in der gesamten Erdvergangenheit zu beobachtenden Alleinwirksamkeit *winziger aktueller Kräfte* an der Veränderung der Erdoberfläche.

Nicht winzige, sondern nur unglaublich große Kräfte können ganze Kontinente aus ihrer ursprünglich fixierten Lage reißen. Es hat also mindestens zwei große Erdumwälzungen gegeben, wobei es sich einerseits um den kosmischen Zusammenprall der Erde mit einem anderen großen Himmelskörper oder eine Platenannäherung mit elektrischen Entladungen handeln könnte und andererseits für die zweite ein von Sintfluten begleiteter kataklysmischer Erduntergang als zeitlich aufgefächerte Katastrophe infrage kommt.

Damit einher ging eine komplette Veränderung der gesamten Erdoberfläche mit der Überschüttung von riesigen Gebieten mit mächtigen Lava- und Sedimentschichten, verbunden mit einer sich relativ schnell vollziehenden Gebirgsauffaltung.

Zu alte Felsen

Betrachten wir jetzt einmal die aus den Ozeanböden aufragenden Inseln. Sie müssten sich mit den rollbandartigen Meeresboden-Wanderungen von den mittelozeanischen Rücken ausgehend ständig in Richtung der Kontinente, genauer gesagt der Subduktionszonen, bewegen. Die jeweils rechts und links der Meeresrücken liegenden Inseln müssten sich voneinander entfernen und die Abstände zwischen ihnen und den in ihrer Bewegungsrichtung liegenden Subduktionszonen (Tiefseegräben) sich ständig verringern. Diese Inseln müssten irgendwann mit der unter der Kontinentalplatte verschwindenden Ozeankruste abgehoben werden und in den Tiefseegesenken verschwinden, um schließlich im Erdmantel eingeschmolzen zu werden – falls die Theorie der Plattentektonik richtig wäre.

Die Galápagos-Inseln als Wiege der Evolutionstheorie müssten demzufolge schon lange im nur ungefähr 1000 Kilometer entfernten Tiefseegesenke vor der südamerikanischen Küste verschwunden sein. Bei einer Driftgeschwindigkeit von 15 Zentimetern pro Jahr hätte dies weniger als 7 Millionen Jahre gedauert. Praktisch keine Stelle der tektonischen Platten im östlichen Bereich des Pazifiks vor Süd- und Mittelamerika (Cocos-Platte und Nazca-Platte) ist älter als 60 Millionen Jahre. Der gesamte Ozeanboden östlich der Ostpazifischen Schwelle entstand daher *nach* dem Aussterben der Dinosaurier vor 65 Millionen Jahren.

Auf seiner Reise mit dem Forschungsschiff »Beagle« landete Charles Darwin (1835) auf einigen kleinen unwirtlichen Inseln, den St.-Paul-Felsen, die kaum über den Meeresspiegel ragen. Sie befinden sich inmitten des Atlantiks nur wenige Kilometer nördlich des Äquators. Darwin stellte fest, dass diese Felsen sich geologisch von den meisten Inseln unterscheiden, da sie *nicht vulkanischen Ursprungs* sind. *Das könnte mit den Umständen zu tun haben, unter denen der damalige Superkontinent Pangaea auseinanderbrach. Die Inseln wurden auf ein Alter von 150 Millionen Jahren datiert* (Bonatti, 1994).

Damit entsteht ein Problem, denn die St.-Paul-Inseln existierten demnach bereits 25 Millionen Jahre, bevor die endgültige Trennung des südamerikanischen vom afrikanischen Kontinent erfolgte. Es gibt auch andere Inseln, die viel älter *sind als die sie umgebende Ozeankruste* (Wilson, 1987)!

Warum befinden sie sich aber immer noch mitten im Atlantik? Blieben verschiedene Inseln als *abgebröckelte* Trümmer der schnell abdriftenden

218 Irrtümer der Erdgeschichte

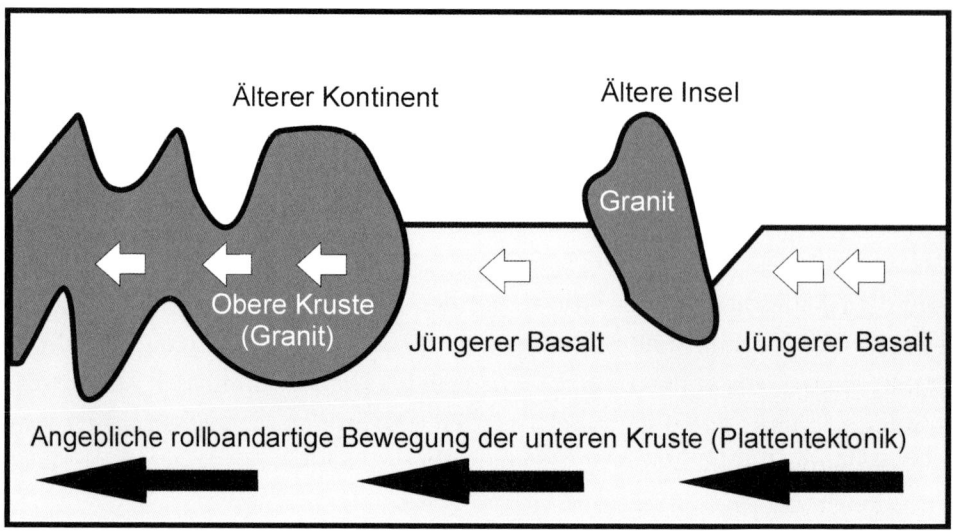

Abb. 98: **ALTE INSELN.** Falls das Modell der Plattentektonik richtig sein sollte, wird der Ozeanboden rollbandartig von den mittelozeanischen Rücken zu den »Subduktionszonen« fortbewegt. Wie kann es unter diesen Umständen mitten in den Ozeanen Inseln geben, die um ein Mehrfaches älter sind als das sie umgebende Gesteinsmaterial? Eigentlich müssten diese Inseln mit der unteren Kruste schon lange in einer »Subduktionszone« zerquetscht worden sein. Splitterten Teile des älteren Kontinentalsockels während einer schnell abgelaufenen Driftphase ab, und blieben sie in der dann erhärtenden Gesteinsschmelze stecken?

Kontinentalscholle in dem zähen Magma bis zum heutigen Tag stecken, analog dem geschilderten Szenario mit der hinterlassenen patagonischen Driftspur? Mit dem Szenario einer sich schnell verschiebenden Kontinentalplatte könnte der bereits beschriebene Widerspruch der geologisch zu alten Inseln im Atlantik, aber auch derjenigen im Pazifik gelöst werden (Abb. 98). Das Problem der zu alten Inseln widerspricht auf jeden Fall der Theorie von der Plattentektonik und einem förderbandmäßigen Transport der *gesamten* Ozeankruste.

Tritt andererseits das flüssige Magma ganz einfach aus kleinen Ritzen und Spalten in der Kruste an die Oberfläche? Die Antwort muss eigentlich entgegen der Erwartung »Nein« heißen. *Heißes Magma kann nicht so einfach durch kleine Risse und Spalten an die Erdoberfläche dringen*, denn solches kühlt durch die niedrigere Temperatur des umliegenden Gesteins der Kruste ab und verdickt, wodurch ein weiteres Eindringen nachfolgenden glutflüssigen Materials verhindert wird. Durch diesen Prozess wird die Kruste von unten örmlich *vulkanisiert und versiegelt*. Der aus Basalt bestehende

Ozeanboden spricht »einwandfrei für eine vernichtende Naturkatastrophe: Er muss ja in feurig-flüssigem Zustand aus der Erde gekommen sein« (Kaiser, 1971, S. 39).

Der zweite Paukenschlag

Nachdem die Erde die kosmische Kollision mit ihren kataklysmischen Folgen und das Ruckeln der Kontinentalschollen als ersten Paukenschlag überstanden hatte, setzten sprichwörtlich biblische Sintfluten ein, örtlich unterschiedlich stark ausgebildet. Landtiere, Fische, Pflanzen und Bäume wurden mit den Superfluten-Wogen auf den Kontinenten oft als riesige Ansammlung abgelagert (Abb. 99).

Rund um den Erdball finden sich Berichte von Sintfluten, die einen Weltuntergang zu dokumentieren scheinen. Das Leben wurde durch eine kurze Aufeinanderfolge von gewaltigen Naturkatastrophen zerstört und

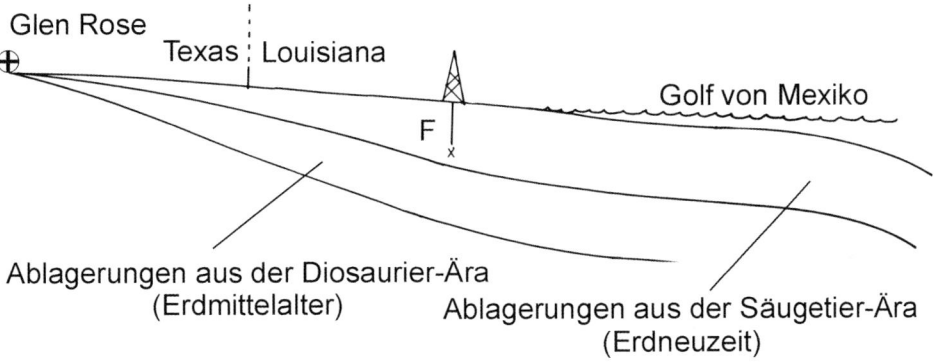

Abb. 99: **SCHNITT NORDAMERIKA.** In 740 Metern Tiefe (F) fand man bei Bohrungen den Schädel eines 55 Millionen Jahre alten primitiven Säugetiers (Anisonchina fortunatus), während man anderseits in Mitteltexas Relikte und Spuren von Dinosauriern an und kurz unter der Erdoberfläche findet. Man vermutet die geologischen Schichten aus der Ära der Dinosaurier noch darunter, wie der Querschnitt von Zentraltexas bis zur nördlichen Golfküste darstellt. Die zeitgleich vor ungefähr 140 Millionen Jahren erzeugten Spuren von Dinosauriern und Menschen in Glen Rose (Kreuz) liegen am Rand des urzeitlichen Ozeans dicht unter oder an der heutigen Erdoberfläche. Bildeten sich die geologischen Schichten Millimeter für Millimeter langsam *übereinander*, wie es unser traditionelles Weltbild vorgibt, oder bezeugen die zum Golf von Mexiko immer mächtiger werdenden geologischen Schichten nicht eher riesige urzeitliche *Überflutungen*, da das ablaufende Wasser die Erd- und Geröllmassen wieder in Richtung Ozean schwemmte? In diesem Fall wurden die entsprechenden Schichten jedoch sehr schnell gebildet und nicht *über* einen Zeitraum von Jahrmillionen hinweg.

die Erdachse um wahrscheinlich mindestens 20 Grad schief gestellt. Entgegen landläufiger Ansicht bestand dieser Kataklysmus nicht nur aus *einer* vernichtenden Überflutung mit riesigen Wellen, sondern aus einer Abfolge regionaler Sintfluten. Der bekannte Geologe Alexander Tollmann, ehemals Professor an der traditionsreichen Wiener Universität auf dem Lehrstuhl des weltbekannten Geologen Eduard Sueß, charakterisierte den *chronologischen Ablauf der weltweiten Sintflut* wie folgt: *Einschlag der Kometen (Asteroiden/Planetoiden), Impakt-Beben, entfesselter Vulkanismus, Feuersturm und Weltenbrand, die eigentlichen Flutwellen (Sintflut), Impakt-Nacht, Impakt-Winter, Sturzregen, Schneeflut und kochender Ozean, Umweltgiftproduktion, Ozonabbau und Strahlung, Treibhauseffekt und Massensterben* (Tollmann, 1993).

Anstelle des Kometeneinschlags können wir jedoch auch eine gigantische Explosion, also einen Ausbruch aus dem Erdinneren ansetzen, mit den gleichen Folgen für die Erde wie ein Asteroideneinschlag. Früher betrachtete man entsprechende Ereignisse als örtlich begrenzte und isolierte, also in sich abgeschlossene räumlich begrenzte Katastrophen.

»Für uns Geologen liefert aber gerade diese Kombination von Weltenbeben, Sintbrand, Sintflut, Sintnacht und Sintfrost, die in den meisten Sintflut-Berichten als sehr eng miteinander verknüpft dargestellt werden, eine logische Grundlage für ihre natürliche Erklärung. Diese merkwürdige Kopplung von scheinbar widersprüchlichen Naturerscheinungen ist durch die geologischen Forschungen der Achtzigerjahre am Beispiel des Dinosaurier-Impakts sehr genau herausgearbeitet worden« (Tollmann, 1993).

Beispielsweise leben wir gemäß den Mythen der Hopi-Indianer jetzt in der vierten Welt. Die erste Welt wurde durch Feuer vernichtet. Die zweite Welt wurde durch die *Schiefstellung der Erdachse* beendet, wobei *alles mit Eis bedeckt* wurde. Und eine *Flut* vernichtete schließlich die dritte Welt. Fasst man die Charakterisierung der einzelnen Welten zu einer Abfolge eines einzigen Geschehens zusammen, dann entsteht in der richtigen Reihenfolge die Beschreibung eines Kataklysmus mit weltweiten Sintfluten. Zusätzlich wird aber die Schiefstellung der Erdachse bei gleichzeitigem Impakt-Winter und entsprechender Eisbildung beschrieben. Durch dieses Szenario starben die Mammuts aus, was eines der größten Rätsel unserer Gegenwart darstellt.

Man weiß offiziell nicht, warum die Mammuts ausgestorben sind. Aber man versucht, die Schockgefrierung unzähliger Mammuts mit Haut und

Haar, ja sogar mit geöffneten Augen, der unverdauten Nahrung im Magen und mit Pollen damaliger Blüten im zotteligen rötlichen Fell durch *regional begrenzte* Katastrophen zu erklären, und berücksichtigt nicht deren offensichtlich globalen Charakter, insbesondere da Funde der oft komplett erhaltenen Mammuts sich über 5000 Kilometer hinweg von Spanien über die auch von unseren Vorfahren besiedelten Steppen – auch als Mammut-

Abb. 100: **HINTERLASSEN.** Am Strand der Wrangel-Insel liegt der Stoßzahn eines Mammuts. Diese Tiere starben hier angeblich vor 4000 Jahren plötzlich aus.

steppen bezeichnet – im Bereich der heutigen Nordsee sowie der heutigen Permafrostgebiete Sibiriens bis nach Alaska bzw. in weiten Teilen von Nordamerika und Costa Rica hinein erstrecken – dort Prärie-Mammut genannt, das mit dem Wollhaar-Mammut verwandt ist.

Die ältesten Fossilreste von Mammuts sind angeblich etwa 5,7 Millionen Jahre alt und stammen aus der Landsenke von Afar in Äthiopien (Kalb et al., 1996). Gemäß neu datierten älteren Funden soll sich vor über 11 000 Jahren (Stuart, 2005) und früher, jedoch regional zu unterschiedlichen Zeitpunkten, ein Massentod von Mammuts ereignet haben. In Beringia, eine bis vor angeblich 11 000 Jahren (oder auch später?) eisfreie Region bzw. Landbrücke zwischen Ostsibirien (Russland) und Alaska (USA), existierten Wollhaar-Mammuts bis vor etwas mehr als 5600 Jahren (Crossen et al., 2005). Aus der Clovis-Kultur (New Mexico), die bis vor knapp 11 000 Jahren Bestand gehabt haben soll, sind Steingeräte überliefert, die zusammen mit Prärie-Mammut, Pferd, Bison und anderen Tieren aufgefunden wurden (Lister/Bahn, 1997). In Vero Beach (Florida) wurden Langknochen eines großen Säugetiers entdeckt, in die eine Abbildung eingeritzt ist, welche die markant abfallende Rückenlinie des Mammuts und deutlich gebogene Stoßzähne zeigt (Purdy, et al. 2010).

Die letzten Mammuts sollen noch vor 4000 Jahren auf der Wrangel-Insel gelebt haben und starben dann angeblich abrupt aus, ergaben Radiokarbon-

Datierungen (Arppe et al., 2019). Auf dieser Insel im Arktischen Ozean – 200 Kilometer nördlich von Sibirien – fanden russische Wissenschaftler 1993 teilweise erodierte Stoßzähne, Zähne und andere Knochen, die an der Oberfläche der Tundra oder in seichtem Flussgeröll begraben lagen. Es handelt sich um etwa 1,80 Meter große Tiere. Es wird für möglich gehalten, dass diese Tiere von den dortigen Ureinwohnern gejagt wurden. Heutzutage handelt es sich um unwirtliche Inseln, auf denen sicher keine Mammuts überleben könnten.

Unter diesem Eindruck muss man sich wieder einmal die Frage stellen, wie lange überhaupt Knochen *an der Oberfläche der Tundra* erhalten bleiben, bis sie komplett zerfallen sind. Stimmen die Datierungen oder sind kürzere Zeiträume maßgebend?

Die Mammuts, die schockgefroren wurden, sind im Eis Sibiriens wie frisch erhalten, sodass diese dort seit sehr langer Zeit als Nahrungsquelle für Schlittenhunde dienen. Das Fleisch ist tiefgefroren und nicht verfault. Mammut-Fleisch soll sogar von Goldgräbern in Alaska während des Goldrauschs gegessen worden sein. Das Elfenbein der Stoßzähne ist heutzutage noch derart frisch, dass die Schnitzwerkstätten Asiens damit beliefert werden.

Abb. 101: **SCHNAPPSCHUSS**. Von einer Reise durch Tibet im Jahr 1848 berichtet M. Huc (1852), bei der viele Mitreisende erfroren. Während der Überquerung des komplett bis zum Grund gefrorenen Flusses Mouroui-Oussou entdeckten die Überlebenden eine Herde von mehr als 50 wilden Ochsen, die beim Durchqueren des Flusses urplötzlich während der Schwimmbewegung eingefroren waren. Die Köpfe mit den großen Hörnern guckten noch immer hoch erhoben aus der Oberfläche heraus, während die Körper fest im Eis steckten. Das bis zum Flussbett reichende durchsichtige Eis muss sich schlagartig gebildet haben. Von diesem Ereignis berichtet auch der Begründer der modernen Geologie Charles Lyell (1872, S. 188) in der 11. Auflage seines Buches »Principles of Geology«. Bild: Steve Daniels.

Mammuts wurden schockgefroren, sodass noch unverdaute Gräser und, wie berichtet wird, auch wilde Bohnen, Lärchen- und Fichtennadeln sowie Butterblumen im Magen und sogar noch im Maul entdeckt wurden. Diese Tiere waren jedoch Bewohner eines gemäßigten Klimas, wie das lang herabhängende, für vereiste Landschaften ungeeignete, weil zottelige Fell beweist, bevor sie teils sogar zusammen mit Rhinozerossen schockgefroren wurden. Im Permafrost wurden aber auch die fleischigen Überreste von in Wärme lebenden Tieren wie Pferd (Ukraintseva, 1993), Eichhörnchen, Kaninchen, Wühlmaus (Vereshchagin/Baryshnikov, 1982), Luchs (Zimmermann/Tedford, 1976), Bison (Anthony, 1949, S. 300) und Moschusochse (»Science News Letter«, Bd. 55, 25.06.1949, S. 403) gefunden. Das Eis entstand plötzlich, vergleiche Abb. 101!

Aufgrund der beschriebenen Funde waren Mammuts *definitiv Bewohner gemäßigter und nicht arktischer Zonen*, die dann *plötzlich* in einen Gefrierschrank verwandelt wurden. Derart kann erklärt werden, dass während Vermessungsarbeiten der Neusibirischen Inseln durch den Arktisforscher Baron Eduard von Toll ein Obstbaum mit einer ursprünglichen Höhe von 27 Metern gefunden wurde. Dieser Baum war mitsamt seinen reifen Früchten, grünen Blättern, Wurzeln und Samen plötzlich *im Eis konserviert*, praktisch schockgefroren (Brown, 1995). Heutzutage findet man in dieser Gegend nur kriechenden Bewuchs.

Auf jeden Fall vollzog sich der Einfriervorgang schnappschussartig, vorher gab es kein Eis. Vielmehr herrschte im heutigen Permafrostgebiet ein gemäßigtes Klima. Welches außerordentliche kataklysmische Ereignis war für dieses Szenario maßgeblich? Wie die Hopi berichten: die Schiefstellung der Erdachse? Bereits Otto Muck fragte (1976), ob dadurch die Klimazonen um ungefähr 3500 Kilometer verschoben wurden. Dass sich die Erdachse in der Vergangenheit schief gestellt hat, steht außer Zweifel. Aber derart verwandelt sich ein Gebiet mit gemäßigtem Klima nicht urplötzlich zu einem »Gefrierschrank«, in dem große Tiere schockgefroren werden können und wo der Untergrund in einigen Teilen Nordostsibiriens eine extrem zu nennende Mächtigkeit von bis zu 1500 Meter und eine Ausdehnung bis in mittlere Breiten erreicht (Nelson, 2003).

Alternativ andere Erklärungsmuster kann es im Sinne unseres Weltbildes nicht geben, falls der Aktualismus und damit das Prinzip der *Gleichförmigkeit* zugrunde liegt. Ausschließlich Plötzlichkeit kann das Zauberwort heißen. Allenfalls ist auch ein erdgebundener Mechanismus denkbar, verursacht durch Vulkanausbrüche, die einen vulkanischen Winter in der unteren Erdatmosphäre verursachen können. So bewirkte der Ausbruch des Tambora auf Sumbawa im Jahr 1815 einen Rückgang der Durchschnittstemperatur um 2,5 Grad Celsius (Oppenheimer, 2003), und im Folgejahr gab es in Europa keinen Sommer, dafür Frost im Juli sowie Missernten bis 1819. Durch diesen Klimawandel wurde eine Auswanderungswelle von Europa nach Amerika ausgelöst. Dieser Vulkan erreichte Stufe 7 auf dem bis Stufe 8 reichenden Vulkanexplosivitätsindex.

Durch derartige Ereignisse können jedoch keine großen Säugetiere schnappschussartig schockgefroren werden, da ein Temperatursturz von knapp 80 Grad Celsius erforderlich war, um den Mageninhalt zu gefrieren und zu konservieren (Dillow, 1981).

Es gibt jedoch eine aus der Technik bekannte Alternative. Professor Dr.-Ing. Karl-Heinz Jacob berichtete bei einem Gedankenaustausch einen bis dahin nicht beachteten Aspekt. Er wies darauf hin, dass beim »Kohlemachen«, also der Gewinnung von Kohle mit einem Pickhammer, dieser immer wieder durch das austretende Gas vereiste und nicht mehr funktionierte, bis dieser schließlich wieder aufgetaut war. Er verwies auf den Joule-Thomson-Effekt, der auch für das plötzliche Einfrieren der Mammuts verantwortlich sein könnte (Abb. 102).

Dieser Joule-Thomson-Effekt ist aus der Technik bekannt und spielt eine wichtige Rolle in der Thermodynamik von Gasen: beim Gefrieren von Wasser in Schneekanonen, Herstellung von Trockeneis beim Zahnarzt, Abkühlung von Schlagsahne oder Softeis sowie Gasverflüssigung im Linde-Verfahren.

Tatsächlich lagern riesige Vorkommen von Kohlenwasserstoffen in und unter den Permafrostgebieten in Sibirien. Der Joule-Thomson-Effekt bewirkt, dass sich unter Druck stehende Gase bei Entspannung und demzufolge Druckverringerung sehr stark abkühlen. Dabei erhöht sich das vom Gas eingenommene Volumen drastisch. Es handelt sich um eine adiabatische

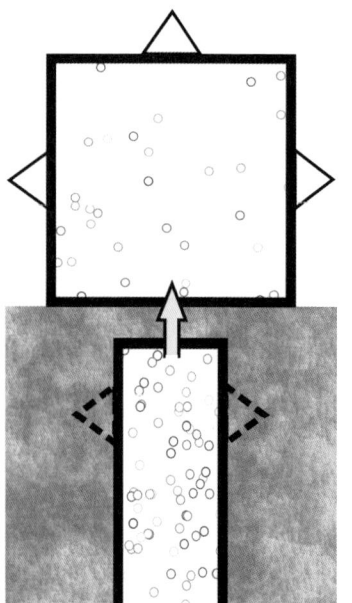

Abb. 102: **JOULE-THOMSON-EFFEKT**. Dieser adiabatisch genannte, zustandsändernde Effekt entsteht bei hochverdichteten Gasen bei deren Entspannung durch enge Spalten und der damit einhergehenden Druckverminderung. Gleichzeitig nimmt das Gasvolumen auf der Ausströmseite zu, und am Austrittsspalt tritt eine starke Abkühlung auf. In der Natur stehen natürliche Erdgasvorkommen in der Lithosphäre ebenfalls unter hohem Gasdruck. Durch tektonische Ereignisse, wie z. B. Erdbeben, können Erdspalten aufreißen, und das hochverdichtete Erdgas kann entweichen, wobei der Joule-Thomson-Effekt auftritt. Da methanreiches Erdgas immer mit Grundwasser vermischt ist, das durch die Entspannung ebenfalls vereist, werden erstmals auch sehr tiefreichende »Eiskeile« physikalisch besser erklärbar. Denkbar ist auch die Bildung extrem tiefer Dauer-Eisblöcke oder Eisschichten, die durch eine Kältefront von der Erdoberfläche her nur schwer vorstellbar sind.

Zustandsänderung von Gasen, ohne dass thermische Energie mit deren Umgebung ausgetauscht wird. Der Joule-Thomson-Effekt kann entstehen, wenn sich z. B. das in der Lithosphäre hoch komprimiert vorhandene Erdgas beim Aufwärtsmigrieren und schließlich Passieren von engen Spalten entspannt. Gleichzeitig nimmt infolge der Druckverminderung das *Volumen* der Gase *auf der Ausströmseite*, also in der Atmosphäre zu, da sich der mittlere Abstand der Teilchen erhöht, und am Austrittsspalt tritt eine plötzlich *starke* Abkühlung bzw. Vereisung auf.

Dieser Vorgang läuft aus der Tiefe zur Erdoberfläche hin ab, weshalb die enorme Mächtigkeit des Permafrostbodens erklärt werden kann. Unter dieser pfropfenartigen Schicht sammeln sich Gase an, hauptsächlich Methan, überwiegender Hauptbestandteil des Erdgases, und diese können mittels Bohrungen als Erdgas gefördert und industriell genutzt werden. Dieser Tatsache verdankt Russland seinen Reichtum durch Gasexporte.

Mit dem Aussterben der Mammuts infolge Schockgefrierung in den heutigen Dauerfrostboden-Gebieten Sibiriens wurden die Stämme riesiger Wälder wie Streichhölzer umgeknickt und mit den Fluten der Flüsse in Richtung Nordpolarmeer gedriftet. Ereigneten sich hier Gasausbrüche, unter anderem bei der Tunguska-Explosion im Jahr 1908? Viele Theorien wurden aufgestellt, vom Zerschellen eines UFOs über das oberirdische Zerplatzen eines Meteoriten bis hin zum Einschlag eines Schwarzen Lochs. Das Rätsel besteht darin, dass kein Einschlagkrater vorhanden ist, aber von einem bestimmten Punkt in radialer Richtung 60 Millionen Bäume auf einem Gebiet von 2000 Quadratkilometern umknickten. Noch in 500 Kilometern Entfernung wurde der Feuerschein wahrgenommen, neben einer Druckwelle und Donnergeräuschen. Alle Erklärungsversuche, die einen physisch-mechanischen Einfluss von außen berücksichtigen, können nicht erklären, warum in den Tagen vor der Explosion merkwürdige atmosphärische Leuchterscheinungen beobachtet wurden und sich leichte Erdbeben ereigneten. Wenn man einen Zusammenhang sucht, dann bietet sich als Erklärung des Tunguska-Ereignisses, wie mir Professor Dr. Wolfgang Kundt (2005, S. 204 f.), der selbst vor Ort war, bei einem persönlichen Meinungsaustausch erläuterte, als Ursache ein Methan- bzw. Erdgasausbruch an. Für einen solchen reicht eine verhältnismäßig geringe Menge von etwa 100 Millionen Tonnen Erdgas aus.

Auf der südlichen Erdhalbkugel scheint ein ähnlicher Vorgang stattgefunden zu haben. Auch die Antarktis wurde mit einem Eispanzer überzogen, wenn auch in mehreren Etappen. Auf dem Südpol fand man Überreste einer Flora, die in antarktischem Klima nicht vorkommt. Die Landmassen der Antarktis müssen sich ursprünglich ungefähr 3200 Kilometer weiter nördlich und damit in gemäßigten Klimazonen befunden haben (Hapgood, 1970).

Zwischen 2015 und 2017 wurden in der Antarktis, 260 Kilometer vom Rande des Eisschildes entfernt, zwei 900 Meter tiefe Bohrungen niedergebracht, um Bodenproben von den unter dem Eisschild vermuteten, angeblich weichen Sedimenten heraufzuholen. Zur Überraschung der Forscher stieß man jedoch auf Felsen. Eine niedergebrachte Kamera entdeckte dann zwei verschiedene, bisher unbekannte, etwa fünf bis zehn Zentimeter lange Organismen. Wie diese leben und wovon sie sich ernähren, wissen die Forscher nicht. Es wird vermutet, dass möglicherweise einige von ihnen fleischfressend sind (Griffiths, et al., 2021)

Da gemäß Zeittafel der Plattentektonik die Antarktis auch schon vor 180 Millionen Jahren, also zu Beginn des Auseinanderbrechens der Kontinente, zumindest in der Nähe des heutigen Standorts lag, muss das Klima an den Polen warm gewesen sein. Damit wäre auch ein weltweit warmes Klima nachgewiesen. Dies deutet aber wiederum auf eine gerade Erdachse und damit auf fehlende Jahreszeiten hin. Nur bei einer *schiefen* Erdachse, wie sie sich uns heutzutage darstellt, sind *vereiste Pole* denkbar. Das weltweit warme oder sogar tropische Klima ist auch in anderen Teilen der heutigen Arktis nachweisbar. In Spitzbergen fand man fossile Palmwedel und Korallen sowie eigentlich wesentlich südlicher beheimatete Schalentiere. Korallen brauchen Wassertemperaturen von mindestens 20 Grad Celsius, um zu gedeihen. Um entsprechende Bedingungen theoretisch zu beweisen, behauptet man, dass Spitzbergen irgendwann in der Nähe des Äquators gelegen haben müsse, bevor es nach Norden driftete. Aber wie auch die digitale Alterskarte bestätigt, gab es einen solchen Ortswechsel nicht, zumindest nicht nach dem Auseinanderbrechen des Urkontinents Pangaea vor 180 Millionen Jahren. Im Gegenteil: *In den letzten 60 Millionen Jahren soll Spitzbergen sogar 400 Kilometer südöstlich gedriftet sein,* wie neue Untersuchungen mit dem Forschungsschiff »Polarstern« im Jahr 1999 ergaben. Somit befand sich Spitzbergen *am Schluss der Kreidezeit, endend vor 65 Millionen Jahren, sogar weiter nördlich als heute, in noch unwirtlicheren Gefilden.*

Eine Fülle von Versteinerungen beweisen aber, dass in der Primärzeit der Erde tatsächlich ein tropisches Klima von Pol zu Pol geherrscht hat. Mehrere Meter mächtige Schichten glänzender Kohle fand man am nördlichen Zipfel des Spitzbergen-Archipels (Heer, 1868). Aber auch Tannen, Zypressen, Pinien, Feigenbäume und sogar die aus Kalifornien bekannten gigantischen Riesenmammutbäume wuchsen von der Beringstraße bis in den Norden Labradors (Velikovsky, 1980, S. 61 f.). Echte Korallenriffe sind praktisch rund um den ganzen Erdball, unter anderem am deutschen Nieder- und Mittelrhein und in Schweden sowie in allen Randgebieten des polaren Amerika von Alaska bis Grönland, in Sibirien, Australien wie auch in fast allen Teilen der Erde zu finden. Und die Antarktis besaß in der Vergangenheit auch große Wälder. Neben mehreren Kohleschichten entdeckte E. H. Shackleton im Laufe einer Expedition 1907 bis 1909 dort fossiles Holz im Sandstein einer Moräne (Velikovsky, 1980, S. 62). Ohne drastische Änderungen der Erdachse sind kaum Bedingungen denkbar, die tropische Pflanzen in Polarregionen gedeihen lassen.

Richard Lewis berichtete über Funde von Kohle und fossilen Bäumen mit einem Durchmesser von ungefähr 60 Zentimetern am Südpol (Lewis, 1965). Außerdem wurden 30 Schichten von Anthrazit, Steinkohle mit sehr hohem Kohlenstoffgehalt, entdeckt, wobei jede Schicht 90 bis 100 Zentimeter dick war.

Eisfreie Antarktis

Berücksichtigt man die Tatsache, dass Dinosaurier als Landtiere nicht in der Lage waren, große Meere zu überwinden, geben die fossilen Überreste einzelner Dinosaurier-Arten einen Hinweis auf die Anordnung der Kontinente zu Lebzeiten dieser Urtiere. Man fand Dinosaurier, die zu ein und derselben Gattung gehören, in weit voneinander entfernten und heute durch Ozeane getrennten Gebieten: Argentinien und Madagaskar, Alberta (Kanada) und die Mongolei. Aber auch in heute vereisten Gebieten Alaskas, Spitzbergens und, wie bereits beschrieben, im »ewigen« (?) Eis in der Antarktis. Aus der weit gestreuten Verteilung lässt sich ableiten, dass die Landmassen im Erdmittelalter (Mesozoikum: 250 bis 65 Millionen Jahre) zumindest irgendwie miteinander *verbunden* waren.

Aus dem geografischen Vorkommen der Dinosaurier kann auch auf das Klima der damaligen Kontinente geschlossen werden. Die beschriebenen fossilen Funde bezeugen, dass die Antarktis zu Lebzeiten der Dinosaurier noch *nicht vereist* war. Gegen eine teilweise Vereisung im Erdmittelalter sprechen die klimatischen Verhältnisse, denn während der jüngeren Kreidezeit soll bis vor 65 Millionen Jahren *global ein warmes Klima* geherrscht haben. In dem Fachbuch »Das Klima der Vorzeit« wird bestätigt, dass man den Eindruck erhält, dass »Die Eiszeitalter (in die auch die Jetztzeit gehört) die *Ausnahmen*, die *eisfreien Zeiten* dagegen der *Normalzustand* der Erde sind« (Schwarzbach, 1993, S. 255). Die Klimageschichte der heute vereisten Kontinente wird entsprechend charakterisiert:

Das Nordpolargebiet war erst sehr spät vor 5 bis 1,7 Millionen Jahren stellenweise vereist, ansonsten herrschte seit der Dinosaurier-Ära bis zum Beginn des Eiszeitalters vor 2,7 Millionen Jahren über zig Millionen Jahre hinweg warmes Klima (Schwarzbach, 1993, S. 261).

Die Antarktis wies im gesamten Erdmittelalter zu Lebzeiten von Dinosauriern mindestens *gemäßigtes Klima* auf, im Rahmen des internationalen Cape-Roberts-Projekt wurde bestätigt, dass die Vereisung wesentlich später *nach* dem Aussterbezeitpunkt der Dinosaurier vor vielleicht 30 Millionen Jahren – einsetzte (vgl. Schwarzbach, 1993).

Eine gerade ausgerichtete Erdachse würde ein global warmes Klima erklären, denn die Jahreszeiten entstehen erst durch die heutige Schräglage von 23,5 Grad – bestätigt durch Überlegungen von Fachleuten wie Gripenberg (1933), Obuljen (1963) und anderen, besonders ausführlich und abgewandelt von G. E. Williams (1972), unterstützt. »Die senkrechte Stellung (…) führt zu keinen Vereisungen (…)«, bestätigt auch Prof. Dr. Martin Schwarzbach (1993, S. 279) vom Geologischen Institut der Kölner Universität.

Um jedoch bestimmte – allerdings falsch interpretierte – Vereisungsspuren zum Beispiel in Afrika zu erklären, favorisiert man im Sinne der Kontinentaldrift die Vorstellung, dass ein ursprünglich vorhandener Superkontinent oder auch Teile davon mehrfach über den Pol *hin und her* gedriftet sein müssen, damit man entsprechende – meiner Ansicht nach fehlinterpretierte – Phänomene wie glatt geschliffene Felsplatten u. a. in Zentralafrika erklären kann. Die Ozeanböden sind aber höchstens 180 Millionen Jahre alt, und es lassen sich vor diesem Zeitpunkt keine entsprechenden Drift- und Altersspuren im Boden der Ozeane nachweisen.

Deshalb müsste es eine andere Kontinentalverschiebung vor der uns bekannten gegeben haben, denn seit dem Beginn des Erdmittelalters vor

250 Millionen Jahren befand sich Afrika definitiv nicht an einem Pol, und Spitzbergen oder die Antarktis lagen nicht am Äquator, ebenso wenig wie Deutschland. Die *erste Kontinentalverschiebung* müsste *vor dem Erdmittelalter* erfolgt sein und als Ergebnis erst den Urkontinent Pangaea ergeben haben, der dann auseinanderbrach, wodurch die uns bekannte Kontinentalverschiebung eingesetzt haben soll. Festzuhalten bleibt im Einklang mit geophysikalischen Vorstellungen die Tatsache, dass die Antarktis während des Erdmittelalters immer im Süden in der Nähe des Südpols gelegen haben muss und eisfrei war.

Die Antarktis war nicht nur eisfrei, dort herrschte sogar ein warmes oder subtropisches Klima. 3000 Meter über dem Meeresspiegel fand man reiche Fossilienlager, Blattabdrücke und versteinertes Holz am Mount Weaver sowie Dinosaurier-Fossilen sogar in 4000 Metern Höhe. Einen versteinerten Laubwald entdeckte man 400 Kilometer vom Südpol entfernt. Bohrproben aus dem Grund des Ross-Meeres beinhalteten feinkörnige Sedimente, die auf ins Meer strömende Flüsse vor der Vereisung der Antarktis schließen lassen (Hancock, 1995).

Nach der Interpretation von Jack Hough, erschienen im Geologie-Fachblatt »Journal of Geology« (1950, Bd. 58, S. 254 ff.) der Universität von Chicago, zeigen Bohrkerne während der Zeit von der Gegenwart bis hin vor 6000 Jahren eiszeitliche Meeressedimente. In den davor liegenden 9000 Jahren, also bis vor 15 000 Jahren, bestehen die Sedimente nach dieser Untersuchung aus Schichten von feinkörnigen, der Größe nach sortierten Ablagerungen. Sie stammen aus eisfreien (gemäßigten) Zonen und wurden von Flüssen ins Meer verfrachtet. Die Bohrkerne zeigen, dass die letzte Warmzeit am Südpol vor 6000 Jahren endete und erst dann eine Vereisung begann.

Bestätigt wird die Warm- und eben nicht Kaltzeit in der Antarktis u.a. durch den Fund einer versteinerten Fliege (»Nature«, Bd. 423. 8.5.2003, S. 136). Da die Antarktis seit über 30 Millionen Jahren vereist sein soll, schlossen Paläontologen folgerichtig die Existenz höher entwickelter Fliegen, zu denen die Hausfliege gehört, in der Antarktis aus. Denn es gilt der Kernsatz: Ohne Wärme keine Fliegen! Aber die erforderliche Warmzeit hat Hough ja für die Zeit bis vor 6000 Jahren am Südpol nachgewiesen. Der Fund dieser Fliege stellt deshalb kein Rätsel dar. Allerdings müssen wir die über 30 Millionen Jahre andauernde Eisbedeckung der Antarktis als Phantomzeit streichen, bis vor wenigen Tausend Jahren (mit dem Impakt-Winter?) das Eis tatsächlich kam, und zwar schnell (= Zeitimpakt).

Diese »Schneezeit« genannte Phase war quasi ein auf einen engen Zeitraum verkürztes Großes Eiszeitalter im Zusammenhang mit einer dem Kataklysmus folgenden Kälteperiode und Ausgasungsprozessen von Kohlenwasserstoffen unter Berücksichtigung des Joule-Thomson-Effekts (Abb. 102) und unter Berücksichtigung warmer Ozeane vor diesen Kataklysmen.

Eine rasche, extreme Abkühlung nach dem Dinosaurier-Impakt wurde 2004 jetzt auch im Fachmagazin »Geology« (Bd. 32, Nr. 6, S. 529–532) bestätigt. Fazit: Die Gletscher entstanden relativ schnell. Die Beschreibung der Klimaänderung am Südpol erinnert an die Epoche vor der plötzlichen Vereisung Sibiriens. Wie und wann aber wurde die grüne Antarktis tatsächlich mit dem Eispanzer überzogen?

Wann wurde die Antarktis vermessen?

Der Südpol wurde erst *1818 offiziell entdeckt*. Die Antarktis ist aber als eisfreies Gebiet bereits zuvor auf mehreren Karten von *Anfang* des 16. Jahrhunderts eingezeichnet! Die Weltkarte von Oranteus Finaeus aus dem Jahr 1531 ist aus diversen damals noch vorhandenen älteren Karten zusammengestellt. Auf dieser Karte sind die tatsächlichen Küstenregionen der Antarktis und andere Einzelheiten im *eisfreien* Zustand eingezeichnet. Die Mercator-Karten des niederländischen Geographen Gerhard Kremers (1512–1594) wurden 1569 zu einem Atlas zusammengestellt. Auf mehreren dieser Karten war die Antarktis dargestellt. Wohlgemerkt: bereits *vor ihrer offiziellen Entdeckung*. Auch die Karte von Finaeus ist in diesem Atlas enthalten.

Der Geograph Phillippe Buache veröffentlichte im 18. Jahrhundert eine Karte der Antarktis – *völlig eisfrei*! Außerdem sind die Topografie des heute unter dem Eis verborgenen Festlandes und eine Wasserstraße eingezeichnet, die den Kontinent in zwei Hälften teilt (Abb. 103). Ich stelle noch einmal fest, dass *die Antarktis zum Zeitpunkt der Veröffentlichung dieser Karte im Jahr 1737 offiziell noch gar nicht entdeckt war*, und auch zu dieser Zeit wusste man noch gar nichts über Tandmassen unter dem Eis. Am Nordpol gibt es im Gegensatz zum Südpol kein festes Land, sondern nur Eisberge, wenn man von Grönland und einigen Inseln absieht. Die Vorlagen für die antiken Kar-

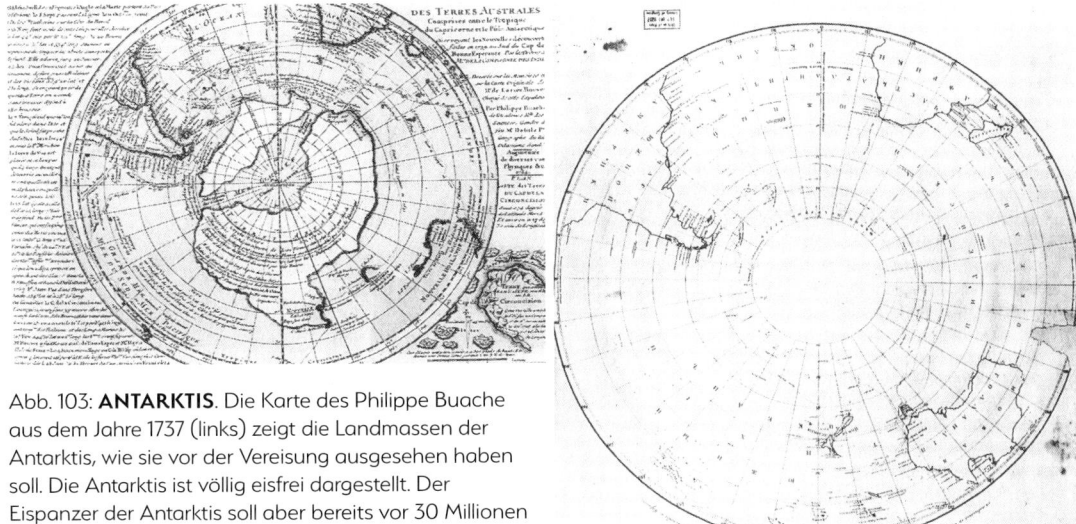

Abb. 103: **ANTARKTIS**. Die Karte des Philippe Buache aus dem Jahre 1737 (links) zeigt die Landmassen der Antarktis, wie sie vor der Vereisung ausgesehen haben soll. Die Antarktis ist völlig eisfrei dargestellt. Der Eispanzer der Antarktis soll aber bereits vor 30 Millionen Jahren entstanden sein. Woher weiß ein Kartograph, dass sich unter dem Eis Landmassen befinden? Uns gelang diese Entdeckung erst durch Satellitenaufnahmen im Jahr 1958. Die russische Karte des frühen 19. Jahrhunderts (rechts) zeigt noch Wasser am Südpol, denn die Antarktis wurde erst 1818, also 81 Jahre nach Erstellung der Buache-Karte offiziell entdeckt. Wann wurden die eisfreien Landmassen der Antarktis vermessen, vor 30 Millionen Jahren, als es noch gar keine Menschen gegeben haben soll, oder vielleicht vor nur wenigen Tausend Jahren? Die zweite Möglichkeit bezeugt, dass die Gletscher der Eiszeit schnell und nicht langsam erschienen. Folglich könnten auch Dinosaurier noch vor ein paar Tausend Jahren bis zur eintretenden Vereisung am Südpol gelebt haben.

ten scheinen älter zu sein als die Karten von Mercator und Finaeus selbst (Hapgood, 1996).

Die bekanntesten alten Karten stellen die Weltkarten des türkischen Generals und Kartographen Piri Reis aus dem Jahre 1513 dar, die erst 1929 im Topkapi-Palast in Istanbul in Form von zwei Fragmenten entdeckt wurden. Zum Zeitpunkt ihrer Entdeckung mussten die eingezeichneten, bis dahin nicht bekannten Angaben und Details als Auswüchse purer Phantasie interpretiert werden. Da diese antike Karte also ein Wissen dokumentiert, das man zu damaliger Zeit nicht hätte haben können, ergibt sich von selbst, dass die Karte echt sein muss. Die Echtheit dieser Dokumente wird auch nicht angezweifelt. Auf diesen Karten waren neben den Küstenlinien von Süd- und Nordamerika auch Einzelheiten dieser Kontinente enthalten, wie etwa die Lage der Anden mit der Quelle des Amazonas. Die Falklandinseln wurden offiziell 1592 entdeckt, sind aber auf den Karten von 1513 bereits auf dem korrekten Breitengrad eingetragen. Interessant ist auch, dass auf den Karten des Piri Reis mit unglaublicher Genauigkeit die Landmassen, Berge, Buchten, Inseln und Küstenlinien der Antarktis richtig eingezeichnet waren, die sich heutzutage unter dem Eis befinden. *Uns ist diese Entdeckung wie gesagt erst 1958,* im Internationalen Geophysikalischen Jahr, *durch spezielle Satellitenaufnahmen geglückt!* Woher wusste man vor über 500 Jahren um die Existenz eines Kontinents am Südpol und kannte dazu noch die heutzutage unter dem Eis verborgenen Küstenlinien? Offiziell gibt es keinerlei Beweise für die Anwesenheit von Menschen vor dem 19. Jahrhundert in der Antarktis.

Gab es vor der Sintflut überhaupt Eis am Südpol und eventuell auch keines am Nordpol? Erschien das Eis oder zumindest weite Teile des die Erde bedeckenden Eispanzers plötzlich als Begleiterscheinung der kataklysmischen Ereignisse, wie es auch die Überlieferungen der Eskimos berichten? Sibirien und auch die Antarktis wurden anscheinend sehr schnell mit einem mächtigen eisigen Panzer überzogen.

Auf der Nord- wie auf der Südhalbkugel unserer Erde wurden einst die Klimazonen um ungefähr 3500 Kilometer schnell verschoben. In Sibirien und Alaska erfroren Mammuts, Rhinozerosse, Bisons, Pferde und andere Tiere gemäßigter Klimazonen in einer Art Tiefkühlschrank teilweise sogar stehend, während auch in der Antarktis alles Leben vernichtet wurde, wie die fossilen Funde nicht nur verschiedener Dinosaurier-Arten beweisen. Verschob sich die Erdachse um mindestens 20 Grad? Falls man die katastrophischen Ereignisse auf der Nord- und Südhalbkugel im Zusammenhang und nicht als isolierte Ereignisse erkennt, erscheint dies glaubhaft. Und gleichzeitig verschoben sich auch die Kontinente, Südamerika driftete etwas nördlich, und der Atlantik verbreiterte sich gewaltig.

Falls diese Aussagen richtig sind, könnte es auch Karten geben, die Sibirien eisfrei darstellen. Tatsächlich zeichnete Gerhard Mercator viele Bäume und Flüsse im westlichen Sibirien nicht nur auf der Karte des Nordpols aus dem Jahr 1595 ein. Fast selbstverständlich erscheint dann die Erkenntnis, dass auf der venezianischen Karte der Brüder Niccolo und Antonio Zeno – die selbst den Nordatlantik bereisten – aus dem Jahr 1380 Grönland *total eisfrei*, dafür aber mit Bergen und Flüssen in Polarprojektion dargestellt wurde. Seit mindestens 250 000 Jahren soll Grönland vereist sein. Der Experte Professor Charles H. Hapgood (1996) vom Keene State College in

Keene (New Hampshire) stellte fest, dass die in Grönland unter dem Eis vorhandene Topografie qualitativ derjenigen auf der Karte entspricht. Die Zeno-Karte wurde sicher aus älteren Karten kopiert, eventuell 1380 nur ergänzt. Wiederum stellt sich die Frage: Wann wurde die Karte hergestellt? Vor 250 000 Jahren oder doch erst vor kurzer Zeit? Für den zweiten Fall ergibt sich eindeutig, dass Grönland vor kurzer, also in geschichtlicher Zeit, eisfrei gewesen sein muss. Hapgood geht, so wie auch ich auch, von nur wenigen Tausend Jahren aus. Es steht fest, dass die mit »ewigem Eis« bedeckten Gebiete – Antarktis, Sibirien und Grönland – von Menschen kartiert und eisfrei dargestellt wurden, denn die Karten sind nachweislich echt.

Der inzwischen verstorbene Immanuel Velikovsky, der in den Fünfzigerjahren mit seiner Theorie über immer wiederkehrende Katastrophen während der Erdzeitgeschichte Aufsehen erregte, stellte in dem Buch »Welten im Zusammenstoß« (1994) fest:

»Die Pole hatten nicht immer ihre heutige Lage, und die Veränderungen waren keineswegs allmähliche Vorgänge. Die glaziale Eisdecke war nichts anderes als Polareis. Die Eiszeiten endeten mit katastrophaler Plötzlichkeit, Gegenden mit mildem Klima gerieten in ganz wenigen Stunden in den Polarkreis. Die Eisdecken Amerikas und Europas begannen zu schmelzen; große Mengen von der Meeresoberfläche aufsteigenden Wasserdampfes vermehrten die Niederschläge und förderten die Bildung einer neuen Eisdecke. In viel stärkerem Maße als das Vorrücken des Eises brachten riesige Wellen, die über die Kontinente hinweggezogen, den Geschiebeschutt und die Findlingsblöcke mit, die über große Entfernungen hin weggetragen und auf fremden Gesteinsschichten abgesetzt wurden.

Betrachten wir die Grenzen der Vereisung auf der nördlichen Halbkugel, so erkennen wir einen Kreis, dessen Mittelpunkt an der Ostküste Grönlands oder an dem Meeresarm zwischen Grönland und Baffinland in der Nähe des gegenwärtigen magnetischen Nordpols liegt und der mit einem Durchmesser von etwa 3600 Kilometern den Bereich der Eisdecke während der letzten Eiszeit umschreibt. Der Nordosten Sibiriens liegt außerhalb dieses Kreises; das Tal des Missouri bis herab auf 39 Grad nördlicher Breite liegt innerhalb des Kreises. Der östliche Teil Alaskas ist eingeschlossen, nicht dagegen der westliche. Nordwesteuropa liegt innerhalb des Kreises; eine Strecke hinter dem Ural biegt die Grenzlinie nach Norden ab und überschneidet den heutigen Polarkreis.

Abb. 104: **EINGEFROREN**. Eine von mehreren Pyramiden in der Antarktis, die auf Satellitenaufnahmen zu erkennen sind. Während die größte Pyramide in Gizeh eine durchschnittliche Basislänge von 230 Metern hat, beträgt die Seitenlänge eines Gebildes in der Antarktis im Satellitenbild ca. 400 m. Es lassen sich ähnliche Winkelverhältnisse wie bei den Pyramiden in Gizeh vermuten. Handelt es sich um *Nunatak* genannte Gebilde, die in der Glaziologie als ein isolierter, über die Oberfläche von Gletschern und Inlandeismassen aufragender Felsen oder Berg bezeichnet werden, oder wirkten Menschen in der Antarktis?

Das führt zu der Frage, ob der Nordpol nicht am Ende in vergangener Zeit um 20 Grad oder mehr von seiner heutigen Lage entfernt an Amerika lag, während der alte Südpol um dieselben 20 Grad von seinem gegenwärtigen Platz entfernt war, etwa in der Gegend des Queen-Mary-Landes auf dem antarktischen Kontinent.«

Die tieferliegenden Schichten des sibirischen Eispanzers wurden von O. F. Herz (1904) und E. W. Pfizenmayer genauer untersucht. Mit zunehmender Tiefe erschien das Eis weißer und brüchiger. Sobald man dieses Eis jedoch der normalen Luft aussetzte, bekam es eine *gelblich braune* Farbe. Manchmal enthält das Eis sogar pflanzliche Partikel und dünne Schichten von Sand oder Lehm. Daraus kann man für die tieferen Eisschichten mit den organischen und anorganischen Verunreinigungen auf einen plötzlichen Einfriervorgang schließen. Bis in größere Tiefen ist das Eis der Regionen in Sibirien *nicht langsam Winter für Winter* gewachsen, sondern schnell entstanden. Deshalb stimmt die Datierung anhand von Eisbohrkernen auch nicht, da man von einer heute zu beobachtenden langsamen Bildungsrate mit einer Schicht pro Jahr ausgeht.

Für die schnelle Entstehung des Eises spricht auch dessen körnige Struktur: Man kann es zwischen den Fingern zerreiben und die Struktur lösen, stellte L. S. Quackenbush (1908) bei einer Expedition fest. Deshalb ist es verständlich, wenn W. H. Dall (1881) dieses Eis, das unter, neben und über Mammuts gefunden wurde, mit zusammengepressten Hagelkörnern vergleicht (»American Journal of Science«, 21, 1881, S. 107). Ja, er berichtet sogar, dass ein Mammut inmitten solch körnigen Eises gefunden wurde.

Wann fand dieses Szenario tatsächlich statt? Und wer hat die Antarktis so lange vor Christoph Kolumbus (1451–1506) äußerst *exakt* vermessen, und dazu noch eisfrei? Auf jeden Fall dokumentieren die alten Landkarten eindrucksvoll, dass die Antarktis in geschichtlicher Zeit, also zu Lebzeiten unserer Vorfahren *vor wenigen Tausend Jahren eisfrei gewesen sein muss!*

Interessant sind auch die Entdeckungen von Pollen, Bakterien, Würmern, Schnecken, Muscheln sowie Fischen, unter anderem einem der ersten Kragenhaie am Südpol (Richer/David, 1990). Fossile Blätter und Fragmente von Pflanzen werden in der gesamten Formation gefunden, in den unteren Lagen auch ganze Baumstämme. Dies ist ein Beweis für die Existenz von Wäldern, die die Antarktis während der späten Kreidezeit aufgrund der insgesamt wärmeren globalen Temperaturen und des milderen Klimas bedeckten.

Diese Funde gehören zur Oberkreide, stammen also aus der »Blütezeit« der Dinosaurier, und wurden in marinen Sedimenten wie der antarktischen *Santa-Marta-Formation* entdeckt. Diese geologischen Schichten bedecken weite Bereiche der Erdoberfläche an der nordöstlichen Spitze der antarktischen Halbinsel, so den Boden des Meeresbeckens *James-Ross-Basin* und vorgelagerten Inseln wie der James-Ross-Insel.

Wie zu erwarten, entdeckte man in diesem Gebiet Überreste von Dinosauriern, vor allem in seichten marinen und küstennahen Sediment-Ablagerungen, insbesondere Fossilien von im Meer lebenden Sauriern, so von Elasmo-, Plesio- und Mosasauriern (u. a. Gasparini et al., 1984 oder Martin et al., 2002).

Der erste Fund von angeblich an Land lebenden Sauriern war im Jahr 1986 ein Ankylosaurier, welcher auf der James-Ross-Insel in der *Santa-Maria-Formation* entdeckt wurde (Olivero et al., 1991). Es folgten weitere, unter anderem von einem Fleisch fressenden Theropoden aus der Gruppe der Dromaeosauridae (Case et al., 2007), Hadrosaurier (Rich et al., 1999) sowie einem riesigen Pflanzen fressenden Titanosaurier (Cerda et al., 2012 und anderen (Reguero et al., 2013).

Auf der gegenüber der *James-Ross-Insel* liegenden, zu 96 Prozent vergletscherten und eine Eiskappe von fast 400 Metern Mächtigkeit aufweisenden Insel *Snow Hill Island* (deutsch etwa: Schneehügelinsel) wurden Trittsiegel von Dinosauriern entdeckt (Oliverom et al., 2007). Außerdem wurde ein riesiges versteinertes Dinosaurier-Ei identifiziert, das am ehesten den Eiern von Eidechsen und Schlangen ähnelt. Da dieses Fossil in versteinertem Meeresboden gefunden wurde, glauben chilenische Forscher, dass es sich um das Ei eines marinen Sauriers handeln könnte (Legendre et al., 2020).

»Zu Lebzeiten der Saurier war das globale Klima viel wärmer als heute und die Antarktis war mit Wäldern bedeckt. Fossile Sporen und Pollen zeigen, dass südliche Buchen- und Nadelwälder, wie sie heute in Patagonien leben, im Tiefland des Vulkanbogens wuchsen (… und) sich das Klima etwa zwei Millionen Jahre vor dem Ende der Kreidezeit erheblich erwärmt hat, möglicherweise infolge massiver Vulkanausbrüche in Indien. Hat dieser Klimawandel das Aussterben der Dinosaurier in der Antarktis verursacht (…)« (Bowman, 2014).

Setzt man eine unmerklich langsame und nicht relativ schnelle Verschiebung der Kontinente voraus, könnte sich für die Entwicklung der Dinosaurier im Sinne unseres Weltbildes ein ernsthaftes Problem ergeben. Dinosaurier bewohnten vielleicht Sümpfe, Teiche oder flache Lagunen, schwammen aber je nach Art höchstens kurze Strecken, wie es vom Hadrosaurier (Entenschnabel-Dinosaurier) vermutet wird.

Trennten sich beispielsweise zwei Kontinente, konnte es nach diesem Zeitpunkt keine gleiche Entwicklung desselben Typs von Dinosauriern auf den jetzt getrennten Kontinenten geben. Mit anderen Worten: Falls man in Nordamerika und Afrika dieselbe Spezies findet, muss es zum Zeitpunkt der Entwicklung dieser Arten noch eine Landbrücke oder eine andere Verbindung zwischen diesen Kontinenten gegeben haben.

Bis vor etwa 30 Jahren war man davon überzeugt, dass sich die Tierarten auf den aus dem Superkontinent *Pangaea* gebildeten zwei Landmassen *Laurasia* im Norden (Nordamerika, Europa, Asien) und *Gondwana* im Süden (Südamerika, Afrika, Arabien, Madagaskar, Indien, Australien, Neuseeland und Antarktis) wesentlich unterschieden. Die beiden neuen Kontinente sollen durch eine unüberwindliche Barriere, dem Ur-Meer *Tethys* voneinander getrennt gewesen sein. Entsprechende Hinweise gaben bisher verschiedene fossile Funde von Dinosaurier-Arten, die zwar im Norden, aber nicht südlich des Äquators gefunden wurden, und anderseits Arten, die nur in Brasilien und Afrika gefunden wurden. Diese Ansicht ist aber seit kurzer Zeit überholt.

Unter diesen Voraussetzungen erscheint es interessant, die räumliche Ausbreitung derjenigen Dinosaurier-Gruppen zu untersuchen, die sich *nach* der Teilung Pangaeas und auch der beiden Superkontinente Laurasia und Gondwana ganz neu entwickelten.

Exemplare des gigantischen Sauropoden *Barosaurus* mit einer Länge von bis zu 27 Metern wurden in Süddakota und Utah (Vereinigte Staaten) ebenso wie in Tendaguru im afrikanischen Staat Tansania gefunden (Paturi, 1996, S. 254). Sie tauchten ungefähr vor 154 Millionen Jahren im späten Oberjura auf. Gab es zu diesem Zeitpunkt noch eine Landverbindung zwischen Nordamerika und Afrika via Europa? Denn vor 165 Millionen Jahren »entfernten sich die nördlichen Kontinente von Afrika und Südamerika, sodass Raum für den jungen Nordatlantik und die Karibische See entstand. Vor 125 Millionen Jahren (…) war der Nordatlantik an einigen Stellen bereits 4000 Meter tief (…)« (Sclater/ Tapscott, 1987, S. 125).

Entsprechend wirft der zuvor beschriebene Fund eines Hadrosauriers in der Antarktis neues Licht auf das Verschiebungsszenario der Kontinente. Dieser und andere Funde von Dinosauriern »stützen die Theorie, dass vor etwa 80 Millionen Jahren eine Landverbindung sowohl zwischen der Antarktis und Südamerika als auch nach Indien/Madagaskar existiert haben muss – jedoch nicht zwischen Antarktis und Afrika«, meldet »Bild der Wissenschaft« (online am 26. Oktober 1999). Aber die Funde von Hadrosauriern in Nordamerika einerseits und der Antarktis sowie in Südamerika andererseits bezeugen, dass auch eine Landverbindung zwischen den Superkontinenten Laurasia im Norden und Gondwana im Süden bestanden haben muss. Die noch vor kurzer Zeit favorisierte Meinung, wie sie auch von Alan Charig in seinem Buch »Dinosaurier« bekräftigt wird, dass die Hadrosaurier nur in Laurasia, also von Amerika bis Asien, gelebt haben, ist nicht mehr haltbar.

Es wird jedoch noch komplizierter, denn gemäß einer wissenschaftlichen Veröffentlichung im April 2021 wurde in Marokko ein Hadrosaurier-Fossil ausgegraben. Für derartige Entenschnabelsaurier war Afrika gemäß der geltenden Plattentektonik-Hypothese während der Oberkreide bis zum Aussterbezeitpunkt der Dinosaurier förmlich unerreichbar, weil angeblich tiefe, breite Meere es von den anderen Landmassen trennten. Dieser Hadrosaurier ist »so deplatziert, als hätte man ein Känguru in Schottland gefunden«, bestätigt Erstautor Nicholas Longrich von der Universität in Bath (Longrich et al., 2021).

Ein *einzelner verifizierter Fund* wirft ein ganz anderes Licht auf den zeitlichen Ablauf der Kontinentalverschiebung und auch auf die Theorie der Plattentektonik. Die Kontinente scheinen länger eine Einheit gebildet zu haben, als man bisher glaubte, falls nicht Dinosaurier über tiefe Ozeane hinweg geschwommen sein sollten. Folgerichtig müsste dann auch das sich Entfernen der Kontinente voneinander schneller abgelaufen sein, da weniger Zeit als bisher angenommen zur Verfügung stand.

Auch die Tyrannosaurier als angeblich größte Fleischfresser aller Zeiten galten lange Zeit als Bewohner des nördlichen Superkontinents Laurasia. Entsprechende Funde in der Mongolei sowie in ganz Nordamerika bestätigten diese Auffassung. In »Die Chronik der Erde« wird die Meinung vertreten, dass sich die Gattung Tyrannosaurus mit bis zu 15 Meter langen Individuen erst in der späteren Oberkreidezeit, genauer vor 80 bis 66 Millionen Jahren, entwickelt haben soll, also erst kurz vor dem angeblichen Aussterbezeitpunkt der Dinosaurier (Paturi, 1996, S. 304). Aber Lawrence Witmer von der Ohio-Universität in Athens fand 1998 den Schädel eines Tyrannosaurus auf Madagaskar. Die Existenz dieses Sauriers auf einer Insel und in anderen Teilen der Welt – Asien, westliches Nordamerika – beweist, dass es eine Landbrücke zwischen Madagaskar und Asiamerika gegeben haben muss. »Madagaskar war einst Teil eines riesigen Südkontinents namens Gondwana, der während der Blütezeit der Dinosaurier in verschieden große Segmente zu zerbrechen begann« (»Bild der Wissenschaft«, online, 18.5.1998). Auch wenn man über die Art und den genauen Zeitpunkt der Verschiebung der Kontinente sehr unterschiedlicher Meinung ist, wird Madagaskar dem Südkontinent Gondwana zugerechnet und von vor 140 bis 65 Millionen Jahren während der Kreidezeit als Insel dargestellt (Paturi, 1996, S. 270 und 284), eventuell verbunden mit dem damals auch als Insel betrachteten Indien (Abb. 105). Tyrannosaurier bzw. Tyrannosauridae begannen sich aber erst vor etwa 80 Millionen Jahren zu entwickeln, als es keine Landbrücken hin nach Madagaskar gegeben haben soll. 2007 entdeckte man einen kleinen Cousin von Tyrannosaurus rex in Patagonien, Argentinien, also im Süden Südamerikas. Im Jahr 2010 wird dann sogar von einem kleiner-wüchsigen Tyrannosaurier in Australien berichtet (Benson et al., 2010).

Mit jedem ungewöhnlichen Fundort einer bestimmten Dinosaurier-Gattung auf einem nach bisherigen Erkenntnissen »falschen« Kontinent wird auch die Theorie von der *langsamen* Kontinentalverschiebung zunehmend *ad absurdum* geführt. Je mehr Dinosaurier einer Gattung auf verschiedenen Kontinenten gefunden werden, desto klarer kristallisiert sich heraus, dass die Kontinentalverschiebung zumindest schneller vonstattengegangen sein muss, als man bisher zuzugeben bereit ist. So sind Forscher wie James Kirkland der Meinung, dass die Entdeckung von zwei neuen Dinosaurier-Arten (Ancylosaurier und Nodosaurier) »die Existenz der Landbrücke zwischen den Kontinenten um etwa 20 Millionen Jahre vordatiert« (»Bild der Wissenschaft«, online, 28.4.1999).

So einfach kann man natürlich eine urzeitliche Landbrücke ohne Konsequenzen für die Theorie der Kontinentalverschiebung nicht auftauchen lassen. Insgesamt ist ein Trend zur jüngeren Datierung geologischer Vorgänge – in diesem Fall um 20 Millionen Jahre – zu erkennen, denn die Kontinente scheinen länger miteinander verbunden gewesen zu sein, als man bisher glaubte. Dinosaurier derselben Gattung diesseits und jenseits des Atlantiks könnten die Ansichten über die Aufspaltung Laurasias und damit über die Bildung des Nordatlantiks revolutionieren. Falls man entsprechende Exemplare der Urgiganten ien Amerika und Europa findet, muss es zur Zeit ihrer Existenz zumindest eine Landbrücke zwischen beiden Kontinenten gegeben haben.

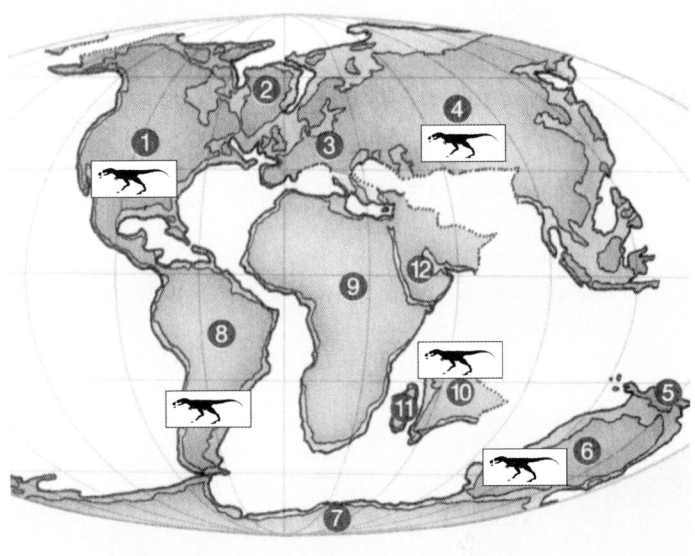

Abb. 105: **GLOBETROTTER**. Tyrannosaurier lebten auch auf Madagaskar und in Australien (10), das vor 180 bis 150 Millionen Jahren von Afrika (9) abgetrennt wurde und vor 140 bis 65 Millionen Jahren mit Indien (10) eine Insel gebildet haben soll. Die Tyrannenechsen sollen sich erst vor ungefähr 80 Millionen Jahren entwickelt haben. Die bisherigen Fundorte dieser Saurier lagen in Amerika (1) und Asien (4). Die neuen Funde schwimmunfähiger Saurier (Tyrannosaurus) auf Madagaskar (10) und in Südamerika (8), neuerdings auch Australien (6), bezeugen, dass die Kontinente wesentlich länger miteinander verbunden waren als bisher angenommen. Die Karte zeigt die Lage der Kontinente in der Oberkreidezeit (97 bis 65 Millionen Jahre) zu Lebzeiten des Tyrannosaurus rex: Grönland (2), Europa (3), Neuguinea (5), Australien (6), Antarktis (7), Südamerika (8), Arabien (12).

Zum ersten Mal wurden im Jahre 1877 in Colorado (Vereinigte Staaten) durch den amerikanischen Paläontologen Othniel C. Marsh Überreste eines fleischfressenden *Allosaurus fragilis* entdeckt. Vor allem die Morrison-Formation im Gebiet von New Mexico bis Montana mit Schwerpunkt in Colorado enthält viele dieser bis zu zwölf Meter großen Fleischfresser, die im späten Jura – vor 160 bis 140 Millionen Jahren – lebten. »Die erhaltenen Dinosaurier entsprechen erstaunlich genau den gleich alten Fossilien in Tendaguru in Tansania« (Paturi, 1996, S. 254).

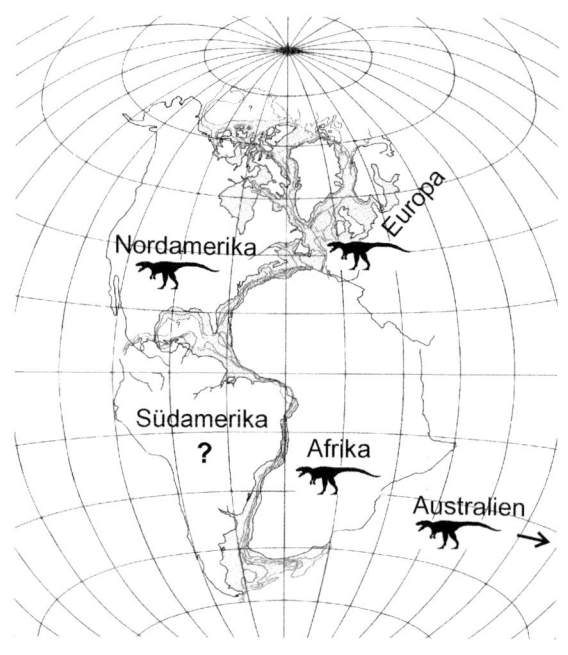

Abb. 106: **GRÄBEN**. Vor 165 Millionen Jahre waren Afrika und Europa von Nord- und Südamerika durch tiefe Gräben getrennt. Eine Landbrücke zwischen Amerika und Europa gab es angeblich ab diesem Zeitpunkt auch nicht mehr. Der Fund eines Allosaurus in Portugal, der nach diesem Zeitpunkt gelebt haben soll, bestätigt, dass zwischen Europa und Amerika eine Landbrücke wesentlich länger Bestand gehabt haben muss als bisher angenommen. Entsprechende Funde von Allosauriern in Tansania (Afrika) und Australien stehen im Widerspruch zu den bisher favorisierten Szenarien der Plattentektonik, zumindest in Bezug auf die Länge und Abläufe der Erdzeitalter. Karte nach Sclater/Tapscott (1987).

Die bereits im Jahr 1988 in Sandstein-Felsen ungefähr 135 Kilometer nordöstlich von Lissabon (Portugal) gefundenen fossilen Skelett-Teile eines Allosaurus fragilis konnten erst elf Jahre später eindeutig zugeordnet werden (»Bild der Wissenschaft«, online, 29.4.1999). Dieser ungewöhnliche Fund hat Auswirkungen auf die Vorstellung von der Entstehung der Kontinente. Paläografische Modelle zeigen im Allgemeinen, dass Westeuropa und die Grand-Banks-Region bei Neufundland (Kanada) bereits im Jura, also zu Lebzeiten des in Portugal und Nordamerika entdeckten Dinosauriers, durch tiefe Wasserkanäle getrennt waren. Aufgrund dieses Fundes muss im Gegensatz dazu geschlossen werden, dass der europäische Kontinent länger mit dem nordamerikanischen verbunden war, als es viele paläografische Modelle nahelegen.

Funde von Allosauriern auf anderen Kontinenten, wie auch in Australien, konnten bisher angeblich nicht eindeutig bestimmt werden. Findet man gleiche Dinosaurier auf angeblich durch breite Ozeane getrennten Kontinenten, kommt dies einer Sensation gleich.

Titanosaurier gehören zu den gemütlichen, Pflanzen fressenden Urgiganten mit elefantenartigen Beinen, langem Schwanz und langem Hals, auf dem ein sehr kleiner Kopf saß. Ein fast komplettes Skelett – das wahrscheinlich beste seiner Art – wurde in Argentinien gefunden. Skelettreste dieser Reptilien fand man unter anderem auch in Brasilien, Indien, Malawi (Afrika) und Nordamerika, aber auch in Madagaskar. Es wurden also sowohl in Afrika *als auch* auf Madagaskar Titanosaurier gefunden (»Bild der Wissenschaft«, online, 13.4.1999): »Malawisaurus, der älteste afrikanische Titanosaurier, ist 100 bis 140 Millionen Jahre alt.« Da analog zu allen geotektonischen Modellen Afrika seit mindestens 150 Millionen Jahren keine Verbindung mit Madagaskar und damit zum südlichen Superkontinent Gondwana hatte, scheint es hier ein Problem zu geben: Wie kamen die nicht schwimmfähigen Titanosaurier von Afrika auf die Insel Madagaskar (Paturi, 1996, S. 270 und 284). Bisher wurden die meisten Titanosaurier in der südlichen Hemisphäre gefunden, und man glaubte, dass sich diese Urgiganten dort entwickelt haben. Für die Funde in Süd- und Nordamerika wurde bisher nur ein Alter von 100 bis 70 Millionen Jahren angesetzt. Neue Funde in Utah wurden

Abb. 107: **IGUANODON.** In der Unterkreidezeit (vor 140–97 Millionen Jahren) lebten zahlreiche Arten der Dinosaurier-Familie Iguanodontadiae auf fast allen Kontinenten, die in ihrer heutigen Lagesituation abgebildet sind. Fußabdrücke in Spitzbergen und der Fund eines Iguanodon an der Antarktis bezeugen, dass heutzutage vergletscherte Gebiete im Erdmittelalter eisfrei waren. Wie konnten sich diese Dinosaurier in der Kreidezeit trotz angeblich bereits fortgeschrittener Kontinentalverschiebung *über* die ganze Welt bis nach Australien ausbreiten?

jedoch auf ein Alter von 150 bis 100 Millionen Jahren geschätzt, berichtet Brooks Brit vom Eccles Dinosaur Park in Odgen. »Damit könnte die Stammesgeschichte dieser merkwürdigen Dinosaurier eine völlig andere sein als bisher angenommen« (»Bild der Wissenschaft«, online, 13.4.1999).

Neubewertung und Perspektiven

Wie bereits zuvor dokumentiert, lassen sich die Bewegungen der Kontinente nicht nur anhand von geophysikalischen Untersuchungen nachvollziehen, sondern spiegeln sich auch in geografischen Fossilfunden ausgestorbener Tierarten wider. Der bekannte Saurierexperte Paul C. Sereno nahm bereits 1999 aufgrund neuer Dinosaurierfunde eine zeitliche Neubewertung des Auseinanderbrechens der Kontinente vor (Sereno, 1999): Der Urkontinent Pangaea brach nach dem damaligen Stand der Dinosaurier-Paläogeografie frühestens vor 140 Millionen Jahren auseinander, anstatt vor 180 bis 200 Millionen Jahren, wie bisher angenommen, nachdem Alfred Wegener – der Begründer der Kontinentalverschiebungs-Theorie – noch von 225 Millionen Jahren ausging (siehe Abb. 108, Bild A).

Neuere Funde machen eine weitere Zeitverkürzung erforderlich, wie der Fund von Majungasaurus (früher Majungatholus) auf Madagaskar zu beweisen scheint, da der Urkontinent Gondwana nicht bereits vor 130 Millionen Jahren, sondern frühestens zu Lebzeiten dieser Spezies auseinandergebrochen sein könnte (Abb. 108). Derartige theropode Dinosaurier gehörten zur Gruppe der bis vor 66 Millionen Jahren existierenden Abelisauridae, deren Verteilung nicht nur im kontinentalen Afrika sowie Indien, sondern auch durch besonders alte, unzweifelhafte Funde in Südamerika bewiesen ist. Diese werden auf eine Zeit datiert werden, als Afrika noch nicht separiert war: »Zusammen füllen diese Fossilien die frühe Geschichte der Verteilung von abelisauroiden Dinosaurier aus und liefern Schlüsselbeweise für den fortgesetzten Faunenaustausch zwischen den Landmassen von Gondwana bis zum Ende der frühen Kreidezeit (vor etwa 100 Millionen Jahren)« (Sereno et al., 2004, Abstract). Vergleiche Abbildung 108, A und B: Verschiebung des zeitlichen Bestehens von Gondwana. Ich schlage aufgrund neuer Dinosaurierfunde ein verbessertes, zeitverkürztes Modell vor – *unter Verzicht auf einen einheitlichen Nordkontinent Laurasia*. Unter Zugrundelegung dieses

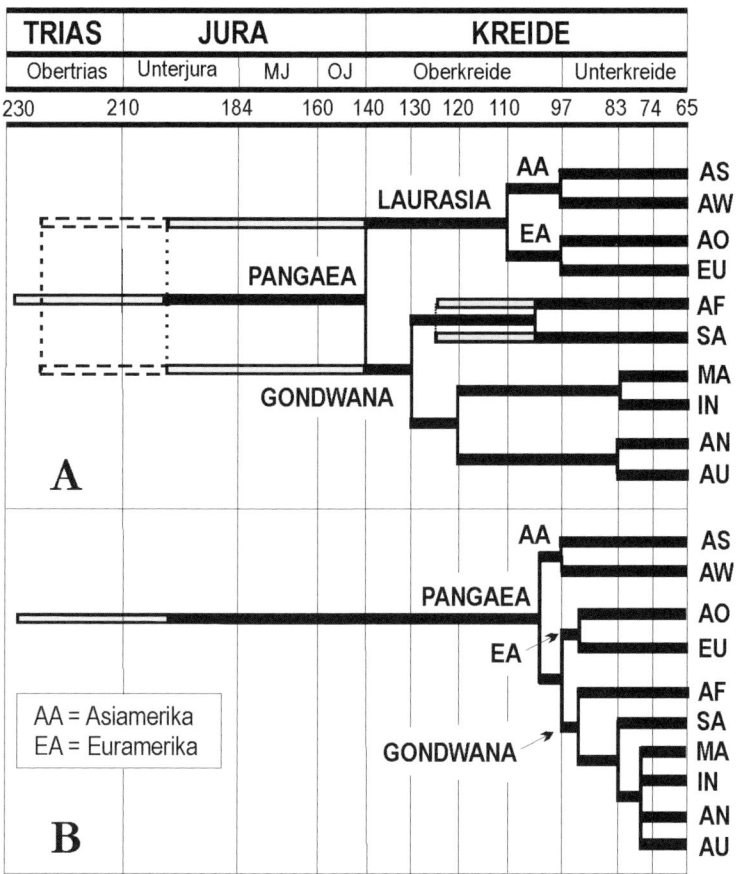

Abb. 108: **DINOSAURIER-PALÄOGEOGRAFIE**. Die neuen Funde von Dinosaurier-Fossilien führen zu einer Neubewertung der Zeitabläufe in Bezug auf die Plattentektonik. Schwarze Balken stellen den zeitlichen Bestand der Kontinente nach neuen Erkenntnissen durch die Dinosaurier-Paläogeografie (Stand Juni 1999) im Schaubild A nach Sereno (1999) dar. Graue Balken deuten das aktuelle geophysikalische Modell (Plattentektonik) im Gegensatz zur Dinosaurier-Paläogeografie bzw. in ihrer Länge die Zeitreduktion exemplarisch an. Gestrichelte Balken zeigen den Zeitpunkt des Auseinanderbrechens von Pangaea nach Wegener an. Das Schaubild B zeigt ein fortentwickeltes Modell der Zeitreduktion aufgrund neuerer Fossilienfunde, das hier von mir vorgestellt wird. Laurasia entfällt bei dieser Theorie, denn Pangaea zerfällt in Asiamerika und einen bisher nicht benannten Superkontinent, der aus Gondwana und Euramerika bestanden haben könnte, bevor dieser auseinanderbrach. Anderseits erfordert die Dinosaurier-Paläogeografie, dass Indien, Madagaskar und Südamerika bis vor knapp 80 Millionen Jahren wahrscheinlich über die Antarktis bis zur späten Oberkreidezeit miteinander verbunden waren. AS = Asien, AW = Westteil Nordamerikas, AO = Ostteil Nordamerikas, EU = Europa, AF = Afrika, SA = Südamerika, MA = Madagaskar, IN = Indien, AN = Antarktis, AU = Australien.

Modells hatten die unterschiedlichen Dinosaurier-Arten keine Probleme, von Kontinent zu Kontinent zu wandern, wie es etwa die weltweite Verbreitung von Iguanodon in der Unterkreidezeit bis vor 97 Millionen Jahren erforderlich macht (Abb. 107, S. 241). Fossilienfunde unter anderem von Majungatholus erfordern Landbrücken zwischen Indien, Madagaskar und Südamerika – sowie wahrscheinlich – über die Antarktis hinweg.

Aufgrund der weltweiten Funde von Dinosauriern verkürzt sich der Zeitablauf der Plattentektonik extrem, hin in Richtung zu einem, im erdgeschichtlichen Zeitmaßstab gemessen, relativ kurzen Zeitraum, in welchem sich alle Kontinente während eines kataklysmischen Vorgangs alles andere als unmerklich langsam bewegten. Aber auch die Existenz des Urkontinents Pangaea rückt zeitlich wesentlich näher an den Aussterbezeitpunkt der Urgiganten samt Massensterben vieler anderer Tierarten und Pflanzen (Faunenschnitt). Betrachtet man in diesem Zusammenhang eine Koexistenz von Dinosauriern und Menschen, ergeben sich ganz neue Aspekte. Gehen wir davon aus, dass moderne Menschen *(homo sapiens sapiens)* nicht schon vor 65 Millionen, sondern erst seit einigen Tausend Jahren leben, dann ergibt sich aufgrund der Koexistenz von Menschen, Dinosauriern und großen Säugetieren, dass auch die Urgiganten noch vor relativ *kurzer Zeit* bis zu einem Weltuntergang existierten – und damit fand auch die Kontinentalverschiebung erst vor wenigen Tausend Jahren statt.

5 Erfundene Steinzeit?

Dinosaurier und Menschen lebten bis zu einer kataklysmischen Erdkatastrophe und vielleicht auch noch eine gewisse Zeit danach gemeinsam. Wann aber fand die Steinzeit statt? Oder handelt es sich um eine im Sinne der Evolutionstheorie phantasievoll erfundene Entwicklungsgeschichte der Menschheit?

Typisches Eiszeittier Flusspferd

Sieht man sich die maximalen Vereisungszonen der Polargebiete während der Eiszeitalter auf einem Globus an, ergibt sich, dass das Inlandeis nur bis zu den Mittelgebirgen Europas und zu den Britischen Inseln reichte (Abb. 109). Außerdem waren einige Gebirge wie die Vogesen, die Alpen, die Pyrenäen und der Schwarzwald vergletschert. Der restliche westeuropäische Kontinent war größtenteils eisfrei: Spanien, Frankreich und Italien. Die Eiskappe in Amerika reichte auch nur bis über die großen Seen hinweg oder bis zur Höhe von New York. Am Südpol waren wegen der Insellage nur noch die Südspitzen Afrikas und Südamerikas vereist. Mit anderen Worten: Damals waren vielleicht nur elf Prozent der Erdoberfläche – heutzutage drei Prozent mit abnehmender Tendenz – mit Eis bedeckt.

Im 18. und 19. Jahrhundert wurde das malerische, aber grundfalsche Bild des eiszeitlichen Menschen entworfen: ein plumper, fellbekleideter Höhlenmensch, der am schwachen Feuer sitzt und an der Keule eines erlegten Tieres nagt, während draußen eiszeitliche Stürme toben. Zu dieser Vorstellung passen schon gar nicht die geradezu ästhetischen, künstlerisch auf hohem Niveau stehenden ausdrucksvollen, ja geradezu lebendig erscheinenden Höhlenmalereien, die zeitgenössische Tiere wie Mammuts, Bären, Löwen, Hyänen oder Gazellen darstellen, also Bewohner warmer Gebiete.

246 Irrtümer der Erdgeschichte

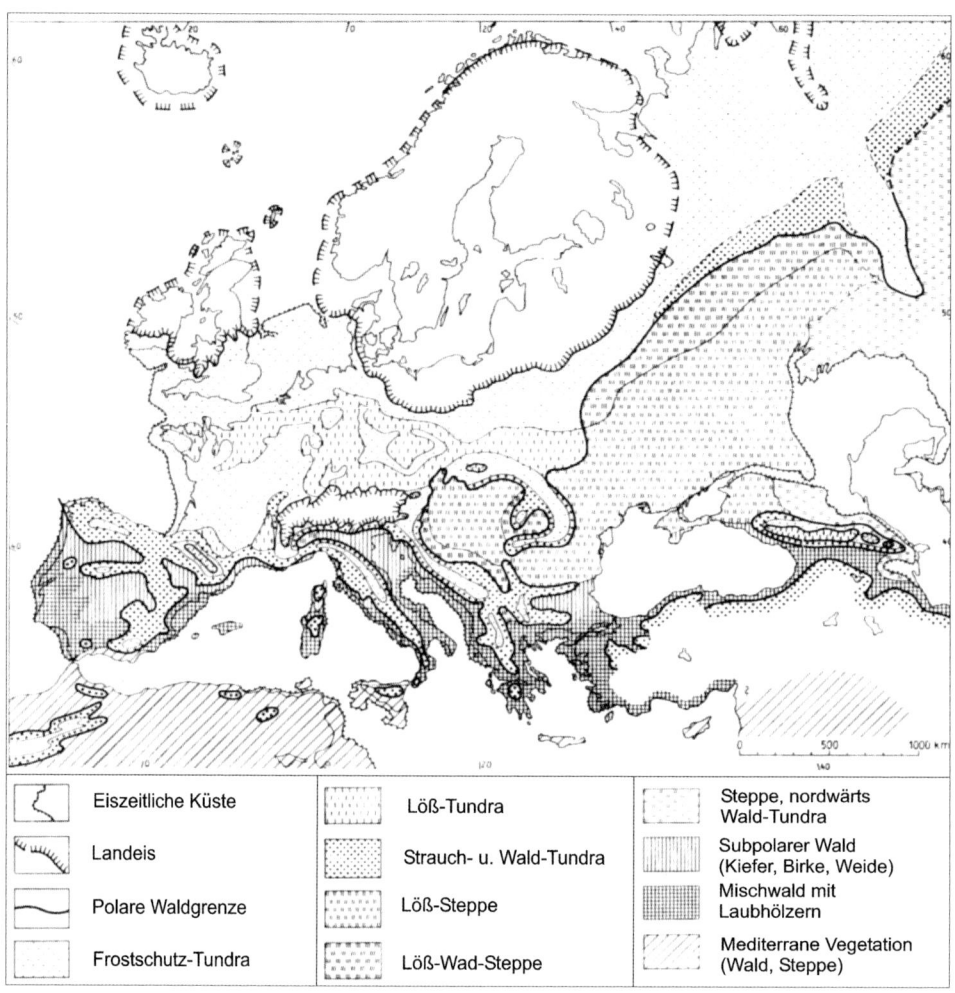

Abb. 109: **EISDECKEN**. Die Klimazonen der vor ungefähr 10 000 Jahren endenden Würm-Eiszeit weisen für Mitteleuropa ein unwirtliches Klima in der Nähe der Gletscher in Skandinavien und England aus. Es gab eine Frostschutz- und teilweise Löss-Tundra, aber keine Bäume, da die polare Baumgrenze (durchgezogene Linie) mehr in Südeuropa verlief. In der jüngeren Altsteinsteinzeit waren diese waldlosen Gebiete jedoch von Menschen besiedelt. Warum lebten sie nicht etwas weiter südlich in wärmeren und damit auch tierreicheren Gefilden? Sieht man sich die vergletscherten Gebiete genau an, könnte man den optischen Eindruck gewinnen, dass es sich hier um eine Polareiskappe mit dem entsprechenden Pol in der Nähe von Skandinavien handelt. Völlig ungeklärt ist, warum es Moränen auch in Gebieten ohne Inlandsvereisung gibt.

Die angeblich vor 2,6 Millionen Jahren sich entwickelnde Steinzeit (Semaw, 2000) stellt jene Periode der Zeitgeschichte dar, in der Metalle angeblich noch *unbekannt* waren. Nach herrschender Lehrmeinung wird die Steinzeit in Europa in drei Zeitabschnitte unterteilt:

- *Altsteinzeit* (Paläolithikum): Sie begann angeblich vor etwa 600 000 Jahren und endete vor 12 000 Jahren, also ungefähr mit dem Ende der letzten Eiszeit.
- *Mittelsteinzeit* (Mesolithikum): Übergangszeit von der Altsteinzeit zur Jungsteinzeit, gekennzeichnet durch die Entwicklung der Steinwerkzeuge zu kleineren Geräten.
- *Jungsteinzeit* (Neolithikum): Der Beginn dieser dritten Epoche der Menschheitsgeschichte wird regional unterschiedlich angesetzt. Diese Epoche wird vor frühestens 11 500 Jahren in Vorderasien sowie in Mittel- und Nordwesteuropa zwischen 7800 bis 6000 vor heute angesetzt (Podbregar, 2019). Gekennzeichnet ist dieser Zeitabschnitt archäologisch durch geschliffene Steinwerkzeuge und ökonomisch durch größere Siedlungsgemeinschaften, den Beginn des Anbaus von Kulturpflanzen sowie die Haltung von Haustieren.

Die Steinzeit umfasst nahezu die *gesamte* Menschheitsgeschichte, wobei die Altsteinzeit den weitaus *längsten Zeitraum* (*ohne* bedeutende Entwicklung) eingenommen haben soll. Können diese angeblich primitiven Steinzeitmenschen etliche begabte Künstler hervorgebracht haben, die durch ihre feine Strichführung auffielen? Das Niveau steht dem unserer modernen Bilder kaum nach. Lassen sich diese Kunstwerke mit unserer Ansicht von primitiven Steinzeitmenschen überhaupt in irgendeiner Art und Weise vereinbaren?

Wie stellt man sich den Alltag dieser in Höhlen lebenden Steinzeitmenschen vor? Er könnte ähnlich ausgesehen haben wie bei den noch heute lebenden Naturvölkern. Der Mann produzierte Waffen, ging jagen oder stellte primitive Fallen, während die Frau in der Nähe der Höhle Beeren pflückte und die Kinder beaufsichtigte. Blieb bei diesem schwierigen Lebenskampf während der Eiszeit Muße und Zeit für künstlerische Dinge? Oder war es nicht eher so, dass es in diesen Gemeinschaften »Berufskünstler« gab?

Falls man malen will, müssen entsprechend Pinsel, aber vor allem auch geeignete Farben *vorrätig* sein. Die Steinzeitkünstler mussten zuerst einmal seltene Erden und Pflanzen suchen und aufbewahren. Worin wurden die Farben aufbewahrt? In Steinschalen? Keramische Erzeugnisse gab es angeblich noch nicht. Und schließlich müssen die Farben hergestellt und die gewonnenen Pigmente zerstoßen werden. Darüber hinaus: Bekommt man eine künstlerische Maltechnik ganz einfach in den Schoß gelegt? Es ist ja nicht nur eine einzige Höhle bemalt, sondern deren gibt es viele. Insgesamt scheint es eine systematische Arbeitsteilung und vor allen Dingen eine Ablaufplanung gegeben zu haben. Passt das zu einer als primitiv charakterisierten Steinzeit?

In dem weit verzweigten Höhlensystem von Niaux in Südfrankreich fand man einen Hinweis auf bekleidete Menschen der Altsteinzeit: eine gut erhaltene Fußspur, die sich im Lehmboden erhalten hat. Jean Clottes, ein international renommierter Prähistoriker, schreibt in einer Dokumentation über die altsteinzeitlichen Bilderhöhlen in der Ariège (Clottes/Williams 1997, S. 21): »Der Fuß war übrigens mit einem weichen Material umgeben – der einzige Beleg für eine Fußbekleidung im Paläolithikum.« Dieses Höhlensystem war angeblich von vor 14 850 bis 11 850 Jahren bewohnt. Es wird bestätigt: »Die Menschen dieser Zeit nähten ihre Kleidung; es waren keine Wilden, die sich Tierfelle überwarfen, wie es in populären Darstellungen gezeigt wird« (ebd., S. 9).

Setzen wir einmal voraus, dass es vor vielleicht 30 000 Jahren tatsächlich Menschen gab, die auch Metallwerkzeuge herstellten und sich vielleicht kleideten wie wir. Dann stellt sich die Frage: Wie viel von diesen Gebrauchsgegenständen wären heute noch übrig? Müsste nicht alles im Laufe der Zeit korrodiert, zu Staub zerfallen sein, sich in Luft aufgelöst haben? Überdauern vielleicht lediglich Utensilien aus Stein lange Zeiträume? Nur weil man also in älteren geologischen Schichten keine entsprechenden Werkzeuge findet, heißt das nicht, dass es damals keine gab.

Erhalten bleibt aber vielleicht besonders vergüteter Stahl. Nahe Olancha in Kalifornien wurde im Februar 1961 eine Steingeode (kugeliger mineralischer Körper in Gestein) mit *fossilen Muscheln an der Oberfläche* gefunden, die geologisch auf ein Alter von mindestens einer halben Million Jahre geschätzt wird. Röntgenaufnahmen wiesen in beiden Hälften der zersägten Geode ein bisher nicht identifiziertes technisches Gerät aus *glänzendem* Metall nach. Beide Hälften waren ursprünglich durch einen Metallstift oder eine Metallachse verbunden (Steiger, 1989). Es gibt Untersuchungen, die dieses Artefakt als Zündkerze einstufen. Was immer es darstellt: Glänzendes Metall kann es in der Steinzeit doch eigentlich nicht gegeben haben …

Betrachten wir jetzt einmal den Inhalt der steinzeitlichen Höhlenbilder. Bereits vor etwa 32 000 Jahren sollen in Europa die ersten Kunstwerke in Höhlen entstanden sein. Altamira und Lascaux gehören zu den beeindruckendsten Fundstätten eiszeitlicher Kunst. In Südfrankreich und Spanien werden nackte, barfüßige Menschen zusammen mit Wisenten, Pferden,

Steinböcken, Hirschen, Rentieren und Mardern oder Wieseln dargestellt. In der Höhle Chauvet-Pont d'Arc (Frankreich) bildete man neben einer Eule auch Panther, Höhlenbär sowie ein Rhinozeros ab. Kann es diese Tiere während der bitterkalten Eiszeit in dieser Gegend überhaupt gegeben haben? Oder lebten sie in dieser Gegend, aber es gab gar keine Eiszeit? Gingen die nackt mit Speeren dargestellten Jäger barfuß zur Jagd – trotz der angeblichen Kälte? Deuten die dargestellten Tiere nicht auf ein wärmeres als das damalige eiszeitliche Klima hin? Woher bekamen diese unzähligen Tiere während der Eiszeit, insbesondere im Winter, ihr Futter? Passt ein auf diesen Höhlenmalereien dargestellter Panther oder Leopard zu einer mit Eis bedeckten Landschaft, deren Boden zumindest über längere Zeit im Winter metertief gefroren war? Clottes schreibt, dass das Kältemaximum vor 20 000 Jahren erreicht war, aber das Klima bis vor 13 000 Jahren immer noch kalt war, sogar *einige Grade kälter* als heute (Clottes/Williams, 1997, S. 14). Stimmt die immer wieder dokumentierte Ansicht, dass die Tiere insgesamt zu 90 Prozent und viele Tierarten – Riesenhirsch, Säbelzahntiger, Höhlenbär, Mammut und viele andere – am Ende der letzten Eiszeit sogar komplett ausgestorben sind? Warum sterben Tiere oder auch Menschen *am Ende* einer Eiszeit aus? Warum nicht am Anfang oder nach einer gewissen Zeit andauernder klirrender Kälte und gefrorener Böden?

Nehmen wir einmal an, dass es keine Millionen Jahre andauernde Eiszeiten gab, sondern dass Gletscher und Eisberge kataklysmisch relativ schnell entstanden. Ein entsprechendes sich schnell vollziehendes Ereignis ist dann auch für das Aussterben der Tiere verantwortlich, gleichzeitig mit dem *Beginn der Schneezeit* vor höchstens wenigen Tausend Jahren. Da für diesen Fall Anfang und Ende der Eiszeit als zeitgeraffte Periode auf eine kurze Zeitspanne zusammenschmelzen, wird auch verständlich, warum zu diesem Zeitpunkt ein Massensterben einsetzte.

Ohne den Ablauf eines Kataklysmus mit Sintfluten näher zu beschreiben, betrachten wir zunächst die Verhaltensweise der Steinzeitmenschen. Warum sollten sie im unmittelbaren Bereich oder auch nur in der Nähe der vereisten Gebiete leben? Wie schon kurz skizziert, waren auch während einer Eiszeit weite Teile unserer Erde eisfrei und durch eine kurze Wanderung in südlicher Richtung zu erreichen.

»Wandernde Tierherden, denen sie hätten folgen können, wären mangels Futter gar nicht durch ein solches Gebiet gezogen. Was hätte die eiszeitlichen Jäger veranlassen sollen, in das für sie gefährliche, gebirgige und vereiste Gebiet einzudringen?« (Naudiet, 1996, S. 11).

Im Südwesten Finnlands entdeckten Archäologen angeblich 70 000 Jahre alte Steinwerkzeuge und Feuerspuren. Wie die norwegische Zeitung »Aftenposten« 1997 berichtet, begann die Besiedlung Skandinaviens wesentlich früher als bisher vermutet. Denn bislang ging man davon aus, dass eine Besiedlung erst vor etwa 10 000 Jahren nach dem Ende der Eiszeit und Rückzug der Gletscher erfolgte. Diese Ansicht erschien einleuchtend, falls zu diesem Zeitpunkt die letzte Eiszeit endete. Denn Skandinavien war das Zentrum des eigentlichen »Nordischen Inlandeises«, von dem angeblich immer wieder die Ausdehnung der Gletscher ausging. Da Norwegen sozusagen aus Gebirgen besteht, musste dieses Gebiet (zusammen mit den anderen Gebirgen) naturgemäß sehr schnell vereisen. Deshalb muss es aber im davor liegenden Tiefland nicht zwangsläufig auch Gletscher gegeben haben. Wie auch immer: Erst vor angeblich 9500 Jahren soll sich das Eis endgültig rasch ins skandinavische Hochland zurückgezogen haben (Schwarzbach, 1993, S. 233). Kann es unter diesem Gesichtspunkt überhaupt zu einer Besiedlung gekommen sein? Karten mit Besiedlungsspuren aus der jüngeren Altsteinzeit zeigen keine Eintragungen in den Gebieten Skandinaviens und im Norden Englands. Gab es während der Steinzeit bis vor 10 000 Jahren wirklich Eis im nördlichen Teil Europas oder entstand es erst zu diesem Zeitpunkt?

Was zwang Urmenschen, ihre warme Heimat in Afrika zu verlassen, um in den kalten Norden zu ziehen? Übervölkerung eines Erdteiles war damals sicher nicht der Grund. Man denkt an eine Satire, wenn man liest: »Für den *homo erectus* war es bereits ein großer Erfolg, aus seiner warmen ›Heimat‹ in Ostafrika in warmgemäßigte Klimagebiete mit ausgeprägten Jahreszeiten und winterkaltem Klima vorzudringen und sich dort anzupassen« (Mania, 1990, S. 207). Auf jeden Fall lebten vor offiziell 300 000 Jahren am Rande des Thüringer Beckens in der Nähe von Bilzingsleben während einer sogenannten mitteleiszeitlichen Warmzeit Ur-Menschen. Passt es in unser Bild vom primitiven eiszeitlichen Menschen, wenn in Bilzingsleben ganze Pflasterflächen – wie ein Versammlungsplatz – aus »faustgroßen Travertin-Geröllen, seltener aus Muschelkalkknochen und aus Knochenabfall« entdeckt wurden (ebd., S. 270)? Lebten die Steinzeitmenschen vielleicht gar nicht in Höhlen? Warum findet man in den angeblichen Wohnhöhlen manchmal noch menschliche Fußspuren im ausgetrockneten Lehm, aber praktisch keine Knochenabfälle oder sonstigen Unrat? Wahrscheinlich waren es sehr ordnungsliebende Menschen. Sie sollen ja am Eingang der Höhlen gewohnt haben. Dann müsste man Knochen und Überbleibsel der Werkzeugbearbeitung direkt vor den Höhlen gefunden haben. In dem Lager von Bilzingsleben – oder sollte man nicht besser Dorf sagen? – findet man allerdings viele Zähne, Knochen- und Geweihreste, aber auch Wurzelknochen von Waldelefanten.

In »Die Frühgeschichte der Menschheit« wird bestätigt: »Die Vorstellung, die prähistorischen Menschen hätten vor allem in Höhlen gewohnt, ist nicht zutreffend. Siedlungen unter freiem Himmel waren sicherlich wesentlich häufiger (doch sind ihre Reste weniger gut erhalten)« (Marchand, 1992, S. 10). Warum lebten zu damaliger und auch späterer klimatisch unwirtlicher Eiszeit oder einer etwas wärmeren Zwischeneiszeit Wald- und Steppennashörner, Waldelefanten, Bisons, Auerochsen, Wasserbüffel, Rot- und Damhirsche, Bären, Wildschweine, Rehe, Löwen, Luchse, Wildkatzen, Wölfe, Füchse, Biber, Dachse und andere große Säugetiere? Aus welchem Grund gab es überhaupt Zwischeneiszeiten, die sich angeblich mit eiskalten Perioden abwechselten? Es muss ja wohl stimmen, wenn ein Eiszeitarchäologe und Leiter der Ausgrabungen in Bilzingsleben schreibt (Mania, 1990, S. 181): »Elefant und Nashorn gehören zu den typischen Vertretern der Fauna des Eiszeitalters in Eurasien.« Diese *angeblich typischen (!) Eiszeittiere* lebten unzweifelhaft in Mitteleuropa, aber gab es auch eine Eiszeit?

Der Paläontologe Doktor Ralf-Dietrich Kahlke von der Universität Jena teilte im September 1999 mit, dass Fellnashörner, Mammuts, Moschusochsen und Bisons, aber auch große Raubtiere wie Löwen und Bären die riesigen Gebiete zwischen Nordspanien und der fernöstlichen Pazifikküste, ja über die Beringstraße bis Nordamerika bevölkerten. Wörtlich heißt es in der Internet-Meldung vom »Informationsdienst Wissenschaft« (online, 26.9.1999): »Große Trockenheit und Temperaturen weit unter dem Gefrierpunkt ertrugen diese Tiere mit stoischer Gelassenheit (...) die Dauerfrostzonen reichten mehrere hundert Meter tief in den Erdboden hinein. Entscheidend für den Charakter des Ökosystems ist aber die Dauer der Kälteeinwirkungen – Jahrtausende oder Jahrzehntausende.« *Diese Feststellung sollte man mehrfach lesen:* Mit stoischer Ruhe vegetierten die Tiere im Dauerfrost – ohne ausreichendes Futter? – dahin. Handelt es sich um eine perfekte Überlebensstrategie dieser Tiere oder ist das alles purer Unsinn? Die Kälteperiode überstehen diese Tiere, wenn überhaupt, nur kurze Zeit. Zu fressen finden die großen Herden unter diesen klimatischen Bedingungen sowieso nicht viel.

Waldelefanten und -nashörner leben eher im Wald, wie der Name schon sagt. Sie brauchen eine große Menge Grünfutter. Auch Löwen sollten im warmen Klima zu Hause sein. Insgesamt fühlt man sich bei der damaligen Tierwelt an die Serengeti in Afrika erinnert, also eher an ein Paradies mit tropischem Klima als an eine Eiszeit. Der Mageninhalt der in Sibirien eingefrorenen Mammuts deutete ja auch auf mindestens klimatisch gemäßigte und nicht auf arktische Zonen hin.

Während der Eiszeitphasen war es in Europa wesentlich wärmer als heute, denn auch *Flusspferde (Hippopotamus)* gab es in Deutschland und England (Schwarzbach, 1993, S. 70). Seltsamerweise wird in der einschlägigen Literatur selten auf die Existenz dieser Tropentiere während der Eiszeit hingewiesen. Der Grund liegt auf der Hand, denn diese hitzegewohnten Tiere sind in winterkaltem Klima mit zugefrorenen Flüssen überhaupt nicht denkbar, und doch gab es *Flusspferde während des großen Eiszeitalters in Mitteleuropa!*

Was meint denn der Mitbegründer der Gleichförmigkeitstheorien und modernen Geologie, Charles Lyell, zu den Flusspferden in Europa? »Der Geologe kann daher ungehindert Vermutungen über die Zeit anstellen, in welcher Herden von Flusspferden aus den nordafrikanischen Flüssen, wie z. B. dem Nil, hervorbrachen und längs den Küsten des Mittelmeers im Sommer nordwärts schwammen oder selbst hie und da Inseln in der Nähe der Küsten besuchten. Andere mögen in wenigen Sommertagen aus den Flüssen Südspaniens oder Südfrankreichs nach der Somme, der Themse oder dem Severn (in England, d. V.) geschwommen sein und wieder zurückgekehrt sein, ehe Schnee und Eis anfingen« (Lyell, 1864, S. 129 f.).

Flusspferde, die der Hitze Afrikas entkommen wollten, wanderten als vorzeitliche »Touristen« während der wenigen warmen Sommermonate in den kühlen Norden, um dort »Urlaub« zu machen? Vor einem Kälteeinbruch mussten sie dann allerdings wieder zurück in warme Gefilde wandern, um nicht zu erfrieren, glaubt nicht nur Vordenker Lyell, sondern jeder zwangsläufig, der das Große Eiszeitalter für Realität hält! Ich denke, ein Märchen könnte nicht schöner erfunden sein. Man hat jetzt die Wahl: Entweder glaubt man an die »Touristen-Theorie«, oder aber die Flusspferde müssen auch als typische Vertreter der Eiszeit-Fauna eingestuft werden. Im Sinne unseres Weltbildes gibt es nur diese beiden Lösungen, aber beide Möglichkeiten sind falsch, denn es gab gar keine Eiszeit und so gesehen auch keine Widersprüche zur ganzjährigen Anwesenheit Hitze liebender Tropentiere in Mitteleuropa, die ansonsten während eiskalter Wintermonate ohne Futter hätten dahinvegetieren müssen. Für die Geologen vor ungefähr 200 Jahren gab es damals auch keine Widersprüche, denn für sie gab es noch nicht die erst später erfundenen Eiszeiten. In ihren Augen lebten die Tropentiere zu unzähligen Exemplaren in Mitteleuropa – ihrer damaligen natürlichen Heimat – bis zum Einsetzen einer Katastrophe, der diluvialen Flut. Da Erdkatastrophen in geschichtlicher Zeit jedoch den Gleichförmigkeitstheorien und damit unserem Weltbild in einer grundsätzlichen Art und Weise widersprechen, wurde die Eiszeit anstelle der diluvialen Flut vor gut 150 Jahren erfunden. Die skizzierten unglaublichen Widersprüche in Bezug auf die damalige tropische Tierwelt sind quasi als Geburtswehen oder besser gesagt als *geistige »Fata Morgana« eines neugeborenen Denkschemas willkürlich entstanden*. Die Flusspferde sind ein schlagender Beweis für die Unsinnigkeit einer über einen langen geologischen Zeitraum hinweg andauernden Eiszeitperiode in Mitteleuropa.

Verabschieden wir uns von dem Gemälde einer lang andauernden, bizarren Eiszeit mit in stoischer Ruhe der Kälte trotzenden Flusspferden, Leoparden sowie Steinzeitmenschen. Unterstellen wir »aus guten geologischen und paläontologischen Gründen, dass die Neandertaler in einer Warmzeit gediehen«. Diese Aussage stammt von Erwin Rutte (1992, S. 29), ehemals Professor für Geologie und Paläontologie an der Universität Würz-

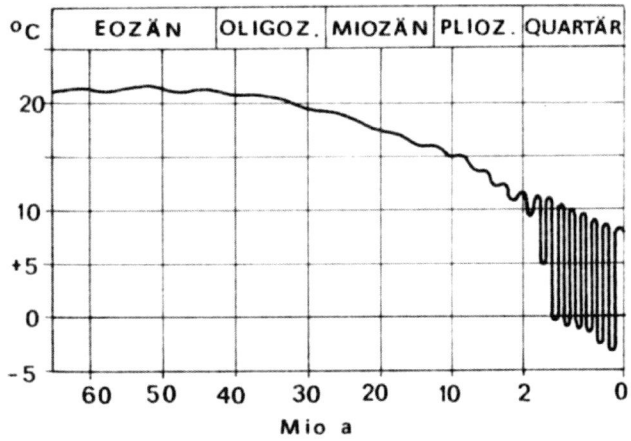

Abb. 110: **TEMPERATURABFALL**. Nicht nur während des Erdmittelalters zu Lebzeiten der Dinosaurier, sondern bis vor 20 Millionen Jahren war es in mittleren Breiten sehr warm. Ein krasser Temperaturabfall mit stark wechselnden Temperaturen begann angeblich vor knapp 2 Millionen Jahren. Ein wissenschaftlich einleuchtendes Modell gibt es für die dramatische Klimaänderung nicht, da man Erdkatastrophen strikt ablehnt. Durch mehrfache Schwankungen der Erdachse wären diese rapiden Temperaturänderungen jedoch ganz einfach zu erklären. Der schwankende Klimaverlauf könnte sich dann vor nur ein paar Tausend Jahren ereignet haben. Zu diesem Zeitpunkt fand dann auch das Massensterben statt, da die »Eiszeit« plötzlich einsetzte und nicht, genau umgekehrt, aufhörte, wie das schulwissenschaftliche Weltbild aussagt. Abbildung: aus Mania (1990) nach Woldstedt (1954).

burg, der das damalige Klima in Mitteleuropa mit dem des heutigen Libanon vergleicht. Wenn ich das richtig verstehe, gab es entgegen landläufiger Ansicht während des Eiszeitalters längere Phasen, in denen es in Mitteleuropa so warm wie heute im Vorderen Orient war? Bei meinem Besuch im Libanon im November 1999 war es dort im Winter genauso warm wie in Deutschland an sehr schönen Sommertagen.

»Die älteren Warmzeiten des Eiszeitalters waren in Mitteleuropa noch wesentlich wärmer, als wir es heute erleben«, bestätigt auch der Eiszeitarchäologe Dietrich Mania (1990, S. 32) zumindest für bestimmte Phasen *während* des großen Eiszeitalters. Falls es sich nach wissenschaftlicher Ansicht nur um kurze Warmzeiten während der Eiszeitalter handelte, muss man sich schon fragen, welchen Grund es für eine derart extreme Änderung des Klimas in der Nähe des angeblich immer noch in Skandinavien lagernden Inlandeises gab. War es nicht vor einem bestimmten katastrophischen Ereignis immer warm auf unserer Erde, auch in nordischen Gefilden? Und liegt dieses einschneidende Geschehen vielleicht nur ein paar Tausend Jahre zurück (Abb. 110)?

Todesfalle Hockergräber

In den südlich angrenzenden Gebieten der Gletscherrandlagen scheint es eine seltsame Begräbniskunst gegeben zu haben. Hier wurden menschliche Skelette gefunden, mit angezogenen Knien auf einer Körperseite oder vereinzelt auch sitzend. Teilweise sollen die Toten sogar in ihren Wohnhöhlen beigesetzt worden sein. Neben den Skeletten fand man Geräte, die die Steinzeitmenschen nachts neben ihrem Ruhelager bereithielten. Schnell deklarierte man sie als Grabbeigaben. Diese Funde werden mit dem Begriff »Hockergräber« bezeichnet. Derart gibt es Parallelen zu den in mehreren Tausend Metern Höhe der Anden aufgefundenen schockgefrorenen Indianern!

In der Grimaldi-Höhle bei Monaco fand man das Skelett eines Jünglings, der sich an den Rücken einer alten Frau gepresst hatte. Die Toten waren mit roter Ockererde bestreut, und Schmuck sowie anderen Grabbeigaben fand man neben ihnen. Es soll sich um eine rührende Beisetzung eines Jünglings und einer alten Frau gehandelt haben. Seltsam erscheint, dass die Frau ihre Beine extrem eng an den Körper gepresst hatte. Eine interessante Betrachtungsweise stellt Karl H. Marien (1997, S. 142 ff.) an. Er fragt, ob es die Frau nicht vielleicht gefroren hat und sie sich zusammenkauerte, wie man es tut, um sich selbst zu wärmen. Der Jüngling hatte sich an den Rücken der Frau gedrückt, als ob er sich vor einer Gefahr schützen oder aber dem Körper der alten Frau seine Wärme geben wollte. Stellen die Hockergräber keine Gräber, sondern eisige Begräbnisse dar? Erfroren diese Leute vielleicht aufgrund eines plötzlich einsetzenden Temperatursturzes?

Diese These würde erklären, warum man nicht nur Hockergräber von *Cro-Magnon-Menschen*, sondern auch von *Neandertalern* fand. Entgegen bisherigen Vorstellungen stellen Neandertaler erwiesenermaßen *kein* Vorläufermodell oder Übergangsstufe auf der Entwicklungsleiter zum modernen Menschen dar, wie DNA-Untersuchungen des Genetikers Svante Pääbo von der Universität München ergaben.

Die Hockergräber scheinen jedenfalls ein in bestimmten Gebieten über verschiedene Kulturen hinweg weit verbreitetes Phänomen in räumlicher Nähe zu angeblichen Gletscherfronten gewesen zu sein. Ziehen wir einmal eine Parallele zu den Funden eingefrorener Mammuts und anderer Säugetiere in Sibirien und Alaska. Mit der einen Kataklymus begleitenden Kaltzeit (Schneezeit) raste eine plötzliche infernalische Kältewelle nach Süden – verursacht durch eine Achsenverschiebung der Erde. Die Menschen hatten noch nicht einmal eine Schutzkleidung und wurden klimatisch plötzlich in arktische Gefilde in die Nähe der Eisfronten befördert, die sich schnell nach Süden ausbreiteten.

Die riesengroßen gefrorenen Wasserflächen strahlten zusätzlich schlagartig eine tödlich wirkende Kälte ab, und stürmische Eiswinde fegten über das Land. Die Menschen flüchteten in Höhlen, kauerten sich zusammen, um sich zu wärmen, und erfroren doch in dieser Stellung. Neben ihnen blieben die als Grabbeigaben falsch interpretierten Gerätschaften des täglichen Lebens liegen ...

Gelbroter Löss deckt die Leichen zu. Handelt es sich um einen zeremoniellen Akt oder eher um ein Dokument eines Kataklysmus? Der ungeschichtete Löss besteht im Gegensatz zum geschichteten aus *kantigen* und nicht durch Wind und Wasser gerundeten Körnern. Außerdem gibt es Lössvorkommen in allen Höhenlagen bis weit über 2000 Meter auf der ganzen Welt. Von der Atlantikküste bis zum Gelben Meer in China zieht sich ein gewaltiger Lössgürtel hin. Die Entstehung der Lössgürtel ist ein wissenschaftlich *ungelöstes*

Rätsel. Eine Theorie besagt, dass der durch abschmelzendes Eis freiwerdende Moränenstaub nach Süden geblasen wird. Diesem Verwehungsszenario widerspricht aber in vielen Fällen die Ablagerungsrichtung. Kann bei einem wasserreichen Abschmelzen des Eises durchfeuchteter Löss überhaupt so staubtrocken werden, dass er hochwirbeln und wie der Staub der Sahara weite Strecken fliegen kann? Sicher nur im Ausnahmefall. Für die vielen Tausend Kubikmeter von ungeschichtetem Löss in China mit einer Mächtigkeit von mehreren Hundert Metern kann diese Annahme schon gar nicht zutreffen. Ich stimme Gunnar Heinsohn (1995, S. 79) zu, der feststellt: »Von reibenden Eismassen erzeugtes Felsmehl hat überdies eine andere Struktur als Löss.«

Die Herkunft von Löss muss im Zusammenhang mit dem Kataklysmus und folgenden Sintfluten gesucht werden. Nach Otto Muck (1976) ist Löss kein Verwitterungsprodukt aus nahgelegenen Kalk- und Quarzgebirgen, sondern »in Tröpfchen zerrissenes Magma, das zur Vulkanasche wurde und sich mit den vom Atlantikboden hochgerissenen, kalkreichen marinen Sedimenten hoch oben in der Stratosphäre, von Tornados und Sturmhosen durchwirbelt, vermischt hat«.

Der Kalkgehalt rührt Muck zufolge von marinen Sedimenten und der Quarzreichtum vom kieselsauren Oberflächenmagma her. Es handelt sich also um verwittertes Magma, das mit Schlick vermischt ist. Muck weiter: »Die Verwitterung ist dabei bis in mikroskopische Bereiche vorgedrungen, sodass nur die chemische Konstitution, nicht aber die Struktur die vulkanische Herkunft erkennen lässt.« Die Schichtung der Lössbänke entsprechen dieser Argumentation: »Die alle Vorstellungen übersteigenden Regenfluten waren niedergegangen.«

Damit gibt es für die Existenz von geschichtetem und umgeschichtetem Löss eine plausible Erklärung. Die Leichen in Hockerstellung wurden teilweise durch die *mit dem Sturm verwirbelten rötlichen Lösspartikel bedeckt*. Interessant ist, dass die Lungen und Mägen der schockgefrorenen Mammuts oft mit kleinen lehmigen oder sandigen Partikeln verunreinigt waren. Wissenschaftlich *ungeklärt* ist auch die Tatsache, dass viele untersuchte Mammuts anscheinend *erstickt* waren. Durch die während des Impakts freigesetzten Mengen von Flugasche und Lösspartikeln sind diese Phänomene zu erklären. Fazit: Hockergräber sind wahrscheinlich Dokumente einer Erdkatastrophe, nicht eigenartige kulturelle Gepflogenheiten.

Der Neuanfang

Am *Ende* der Altsteinzeit vor ungefähr 12 000 Jahren starben die meisten Tierarten angeblich aus. Die beginnende Mittelsteinzeit (Mesolithikum) war durch die verhältnismäßig raschen Veränderungen von Klima, Pflanzen- und Tierwelt geprägt und stellte »an die Anpassungsfähigkeit der Menschen hohe Ansprüche« (»Meyers Lexikon«). Warum eigentlich, wenn *nach* dem Ende der Eiszeit doch *bessere* Verhältnisse herrschen müssten?

Die Mittelsteinzeit soll eigentlich eine Fortentwicklung des altsteinzeitlichen Menschen dokumentieren. In »Meyers Lexikon« wird diese Epoche wie folgt definiert: »Fischfang und Sammelwirtschaft gewannen gegenüber der Jagd wachsende Bedeutung; unter den Steinwerkzeugen herrschen Mikrolithen und verschiedene Beilformen vor; Geräte und Schäftungen aus Knochen, Geweih und Holz sind nachgewiesen.«

Auch in der herrschenden Lehrmeinung wird bestätigt, dass die Qualität der aus der Mittelsteinzeit stammenden Werkzeuge wesentlich *schlechter ist als* ältere *aus der jüngeren Altsteinzeit*. Eigentlich müsste sich eine mit der Zeit verbesserte Technik auch in Bezug auf Qualität und Feinheit der Kunst- und Gebrauchsgegenstände niedergeschlagen haben. Warum war das nicht so? Warum waren Steinwerkzeuge zu Anfang der Mittelsteinzeit plötzlich primitiver bearbeitet als vorher? Wieso gab es *Rück- anstatt Fortschritte*?

Setzen wir das Ende der Eiszeit und damit den Aussterbezeitpunkt vieler Tierarten mit einem Kataklysmus gleich, dann wird diese Entwicklung verständlich. Der Mensch vor dieser Erdkatastrophe war relativ modern. Nur, nach dem Weltuntergang blieb nicht mehr viel erhalten, metallische Objekte nur im Einzelfall als heutzutage belächelte Kuriositäten.

Der Kataklysmus mit nachfolgenden Sintfluten erzwang unter katastrophischen Umständen einen Kulturbruch und Umbruch der Landschaft sowie der klimatischen Verhältnisse, denn es wurde nach dem Kataklysmus zuerst kälter und nicht wärmer, bevor der Treibhauseffekt einsetzte. Vereinzelte Menschen, höchstens kleine Gruppen überlebten den Weltuntergang. Die vorsintflutliche Bevölkerung wurde durch traumatische Verwüstungen kulturell tief hinuntergestürzt in fürchterlich primitive und gefährliche Lebensumstände. Man hatte plötzlich nichts mehr, keine Häuser und keine Werkzeuge, die Bekleidung war zerlumpt. Tiere und Pflanzen gab es kaum noch. Befänden wir uns nicht auch in geradezu »steinzeitlichen« Verhältnissen, falls beispielsweise der Strom ausfiele und keine Energie mehr zur Verfügung stünde? Dann müssten wir uns auf bäuerliche Lebensformen besinnen und Werkzeuge vielleicht aus Stein und Knochen fertigen ...

Warum wurde der Mensch eigentlich nach dem Ende der Eiszeit mit dem Beginn der Mittelsteinzeit langsam sesshaft und begann spätestens in der Jungsteinzeit, Felder zu bestellen, anstatt zu jagen? Die Lebensräume waren doch nach dem Rückzug der Eisberge viel größer geworden. Vielleicht war es so, dass fast alle Tiere durch die Sintflut ausstarben und dass die *Menschen gezwungen waren, Landwirtschaft zu treiben und Tiere zu züchten?* Vor der Sintflut gab es ein global warmes Klima und damit Früchte im Überfluss für die damalige Bevölkerung. Riesige Herden sorgten für einen problemlosen Nachschub mit frischem Fleisch. Man kann die Situation vielleicht etwas mit den früheren freizügig lebenden nordamerikanischen Prärie-Indianern vergleichen, wenn man sich ein ganzjährig warmes Klima vorstellt. Warum sollen diese in Überfluss und Zufriedenheit lebenden Menschen sich der Qual des Ackerbaus ausgesetzt haben, wenn man doch in einem »Paradies« lebte?

Diese Umstrukturierung der Lebensgewohnheiten war dann auch vielleicht schuld am *Beginn* der Kriegsführung. Denn jetzt musste man seine Felder gegen frei umherschweifende Horden *verteidigen*. Diese Sichtweise wird durch den Beginn der Produktion von Kriegswaffen unterstützt. Die scheinbar erstmals für Waffen ersonnenen geometrischen Mikrolithen (steinerne Klingenelemente) wurden erst in der Mittelsteinzeit gebräuchlich und sind archäologisch erstmals in dieser Epoche nachweisbar.

Phantom Mittelsteinzeit

Gab es überhaupt eine ausgeprägte Mittelsteinzeit? Dr. Heribert Illig (1988, S. 145 ff.) schlug in seinem Buch »Die veraltete Vorzeit« aufgrund stilistischer, ethnologischer und paläografischer Beweise eine drastische Reduzierung für die Zeit von der Entstehung des Jetztmenschen bis heute – mit durchaus stichhaltiger Begründung – auf wenige Tausend Jahre vor. Ob man eintausend Jahre mehr oder weniger streichen muss, ist im Sinne der hier angestellten Überlegungen eigentlich nicht relevant. Die sehr langen Zeiträume in der Geologie und Kosmologie stammen aus dem Glauben an den Darwinismus, der die Idee der Entwicklung in *kleinsten* Entwicklungsschrittchen als Grundlage beinhaltet. Für eine kaum sichtbare Fortentwicklung braucht man zwangsläufig auch lange geologische Epochen. Die Folge ist, dass man auch die archäologischen Funde diesen langen Zeiträumen anpassen muss, wodurch die Funddichte pro Zeitabschnitt verringert wird. Mit anderen Worten: Es fehlen entsprechende Funde, um Jahrtausende mit Leben zu erfüllen. Gibt man die Sichtweise einer langsamen, sich gleichmäßig vollziehenden Entwicklung auf und berücksichtigt die von dem französischen Naturforscher und Paläontologen Georges Cuvier (1769–1832) begründete moderne Katastrophentheorie, ergibt sich eine mit den mehrfach ablaufenden Erdkatastrophen *schnellere, ja teilweise blitzschnelle Bildung geologischer Schichten* (Cuvier, 1821). Woher kommt eigentlich das ganze verschiedenartige Material der Erd- und Felsschichten? Es muss irgendwo hergekommen sein, beispielsweise aus anderen Teilen der Erde bzw. aus dem Meer. Der Zuwachs der Erde durch kosmischen Staub ist nicht groß genug, wie auch die dünne Staubschicht auf dem Mond gezeigt hat. Außerdem müssten für diesen Fall die Gesteinsschichten gleichförmiger aufgebaut sein. Erdschichten entstehen daher vorrangig durch gewaltige Umlagerungen in der Erdkruste oder Ausstoß aus dem Erdinneren.

Am 18. Mai 1980 brach der Vulkan Mount Saint Helens an der Westküste der USA aus. Dabei wurden über Nacht durch die ausgeworfenen Schlamm- und Wasserfluten geologische Schichten mit einer Mächtigkeit von bis zu 50 Meter aufgeschichtet. Geologen in ferner Zukunft werden diese *geologische Schicht* dann auf ein Alter von etlichen Jahrzehntausenden schätzen und auch so datieren, denn sie waren nicht Augenzeugen der Ereignisse wie wir. Die heutzutage lebenden Geologen wissen auch nicht, ob die geologischen Schichten der Erdzeitalter langsam Sandkorn für Sandkorn – wie behauptet wird – oder aber schnell als Ergebnis von Naturkatastrophen gebildet wurden.

Um einen Eindruck von der in der Geologie herrschenden Vorstellung von der Geschwindigkeit des Wachsens geologischer Schichten zu geben, zitiere ich aus dem Buch »Die Erde« (Beiser, 1970): »Jedes Sedimentgestein hat seine eigene Ablagerungsgeschwindigkeit (…) Schiefer (…) benötigt etwa 3000 bis 3500 Jahre für einen Meter, Kalkstein etwa 20 000 Jahre. Kalkstein braucht länger, weil er größtenteils aus Gehäusen und Skeletten von Lebewesen aufgebaut wird, deren Zuwachs langsamer vor sich geht als die Zufuhr von Sedimenten aus Flüssen.«

Auch Professor Dr. Gunnar Heinsohn schlägt eine Reduzierung für die Zeit vom *Homo erectus* über den Neandertaler – *Homo sapiens* – bis zur Gegenwart von vielleicht 800 000 auf 5000 Jahre vor (Heinsohn, 1995, S. 85). Diese Behauptung erscheint sehr gewagt, entspricht aber tendenzmäßig meinen Ausführungen. Heinsohn stützt seine stichhaltige Beweisführung auf die stratigrafische Chronologie der Vorzeit, also der Untersuchung der Abfolge von Kulturschichten der letzten Jahrzehntausende.

Als materielle Basis der Entwicklungsgeschichte des Menschen für vielleicht 250 000 Generationen im Zeitraum von etwa 4 Millionen Jahren bis an den Beginn der Neandertaler-Ära verfügt man *nur* über 300 Knochenfragmente, die weniger als 50 Individuen zugeordnet werden können. Unter dieser Voraussetzung kommt *auf vielleicht 3000 Generationen ein einziger Fund*. Wie kann man trotz dieses Missverhältnisses und einzelner Funde überhaupt ganze Entwicklungslinien und Abstammungshypothesen aufstellen und auch noch als wissenschaftlich gesicherte Tatsache hinstellen? Der Glaubensaspekt ist in diesem Fall sicher mehr gefragt als der Wissensaspekt. Fast jeder als uralt angesehene Fund wirbelt die angebliche Ahnenkette durcheinander. Im Augenblick herrscht die Tendenz vor, die Anfänge der Menschheit weiter in das Dunkle unserer Erdgeschichte hin zur Ära der Dinosaurier zu verlagern. *Andererseits dünnt man mit dieser Vorgehensweise die schon jetzt mehr als lockere Kette fossiler menschlicher Funde noch mehr aus.*

Unter diesem Eindruck möchte ich meine Frage wiederholen, warum man von Dinosauriern wesentlich mehr Knochen und im Gegensatz zu den Hominiden sogar zusammenhängende fossile Skelettteile auf allen Kontinenten findet, obwohl diese um ein Zigfaches älter sein sollen?

Michael A. Cremo und Richard L. Thompson haben unzählige wissenschaftliche Beweise aus der ganzen Welt vorgelegt, die die Existenz des Menschen schon im Tertiär, im Erdmittelalter und sogar im Karbon nachweisen. Damit müsste es Menschen schon *vor* über 300 Millionen Jahren gegeben haben (Cremo/Thompson, 1993).

Lebten Dinosaurier und Menschen nicht vor unrealistisch anzusehenden 65 Millionen Jahren zusammen, sondern unter Streichung von vier Nullstellen erst wenigen Tausend Jahren, dann wären auch nicht versteinerte Knochen und frisch erhaltene biologische Zellen von Dinosaurier-Resten sowie künstlerische Darstellungen dieser Tiere fast wie selbstverständlich erklärbar. Nach den bisherigen Darlegungen wäre jedoch ein Zeithorizont von vor höchstens 3500 Jahren für die kataklysmische Naturkatastrophe und damit dem bis auf wenige Ausnahmen erfolgten Aussterben der Dinosaurier zugrunde zu legen.

Zu wenige Faustkeile

Für eine Zeitreduktion spricht auch die Anzahl der bisher aufgefundenen steinzeitlichen Werkzeuge. In den Museen lagern Faustkeile, Schaber und Stichel, die beim Jagen, Schlachten, Bauen, bei der Lebensmittelzubereitung, Werkzeugherstellung oder Häutebearbeitung verwendet wurden. Da diese Steinwerkzeuge im Gegensatz zu metallischen *nicht verrotten oder verwittern*, findet man sie noch heutzutage. Aufgrund der Anzahl der gefundenen Werkzeuge kann man auf die damalige Bevölkerungszahl schließen – falls keine Werkzeuge aus Metall gebraucht wurden.

Die Einwohnerzahl einer heutigen Nation lässt sich annähernd aus der Anzahl der Häuser, der Autos oder eben unentbehrlicher Werkzeuge abschätzen. Je nach Ansatz kann man als Näherungslösung durchaus auch das Doppelte oder Dreifache der wirklichen Bevölkerungszahl annehmen. Aber trotz der vermuteten Ungenauigkeit bekommt man einen Eindruck von der ungefähren Größenordnung. Bereits Robert Charroux wies auf diesen Umstand hin (Charroux, 1965). Er geht von 600 000 gefundenen Werkzeugen aus Feuerstein oder auch Resten davon für ganz Frankreich aus. Verteilt man diese Menge auf 4000 Generationen, dann ergeben sich lediglich *15 Werkzeuge pro Generation für ganz Frankreich.*

Genaue Untersuchungen der Fundstätte Combe Grenal (Dordogne) durch die amerikanischen Archäologen Lewis und Sally Binford haben ergeben, dass mindestens 14 verschiedene Werkzeugsätze mit jeweils vier bis zwölf verschiedenen Einzelgeräten eingesetzt wurden (Binford, 1966). Berücksichtigt man nur sechs Sätze mit je acht Einzelgeräten, kommt man auf ungefähr 50 Werkzeuge, die gleichzeitig gebraucht wurden. Zumindest jede Familie, wenn nicht sogar jedes Individuum hatte solch einen Satz, der vielleicht ein Leben lang verwendet wurde. Für ganz Frankreich ergab sich eine Anzahl von 15 Sätzen pro Generation. Teilen wir jetzt diese Zahl noch einmal durch die 50 verschiedenen Einzelgeräte, ergibt sich weniger als *ein*

Gerät pro Generation in ganz Frankreich. Augenscheinlich ergibt sich ein Missverhältnis. Diese Rechnung ist sicherlich ungenau. Aber auch eine weitere Erhöhung der Unsicherheitsfaktoren bringt *keine* befriedigende Lösung.

Die Binfords dokumentieren, dass die Schichten von Combe Grenal zweifelsfrei die datenmäßig am besten erschlossenen der ganzen Welt waren. Es wurden insgesamt 19 000 Steinwerkzeuge nachgewiesen. Die Höhle mit 55 nachgewiesenen Kulturschichten soll gleichzeitig von jeweils 35 bis 40 Individuen über einen Zeitraum von 60 000 Jahren (etwa 4000 Generation) vor 90 000 bis 30 000 Jahren bewohnt gewesen sein. Hieraus errechnet sich alle drei Jahre ein einziges Steinwerkzeug für alle gleichzeitig dort lebenden Vorfahren.

Man kann andererseits auch die theoretisch erforderliche Anzahl der Werkzeuge ausrechnen. Falls 4000 Generation (jeweils 15 Jahre) zu je 40 Menschen jeweils einen Satz Werkzeuge mit 50 Einzelgeräten brauchten, dann ergibt sich eine theoretische Zahl von 800 000 Werkzeugen. Gefunden hat man 19 000! Auch wenn man die Anzahl der ständig dort lebenden Menschen auf 20 senkt oder andere Modifikationen vornimmt, ergibt sich immer eine deutliche Diskrepanz.

Existiert die Steinzeit womöglich nur in der Phantasie verschiedener Wissenschaftler? Manche Völker leben auch heutzutage noch in einer Art Steinzeit und gebrauchen Steinwerkzeuge. Leben wir deshalb in einer Steinzeit? Ist die Charakterisierung der Zeitabschnitte von der Altsteinzeit bis zur Jungsteinzeit irreführend?

Die 55 Kulturschichten von Combe Grenal sind durchschnittlich nur sechs bis sieben Zentimeter dick. Jede dieser dünnen Schichten repräsentiert damit offiziell durchschnittlich über eintausend Jahre. Müsste die jeweils zu einem solch langen Zeitraum gehörende Schicht nicht mehr unterteilt sein, eventuell pro Jahr eine Unterschicht? *Zeugt eine einheitliche Schicht nicht von einem einzigen Ereignis?* Heinsohn (1995, S. 92) fragt: »Könnten mithin die 55 Schichten von Combe Grenal statt für 55 Jahrtausende mit viel Recht für lediglich 55 einzelne Jahre stehen?« Dafür spricht, dass etliche Schichten (Straten) sich als reine »Sommerschichten« erwiesen (Pfeiffer, 1978, S. 177).

Für die Altersbestimmung gibt es eine alte Methode, die von der Bildung des geschichteten Tons (Bänderton) ausgeht und Warven-Chronologie genannt wird. Zur Bestimmung des geologischen Alters geht man hierbei davon aus, dass sauber geschichtete Ablagerungen (Warven) ein optisch auszuwertendes Abbild der abgelaufenen Jahre darstellen. Man setzt ganz einfach voraus, dass in einem Jahr nur eine Warve gebildet wurde. Diese Warven-Chronologie berücksichtigt also den hier zur Diskussion gestellten Vorschlag, jeder Schicht von Combe Grenal durchschnittlich nur ein Jahr und *nicht* eintausend Jahre zuzubilligen. Unter katastrophischen Umständen können natürlich auch mehrere Schichten in einem kurzen Zeitraum entstehen. Damit wären Datierungen durch die Warven-Chronologie hinfällig, aber gleichzeitig werden die entsprechend dokumentierten Zeiträume drastisch reduziert.

Im Wissenschaftsmagazin »Science« wird gefragt, ob der Mangel an Funden nicht für falsche Interpretationen verantwortlich ist (Clark, 1999). Interpretiert man das Vorkommen der steinzeitlichen Werkzeuge nicht nach dem Standardmodell, sondern berücksichtigt einen demografischen Faktor, so ergibt sich ein kürzerer Zeitraum. Hieraus folgt, dass erst mehr als 15 000 Jahre später (als nach dem Standardmodell veranschlagt) die gefundene Menge an Werkzeugen produziert wurde. Derart wird durch die Werkzeugfunde nicht ein plötzliches Auftreten moderner Menschengruppen und damit eine Verdrängung von Neandertalern nachgewiesen, »sondern es wird vielmehr ein allmählicher Fortschritt in der Altsteinzeit dokumentiert, der von den Menschengruppen rund ums Mittelmeer getragen wurde, mit Schwerpunkt in Südfrankreich und an der Nordküste Spaniens« (ebd. S. 2029).

Für einen kurzen Zeitraum der Existenz moderner Menschen spricht auch, dass sich alle Menschen genetisch noch ähnlicher sind als bisher vermutet (Patil et al., 2001). Wäre die Menschheit alt, müssten größere Unterschiede in den Genen nachweisbar sein, und nicht alle Menschen wären untereinander fortpflanzungsfähig.

Anscheinend fanden jedenfalls Altsteinzeit, Mittelsteinzeit und Jungsteinzeit in kurzen Zeiträumen hintereinander oder sogar parallel statt. Gleichzeitig wird aber auch die weitere Einteilung in Bronzezeit und Eisenzeit fragwürdig. Falls es in der Vorzeit bereits Metallverarbeitung gab, dann sicherlich auch in der Bronzezeit. Die Tatsache, dass man aus dieser Zeit zwar offiziell keine, inoffiziell jedoch einige metallische Artefakte fand, bezeugt eine Metallverarbeitung schon vor der sogenannten Eisenzeit. Bronze war sicher zu irgendeiner Zeitperiode eine Modeerscheinung, wie heutzutage Bronzeskulpturen, da sie ja nicht korrodieren wie Eisen. Über 3000 Jahre alte Arte-

Abb. 111: **DOLCH**. Der ägyptische Pharao Tutenchamun besaß bereits mehr als hundert Jahre vor dem offiziellen Beginn der Eisenzeit fein gearbeitete Dolche mit grazilen Klingen, falls die offizielle Chronologie ägyptischer Herrscher zutrifft.

fakte aus Metall kann es hingegen nur im Ausnahmefall geben, denn sie verrosten ganz einfach und verschwinden im Lauf der Zeit. Die relativ jungen Schwerter aus der Wikingerzeit sind heutzutage bereits echte Raritäten.

Die Eisengewinnung soll vor etwa 3200 Jahren im Hethiter-Reich (Ostanatolien) begonnen und danach den östlichen Mittelmeerraum erreicht haben. Bei meinem Besuch im Ägyptischen Museum in Kairo im November 1999 (anlässlich einer Vortragsreise auf dem damaligen Traumschiff »MS Berlin«) habe ich mir ein Ausstellungsstück aus dem Grab des Tutenchamun im Tal der Könige (Theben) besonders genau angesehen. Es handelt sich um eine Art Dolch mit einer glänzenden Stahlklinge (Abb. 111). Das eigentliche Mysterium liegt auf der Hand: Dieser Pharao soll 1337 v. Chr. gestorben sein. Wie konnte er vor Beginn der Eisenzeit – im Nahen Osten angeblich um 1200 v. Chr. – einen hervorragend gearbeiteten Dolch aus Stahl besitzen? Es muss dem eine Entwicklung vorausgegangen sein, denn man stellt nicht von einem Tag auf den anderen Tag dünne Klingen her – und schon gar nicht aus Metall, das nach über 3300 Jahren noch glänzt. Nicht umsonst darf dieser Dolch im Museum nicht fotografiert werden. Sicherlich müssen wir unsere Vorstellung nicht nur von der Vorzeit einer gründlichen Revision unterziehen.

Berücksichtigen wir den offensichtlichen Bankrott der Theorie vom Höhlenmenschen, erscheint urplötzlich ein großes Tor der Erkenntnis, durch das wir in einen riesigen Raum der bisher unbekannten Vergangenheit gelangen, der allerdings noch durch Nebelschwaden aus Unwissenheit und von dem aus wissenschaftlichen Kämpfen hinterlassenen Pulverdampf verschleiert ist. Es eröffnet sich eine großartige, phantastische Vergangenheit mit intelligenten, Technik nutzenden Menschen. Gleichzeitig reduzieren sich die unendlich langen Zeitalter auf logisch erscheinende, übersichtliche Zeiträume. Jahrmillionen werden so höchstens zu Jahrtausenden, und Jahrtausende schmelzen wie Butter in der Sonne zu Jahrzehnten. Und damit rückt auch die Ära der Dinosaurier immer weiter in Richtung Gegenwart.

Schreibende Steinzeitmenschen

Steinzeitliche Menschen konnten *entgegen der herrschenden Lehrmeinung* schreiben, zumindest in bestimmten Regionen. Aufgrund der Verwüstungen durch verheerende Naturkatastrophen blieben natürlich kaum Zeugnisse der Schrift übrig, außer sie waren in Stein, Tontafeln, Vasen oder Skulpturen, eventuell auch in Knochen eingeritzt. Aus organischem Material bestehende sehr alte Schriftstücke können dem nagenden Zahn der Zeit *kaum entkommen sein*.

Beim Umpflügen seines Ackers in der Nähe von Glozel südöstlich von Vichy förderte der französische Bauer Emile Fradin zwischen 1924 und 1930 seltsame Fundstücke zutage, insgesamt fast 3000, darunter viele mit eigenartigen Schriftzeichen verziert. Diese Tontafeln, Vasen, Steine und bearbeiteten Knochen datierten einige Wissenschaftler auf 17 000 bis 15 000 Jahre vor unserer Zeitrechnung. Dieser Fund erzeugte natürlich heftigen Streit unter den angereisten Professoren und Fachleuten aus der ganzen Welt. Die anerkannte Eiszeitkunst ist mit keramischen Zeugnissen überhaupt nicht vereinbar – von einer Schrift, die ja auch von einer hohen Kulturstufe dieser Völker zeugen würde, ganz zu schweigen!

Die Schrift gilt als relativ moderne Erfindung und wurde offiziell vor etwa 6000 Jahren in Mesopotamien oder vielleicht auch im Industal erstmals entwickelt. Demnach müssen altsteinzeitliche Schriftzeichen eine Fälschung darstellen – und als solche wurden die Funde auch *gebrandmarkt*.

Das Alter dieser Funde könnte durch die Abbildung eines Panthers dokumentiert werden, denn diese Großkatzen gab es *während* und nicht *nach* der »Eiszeit« tatsächlich in Europa. Das eigentliche Rätsel stellen aber die Schriftzeichen von Glozel dar. Sie ähneln in ihrer geometrisch-linearen Form denjenigen auf Täfelchen oder Felsinschriften, die in Portugal, Peru, Illinois (USA) und auf den Kanarischen Inseln (Fuerteventura) aufgespürt wurden, wie der Vorsitzende der Studiengemeinschaft Deutscher Linguisten e.V., Kurt Schildmann (1999), in einem persönlichen Gespräch bestätigte. Nachdem er 1994 die Indusschrift entzifferte, gelang ihm das auch mit den 1982 im US-Bundesstaat Illinois gefundenen Burrows-Cave-Texten sowie den Glozel-Texten aus Frankreich. Es war sogar fraglich, ob es sich in beiden Fällen überhaupt um eine richtige Schrift handelt. Trotz umfangreicher Veröffentlichungen wurde Schildmann die gebührende Anerkennung nicht zuteil, denn mit der Authentizität (Echtheit) sehr alter Texte, die in diesen Fällen sehr oft von Naturkatastrophen berichten, müsste ja auch das gewohnte Geschichtsbild, insbesondere der Vor- und damit der Steinzeit, aufgegeben werden. Schildmann hatte damit einen Sprengsatz gelegt, dessen explosive Folgen noch nicht abzusehen sind. Die Glozel-Texte sind wahrscheinlich zeitlich dem Cro-Magnon-Menschen zuzuordnen. Aber die eigentliche Sensation ist, und da möchte ich den Entdecker wörtlich zitieren (Schildmann, 1999, S. 9): »Die Glozel-/Mas d'Azil/Cro-Magnon-Texte aus Frankreich (...) waren auch in Burrows-Cave-Schrift und -Sprache abgefasst!« Also existierte diesseits und jenseits des Atlantiks in der Mittelsteinzeit anscheinend *eine gemeinsame Sprache, ja sogar eine übereinstimmende Schrift*!

Auf dem amerikanischen Kontinent wurden an unterschiedlichsten Orten entdeckt: in Paraguay eine iberisch-punische Inschrift, in Tennessee hebräische Buchstaben, in Oklahoma eine zweisprachige Inschrift aus Keltisch und Punisch, in Vermont eine Inschrift in Keltisch und in Rhode Island eine iberische Felsinschrift – ausführlich dokumentiert in »Kolumbus kam als Letzter« (Zillmer, 2004/2012).

Sonderbar erscheint, dass die aus Nordwestrussland stammende Keramik mit der nordamerikanischen enger verwandt ist als mit derjenigen aus Ostsibirien wie der baikalischen Ware. Das ist das Gegenteil dessen, was eigentlich zu erwarten war (Ridley, 1960, S. 46 ff.). Gab es bis vor kurzer Zeit eine Landbrücke von Europa über Grönland nach Amerika? Die von mir als Grönlandbrücke bezeichnete Festlandverbindung zwischen Amerika und Europa war mindestens bis zur ersten großen Erdkatastrophe mit der ersten Phase der Kontinentalverschiebung großflächig vorhanden. Zu diesem Zeitpunkt wurde der erste Atlantik gebildet, aber es gab anscheinend noch die eisfreie Grönlandbrücke im Norden. Johannes Walther, Professor für Geologie und Paläontologie an der Universität Halle schreibt (1908, S. 31): »Im Gebiete (...) Europa und Amerika umfassend (...) konnten wir die Entwicklung der Säugetiere (...) leicht verfolgen.« *Diesseits und jenseits des Atlantiks gab es also eine einheitliche Entwicklung der Säugetiere.*

Wissenschaftlich gesehen ist man heutzutage auch überzeugt, dass Beringia, also der Bereich zwischen Sibirien und Alaska, bis vor 13 400 oder auch 12 000 Jahren gemäß kalibrierter C14-Datierung eisfrei war und trocken lag, trotz angeblich herrschender Eiszeit. Diese Landbrücke, die Asien und Amerika verband, war als Grassteppe passierbar, insbesondere da zu dieser Zeit der Wasserspiegel der Ozeane mehr als 50 Meter und vor 20 000 Jahren sogar etwa 125 Meter tiefer als heutzutage lag (Kelgwin et al., 2006).

Eine reiche Fauna wurde 1878 in Cernay bei Reims, Frankreich, entdeckt (Lemoine, 1878), und bald darauf fand man eine übereinstimmende Fauna in den Puerco-Schichten von New Mexico. Spätere Funde in Deutschland, der Schweiz, England sowie in den US-Bundesstaaten Utah und Wyoming haben ihre weite Verbreitung bewiesen.

»Zehn Gattungen sind Europa und Amerika gemeinsam, die Übrigen zeigen, dass schon damals ein faunistischer Gegensatz zwischen beiden Teilen (…) bestand.« Und weiter schreibt Walther: »Man könnte glauben, dass die eozäne (vor 55 bis 36 Millionen Jahren, d. V.) Säugerfauna der Cuvierischen Katastrophen durch die zeitliche Kluft von der Kreidezeit getrennt wäre.« Wichtig ist festzustellen, dass ein anerkannter Wissenschaftler eine plötzliche, katastrophische Ursache für die Trennung der Kontinente als möglich, ja zwingend erforderlich erachtet. Anderseits soll sich Amerika von Grönland spätestens im Paläozän (66 bis 55 Millionen Jahre) getrennt haben (Paturi, 1996, S. 310): »Und schließlich erweitert sich in Form eines Meeresarms zwischen Nordamerika und Grönland der Atlantik nach Norden.« Die meisten geophysikalischen Modelle gehen von einer wesentlich früheren Trennung Europas von Nordamerika aus. Die Kontinentalverschiebung rückt demnach zeitlich immer mehr in Richtung Gegenwart und muss folglich auch schneller abgelaufen sein. Langsam schleichende Prozesse im Sinne der lyellistisch-darwinschen Doktrin reichen hier zur Erklärung in keiner Hinsicht aus.

Die bereits beschriebene Existenz derselben Dinosaurier-Arten in Nordamerika und Europa, Afrika, Australien oder der Antarktis deutet ebenfalls auf diese Landbrücke hin. Doch *wann* bestand sie? Aufgrund der Keramikfunde müsste man eher von einem *Zeitraum in der Frühgeschichte* ausgehen, denn die Töpferei soll sich ja frühestens in der Mittelsteinzeit entwickelt haben. Falls man diesem Gedanken so weit folgen kann, stellt sich die Frage, ob es entgegen unseren geotektonischen Modellen nur eine »normale«

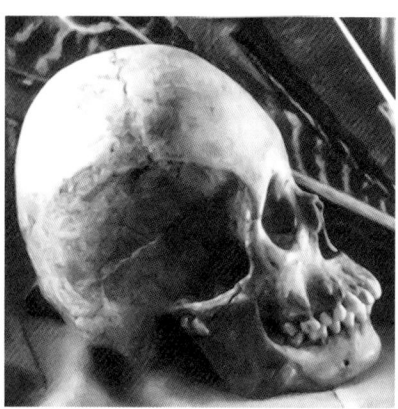

Abb. 112: **INDIANER-NEANDERTALER.** Ein »Flachkopf« aus dem Jahr um 1600 aus dem texanischen Bundesstaat Crosby, Vereinigte Staaten von Amerika.

Landbrücke gab oder ob auch die Verschiebung der Kontinente in vorgeschichtlicher Zeit erfolgte. Die alternative Lösung für die Keramikfunde wäre ein transatlantischer Kulturaustausch der steinzeitlichen Menschen mit hochseetüchtigen Booten über den Atlantik, gegebenenfalls auch über den Pazifischen Ozean hinweg. Trotzdem bleibt die Frage offen: warum die Töpferwaren der östlichen Bereiche Sibiriens nicht denen der nordamerikanischen Regionen ähnlich sind.

Bereits der kanadische Anthropologe Alan Lyle Bryan (1978, S. 309 ff.) machte auf den Fund einer Schädelkalotte aufmerksam, die aus der Lagoa-Santa-Region an der atlantischen Seite Brasiliens stammt und solchen von Neandertalern gleicht. Altsteinzeitliche Skelette dürfte es in Amerika kaum geben, da die Besiedlung des menschenleeren Kontinents erst nach dem Rückzug des Eisschildes in Alaska vor höchstens 12000 Jahren erfolgt sein soll. Noch in der Zeit des Zweiten Weltkriegs glaubte man, dass Menschen gemäß geologischer Zeitrechnung frühestens vor 4000 Jahren amerikanischen Boden betreten haben. 1982 entdeckte Mario Beltrao im brasilianischen Bundesstaat Bahia eine Reihe von Höhlen mit Wandmalereien. Bei Grabungen in den Jahren 1986 und 1987 kamen Steinwerkzeuge zusammen mit Säugetierfossilien zutage, die von drei verschiedenen Instituten mittels der Uran-Thorium-Methode auf ein Alter zwischen 204000 und 295000 Jahren datiert wurden (Cremo/Thompson, 1997, S. 199 f.; vgl. de Lumley, 1988, S. 241).

Einen neuen Hinweis auf ein ganz anderes erdgeschichtliches Szenario liefert ein bereits vor einem Vierteljahrhundert gefundener weiblicher Schädel in Brasilien, der von Ricardo Ventura Santos an der Universität von Rio de Janeiro, Brasilien, mittels neuartiger Analysen auf 11500 Jahre datiert wird. Somit stammt der Schädel aber aus einer Zeit, die ungefähr der anfänglichen Einwanderungsphase asiatischer Bevölkerungsgruppen über die Beringstraße entspricht, ja vielleicht sogar aus der Zeit davor. Diese Feststellung ist *unvereinbar mit unserem Weltbild*! Schließlich mussten die Einwanderer den hohen Norden Alaskas sowie Nord-, Mittel- und halb Südamerika durchwandern. Die *eigentliche* Sensation stellt jedoch der Umstand dar, dass diese Ur-Amerikanerin deutlich markante Züge *afrikanischer* oder *australischer* Ureinwohner aufweist (»Bild der Wissenschaft«, online 24.9. 1999). Diese Abstammungslinie soll vor 15 000 Jahren über den Ozean gekommen sein, also zu Zeiten der Altsteinzeit, als man in Europa Höhlenbilder malte und sich noch Felle überwarf? Ketzerisch mutet die Frage an, ob es irgendwo noch eine Landbrücke gab, vielleicht über Afrika direkt ins angrenzende Südamerika oder zwischen Madagaskar und der Antarktis. Die alte Karte von Piri Reis zeigt eine eisfreie Antarktis und eindeutig eine Landbrücke zwischen Südamerika und der Antarktis.

Das Dogma von der sibirischen Herkunft der Ur-Amerikaner beherrscht unser schulwissenschaftliches Weltbild und sogar unser Bewusstsein mit einer unbegreiflichen Strenge. Vielleicht sind wirklich ein paar Einwanderer über die Beringstraße gekommen, aber offensichtlich erfolgte die Besiedlung des amerikanischen Kontinents aus östlicher und westlicher Richtung über die Ozeane hinweg herkommend. Die deutlich dunkelhäutigen Züge und breiten Lippen der berühmten olmekischen Kolossalköpfe in Mexiko legen ein beredtes Zeugnis ab. Anderseits scheinen die Vorfahren der Mayas von der chinesischen Kultur beeinflusst gewesen zu sein. Auf aus Jade, Stein und Ton gefertigten Artefakten gefundene Schriftzeichen ähneln chinesischen, die 3000 Jahre alt sein sollen.

Der im US-Bundesstaat Washington entdeckte »Kennewick-Mann« ist eines der fast vollständig gefundenen Skelette in Amerika. In einem im Oktober 1999 veröffentlichten Bericht des US-Innenministeriums sowie der Wissenschaftler Joseph Powell und Jerome Rose heißt es (»Bild der Wissenschaft«, online 20.10.1999): »Der *Kennewick-Mann* scheint die stärkste Verwandtschaft zu den Populationen aus Polynesien und Südasien aufzuweisen und nicht zu den amerikanischen Indianern oder zu Europäern.« Das Alter der menschlichen Überreste wird mit 9500 Jahren angegeben. Also fand in Amerika anscheinend ein multikulturelles steinzeitliches Treffen statt.

Sollten wir das Bild von unserer Vorzeit nicht besser revidieren? Nord- und Mitteleuropa scheinen vor ein paar Tausend Jahren total leer gefegt und verwüstet worden zu sein, ebenso der nordamerikanische Kontinent. Wurde die damalige Bevölkerung durch gigantische Katastrophen großflächig vernichtet? Der nordamerikanische sowie der nordeuropäische Kontinent wurden danach wieder neu besiedelt. Alte Funde stammen aus der Zeit vor diesen Ereignissen, als es noch ein global warmes Klima gegeben haben muss.

Fiktion Altsteinzeit

Die bereits mit Erstauflage von »Darwins Irrtum« (Zillmer, 1998) vorgetragene Hypothese, dass angeblich in der Altsteinzeit lebende Neandertaler zusammen mit modernen Menschen erst nach einem Kataklysmus mit nachfolgenden Sintfluten, also erst höchstens vor wenigen Tausend und nicht vor über 40 000 Jahren gelebt haben können, wurde zum Entsetzen der Paläo-Anthropologen durch eine Meldung vom August 2004 gestützt:

»Zahlreiche Steinzeit-Schädel in Deutschland sollen weit jünger sein als bislang behauptet. Der Frankfurter Anthropologe Professor Reiner Protsch von Zieten habe bedeutende Fundstücke um Zehntausende von Jahren zu alt geschätzt«, berichtete das Nachrichtenmagazin ›Der Spiegel‹ mit Verweis auf neue radiologische Datierungen der britischen Universität Oxford.

Statt mehr als 30 000 Jahre seien die Schädel zum Teil nur wenige Hundert Jahre alt. Das habe eine Überprüfung mit der sogenannten Radiokarbon-Methode (C-14-Methode) ergeben (...) »Die Anthropologie muss jetzt ein neues Bild des anatomisch modernen Menschen in dem Zeitraum zwischen vor 40 000 und 10 000 Jahren zeichnen«, sagte der Greifswalder Archäologe Thomas Terberger (...) Der Neandertaler von Hahnöfersand sei statt 36 300 nur 7500 Jahre alt, bestätigte der ehemalige Leiter des Hamburger Helms-Museums, Ralf Busch. »Die Frau von Binshof-Speyer ist (...) nicht 21 300 Jahre alt, sondern habe 1300 vor Christus gelebt. Der Schädel von Paderborn-Sande (›der älteste Westfale‹) sei nicht 27 400 Jahre alt, sondern der Mensch sei um 1750 nach Christus gestorben (...). Leider habe man nach dem ›Aussortieren der faulen Eier‹ kaum noch bedeutende Menschenfunde aus dem Zeitraum zwischen 40 000 und 30 000, sagte Terberger (...). ›Ältester Knochenfund in Deutschland ist (...) nun ein Skelett aus der mittleren Klausenhöhle in Bayern mit 18 590 Jahren.‹« (»dpa«, 16.8.2004, 17.59 Uhr).

Aber nicht nur das Alter der meisten und aller bisher neu untersuchten Objekte muss reduziert werden, sondern auch den Neandertalern über Jahrzehnte hinweg zugeschriebene Funde stellen sich als tolldreiste Etikettenschwindel heraus. Im Jahre 1999 wurden zwei in der Wildscheuer-Höhle gefundene angebliche Neandertaler-Knochen neu untersucht. Die 1967 gefundenen Schädelfragmente entpuppten sich als die von Höhlenbären ...

Die in Deutschland gefundenen Neandertaler-Schädel werden auch kaum mehr als Beweis für die Existenz von Menschen in der Altsteinzeit erwähnt, nur noch nicht neu datierte Schädel aus Frankreich, Italien, Spanien Belgien oder Portugal. Ein weiterer Schlüsselfund der Altsteinzeit-Geschichte, die Kelsterbacher Dame, angeblich 32 000 Jahre alt, galt als ältester bekannter, anatomisch moderner Mensch nach den Neandertalern in Europa. Jetzt ist dieser Schlüsselfund verschwunden und kann daher nicht neu datiert werden. Seltsame Zufälle ...

Befremdend oder aber bezeichnend ist, dass im Extremfall die um fast 29 000 Jahre jüngeren Datierungen der Altsteinzeitschädel keinen Aufruhr in der Fachwelt und der Hochschulszene verursachten, auch keinen Niederschlag unter dem Stichwort »Altsteinzeit« beim Online-Magazin Wikipedia fanden. Erst nachdem das Nachrichtenmagazin »Der Spiegel« das Thema aufgriff, schaltete die Frankfurter Leitung der Universität in Frankfurt, wo insgesamt alle falschen Datierungen vorgenommen worden waren, die Kommission für den Umgang mit wissenschaftlichem Fehlverhalten ein.

Allerdings wurde nur der verantwortliche Professor Reiner Protsch zur Rechenschaft gezogen. Verdrängt wird die Rolle seiner Helfer, Koautoren und Mitarbeiter. In seiner Rechtfertigung nennt Protsch als Ursache möglicher Fehldatierungen Verunreinigungen der Funde, etwa durch Mikroorganismen. Einen mit Erdöl beschmierten sieben Jahre alten Knochen würde man leicht als Jahrtausende alt datieren: Als Anthropologe muss man ja wissen, wie leicht man einen Fund älter und damit zeitlich passend machen kann. Für Protsch sind die total falschen Datierungen jedoch keine Fälschungen, angeblich stellen diese nur Experimente und deshalb keine absoluten Aussagen dar. Ist damit gemeint: Narrenfreiheit für Anthropologen? Klar, denn seine (Gedanken-)Experimente sind reine Erfindungen. Das Gerät zur Radiokarbon-Datierung war vor 1981 »niemals in Betrieb gewesen« (»Spiegel«, 34/2004), und das Labor besaß auch keine Eichparameter: Der absolute Fachmann für Steinzeitschädel konnte gar keine fachgerechte Radiokarbon-Datierung durchführen, schrieb aber mit seinen Phantasie-Datierungen über Jahrzehnte hinweg Menschheitsgeschichte als eine Art Grimms Märchen, das von den großen Medien in phantasievollen Bildern als »bewiesene« Tatsachen dem staunenden Publikum vorgespielt wurde.

Als ich 1998 in »Darwins Irrtum« behauptete, dass Altsteinzeitschädel allein aus logischen Überlegungen heraus allerhöchstens wenige Tausend Jahre alt sein können, wurde im Internet über diese Aussage gespottet, denn

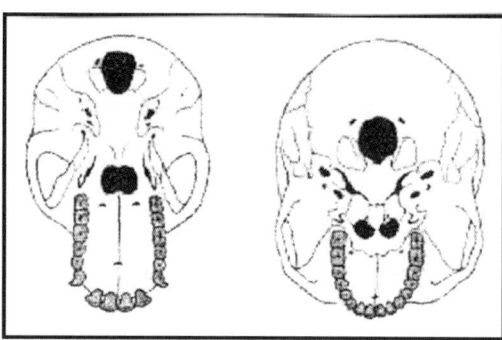

Abb. 113: **HINTERHAUPTSLOCH**. Der Kopf hängt beim Affen an der Wirbelsäule (links), wohingegen er beim Menschen mit dem Schwerpunkt auf ihr sitzt (rechts). Das Hinterhauptloch müsste bei einer evolutiven Entwicklung von einem Vorläufer-Affen hin zum Menschen entsprechend einer sich langsam entwickelnden Evolution wandern, vom Rand des Schädels beim Affen hin zu seiner endgültigen Lage inmitten des Schädels beim modernen Menschen. Keine dieser eigentlich unzählig vielen Lageänderungen des Hinterhauptlochs sind in den fossilen Funden dokumentiert, und ein entsprechender Zustand würde bedeuten, dass dieses Lebewesen gar nicht lebensfähig wäre! Bild: Aus Schulbuch »Biologie heute« S II2, 1998, S. 425.

man glaubte, dass das Alter dieser Schädel messtechnisch exakt ermittelt und somit bewiesen worden ist.

Berücksichtigen wir den »Verjüngungsprozess« der Altsteinzeitschädel – womit sich auch die geologischen Schichten, in denen diese angeblich gefunden wurden, rutschartig verjüngen –, dann werden andere Fälle verständlich. So hatte sich Herman Müller-Karpe getraut, einen Knochenkratzer der Inuit im nordkanadischen Old-Crow–Gebiet um den Faktor 20 zu verjüngen. Mit der AMS–Methode (einer verbesserten Radiokarbon-Methode) wurde gezeigt, dass der Knochen nicht 27 000 Jahre alt war, wie eine Datierung der 1960er-Jahre ergeben hatte, sondern von einem Tier stammte, das vor nur 1350 Jahren gestorben war (Strauss, 1991). Muss man auch andere in früherer Zeit datierte Funde neu untersuchen, und müssen diese dann auch um ein Vielfaches verjüngt werden? Aber auch die mit der AMS-Methode ermittelten Werte sind noch zu hoch, wie auch die Datierung von Höhlenzeichnungen nahelegt – ausführlich diskutiert in »Die Evolutions-Lüge« (Zillmer, 2013, S. 212 ff.).

Tatsächlich hat sich die Stammesgeschichte des Menschen während der letzten Jahre komplett geändert. Dem Fakt, dass der Mensch nicht vom Affen abstammen kann (vgl. Abb. 113), wurde inzwischen Rechnung getragen und ein den Schimpansen und Menschen gemeinsamer Vorfahre proklamiert, wie schon 1998 von mir als Lösung des Dilemmas Menschwerdung im Sinne der darwinschen Evolutionstheorie diskutiert. Als ältester Vorfahre des Menschen wird jetzt *Australopithecus anamensis*, eine ausgestorbene, rund vier Millionen Jahre alte Gattung aus der Familie der Menschenaffen angesehen. Die wenigen in Ostafrika entdeckten Knochen, ohne Schädel, werden als Beweis für die älteste, angeblich unumstrittene Art der Hominini gewertet.

Die Stufenleiter der Menschwerdung umfasst insgesamt kein einziges Verbindungsglied, da nicht ein einziger entsprechender, als schlüssig anzusehender Fund von Verbindungsgliedern (Missing Links) existiert. Der ältere Teil des Stammbaums bis hin zu den Australopithecinen (lateinisch Südaffe) ist imaginär, da riesige Fundlücken bestehen. So wird das *seit 1964 bis vor Kurzem* als Bindeglied zwischen Menschenaffen und Menschen angesehene Bindeglied *Homo habilis*, der »geschickte Mensch«, inzwischen nicht mehr als solches von Anthropologen geführt.

Der Neandertaler ist nach einigen Forschern aufgrund von DNA-Untersuchungen des Genetikers Professor Dr. Svante Pääbo als Vorfahr des modernen Menschen ausgeschieden (»Science«, Bd. 277, 1977, S. 1021–1025). Der Neandertaler wird einerseits (wie seit seiner Entdeckung und aktuell in den USA) als eigene Art (Homo neanderthalensis) betrachtet, wäre also zusammen mit dem modernen Menschen nicht fortpflanzungsfähig. Anderseits wird der Neandertaler als ausgestorbene Unterart des modernen Menschen als *Homo sapiens neanderthalensis* bezeichnet. Diese Namensgebung unterstellt aber, dass der letzte gemeinsame Vorfahr als (archaischer) Homo sapiens zu bezeichnen wäre. Als derzeit verbreitete Sichtweise, gestützt durch neue Genanalysen, wird der in Afrika belegte *Homo erectus* als letzter gemeinsamer Vorfahre angesehen und wäre als *Homo sapiens* zu bezeichnen.

Die Fachzeitschrift »Science« berichtete in einem Artikel unter der Überschrift »Letzter Homo erectus von Java: Möglicher Zeitgenosse des Homo sapiens in Südostasien«, dass Homo-erectus-Fossilien auf ein Durchschnittsalter von 53 300 bis 27 000 Jahren datiert werden. Homo erectus lebte demzufolge mit anatomisch modernen Menschen (Homo sapiens) gemeinsam in Südostasien (»Science«, 13.12.1996; Bd. 274, S. 1870–1874)!

Koexistenz scheint das Schlüsselwort zu sein und nicht Konfrontation bzw. das Gesetz des Stärkeren gemäß darwinschem Gesetz!

Der Paläontologe Stephan Jay Gould, ein bekannter Evolutionist von der Harvard Universität, erklärt die Sackgasse der Evolution folgendermaßen: »Was würde aus unserer Stufenleiter, wenn es drei nebeneinander bestehende Stämme von Hominiden (Australopithecus africanus, die robusten Australopithecinen und Homo habilis) gibt, keiner deutlich von dem anderen abstammend? Darüber hinaus zeigt keiner von ihnen irgendeine evolutive Neigung während ihres Daseins auf Erden« (»Natural History«, Bd. 85,

1976, S. 30). Gould ist vorbehaltlos zuzustimmen. Derart aber entfallen die unglaublich langen Zeiträume für eine unmerklich langsame Entwicklung nach Charles Darwins Evolutionstheorie.

»Darwins Selektionsdruck ist zu gering, um eine Entwicklung neuer mehrzelliger Lebewesen zu erreichen«, schreibt Professor Dr. Wolfgang Kundt (2005, S. 207), Universität Bonn. Dieses Problem wird auch als »Darwins Dilemma« bezeichnet. »Wenn wir den Fossilnachweis im Einzelnen untersuchen, ob auf der Ordnungs- oder Spezies-Ebene, tritt ein Punkt hervor: Was wir immer und immer wieder finden, ist nicht eine allmähliche Evolution, sondern eine plötzliche Explosion einer Gruppe ...« (»Proceedings of the British Geological Association«, Bd. 87, 1976, S. 133).

Gefunden wurde bisher ausschließlich ein urplötzliches Auftreten neuer und vollkommener Tiere ohne jegliche Übergangsform. Ein solches Szenario lässt sich in Schichten aus dem Kambrium nachweisen. Vor 542 Millionen Jahren nach geologischer Zeitskala startete eine Art Urknall der Evolution höher entwickelter Tiere, auch als »kambrische Explosion« bezeichnet. Denn in den Schichten des Präkambriums (Erdfrühzeit) lässt sich organisches Leben nur in Form von Ein- und Mehrzellern nachweisen, die kein Skelett und kaum Hartteile aufweisen. Aber *plötzlich* wimmelt es von komplexen Lebensformen aller Art. Diese entstanden ohne lang andauernde Evolution und ohne Zwischenstufen, bewiesen durch die in geologischen Formationen enthaltenen »idealen« Fossilien ohne Übergangsformen oder Fehlentwicklungen. »Der Beginn der kambrischen Epoche (...) erlebte das plötzliche Auftreten von fast allen Hauptgruppierungen der Tiere (Phyle) im Fossilnachweis, die bis heute noch überwiegend die Biota ausmachen« (Fortey, 2001).

Berücksichtigen wir, dass alle Tiere genetisch eng verwandt sind und nicht neuartige Körperzellen für das Erscheinen neuer großer Tiere entwickelt werden, sondern sich nur die Anordnung der Zellen und die Geschwindigkeit sowie Anzahl der Generationswechsel der verschiedenen Zellen ändert, dann können scheinbar neuartige intakte Tiere, aber auch Organe oder sogar Köpfe bei ein und demselben Organismus sogar mehrfach und dies urplötzlich ohne Vorentwicklung auftreten. Beispiele gibt es genügend.

Alles basiert anscheinend auf einer *einzigen* von der Natur entwickelten Zellenart! Zwar gibt es verschiedene, bestimmte Funktionen erfüllende Zellarten, aber diese entstehen aus sogenannten Stammzellen, einer Art Ursprungszellen. Diese haben je nach Beeinflussung das Potenzial, sich in jegliches Gewebe (embryonale Stammzellen) oder in bestimmte Gewebetypen (adulte Stammzellen) zu entwickeln. Stammzellen können auch Tochterzellen generieren, die selbst wiederum die Eigenschaften der Stammzelle besitzen. Über das jeweilige Schicksal der Zellen entscheidet dabei vor allem das biologische Milieu. Die hierbei zum Tragen kommenden Mechanismen sind noch nicht vollständig geklärt. Diese Stammzellen können sich zu jedem Zelltyp eines Organismus differenzieren, da sie auf keinen speziellen Gewebetyp festgelegt sind. Jedoch sind diese selbst nicht in der Lage, einen gesamten Organismus zu bilden. Leben ist scheinbar universell und beruht gleichzeitig auf bestimmten, anscheinend festgelegten Prinzipien, die an Selbstorganisation wohl nicht zufällig erinnern. Im Prinzip muss sich nur einmal zu einem bestimmten Zeitpunkt eine einzelne Stammzelle entwickelt haben, die sich massenhaft reproduzierte. Es setzte dann eine funktionelle und strukturelle Spezialisierung in Form einer individuellen Entwicklung einzelner Zellen ein, einhergehend mit einer Abnahme der Zellteilungsrate und dem Verlust der Alleskönnerschaft.

Dagegen können zufällige Mutationen bei höher entwickelten Lebewesen kein angemessener Mechanismus für evolutive Veränderungen gewesen sein, denn es gibt körpereigene Reparaturmechanismen, die willkürliche Fehler beseitigen. Die nach Darwin erforderlichen Fehler in der Erbsubstanz, für diesen Fall dann *günstige* Mutationen genannt, würden daher eine exorbitant hohe Anzahl von Versuchen erfordern. Hierfür ist jedoch die Zahl der lebenden Exemplare einer bestimmten Tierart pro Dauer des jeweiligen Generationswechsels zu gering. Kann es einen Prozess der Selbstorganisation für die Entstehung von Leben geben?

Im menschlichen und tierischen Darm befinden sich zum Beispiel Escherichia coli, kurz E. coli genannte Bakterien, die für die chemische Verdauung unserer Nahrung lebensnotwendig sind. Im Verdauungstrakt eines jeden Menschen gibt es etwa eine Million mal eine Million, also 10^{12} solcher Bakterien. Multipliziert mit der Anzahl lebender Menschen ergibt dies die unvorstellbare Anzahl von vielleicht etwa 10^{22} E.-Coli-Bakterien. Diese vermehren sich bei normalen Bedingungen etwa alle 20 Minuten. Bei dieser unvorstellbar großen Anzahl von Vermehrungsmöglichkeiten ist es vorstellbar, dass ein Mikroben-Stamm zufällig ein Enzym oder ein sehr komplexes Molekül »entwickelt« (synthetisiert), das in einem Stoffwechselprozess eine nützliche Funktion ausüben kann.

Vergleichen wir jetzt diese fast unendlich erscheinenden Entwicklungsmöglichkeiten mit denen von Säugetieren. Um bei diesen zu Veränderungen der inneren chemischen Prozesse zu gelangen, wären aber zahlreiche Zwischenschritte erforderlich, wovon jeder für sich allein schon als unmöglich zu werten ist: »Die Arbeit in vielen Laboratorien zeigte, dass die meisten Mutationen schädlich sind und die drastischen sogar gewöhnlich tödlich verlaufen. Sie schlagen gewissermaßen die falsche Richtung ein, in dem Sinne, dass jede Veränderung in einem harmonischen, gut angepassten Organismus sich nachteilig auswirkt. Die meisten Träger tiefgreifender Mutationen bleiben nie lange genug am Leben, um die Veränderungen ihren Nachkommen zu vererben« (Moore, 1970, S. 91).

Falls sich üppig vermehrende Mikroben-Stämme einen Entwicklungsschritt möglicherweise in 100 Jahren schaffen, dann dauert dieser, übertragen auf makro-biologische Lebensformen, zum Beispiel bei Elefanten mit einem Generationswechsel von zehn Jahren, etwa 10^{18}, also eine Milliarde mal eine Milliarde Jahre. Deshalb führen zufällige Mutationen bei makrobiologischen Lebensformen häufig auch zu Schädigungen und nicht zu einer Weiterentwicklung.

Mutationen können erfolgreich nur bei Mikroben aufgrund der unvorstellbar riesigen Anzahl und schnellen Fortpflanzungsrate erfolgen. Für höher entwickelte Tiere gilt dies nicht, wie in dem Buch »Evolution« von Ruth Moore (1970, S. 91) bestätigt wird.

Eine makro-biologische Entwicklung also »würde niemals stattfinden. Wir müssen uns nun fragen, ob solche genetischen Vorgänge in der Natur vorkommen. Dabei müssen sie zunächst als höchst unwahrscheinlich erscheinen. Sie müssen nur in einem für die Evolution zuträglichen Zeitraum zulassen, dass ein Molekül aus einer Mikrobe in das Material eines größeren gerät« (Gold, 1999, S. 179).

Größere Neuerungen in Bezug auf den Stoffwechsel wurden fast vollständig im Lebensbereich von Mikroben erzielt, wie überzeugende empirische Belege und theoretische Argumente von Lynn Margulis zeigen (»Journal of Theoretical Biology«. Bd. 14, Nr. 3, S. 255–274). Sie entwickelte die bereits von dem deutschen Botaniker Andreas Schimper (1883) postulierte und von Konstantin Mereschkowski (1905) erneut vorgeschlagene *Endosymbionten-Theorie*, die annimmt, dass die heutigen komplexen Zellen sich aus weniger komplexen Bestandteilen zusammensetzten und letztlich die *chemische Evolution* (!) den Ausgangspunkt der Entstehung von Lebewesen bildet.

Diese Theorie besagt weiter, dass die Zelle eines einzelligen Lebewesens durch einen anderen Einzeller einverleibt wurde und so zu einem Bestandteil der anderen Zelle und damit eines plötzlich entstandenen höheren Lebewesens wurde. Derart entstanden immer komplexere Lebewesen. Auch Bestandteile menschlicher Zellen gehen ursprünglich auf einzellige Lebewesen zurück.

Man könnte deshalb behaupten, ohne Mikroorganismen gibt es kein komplexes Leben, wie wir es auf der Erde kennen. Das Leben kann kaum an der Erdoberfläche entstanden sein, sondern entwickelte sich in der Tiefe. Unser Ausgangspunkt war die unter der Erdoberfläche stattfindende chemische Selbstorganisation. Seltsamerweise wurden anorganische Strukturen entdeckt, die den organischen zum Verwechseln ähnlich sind. Es handelt sich um zwei verschiedene Entwicklungsrichtungen, die jedoch durch dasselbe Prinzip geprägt wurden: Selbstorganisation. Wir können deshalb nicht erwarten, dass aus anorganischen Strukturen plötzlich lebende werden, da alle uns bekannten Lebensformen auf Kohlenstoffbasis aufgebaut sind.

W. J. Sawenkow (1991) zeigte, dass die belebte Zelle durch Selbstorganisation von fadenförmigen Grafitkristallen mit schraubenartigen Dislokationen (Versetzungen) entstanden sein kann, die um diese herum Hüllen aus organischen Stoffen gebildet haben. Der Abstand zwischen den Windungen im Grafitkristall und denen im DNS-Faden ist ungefähr gleich. Der bekannte österreichische Wissenschaftler Erwin Schrödinger (1951) glaubte, dass die genetischen Informationen in so etwas wie einem »aperiodischen Kristall« verschlüsselt sein könnten, der sich immer wieder aufzubauen vermag.

Obwohl so an der Erdoberfläche kein Leben entstehen kann, sind die elektrischen Entladungen interessant und simulieren die Verhältnisse in der Tiefe analog unserer Theorie der kalt-elektrischen Erde, da es dort unten Entladungen gibt bzw. elektrische Ströme fließen. Auch auf Kometen könnten diese Prozesse ablaufen, da zwischen der kalt-elektrischen Urerde und den Kometen kein wesentlicher Unterschied besteht, außer dass die Druck- und Temperaturverhältnisse etwas anders sind. Deshalb verwundert es nicht, dass in Kometen auch ohne Atmosphäre Aminosäuren entstehen können.

Der bereits im Jahr 1864 in Frankreich niedergegangene Orgueil-Meteorit wurde 2001 erneut untersucht. Pascale Ehrenfreund von der Sternwarte im niederländischen Leiden untersuchte eine relativ einfache Mischung von vorhandenen Aminosäuren. Diese Ergebnisse wurden dann mit den vorliegenden Untersuchungen von drei anderen Meteoriten verglichen: Murchison, Murray und Ivuna. Die ersten beiden enthielten eine sehr komplexe Mischung von Aminosäuren, während in Ivuna und Orgueil im Wesentlichen zwei verschiedene Aminosäuren nachgewiesen wurden. Auch im Weltall hat man Derartiges entdeckt: Glycin (Amino-Essigsäure), die kleinste und einfachste proteinaufbauende Aminosäure (Belloche et al., 2008).

Die Rolle der elektrischen Energie wird gerne vernachlässigt, ob bei der Bildung von Lebensbausteinen allgemein oder auch der Funktionsfähigkeit von komplexen Biokörpern – aber auch in der Geologie. Wie schon zuvor beschrieben, lassen sich durch naturverwandte Elektrolyse-Experimente rhythmische Mineralgefüge erzeugen, wie zum Beispiel Bänderungen, die bislang durch Schwerkraft oder sequenzielle Stoffzufuhr nicht hinreichend erklärt werden konnten (Jacob et al., 1992; s. Abb. 92, S. 206). Das Streben der offenen chemischen Systeme zur maximalen Standfestigkeit, auch konservative Selbstorganisation genannt, ist die Triebkraft der Entwicklung. Derart werden nicht nur Lagerstätten, sondern auch Bändergefüge in der Lithosphäre gebildet. Dies geschieht analog zu periodischen Strukturen in der physikalischen Chemie durch interne Selbstorganisation.

Man kann also behaupten, das Leben auf der Erde ist genauso gesetzmäßig entstanden wie zum Beispiel Mineralien.

6 Schwankende Erde

Das Mittelmeer war eine Wüste und die Sahara eine mit Seen bedeckte Urwaldlandschaft. Unglaubliche Veränderungen fanden vor wenigen Tausend Jahren statt, und die Dinosaurier, aber auch Menschen, waren Augenzeugen der gigantischen Szenerie, als sich die Pole verschoben.

Trügerische Eisbohrkerne

Direkte Datierungen und damit die Bestimmung der Erdzeitalter müssen falsche Ergebnisse erbringen, falls es kataklysmische Erdkatastrophen gab, da die zugrunde gelegten gleichförmigen Rahmenbedingungen nicht existierten und chaotische Zustände herrschten.

Von vielen Beispielen soll eines die Unzulänglichkeit dieser Methoden exemplarisch aufzeigen. So wurde das Alter der Schale einer Molluske auf 2300 Jahre datiert. Der Schönheitsmakel war nur, dass es sich um ein noch *lebendes* Exemplar handelte (Keith/Anderson, 1963).

Der Datierung dienen auch Eisbohrkerne. Durch das Greenland Icecore Project (GRIP) konnte ein gut 3028 Meter langer Bohrkern aus dem grönländischen Eis gewonnen werden, bevor das Grundgestein erreicht wurde. Dieser soll 250 000 Jahre repräsentieren. Das bedeutet, dass ungefähr nur 1,2 Zentimeter Eisdicke einem Kalenderjahr entspricht. Die *obersten Bereiche* lassen bis zu 14 500 deutliche Schichten erkennen, wovon *jede ein Kalenderjahr repräsentieren* soll (Daansgaard et al., 1969 und 1993). Könnte nicht irgendwann auch mehr als eine Schicht pro Jahr entstanden sein, da es ganz einfach mehrere intensive Schneefallperioden gab? Wie viele Jahre repräsentieren diese oberen Schichten tatsächlich?

Durch den Druck der Eigenlast der über dem betrachteten Niveau liegenden Eismassen kann man in den unteren Bereichen *keine Schichtungen* mehr erkennen. Wie ermittelt man aber das Alter dieses Eises, wenn es keine Schichten gibt? Man schätzt das Alter anhand bestimmter Gedankenmodelle. Heinsohn formuliert dieses Problem in dem Bulletin »Vorzeit, Frühzeit, Gegenwart« (4/1994, S. 76) treffend: »Das Zerquetschen des Eises unter seinem eigenen Gewicht und sein Wegfließen zur Seite unter Druck wird dabei mit bestimmten Annahmen über beobachtetes Eisverhalten andernorts versehen, die in Modellen durchgerechnet werden, welche dann jene 235 500 bis 237 000 Jahre ergeben. Für die älteren bzw. tiefsten 100 000 Jahre wird auf diese Weise genau ein Millimeter Eis pro Jahr veranschlagt.«

Stimmen diese Schätzungen? Wie alt ist der Eispanzer in Grönland wirklich? Klimaschwankungen werden auf diese Art und Weise gar nicht berücksichtigt. Vielleicht gab es in einer Periode wesentlich mehr Schneefall als sonst? Dies kann zu Zeiten der Sintflut geschehen sein, denn die kosmischen Einschläge verursachten hohe Temperaturen und eine vermehrte Verdampfung des Wassers in den Ozeanen mit darauffolgenden heftigen Niederschlägen.

Alte mesopotamische Keilschrifttexte berichten, dass beim Einschlag kosmischer Geschosse sogar der nackte Boden der Ozeane zu sehen gewesen sein soll. Der vermehrte Wasserdampf führt in kälteren Gebieten zu Schneefall und damit zur Eisbildung. Durch dieses Szenario kann in relativ kurzer Zeit ein Eisberg entstehen. Andererseits erkennt man bei diesem Gedankengang den grundlegenden Fehler aller Eiszeittheorien. Es soll auf unserer Erde nämlich immer kälter geworden sein. *Durch sinkende Temperaturen entsteht jedoch kein Eisberg!* Genauso wenig, wie auf einem zufrierenden Teich ein Eisberg entsteht. Soll aber einer entstehen, muss es schneien. Der sich aufeinandertürmende, gefrierende Schnee bildet dann einen Eisberg. Damit liegt das Dilemma klar auf der Hand: Die Entstehung eines Eisberges bedingt hohe Temperaturen in anderen Regionen der Erde, beispielsweise am Äquator. Dies widerspricht aber der Tendenz der global sinkenden Temperaturen. Fazit: Ohne Hitze hier gibt es keine Eisberge. Damit ist ein Hinweis auf die während der Sintflut schnell entstehenden Eisberge gegeben.

Bei sehr niedrigen Temperaturen gibt es oft wolkenlos blauen Himmel, aber es fällt weniger Schnee. Das ist etwa in Westeuropa der Fall, wenn der Wind von Osten kommt. Schwarzbach (1993, S. 225) bestätigt: »... die Haupttrockenzeiten fallen in die Kaltzeiten.« Wenn es kalt wird, schneit es weniger, und Eisberge entstehen dann am wenigsten! Mit dieser Feststellung erscheinen fast alle Eiszeittheorien im Zwielicht eines gut erfundenen Märchens. Professor Schwarzbach (1993, S. 309) stellt weiter fest: »Für Vereisungen ist – eine zunächst überraschende Annahme! – ein eisfreies Meer notwendig; denn nur dieses kann genügend Niederschläge für ausgedehnte Gletscherbildung liefern (...). Das Polarmeer bleibt eisfrei, bis die großen Inlandgebiete sich gebildet haben; erst dann setzt Vereisung der Arktis ein ...«

Eiszeiten sind also durch ein offenes Meer gekennzeichnet, zumindest in der Entstehungsphase. Was unterscheidet denn das damalige Klima von heute? Falls es wirklich einfach immer nur kälter geworden sein soll, bedeutet dies, dass eigentlich immer weniger Schnee oder Hagel zur Bildung eines Eisbergs niederfällt.

Festzuhalten bleibt, dass es *langsam* verlaufende Eiszeiten nicht geben kann. Auch in einem Kühlschrank entsteht das Eis *nicht ohne Zufuhr von Energie*! Diese zusätzlich erforderliche Energie, die damals das Wasser verdampfte und die Erde in Nähe der Pole mit Eis überzog, muss plötzlich gekommen sein und kann nur aus gewaltigen Katastrophen resultieren.

Die größten Eisbrocken fallen im Hochsommer vom Himmel, wenn feuchte Warmluft aufsteigt, die sich bildenden Eiskörnchen anwachsen und möglicherweise als taubeneigroße Hagelkörner auf die Erde prasseln, denn in zehn Kilometern Höhe herrschen bereits −50 Grad Celsius. In der Bibel (Offenbarung: 16, 20–21) wird bestätigt: »Alle Inseln verschwanden, und es gab keine Berge mehr. Und gewaltige Hagelkörner, zentnerschwer, stürzten vom Himmel auf die Menschen herab ...«

Bereits in den Sechzigerjahren des 20. Jahrhunderts schien die Eiszeittheorie eigentlich nicht mehr zu halten zu sein. *In Kiesschichten* im Alpenvorland, die mindestens 20 000 Jahre alt sein sollen und damit vor der letzten Eiszeit entstanden sein müssten, wurden *römische Ziegel* und *nacheiszeitliche Baumstämme* entdeckt. In einer anderen bis dahin unangetasteten Kiesschicht, die aus der Eiszeit stammen soll, wurde ein *verrostetes Fahrradteil* gefunden, wie Windsor Charlton (1983) ausführt. Dieser Fund hätte den Garaus für die Idee der Eiszeiten bedeuten müssen, denn zu damaliger Zeit gab es nur Steinzeitmenschen – sind unsere Urahnen schon Fahrrad gefahren? Seltsamerweise konnte der Eiszeittheorie jedoch wieder *neues Leben* eingehaucht werden, denn es gab im Sinne der erfundenen Evolutionstheorie *keine glaubhafte Alternative im Sinne der Gleichförmigkeitstheorie*.

Der beschriebene Bohrkern aus dem stabilsten und höchsten Eispunkt in Grönland erreichte nach 3028 Metern Fels. Da das Alter auf 250 000 Jahre geschätzt wird, muss man sich fragen: Was war vor dieser Zeit? Denn die Eiszeit begann doch angeblich schon 2,7 Millionen Jahre vorher. Die Antwort könnte heißen: Vor dieser Zeit gab es kein Eis auf Grönland. Oder schmolzen die Grönlandgletscher während des großen Eiszeitalters immer wieder *komplett* ab?

Grönland bedeutet »Grünland«, und im Englischen nennt man es sogar »Greenland«. Nach der Saga von Erich dem Roten wurde die ungefähr vor etwa 1100 Jahren entdeckte größte Insel der Erde »grünes Land« genannt. Warum eigentlich? Ich verweise noch einmal auf die eisfreie Darstellung Grönlands (Zeno-Karte von 1380). Wie alt ist der Eispanzer also wirklich? Die Wikinger hatten über 100 Kühe im Stall und bauten zeitweise Weizen auf Grönland an, was heutzutage erst möglich wird, falls die Lufttemperaturen etwa um zwei Grad Celsius ansteigen.

Am 15. Juli 1942 mussten sechs Jagdflieger (P 38) und zwei Bomber (B 17) während der Überführung zweier Pionierstaffeln (»Tomcat Green« und »Tomcat Yellow«) von Kanada nach Schottland an der grönländischen Ostküste auf festem Eis notlanden. Die Besatzungen wurden geborgen, aber die Maschinen mussten dort stehen bleiben. Im September 1989, also 47 Jahre nach der Notlandung, sollten ein Jagdflugzeug und ein Bomber aus dem Eis geschmolzen werden. Eisspezialisten hatten ausgerechnet, dass die Maschinen nach dieser Zeitspanne zwölf Meter tief im Eis eingefroren sein müssten. Der Hinweis, dass die Maschinen wegen der starken Wanderung des Eises – eine Voraussetzung der Eiszeittheorie – schwer zu finden seien, *war falsch*. Die Maschinen standen *koordinatenmäßig* dort, wo sie gelandet waren. Außerdem sollten die Maschinen wegen des Drucks des aufliegenden Eises zusammengedrückt sein – auch diese Voraussage war falsch. Nur die Plexiglasscheiben der Kabinen waren zerbrochen. Die filigranen Verstrebungen und empfindlichen Flügel waren noch so intakt wie zum Zeitpunkt der Landung. Die größte Überraschung war aber die Dicke der Eisschicht über den Maschinen. Anstatt der vorausgesagten 12 stieß man auf 54 Meter massives Eis und 24 Meter sehr harten Firn (Hayes, 1994, S. 101 und 131), also insgesamt 78 Meter – mehr als das Sechsfache der geschätzten Eisschicht.

Da das Eis entgegen den Voraussagen nicht komprimiert war, muss man die angesetzten Zeitangaben für die Eisbohrkerne eigentlich als einen einfältigen Witz betrachten. Ein Millimeter Eisdicke soll einem Jahr entsprechen? Über den Flugzeugen bildete sich im Durchschnitt eine Schicht von 1,65 Metern jährlich. Im Verhältnis zu den Eisbohrkernen müssten diese Eisschichten dann um den Faktor 1650 zusammengedrückt werden. Aber das Eis hatte die Flugzeuge in 80 Metern Tiefe noch nicht einmal leicht zusammengedrückt. Da man andererseits das vorausgesagte Fließen des Eises nicht bestätigen konnte, ist auch nicht klar, warum nach 14 500 Schichten keine Bänderungen mehr zu erkennen sind. Entstand der gesamte Restpanzer vielleicht nicht Jahr für Jahr, sondern schnell als kompakte Eismasse? Warum soll sich von den 14 500 Schichten nur eine pro Jahr gebildet haben? *Jeder* Schneefall hinterlässt eine eigene sichtbare Schicht.

Stellen wir einmal eine überschlägige Berechnung an: Das angebliche Alter des Eisbohrkerns von 250 000 Jahren teilen wir durch die in den letzten 47 Jahren exemplarisch nachgewiesene mittlere Schichtdicke von 1,65 Metern. Dann kommt für den über *3000 Meter langen Eiskern ein Alter von nur 1818 Jahren heraus.* Diese Rechnung ist natürlich nicht genau, aber das Ergebnis überrascht. Nach meiner Überzeugung bildeten sich die Gletscher, aber auch Gebirge wie die Anden (vgl. Abb. 87, S. 191) mit der kataklysmischen Erdkatastrophe vor vielleicht 3500, maximal 10 000 Jahren. Das Eis taute nach diesem Kataklysmus wieder ab. Das Klima war einige Zeit nach der Katastrophe durch den Treibhauseffekt wesentlich wärmer, und damit gab es auch eine erhöhte Abtaurate. Es gab keine Eiszeiten, aber einen Rhythmus der Eisbildung: »insgesamt achtmal haben sich alpine Gletscher während der letzten 10 000 Jahre bis auf die gegenwärtige Position oder sogar noch weiter zurückgezogen« (Berner/Streif, 2004, S. 138). Unschwer zu erkennen ist ein Rhythmus der immer wieder zurückkehrenden Eisbildung, jedoch ohne Eiszeiten und ohne Einflussnahme durch die Menschheit.

Eisberge wandern, entgegen den Aussagen der Eiszeittheorie, im Normalfall nicht, sondern sie breiten sich höchstens etwas aus, beispielsweise durch abtauende Randgebiete und »Böschungsbrüche« der Gletscherfronten. Meldungen über »rasende Gletscher«, die 30 Meter pro Tag zurücklegen, beziehen sich natürlich auf Gletscher im Gebirge (»Bild der Wissenschaft«, online 30.4.1999). Die schrägen Felshänge unter dem Eispanzer sind eine natürliche Gleitfläche, auf der das Eis allein durch sein Eigengewicht abrutschen muss. Im Gegensatz dazu breitet sich ein Eisberg auf einer flachen Ebene zwar etwas aus, aber dieser *wandert nicht*, allein aufgrund bodenmechanischer Gesetzmäßigkeiten.

Tiefenbohrungen haben ergeben, dass die Mächtigkeiten »eiszeitlicher« Ablagerungen in Norddeutschland größer sind als in den meisten Gebieten Nordamerikas (»American Geologist«, 1892, S. 296). Um von Gletschern abgelagertes Schuttmaterial kann es sich nicht handeln, da die Oberfläche im Einzelnen von den Reliefformen des tieferen Untergrundes meist ganz unabhängig ist. Außerdem haben »noch in sehr junger Zeit Krustenbewegungen stattgefunden« (Wahnschaffe, 1901, S. 70).

Es stellt sich die Frage, woher die Gletscher der Eiszeit diese gewaltigen Schuttmassen hergehabt haben sollen, welche sich von Schweden über Holland, Deutschland, Russland bzw. von Nordkanada usw. über Nordamerika verbreiteten? Die Reste dieser Schuttmassen werden ja jetzt noch mit einer Mächtigkeit von bis zu mehreren Hundert Metern angetroffen. Deshalb waren alle frühen Grönland- und Antarktisforscher erstaunt über den geringen Schuttinhalt des Inlandeises, wie ich selbst auch bei den heutigen Gletschern Alaskas erfahren konnte, die nach dem Rückzug des Eises nur wenig Schutt hinterlassen haben.

Richard Chamberlin schrieb 1894 in einem Geologie-Journal, dass die Schutt enthaltenden Zonen des Eises hauptsächlich auf die untersten 15 bis 23 Meter beschränkt sind und 45 Meter als eine äußerste Grenze bezeichnet werden kann. Der Schutt ist an den Rändern der Eislappen mächtiger als in der Mitte. Diese Studie wurde in Grönland vorgenommen, wo das Nährgebiet viele Male größer ist als in Skandinavien. Der Schweizer Geologe Arnold Heim ergänzt aufgrund eigener Studien vor Ort, dass die Gletscher der größeren Täler im Himalaya nur 5 bis 15 Kilometer weit mit Schutt bedeckt sind und förmlich auf ihren Moränen schwimmen, die sie nicht mehr auszuräumen imstande sind. So schaffen also die Gletscher nicht nur *keine* Täler, sondern sie konservieren die früheren Erosionsformen und füllen die Täler mit Moränenschutt. Betrachten wir diese gegenwärtigen Gletscher, so springt ihre Trägheit im Vergleich zu der gewaltigen Wucht der Wassererosion ins Auge (Heim/Gansser, 1938, S. 241 f.).

Aus diesen Gründen schrumpft nicht nur das antarktische Schelfeis seit der Entstehungszeit vor ein paar Tausend Jahren dramatisch, ohne das Zutun des Menschen – Stichwort Klimagase. Denn es gehört zum Grundlagenwissen eines theoretischen Physikers, dass es *den atmosphäri-*

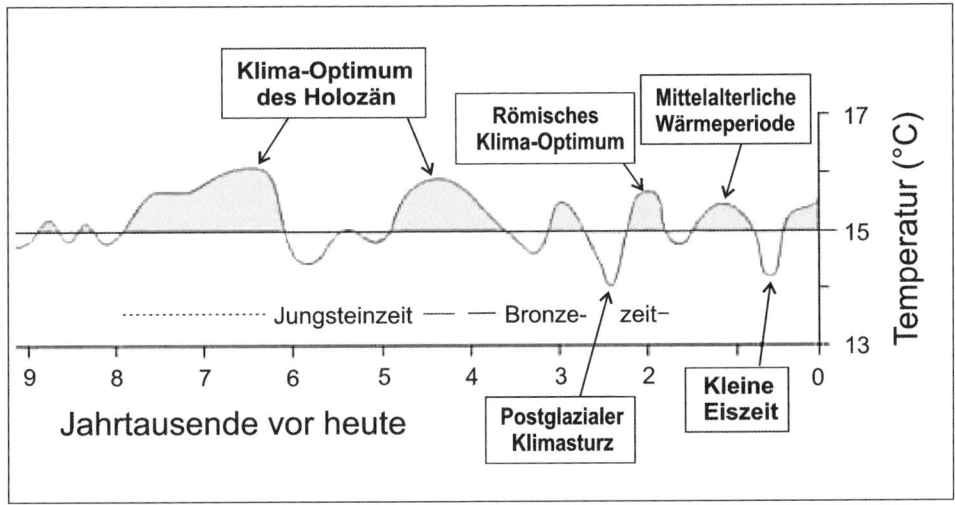

Abb. 114: **BODENNAHE MITTELTEMPERATUREN** in der nördlichen Hemisphäre. Verändert nach Dansgaard et al. (1969) und Schönwiese (1995).

schen Kohlendioxid-Treibhauseffekt nicht gibt, bestätigte der weltbekannte Professor Dr. Gerhard Gerlich nicht nur in seinen Vorträgen bei Klimakonferenzen.

Logbücher norwegischer und britischer Walfänger von 1920 bis 1987 (dem Jahr, in dem der Walfang vor der Antarktis verboten wurde) beweisen, dass *ein Viertel* des Schelfeises der Antarktis zwischen 1954 und 1972 *verschwunden* ist. Trotz des viel diskutierten Treibhauseffekts hat sich die durchschnittliche Temperatur der letzten Jahrhunderte nicht so dramatisch erhöht, um in 18 Jahren für ein Verschwinden von derart großen Eismassen verantwortlich zu sein. In »Das Klima der Vorzeit« (Schwarzbach, 1993, S. 260) wird bestätigt, dass es vor 5000 bis 8000 Jahren *wärmer war als heutzutage*. Die Durchschnittstemperaturen vor etwa 6000 Jahren sollen bis zu mehr als zwei Grad Celsius höher gelegen haben als heute.

Setzt man auch eine wesentlich geringere Abtaurate als die jetzt für die Antarktis ermittelte an, fragt man sich, ob das Eis überhaupt insgesamt mehrere Tausend Jahre lang *überdauern* kann – noch dazu bei höheren Temperaturen vor ein paar Tausend Jahren. Im Fachmagazin »Science« wurde eine Studie verschiedener Geowissenschaftler veröffentlicht, demzufolge sich die gesamte Eisplatte der Westantarktis *in nur etwa 7000 Jahren aufgelöst* haben soll (Convay et al., 1999).

Dass für die Tendenz des Abtauens der Eismassen der angeblich im 20. Jahrhundert entstandene Treibhauseffekt der Mensch verantwortlich sein soll, ist eine irrige Annahme. Diese wurde vor wenigen Jahren von einer (grün-)politisch neu installierten »Wissenschaft«, der Globalklimatologie, installiert, allein auf dialektischer Grundlage, also mit der Fähigkeit bzw. Kunst, den Diskussionspartner in Rede und Gegenrede mit einfachen Argumenten zu überzeugen. Naturwissenschaftler hingegen sind anderer Ansicht und können dies auch beweisen (Berner/Streif, 2004). Tatsächlich handelt es sich ganz einfach um einen natürlichen Abtauprozess von Gletschern, der höchstens ganz *geringfügig* durch eine von Menschen gemachte Erwärmung beschleunigt wird. Da die Temperaturen in früheren Zeiten, entgegen der allgemeinen Auffassung, noch *höher als heutzutage* (Abb. 114) lagen und nach den Kataklysmen durch eine Treibhausatmosphäre sogar noch wesentlich erhöht waren, fragt man sich, *warum es* überhaupt *noch Eis an den Polen gibt*. Das Eis an der Antarktis soll ja schon 30 Millionen Jahre bestehen. Warum taut es gerade in unserer Periode ab, obwohl es früher sehr viel wärmer war? Oder fand die Eiszeit wesentlich später statt, vor nur etwa 3500 oder höchstens 10 000 Jahren, und wir erleben zurzeit nur die *endgültige Abtauphase*?

Verschobene Pole

Eine ehemals *gerade* Erdachse wäre geeignet, um Korallen auch in Spitzbergen gedeihen zu lassen. Dinosaurier sogar als Kaltblüter am eisfreien Südpol oder der Wuchs tropischer Kohlewälder in Polnähe wären ganz einfach zu erklären. Zur Begründung einer geneigten Erdachse fehlt unseren Geowissenschaftlern jedoch ein auslösendes Ereignis, und sie wird deshalb *kategorisch verneint*.

Sensationell anmutende neue Forschungsergebnisse bestätigen die bisher vorgestellten, anscheinend utopischen Hypothesen. Vielleicht bringen die aktuellen Untersuchungen der Geowissenschaftler William W. Sager von der Texas A&M University und Anthony A. P. Koppers von der Scripps Institution of Oceanography, die im Fachmagazin »Science« am 21. Januar 2000 veröffentlicht wurden, eine neue wissenschaftliche Diskussionsplattform (Sager/Koppers, 2000). Durch Untersuchungen der Lava von Unterwasser-

Abb. 115: **POLWANDERUNG.** In der Kreide vor ungefähr 90 bis 65 Millionen Jahren bewegte sich der magnetische Pol sehr heftig im Verhältnis zur Lage der Erdkruste. Vor ungefähr 87 Millionen Jahren war sogar eine schnelle Verschiebung um 16 bis 21 Grad zu verzeichnen, wodurch eine plötzliche Vereisung tropischer Gebiete erfolgt wäre. Das obere Bild zeigt die beiden Lagen des *Äquators* in diesem Zeitraum, wobei der Pfeil (AV) die Verschiebungsrichtung angibt. Damit wurde auch der Pol schnell aus seiner Lage vor der Küste Grönlands nach England bzw. nahe Skandinavien verschoben. Im unteren Bild (Original) ist die ungefähre Richtung der Polverschiebung mit den entsprechenden Datierungen in Millionen Jahren angegeben. Eine plötzliche Polverschiebung würde jedoch auch eine Vereisung polnaher Gebiete – Kreise (qualitativ) – zu bestimmten Zeitpunkten bedeuten. In der *Ära* der Dinosaurier (Erdmittelalter) gab es aber keine dauernd vereisten Kontinente, weshalb die offizielle Datierung nicht stimmt und der Zeitpunkt der Polverschiebung in Richtung Jetztzeit verlegt werden muss. Durch entsprechende katastrophische Ereignisse wurden nicht nur die Mammuts in Sibirien blitzschnell tiefgefroren konserviert, sondern auch die meisten Bewohner Mitteleuropas starben einen Kältetod. Nach Sager/Koppers (2000).

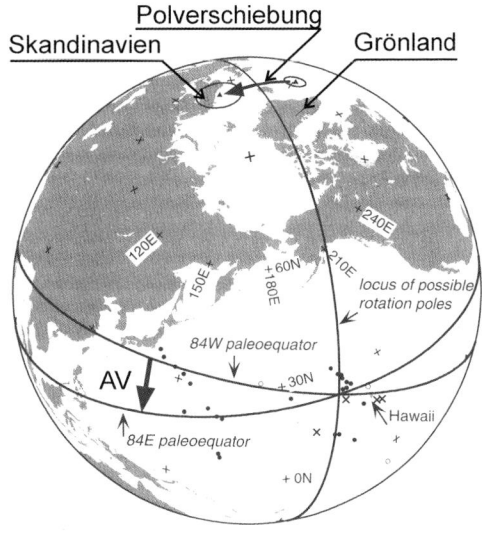

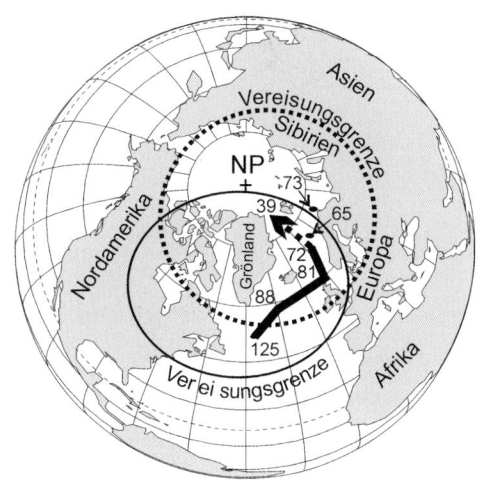

vulkanen, in denen das Magnetfeld vergangener Zeiten gespeichert ist, ermittelten sie, dass die Erde vor 86 bis 82 Millionen Jahren *zwei 16 bis 21 Grad voneinander entfernte magnetische Pole aufwies*: »Aus ähnlichen Merkmalen bei anderen Polwanderungen kann man darauf schließen, dass mit dem beschriebenen Ereignis eine rasche Änderung der Drehachse im Verhältnis zum Mantel einherging (effektive Polwanderung) und mit der globalen Änderung der Plattenbewegung, großen örtlichen Vulkanausbrüchen und einer Änderung der magnetischen Feldpolarität zusammenhing« (Sager/Koppers, 2000, S. 455, vgl. Mitchell et al., 2021 und s. Abb. 115).

Diese wissenschaftlichen Untersuchungsergebnisse bestätigen eine relativ schnelle Verschiebung der magnetischen Pole sowie der Drehachse unserer Erde, und zwar zu *Lebzeiten der Dinosaurier*. Ist es denkbar, dass derart große Veränderungen – Lageänderung der Pole und Aussterbeszenario infolge des Dinosaurier-Kataklysmus – mit einem zeitlichen Abstand von

20 Millionen Jahren abliefen? Die Verschiebung der magnetischen Pole sowie der Erdachse um etwa 20 Grad überstanden die Dinosaurier schadlos, um dann an den Folgen eines einzelnen Asteroideneinschlags vor 65 Millionen Jahren massenhaft auszusterben? Da die offiziellen Datierungsmethoden zumindest zweifelhaft sind, liegt es aus logischen Überlegungen nahe, diese Ereignisse in engem Zusammenhang zu sehen. Denn durch die Verschiebung der Erdachse wäre die Antarktis zwangsläufig vereist, aber Dinosaurier lebten bis zu ihrem Massentod vor angeblich 65 Millionen Jahren auch an einem eisfreien Südpol. *Die Verschiebung der magnetischen Pole und der Erdachse 20 Millionen Jahre zuvor hätte eine vorhergehende Vereisung der Antarktis und auch von Teilen Europas bedeutet!* Diese ist aber für die Lebzeiten der Dinosaurier in der jüngeren Kreidezeit nicht nachgewiesen worden. Der Beginn der zuletzt stattgefundenen Eiszeit, das Quartäre Eiszeitalter, mit stark schwankenden Temperaturen, während der sich abwechselnden Warm- und Kaltzeiten (Interglaziale) stellte sich erst vor 2,7 Millionen Jahren ein, falls die offizielle Datierung richtig ist. Sollten die Dinosaurier erst vor kurzer Zeit mit einem Kataklysmus fast ausgestorben sein, rückt dieser Zeitpunkt zwangsläufig näher an die Gegenwart.

Einerseits bezeugt die Karte von Piri Reis aus dem Jahre 1513, dass die Antarktis im Süden, und andererseits die Zeno-Karte von 1558, dass Grönland im Norden von Menschen eisfrei kartografiert wurde (Abb. 116). Geschah dies vor 80 bis 65 Millionen Jahren oder vielleicht doch vor erst wenigen Tausend Jahren?

Die Verschiebung der Kontinente wird anhand der im Gestein eingeschweißten Magnetisierungsrichtung bestimmt. Aufgrund der unterschiedlichen Ausrichtung rekonstruiert man differenzierte Lagen der Kontinente zu bestimmten Zeitpunkten, unter Berücksichtigung der in etwa aktuellen Erdachsenstellung. Aus den dargelegten Gründen kann es aber genauso gut genau andersherum möglich sein: Die Kontinente lagen relativ stationär, aber die Lage des magnetischen Nordpols und damit die Richtung der Magnetisierung im Gestein änderte sich laufend. Vielleicht gab es in der Erdvergangenheit auch mehrere Dipole (Nord- und Südpole). Es ist kaum bekannt, dass auch heutzutage ein *zusätzlicher* Südpol in Westchina liegt und »bewirkt, dass in Mitteleuropa eine Kompassnadel fast genau zum geografischen Nordpol zeigt, obwohl der geomagnetische Haupt-Südpol in Nordkanada liegt. Kleinräumige, geologisch bedingte Anomalien werden u. a. von größe-

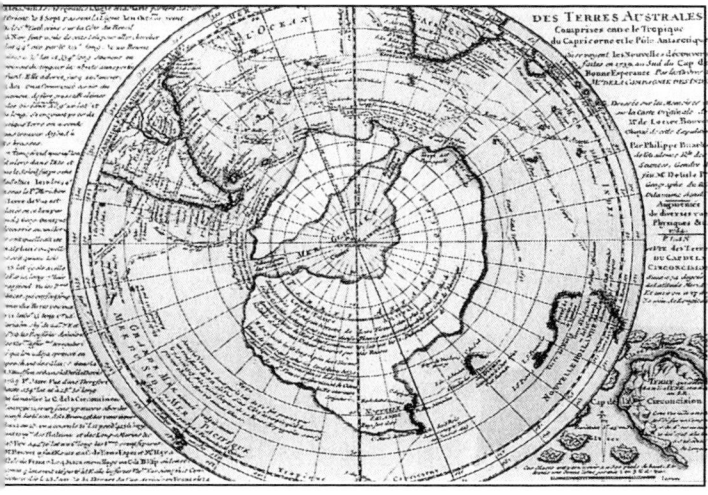 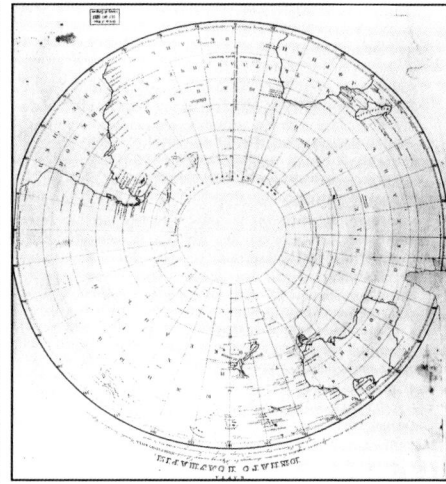

Abb. 116 **ZENO-KARTE**. Diese von Nicoló Zeno 1558 veröffentlichte Karte soll die Kopie einer Karte von 1380 sein. Diese Karte zeigt Grönland einerseits mit einer Topografie, die nach der Blütezeit der dort ansässigen und Weizen anbauenden sowie Milchkühe haltenden Wikinger erst Mitte des 14. Jahrhunderts mit Beginn der Kleinen Eiszeit von dort vertrieben wurden und anderseits werden vergrößerte Landmassen dokumentiert, ein Hinweis auf um zu etwa 120 Meter tief abgesenkte Meeresspiegel noch vor wenigen Tausend Jahren (Zillmer, 2011).

ren Erzlagerstätten (z. B. in Nordschweden) hervorgerufen« (Greulich, 1998, Bd. 3, S. 424).

Auch heutzutage noch sind die magnetischen Pole der Erde in einem permanenten Zustand der Bewegung. In den 1830er-Jahren wurde die Position des im Norden der Erdkugel liegenden Magnetpols erstmals dokumentiert. Seit diesem Zeitpunkt legte er auf einer Bahn von Alaska Richtung Norden etwa 2250 Kilometer zurück. Bis 2015 betrug die Geschwindigkeit des magnetischen Pols 55 Kilometer pro Jahr, nach 16 Kilometern pro Jahr Anfang des 20. Jahrhunderts und heutzutage um sogar bis zu 80 Kilometer im Jahr. Der magnetische Pol auf der Südhalbkugel hingegen bewegt sich, der jüngsten Modellierung, dem *World Magnetic Model* zufolge, kaum und blieb in den vergangenen 30 Jahren im Küstenbereich der Antarktis. Die Ursache ist geophysikalisch gesehen unbekannt! Die genaue Lage des Pols ist nur bei »ruhiger Sonne« überhaupt messbar!

Legen wir ein elektrisch wirkendes Prinzip des Universums zugrunde, dann fließt der von der Sonne kommende Strom in dem ihr zugewandten Pol des Planeten, im derzeitigen Fall dem Nordpol unserer Erde, ins

Erdinnere, verursacht dort Dynamo- und in der Folge Erdexpansions-Effekte, wodurch die Erde wie ein Kugelkondensator wirkt und ihr Volumen größer wird. Der Nordpol ist deshalb äußeren dynamischen Wirbeleffekten ausgesetzt und bewegt sich entsprechend dem auf dem Pol eintreffenden resultierenden Strömungsvektor, während durch den Südpol abfließender Strom relativ gleichförmig, ohne größere Bewegungen zu verursachen, abfließt ...

Plötzlich umgeformt

Zu den am besten untersuchten Überresten eines Supervulkanausbruchs gehören die Bishop-Tuff-Ablagerungen, welche die sogenannten *Volcanic Tablelands* im Osten Kaliforniens südlich des Sees namens Mono Lake und nordwestlich der Stadt Bishop bilden. Diese 2200 Quadratkilometer bedeckenden vulkanischen Ablagerungen sind durch pyroklastische Ströme entstanden und bilden heute 150 bis 200 Meter mächtige Schichten. Die gebildete Long-Valley-Caldera gehört mit einer Länge von 32 Kilometern und einer Breite von einem Kilometer zu den größten der Erde.

Bis in die 1970er-Jahre hinein hielten viele Geologen den mächtigen Bishop-Tuff für das Ergebnis einer *ganzen Reihe* von Eruptionen über Jahrmillionen hinweg. Mit anderen Worten, in Abständen von Millionen Jahren soll der Vulkan immer wieder ausgebrochen sein, und die einzelnen hinterlassenen Ablagerungen bildeten angeblich eine quasi stufenförmige geologische Zeitskala für dieses Gebiet – über sehr lange Zeiträume hinweg. Dass ein *einzelner* Ausbruch eine derart mächtige Ablagerung schaffen könnte, die bisher als Ergebnis mehrerer Vulkanausbrüche angesehen wurde, schien absolut undenkbar, denn die in diesem Buch bereits 2001 diskutierte Existenz von Supervulkanen wurde bis vor wenigen Jahren noch energisch bestritten, jedoch durch akribische Laboruntersuchungen bewiesen (Cameron, 1984).

Aufgrund dieser sowie anderer Untersuchungen und Freilandbeobachtungen sind Geologen inzwischen zu der Überzeugung gelangt, dass nicht nur der Bishop-Tuff, sondern wahrscheinlich auch die meisten ähnlichen Ablagerungen bei einem einzigen Ausbruch innerhalb von nur zehn bis einhundert Stunden ausgestoßen wurden. Das Ereignis wird jetzt auf ein

Abb. 117: **BISHOP TUFF**. Die Karte zeigt die Mächtigkeit – neben Lava – allein von vulkanischer Flugasche herrührenden, aus Bishop Tuff bestehenden Ablagerungen, die ein Supervulkanausbruch in Kalifornien in einem Zug verursacht haben soll. Zusätzlich entstanden mächtige, aus vulkanischen Ablagerungen bestehende Schichten. Innerhalb der Long-Valley-Caldera ist kein Bishop Tuff zu sehen, aber Kernbohrungen ergaben, dass 1500 Meter mächtige Schichten verborgen unter der Oberfläche lagern. Auch heute kommt es im Bereich der Long-Valley-Caldera häufig zu Erdbeben.

Alter von etwa 767 000 Jahren datiert. Demzufolge müssen Millionen von Jahren angeblicher Erdzeitgeschichte quasi auf fast null reduziert werden!

Derartige Altersbestimmungen sind jedoch meist völlig falsch, wie Messungen an Vulkangesteinen historischer Eruptionen ergaben (Abb. 118 und 41, S. 92). Fachleute behaupten, dass die falschen Ergebnisse korrigiert werden können. Richtig, denn eine derartige Vorgehensweise ist einfach, falls man das Alter aus historischen Quellen kennt. Wie groß der Korrekturfaktor aber bei prähistorischen und wesentlich älteren Ausbrüchen sein kann, weiß naturgemäß niemand. Und, wie beim Mount St. Helens geschehen, ergaben Untersuchungen an verschiedenen Mineralien derselben Lava, die vom Ausbruch des Vulkans im Jahr 1980 stammen, ein unterschiedliches Alter mit einem Spektrum von 350 000 bis 2 800 000 Jahren.

Vulkanausbruch	Jahr	jüngste Datierung	Fehler in Jahren
Hualalai Basalt, Hawaii	1800–1801	1 330 000	1 328 000
Ätna Basalt, Sizilien	122 v. u. Z.	170 000	168 000
Ätna Basalt, Sizilien	1792	210 000	210 000
Sunset Crater Basalt	1064–1065	100 000	99 000
Mt. Lassen Plagioklase	1915	80 000	80 000

Abb. 118 **FEHLDATIERUNG**. Kalium-Argon-Datierungen der Lava von bekannten Vulkanausbrüchen in geschichtlicher Zeit ergaben ein viel zu hohes Alter. Nach Dalrymple, 1969.

Auch im Yellowstone-Gebiet im US-Bundesstaat Wyoming gab es Supervulkan-Ausbrüche und zwar vor angeblich 2,2 Millionen Jahren, mit einem geschätzten Auswurfvolumen von 2500 Kubikkilometern, vor 1,2 Millionen Jahren mit 280 Kubikkilometern und vor 640 000 Jahren mit 1000 Kubikkilometern. Handelt es sich vielleicht um eine einzige eruptive Phase in einem bestimmten Zeitraum?

Meteoriteneinschläge können Ähnliches bewirken. In einer Computersimulation wurde der Einschlag eines 1,4 Kilometer großen Asteroiden vor der Atlantikküste bei New York nachgestellt. Der Asteroid verdampfte beim Aufschlag, mehrere Hundert Kubikkilometer von Trümmern sowie heißer Wasserdampf und geschmolzenes Gestein wurden in die Atmosphäre geschleudert. Ein Teil regnete zur Erde zurück, doch der gesamte Globus wurde in eine dichte Wolke gehüllt, und es erfolgte eine weltweite Abkühlung mit wochenlangem Schneefall in nördlichen und hohen Lagen, während in den anderen Gebieten anhaltender heftiger Regenfall zu verzeichnen war. Dieses Szenario war der Beginn einer Eiszeit, von uns als kurzzeitige »Schneezeit« definiert.

Aber allein der Asteroid, der für das Dinosaurier-Sterben verantwortlich gemacht wird, war siebenmal größer als derjenige in der Simulation. Was passiert, wenn mehrere Erdkatastrophen zeitverzögert weltweit zu verzeichnen sind? Auf jeden Fall beginnt global eine Schneezeit: Gletscher entstehen auf hohen Bergen und Eisberge an den Polen (»Bild der Wissenschaft«, 7/1998, S. 11). Andererseits sank der Spiegel der Ozeane, und das auf die Kontinente geschleuderte Wasser musste wieder zurück in die Ozeane laufen. Die damals viel mächtigeren Flüsse trugen mit ihren reißenden Fluten viel Geröllmaterial mit sich, gruben tiefe Canyons in den damals frei liegenden Kontinentalsockel und bildeten riesige Wasserfälle.

Zumindest stürzten die Wasserfluten kaskadenartig in die tiefer liegenden Ozeanspiegel.

Ein unvorstellbares Szenario, denkt man unwillkürlich. Natürlich wären somit wesentlich mehr Landbrücken zwischen Kontinenten vorhanden, und Tiere und Menschen hätten es bei einem niedrigeren Wasserstand wesentlich *einfacher*, um von Kontinent zu Kontinent zu gelangen, auch wenn die Kontinente schon durch Wasserstraßen getrennt waren. Damit könnte auch

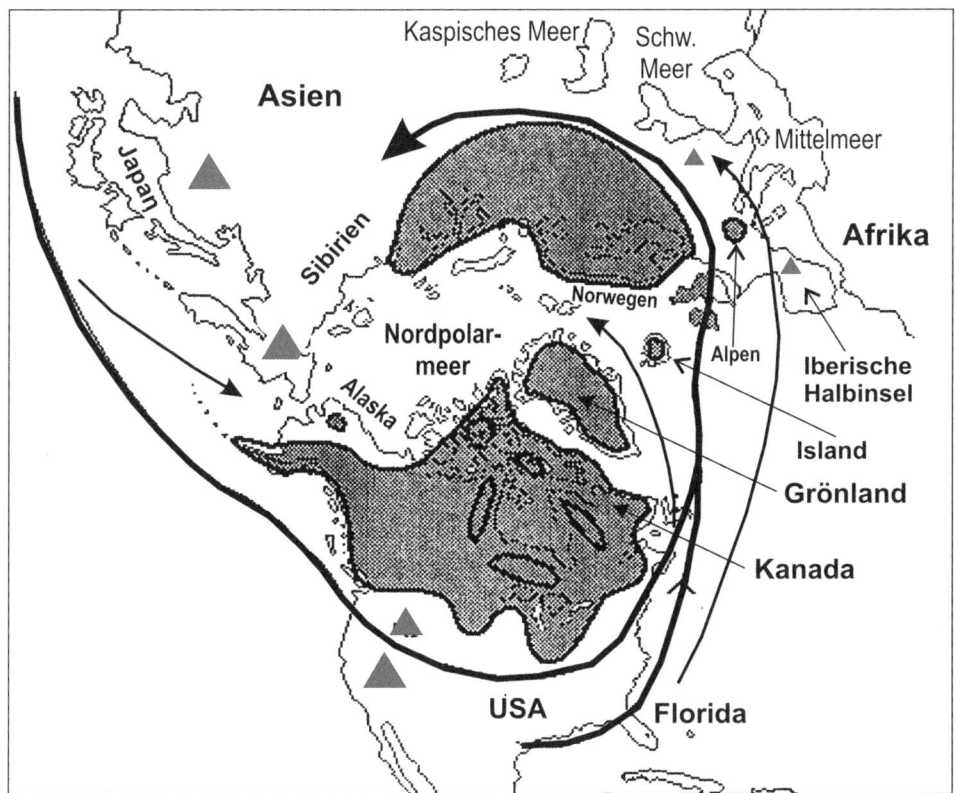

Abb. 119: **SCHNEEZEIT**. Die Vereisung erreichte ihren Höhepunkt, während die »arktischen« Küsten, wie die von Grönland, entlang des noch warmen Nordpolarmeeres eisfrei blieben. Es bildete sich Eis auf hohen Gebirgen (graue Dreiecke) wie in Grönland, Skandinavien, im Alpengebiet oder auf Island, während Beringia bzw. Westalaska und Ostsibirien sowie Mitteleuropa eisfrei blieben. Mit zunehmender Meeresabkühlung und damit geringerem Temperatur- und Druckunterschied von Land- zur Meeresoberfläche ließ die Bildung von Neuschnee nach, da es kälter wurde! Erst ab diesem Zeitpunkt gefror das Meerwasser. Die Eisbildung im Wasser des Nordpolarmeeres begann am Ende der Schneezeit und nicht am Anfang! Danach reduzierte sich das Eis auf den Gletschern und Landoberflächen, da der Feuchtigkeitsnachschub wegen der einsetzenden Kälte zu gering war. In der Folge nahm die Eisbedeckung ständig wieder ab (nach Oard, 1990).

das Problem der Galápagos-Fauna gelöst sein. Lagen die Wasserspiegel der Ozeane in der Vergangenheit wesentlich unter dem heutigen, dann konnten die Tiere über die jetzt unter Wasser liegenden Landbrücken zu den Inseln gelangen. Vielleicht lebten sie auch in den heute überfluteten Gebieten und retteten sich vor dem steigenden Wasser in höhere Gebiete, auf die heutigen Galápagos-Inseln als Spitzen früherer Berge.

Falsche Zeugen

Mächtige Schichten von Sand und Ton überziehen die norddeutsche Tiefebene mit einer Menge großer und kleiner Blöcke. Vor der »Erfindung« der Eiszeit galten diese Schwemmland-Bildungen als Beweis sintflutähnlicher Wellenbewegungen. Von alters her wurde deshalb der Ausdruck »Diluvium« (Überschwemmung) für das heutzutage Pleistozän genannte Zeitalter gebraucht.

Findlinge und Moränen gelten als Zeugen der Eiszeit. Riesige, rund geschliffene Felsbrocken, die aus fernen Gegenden stammen, gibt es auf der ganzen Welt (Abb. 120). Welche Kraft hat mehrere Kubikmeter große Blöcke von Schweden bis zum Nordfuß des Riesengebirges, des Erzgebirges und des Thüringer Walds getragen? Sie sollen mit den sich vorwärts bewegenden Eisbergen transportiert worden sein. Charles Lyell lehrte, dass das Land versunken war und darüber schwimmende Eisberge ihre Steinlasten fallen ließen.

Abb. 120: **STEINKUGELN.** Was machen diese harten Quarzite, Lavagesteine und Kalksteine in einer Landschaft von weichem Sandstein und Schiefer in der Wüste auf dem Colorado Plateau? Eine Eiszeit hat es hier nicht gegeben. Die Steine sind fast unverwittert und können deshalb an diesem Ort nicht allzu lange liegen. Man gibt zu: »Sie wurden hierher transportiert, als das Flussbett des Colorado River 150 Meter über dem heutigen lag, wahrscheinlich während einer Flut vor vielen Hunderttausend Jahren.« So lange trotzten die Steine den Witterungseinflüssen, insbesondere dem Frost im Winter, ohne zu Sandkörnern zu zerbröseln? Die »Findlinge« liegen nicht seit Urzeiten hier. Woher kam das ganze Wasser für eine Flut auf diesem wüstenhaften Hochplateau?

Danach tauchte das Land mit den darauf liegenden Steinen wieder auf. Aber an vielen nie vergletscherten Orten – wie in den Berkshires (Massachusetts) – sind die Findlinge in langen Ketten angeordnet, eigentlich deutliche Kennzeichen einer Flut. Falls Findlingsketten jedoch blinde Passagiere anscheinend »intelligenter« Eisberge gewesen sein sollen, fragt man sich, warum man auch in Kalifornien, Afrika und Australien Findlinge findet, also in Gebieten, die *während der letzten Eiszeit definitiv nicht vergletschert waren*!

In der jüngeren Erdvergangenheit gab es Eisbildung nur in der Nähe der Pole. *In den restlichen Gebieten gab es Eis nur auf den höheren Gebirgen.* In allen anderen Gebieten gab es seit mindestens 200 Millionen Jahre keine Eiszeit, sondern nur eine Absenkung der durchschnittlichen Temperaturen. »Die pleistozäne Vergletscherung in *Afrika* (am Kilimandscharo und anderen hohen Bergen) und *Australien* (Mt. Kosciusko, Tasmanien) war räumlich unbedeutend« (Schwarzbach, 1993, S. 238).

Also: Wie kommen Findlinge in alle Gegenden dieser Erde, auch in solche, die einschließlich Erdmittelalter – der Ära der Dinosaurier – nie mit Eis bedeckt waren? Es kommt aber immer der Einwand, dass es in Afrika auch eine Eiszeit gegeben hat. Das wird aus geophysikalischer Sicht auch entsprechend dargestellt. Warum? Weil man sonst die Findlinge und glatt geschliffene Felsplateaus nicht erklären kann und die Sintflut mit ihren Begleiterscheinungen aber nicht anerkennt. Ich stelle nochmals fest, dass es im Erdmittelalter und in der Erdneuzeit keine Eiszeit in Afrika gab, höchstens, jedoch unwahrscheinlich, noch davor.

Die zur Erklärung der weltweit gefundenen Findlinge notwendige Vereisung der Kontinente soll im Oberproterozoikum (vor 900 bis 590 Millionen Jahren) stattgefunden haben. Die Kontinente sollen damals hin- und hergeschwommen sein, einmal zum Pol und dann wieder zum Äquator. Damit sind die Korallen an den Polen und die Findlinge in den Tropen erklärt. Weitere Erklärungen braucht man aus wissenschaftlicher Sicht nicht, denn irgendwie wird es passiert sein, denn jeder sieht doch die Findlinge und Verschrammungen …? Damit handelt es sich um einen klassischen Zirkelschluss. Das zu erklärende Phänomen wird als sichtbarer Beweis der Theorie zur Schau gestellt. Die erfundenen langen Erdzeitalter decken einen großen, dicken märchenhaften Mantel über alle Rätsel unserer Erdgeschichte: Es war einmal …

Derart wird eine logische Erklärung überflüssig. Ich überlasse es jedem Leser selbst, die Idee dieses mehrfachen Umherschwimmens der Kontinente zu bewerten. Eine Frage bleibt auf jeden Fall unbeantwortet: Bleiben Findlinge in Kalifornien und anderen Warmgebieten mehrere Hundert Millionen Jahre nach der angeblichen Vereisung *auf der Erdoberfläche* jungfräulich liegen? Gab es nicht seit dieser Zeit heftige Gebirgsauffaltungen und geologische Tätigkeit, Erosionen und klimatische Faktoren wie Frost, die die Findlinge geteilt, zerstückelt oder sonst wie in den Mühlen der Zeit zerrieben oder durch tektonische Aktivitäten tief in der Erde begraben hätten? Findlinge in während der letzten Eiszeit nicht vereisten Gebieten – zum Beispiel Kalifornien – können nicht mehrere Hundert Millionen Jahre alt sein (siehe Abb. 15, S.41) und daher definitiv auch nicht Relikte einer Eiszeit darstellen.

Und die Moränen, die als Beweis für die Eiszeiten herangezogen werden? In dieser Frage, merkt Velikovsky (1950/51) an, »neigen wir zu der Ansicht, dass die erratischen Blöcke und der Geschiebelehm nicht vom Eis, sondern von dem Schwall riesenhafter Flutwellen mitgeführt werden, die durch eine Veränderung in der Erdrotation ausgelöst wurden; auf diese Weise fanden wir eine Erklärung für die Moränen, die vom Äquator aus nach höheren Breiten und Höhen (Himalaja) wanderten oder vom Äquator über Afrika hinweg zum Südpol.«

Eiszeit-Zeugen

So genannte Eiskeile gelten als eindeutige Beweise für eine Eiszeit. Ähnliche Krater entstehen aber auch als Brunnen, verursacht durch starke Beben. Entsprechende Strukturen, die von prähistorischen Katastrophen stammen, sind außerhalb der von den Eiszeitforschern proklamierten Inlandeisbereiche in vertikalem Anschnitt in Steinbrüchen aufgeschlossen gefunden worden (Abb. 121). Der amerikanische Geologe Robert M. Thorson (1986, S. 464 f.) und sein Team haben in Connecticut (USA) sowohl das brunnenförmige Aufbrechen des Materials als auch die hierfür erforderliche Bodenverflüssigung in früher einmal wassergetränkten Flusssanden und -kiesen an ihren gekräuselten Lagen im Untergrund erkennen können. Die Eiskeile können also statt propagierter Eiszeitrelikte das Ergebnis von Katastrophen mit gewaltigen Beben sein und »Erdbebenbrunnen« genannt werden (Tollmann, 1993, S. 148 f.).

Andererseits gilt der als Grundmoräne bezeichnete Geschiebelehm als schlagender Beweis für das »Große Eiszeitalter«. Nicht nur der Geologe Christoph Georg Sigismund Sandberg (1937) sieht in der Eiszeitlehre keineswegs eine wissenschaftlich erwiesene Tatsache, sondern eine unhaltbare Spekulation, ja als eine leichtfertig aufgepustete »Seifenblase« (Friedrich, 1997, S. 60). Das ganze Gedankengebäude benötigte man, um die unserem Weltbild zugrunde liegende lyellsche Ideologie und damit die Gleichförmigkeitstheorien »zu stützen und dem Publikum verkaufen zu können. Einwandfreie nachvollziehbare Beweise für diese Lehre ersparte man sich, respektive man ›drehte alles so hin‹, dass es wie Beweise aussah«. Erdkatastrophen mit weltweiten Superfluten sind eben nicht mit der Evolutionstheorie zu vereinbaren, *grundsätzlich nicht.*

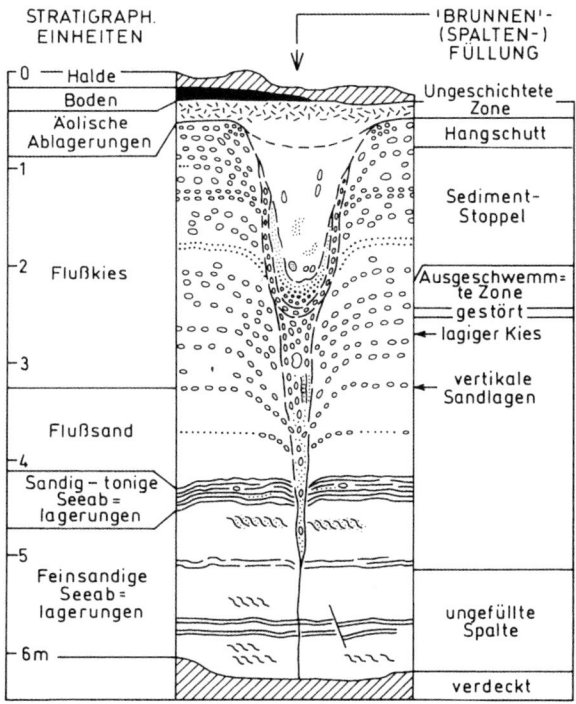

Abb. 121: **ERDBEBENBRUNNEN.** Querschnitt eines fossilen »Erdbebenbrunnens« mit Erdverflüssigung aus ehemals nicht vergletscherten Gebieten in Connecticut. Liegen solche Brunnen innerhalb der proklamierten Inlandeisgrenzen, werden sie auch »Eiskeile« genannt und als Beweis für eine Eiszeit angesehen.

Sandberg (1937, S. 9 f.) führt weiter aus: »Das Problem des Wesens des Geschiebelehms (…) ist deswegen von vitaler Bedeutung, weil die ganze glaziale Lehrvorstellung letzten Endes aufgebaut ist auf der Annahme, dass derselbe die lokal zurückgelassene Grundmoräne des Inlandeises darstellt. Die Karten, welche die vermutete Eisbedeckung der nordeuropäischen und nordamerikanischen Gebiete darstellen, sind sogar im Wesentlichen auf dieser Annahme basiert. Sollte es sich herausstellen, dass diese Annahme falsch ist, dann wäre damit die ganze Eiszeitvorstellung eo ipso verurteilt. Eine zurückgelassene Grundmoräne bildet ja den einzigen Beweis, dass die betreffende Stelle einst von Eis bedeckt sein musste. Einen anderen Beweis gibt es nicht, und ein solcher ist auch nicht denkbar.«

In diesem Zusammenhang erinnere ich noch einmal an die vielen Grund- und Endmoränen, die man im Westen der USA besonders zahlreich findet, und zwar sehr deutlich dort, wo Straßeneinschnitte gute Querschnitte dieses Geröllmaterials freigelegt haben. Diese Gebiete, einschließlich Kalifornien, befanden sich aber seit dem Beginn des Erdmittelalters nie unter einer Inlandeisdecke. Es handelt sich nicht um Eiszeit-, sondern um Flutrelikte.

Der Vordenker und Begründer der »modernen« Geologie, Charles Lyell, »hatte angenommen, dass die großen ›Findlinge‹ in Mitteleuropa durch driftende Eisberge transportiert wurden. Diese ›Drifttheorie‹ ist längst verlassen ...«, schreibt Schwarzbach (1993, S. 34). Wir hatten ja bereits dokumentiert, dass Findlinge zahlreich auch oder gerade in nachweislich ehemals nicht vergletscherten Gebieten zu Abermillionen herumliegen. Die von Schwarzbach geäußerte Meinung scheint sich aber offiziell noch nicht überall herumgesprochen zu haben. Der Grund könnte sein, dass man für das massenhafte Vorkommen großer und kleiner Findlinge offiziell keine Erklärung ohne Berücksichtigung von Erdkatastrophen findet.

Aber die Idee des Waltens von Superfluten steht in krassem Widerspruch zur lyellistisch-darwinschen Gleichförmigkeitstheorie und damit zum Evolutionsdogma.

Jeder Geologe kennt zahlreiche weitere Erscheinungen, die als beweiskräftig für das Wirken der Eiszeit angesehen werden: Toteislöcher, Kesseltäler der Alpen, Strudellöcher in felsigem Boden, Fjorde der nordischen Küsten, gerundete Form der Täler, Schuttmengen in den Trockentälern der Wüste, wechselnder Wasserstand abflussloser Seen oder das Auftreten vereinzelter kälteliebender Pflanzen und Tiere. Dazu gehört auch die allgemeine Oberflächenform welliger Gelände. Aber gerade diese geologische Strukturform erinnert mehr an einen flachen Meeresboden. Falls man alle diese und auch andere Tatsachen als Beweise für ehemalige Gletschermassen betrachtet, dann kommt man allerdings zu der Annahme, dass einmal die *ganze Erde vergletschert* gewesen sein muss! Auch die trockenen Wüsten und ebenso das heiße Tropenland müssten demnach vereist gewesen sein. Ja selbst auf den warmen Ozeanen müssten Eisberge dahingetrieben sein (Walther, 1908, S. 497).

Sehen wir uns ein klassisches Beispiel für eine wellenförmige Oberflächenstruktur einer Landschaft an: »Der norddeutsche Raum wurde während der Eiszeiten oberflächlich vollkommen umgestaltet. (...) Bedenkt man, dass die letzte und morphologisch bestimmende Eiszeit erst 10 000 Jahre zurück liegt (...), so ist bemerkenswert, dass sich die alten Strukturen nach so kurzer Zeit wieder bis zur Oberfläche durchpausen, und wir wissen nicht warum und wieso.

Diese grundlegenden Prozesse haben wir noch nicht verstanden (...). Seit dieser Zeit war die Nordsee bzw. der Nordseeboden besiedelt, während dort Mammute grasten. Das Watt und die friesischen Inseln gab es zu dieser Zeit noch gar nicht. Dann führten gewaltige Naturkatastrophen zu einem mächtigen Anstieg des Meeresspiegels, der erst vor etwa 550 Jahren eine Höhe erreichte, die der aktuell zu verzeichnenden entspricht. Die heutige Küstenlandschaft erhielt ihr heutiges Aussehen erst vor wenigen Jahrhunderten« (ausführlich Berner/Streif, 2004, S. 151 ff.).

Sind diese Prozesse in der Tatsache begründet, dass die Schüttung dieser gesamten Sedimente einmalig in einem kurzen Zeitraum stattfand? Tatsache ist, dass das gesamte Nordostdeutsche Becken mit einer mächtigen Decke von Sanden und Tonen bedeckt ist, welche, teils ungeschichtet, teils geschichtet, eine ungeheure Menge großer und kleiner Blöcke enthalten. Diese Schwemmlandbildungen hingen für die Geologen des 19. Jahrhunderts mit sintflutartigen Wasserbewegungen zusammen (vgl. Walther, 1908, S. 492).

Wenn man nun feststellt, dass diese Erscheinungen mal stärker, mal schwächer ausgebildet sind, und einen Wechsel in ihrer Anlage findet, kommt der Fachmann zu dem Schluss, dass es nicht eine Eiszeit, sondern eine ganze Kette solcher Perioden, durch Interglazialeiszeiten (Zwischeneiszeiten) getrennt, aufeinander folgten.

Während sich der eine Forscher mit drei Eiszeiten begnügt, nimmt der andere sechs oder auch zehn an. Wenn man nun andere Erscheinungen wie das Auftreten bestimmter Tier- oder Pflanzenarten und auch von zwischen diesen Eiszeiten lebenden Urmenschen einzuordnen versucht, dann verfestigt sich die Unsicherheit, und die Probleme werden immer verwickelter, ja unlösbarer.

Der interessierte Laie kann der Thematik nicht mehr folgen, und auch an die Kombinationsgabe des Fachmanns werden große Anforderungen gestellt, die zu gewaltigen, eigentlich unerklärlichen Widersprüchen führen. Das zuvor diskutierte, scheinbare Rätsel über in Mitteleuropa und England lebende Flusspferde sind dafür ein Beispiel.

Schneezeit-Modell

Insgesamt ergeben sich viele Fragen, die mit einer über einen langen Zeitraum hinweg andauernden Eiszeit, dem großen Eiszeitalter, nicht in Einklang gebracht werden können. Ich stellte bereits ein alternatives Szenario vor, das zwar eine Kaltzeit berücksichtigt, jedoch *schnell* ihr Leichentuch ausbreitete und auch nur einige Jahrzehnte, längstens Jahrhunderte, aber nicht Jahrhunderttausende oder noch länger andauerte: die Schneezeit. Mit der Schwankung der Erdachse lösten sich kalte, ja glaziale und tropische Klimaphasen ab. Die Eskimos beschreiben die Ereignisse während einer Superflut (Sintflut) plastisch (Tollmann, 1993): »Das Wasser floss über die Gipfel der Berge, und das Eis trieb über sie hinweg. Als die Flut sich dann zurückzog, strandete das Eis und bildete überall auf den Gipfeln der Berge Eishauben.« Die Eskimos erlebten eine Superflut und die Eisbildung mit und beschreiben das Szenario eindeutig und qualitativ richtig: Das Eis kam schnell und mit der Flut. Sicherlich überflutet die ganze Welt nicht gleichzeitig und überall gleich intensiv, sondern abhängig von der Entfernung vom Epizentrum des waltenden Kataklysmus. Das Walten von Superfluten kann global gesehen längere Zeit angedauert haben.

Es ist von allergrößter Bedeutung, dass in Ostsibirien und Ostasien keine Spuren einer allgemeinen Eisbedeckung nachgewiesen werden können. Diese Beobachtung widerspricht der allgemeinen Erwartung, dass für die Bildung der Binneneisdecken große Landflächen besonders geeignet sind. Daran ändert die Tatsache nichts, dass im Altai- und Baikalgebiet Gletschergebiete existieren. Im Allgemeinen vergletscherten hohe Gebirge schnell und weltweit – auch in den Tropen – durch eine gravierende Abkühlung der Atmosphäre als Folge eines Kataklysmus. Im Gegensatz dazu blieben die Temperaturen der Ozeane durch das gewaltige Speicherungsvermögen relativ konstant, und nur die Oberflächentemperaturen sanken kurzfristig ab. Deshalb gab es für viele Urtiere eine große Überlebenschance im Meer, und vielleicht schwimmen auch noch ein paar Plesio- oder andere Schwimmsaurier in den Weiten der uns fast völlig unbekannten Ozeane, wie der Fang eines entsprechenden Ungeheuers, das einem Plesiosaurier verblüffend ähnlich sieht, durch ein japanisches Fischerboot vor Neuseeland im Jahr 1977 zu beweisen scheint. Aus diesem Anlass brachte Japan eine Sonderbriefmarke mit der Abbildung eines Plesiosauriers heraus (Abb. 122).

Zweifellos gibt es Spuren der Vereisung in der norddeutschen Tiefebene. Es blieb ein ungefähr 300 Kilometer breiter Streifen zwischen der Donau und den deutschen Mittelgebirgen während der letzten Eiszeit eisfrei. Andererseits findet man statt der vorher verbreiteten Steppengräser plötzlich Tundra-Pflanzen, zum Beispiel die verkrüppelte Zwergbirke. Bei Bad Schussenried wuchsen Moose aus dem hohen Norden zu zwei Meter mächtigen Mooslagern heran. Der jetzt in Lappland und Spitzbergen brütende Singschwan flog über die Moosflächen, auf denen Rentiere weideten, von denen man dort mindestens 200 Exemplare fand. Aber auch Eisbären und Eisfüchse wurden nachgewiesen (Walther, 1908, S. 512). Steinböcke und Gämsen bewohnten die Mittelgebirge, und das nordische Walross war bis Hamburg verbreitet.

Die Norddeutsche Tiefebene ist ein älteres Becken, das bis zu zehn Kilometer tief ist und sich mit Sedimenten und Salzstöcken füllte. In jüngerer Zeit, während des »Großen Eiszeitalters«, entstanden Sedimentschichten, die von Polen über Dänemark bis nach Belgien Mächtigkeiten von bis zu 200 Meter erreichen, u. a. unter Hamburg bis zu 192,6 Meter und unter Berlin 166 Meter (Wahnschaffe, 1901, S. 17 ff.).

Sind Gletscher in der Lage, derart riesige Mengen von Sedimenten aufzuschütten?

Abb. 122: **WASSERMONSTER**. Das obere Bild zeigt ein Ungeheuer, das aussieht wie ein Plesiosaurier mit vier großen Flossen, die in dieser Größe kein bekanntes schwimmendes Tier aufweist. Chemische Untersuchungen ergaben Ähnlichkeiten mit Fischen oder Reptilien, nicht aber Säugetieren wie Walen. Das untere Bild zeigt die aus diesem Anlass herausgegebene japanische Briefmarke.

»Der oberflächennahe Untergrund Berlins und der seines Umlandes entstand (...) geologisch gesehen vor nur 10 000 Jahren« (Bayer, 2002, S. 29 u. 35). Das gesamte Nordostdeutsche Becken ist mit einer mächtigen Decke von Sanden und Tonen überzogen, welche, teils ungeschichtet, teils geschichtet, eine ungeheure Menge großer und kleiner Blöcke enthalten. Die Absätze zeigen in vielen Fällen deutlich, dass sie durch stürmische Wasserfluten transportiert, abgerollt und abgelagert wurden. Diese Schwemmlandbildungen hingen für die Geologen des 19. Jahrhunderts mit sintflutähnlichen Wasserbewegungen zusammen (vgl. Walther, 1908, S. 492).

Wie sind eigentlich Walrosse mit Meeresboden abschürfenden riesigen Eisbergen zu vereinbaren? Das sich von Skandinavien ausbreitende Eis ließ während der Haupteiszeiten wohl kaum eine offene Wasserfläche im Bereich der norddeutschen Tiefebene zu. Handelte es sich nicht eher um eine gefrierende Wasserfläche mit großen Eisschollen, zwischen denen die Walrosse umherschwammen? Andererseits drangen die Gletscher der Alpen tief in die Täler hinab. Das geschah plötzlich und schnell. So ist es zu erklären, dass ein Bau mit vier Murmeltierskeletten in der Nähe von Graz (Österreich) erhalten blieb.

Weitere Widersprüche in der Eiszeittheorie können nachgelesen werden:
- Arten natürlicher Gesteinsglättungen entstehen ohne glaziale Wirkungen (Böhm, 1917).
- Kritische Studien zu Glazialfragen Deutschlands, u. a. die Entstehung von Schrammen (Kritzen) durch tektonische Bewegungen (Deecke, 1918–1920).
- Der Lehmgehalt in als eiszeitlich angesehenen »Grundmoränen« (Geikie, 1874).
- U-förmige Täler, die andere Ursachen als Gletscherströme haben (Hovey, 1920).

Gerade die mehrfachen Vorstöße der Kaltzeiten widersprechen einer allgemeinen Abkühlung der Erde oder auch Polarländer. Die sogenannte Eiszeit stellt also eine selbstständige Klimaepisode dar, wahrscheinlich als Teilaspekt des Sintflutgeschehens. Professor J. W. Walther (1908, S. 515 f.) schrieb in seinem Buch »Geschichte der Erde und des Lebens«: »Eine Verschiebung des Nordpols um etwa zehn Grad bis in die Gegend von Spitzbergen würde ein nahezu ausreichender Grund für die Verbreitung der europäischen und nordamerikanischen Eisdecken sein und gleichzeitig befriedigend erklären, weshalb der asiatische Kontinent nicht vereiste. Der Südpol würde sich unter diesen Umständen gegen Neuseeland verschoben haben, das ebenfalls mit Tasmanien und Südaustralien große Gletscher trug. In Neuseeland liegt aber auch ein echter Löss auf den alten Moränen und zeigt uns, dass hier ein entsprechendes interglaziales Klima wie in Europa und Nordamerika herrschte. Das würde beweisen, dass jene Verlagerung der Erdachse vorübergehend nach der entgegengesetzten Seite erfolgte, sodass am Südfuß der Alpen tropische Verwitterungen und in Deutschland ein trockenes Steppenklima herrschen konnten.«

Diese Beschreibung scheint als grundsätzlicher Ansatz geeignet, die anscheinend widersprüchlichen Funde in Mitteleuropa und somit den mehrfachen Wechsel von tropischen zu arktischen Klimaverhältnissen zu erklären. Unter diesem Gesichtspunkt kann man durchaus mit den Worten Walthers (1908) feststellen, »dass große Bewegungen der Erdrinde und damit tiefgreifende Veränderungen in der Verteilung von Wasser und Land, der Meeresströmungen und der barometrischen Zugstraßen durch ihr zufälliges Zusammentreffen mit einer Polverschiebung die gesteigerte Anhäufung von Schnee in den Küstenländern des nördlichen Atlantiks bedingt haben. Gegenwärtig ist, wie wir durch Nansens kühne Fahrt (mit seinem Schiff »Fram«, d. V.) wissen, der größte Teil des Nordpolargebietes Tiefseeboden, und doch lehren uns zahlreiche Schalen von *Yoldia artica* (…) und zahlreiche Gehörsteine von Flachseefischen, die man in einer Tiefe von 1000 bis 2500 Meter zwischen Jan Mayen und Island fand, dass dieser Teil des Nordpolarmeeres in jüngster Zeit um 2000 Meter gesenkt worden ist. Wenn sich hier so tiefgreifende Veränderungen in der Lithosphäre vollzogen haben, dann liegt der Gedanke nahe, dass Hand in Hand damit eine wesentlich andere Verteilung der Massen eintreten musste, welche auf die Lage des Drehungspoles nicht ohne Einfluss bleiben konnte.

Die diluviale Schneezeit mit ihren gewaltigen Eisdecken in den Küstenländern des nördlichen Atlantiks war also unseres Erachtens ein Ereignis; bedingt durch allgemein tellurisch-kosmische Ursachen, lokal gesteigert durch örtliche geografische Umstände. Nur durch das Zusammentreffen verschiedener Ursachen ergab sich in Europa und Nordamerika eine so außerordentliche Wirkung.«

Mit anderen Worten: Walther, Professor für Geologie und Paläontologie, erkennt ein Zusammenwirken kosmischer und irdischer Ursachen für die tiefgreifenden Umwälzungen auf unserer Erde, besonders aber der polaren und angrenzenden Bereiche. Örtliche Phänomene ergänzen dieses kataklysmische Szenario, insbesondere die Bildung von Gletschern auf den hohen Gebirgen und auch in den Tropen. Andererseits wird bestätigt, dass umfangreiche geophysikalische Veränderungen stattfanden, und zwar in jüngster Zeit, denn der Boden des Nordpolarmeeres sank nicht ohne Folgen für die angrenzenden Kontinente um 2000 Meter tief ab und erzeugte Flutwellen. Die gleichzeitige Schiefstellung der Erdachse ließ plötzlich arktisches Klima entstehen. Europa wurde bis zu den Mittelgebirgen überflutet, wobei durch die tiefen Temperaturen die sich bildenden Sand- und Lehmschichten gefroren. Gleichzeitig erfroren die leicht bekleideten Steinzeitmenschen zusammengekauert (fälschlich interpretiert als Hockergräber), und die Mammuts, Rhinozerosse sowie auch ganze Bäume mit ihren reifen Früchten froren komplett in einer Art Schnappschuss ein. Langsam kann dieser Prozess nicht abgelaufen sein.

Die Erdachse kippte aber auch zur anderen Seite, sodass entsprechende Vereisungen in Nordamerika bis auf die Höhe von New York auftraten. Gleichzeitig wurde das Klima in Mitteleuropa tropisch, so wie es vor der Vereisungsphase auch schon gewesen war. Dieser Wechsel dauerte nicht Jahrzigtausende, sondern ging relativ schnell innerhalb weniger Jahre vor sich. Die ursprünglich in diesen Breiten beheimateten tropischen Bewohner Mitteleuropas, die am Rande der Vereisungszonen überlebten, kehrten in die plötzlich wieder wärmeren Gebiete zurück, die jetzt allerdings teilweise unpassierbar waren, da man in dem auftauenden morastigen Boden versank.

Derart wird klar, dass Moränen in den Gebirgen durchaus von abrutschenden Eismassen gebildet werden, allerdings begrenzt in geringem Umfang wie schon zuvor diskutiert (s. S. 284), dass aber eine Übertragung dieses Szenarios auf flache Gebiete nicht zutreffen kann. Nicht nur in der norddeutschen Tiefebene sind die moränen Randablagerungen von Superfluten verursacht, wobei der Boden durch die arktischen Temperaturen schnell gefror. So ist es auch zu erklären, dass Robben oder Walrosse im Bereich des heutigen Festlandes umherschwammen, wo gemäß Eiszeittheorie eigentlich kilometerhohes Eis hätte lagern müssen.

Ist man bereit, einen relativ *schnellen* Wechsel der Gegebenheiten und eine kosmische Ursache zu akzeptieren, werden die ursprünglich vorhandenen Widersprüche aufgelöst. Der Geologe Professor Martin Schwarzbach (1993) führt aus: »*Erheblich* abweichende Neigungen der Erdachse würden dagegen das irdische Klima wesentlich umgestalten. Darauf stützen sich bereits die ersten Erfinder von Klimahypothesen vor zwei bis drei Jahrhunderten (Hooke, Herder, u. a.). Eine andere Lage der Rotationspole würde ja das vorzeitliche ›Tropenklima‹ in unseren Breiten oder die Entstehung der quartären Vereisungen leicht erklären.«

Wüste Mittelmeer

Die 1968 in Dienst gestellte »Glomar Challenger« nahm im Jahr 1970 mehrere über das ganze Mittelmeer verteilte Bohrungen in den Meeresgrund vor. Die sensationellen Ergebnisse beschreiben die amerikanischen Geophysiker Walter Pitman und William Ryan (1999) vom Lamont-Doherty Earth Observatory (Pasadena) in ihrem Buch »Noah's Flood« (»Sintflut«).

Die Bohrkerne ergaben eindeutige biologische und geologische Beweise für ein unglaubliches Szenario: Man fand fast vollkommen *durchsichtige* Steinzylinder aus dem Mineral Halit, also Natriumchlorid mit magnesium- und kaliumreichen Zonen (ebd., S. 108). Dies bedeutet: Am Grund des Mittelmeeres gibt es riesige Salzablagerungen als Reste früherer Salzseen in 3600 Metern Tiefe. Für kurze Zeit waren trostlose Pfützen hochkonzentrierter Salzlake in der Mitte der Mittelmeersenke komplett eingetrocknet. Das Mittelmeer war also vormals wasserleer, ja eine regelrechte Wüste (Hsü, 1984). Andererseits wurden Schichten von Anhydrit, also wasserfreiem Kalziumsulfat gefunden, das nur bei Temperaturen über 43 Grad Celsius entsteht (ebd., S. 103).

Das Mittelmeer war einmal eine Wüstenlandschaft, deren Seen und Schlammpfützen allmählich in der stechenden Sonne verdunstet waren. Außerdem kann es keine Verbindung mit dem Atlantik gegeben haben. Über einen natürlichen Damm kann nur gelegentlich ein Wasserschwall in das Hitzeinferno hinabgestürzt sein, das sich bis zu dreißigmal tiefer unter dem Meeresspiegel befand als das Death Valley (Tal des Todes) in Kalifornien.

Diese Entdeckungen der Forscher an Bord der »Glomar Challenger« wurden durch unabhängige sowjetische Untersuchungen anlässlich des Baus des Assuan-Staudammes in Ägypten ergänzt. Quer durch das Niltal wurden Probebohrungen ins nubische Grundgestein getrieben, um geeignete Stellen für die Verankerung des Staudamms zu finden. Der russische Wissenschaftler I. S. Chumakov berichtet in der »Prawda« über eine unter dem Nil verborgene, außerordentlich tiefe und enge Schlucht. In der Mitte des Flusses war man ohne Widerstand 300 Meter tiefer in den Boden eingedrungen, als man vorher angenommen hatte, bis der Granitgrund erreicht wurde. Zwischen dem Nilschlamm und dem Granit des Grundgesteins befindet sich Tiefseeschlick, der das gleiche Alter wie die Proben aus dem Mittelmeer haben soll, die die

»Glomar Challenger« dem Sediment unmittelbar über dem Anhydrit entnommen hatte. Nach offizieller Meinung soll der alte Fluss unterhalb des Nils vor 5 Millionen Jahren ein spaghettidünner Ausläufer des Mittelmeeres gewesen sein. An diesem 1000 Kilometer von der heutigen Mittelmeerküste entfernten Punkt im Inland Afrikas wurden sogar Haifischzähne gefunden. Chumakov hatte aus diesen Gegebenheiten geschlossen, dass der Wasserspiegel einmal 1500 Meter tiefer gelegen haben muss als heute (ebd., S. 111 f.). Dieser gewaltige Einschnitt des Niltals erinnert an die beschriebenen unterseeischen Canyons in den Kontinentalschelfen.

Betrachten wir das Problem tiefer Einschnitte in die Landschaft, die wir als Täler wahrnehmen. In diesen befinden sich oft nur Schüttungen als nichttragfähiger Baugrund. Schon im Studium im Fach Brückenbau als auch Grundbau wurde dieses Problem diskutiert, weshalb die Widerlager für die Abstützungen der Brücke teils in die Böschungshänge platziert werden mussten, da in dem betreffenden Tal kein auf wirtschaftlicher Basis zu erreichender tragfähiger Baugrund anstand. Dieser Umstand ist mit einer expandierenden Erde zu erklären:

Nicht Flüsse oder Gletscher wuschen große Schluchten mit Schüttungen in den Tälern aus, sondern infolge der Ausdehnung der Erde entstanden Risse, die tief in die Erdkruste hinabreichen. Flüsse in diesen Tälern sind demzufolge die natürliche Folge von Talbildungen, *nicht deren Ursache!*

Es gibt jedoch auch Täler, die im Gegensatz zu den zuvor diskutierten Beispielen tragfähigen Grund aufweisen und durch Schlammmassen in Form von Superfluten ausgeschürft wurden, jedoch nicht durch die heutzutage oft dahinplätschernden kleinen Flüsse (vgl. Abb. 34, S. 83 und Foto 62, S. 85).

Am Mount St. Helens entstanden im Eilzugtempo auch zwei unterschiedliche, verträumt zwischen gerundeten Geröllen dahinfließende Gebirgsbäche. In den Alpen würde man auf das Walten einer Eiszeit verweisen, denn irgendwie müssen die Steine ja rund geschmirgelt worden sein. Aber am Mount St. Helens im US-Bundesstaat Washington wurden derartige Bäche nachweislich mit einer Geschwindigkeit von über 100 Kilometern pro Stunde wie aus heiterem Himmel einschließlich Flussbett geschüttet, wo vorher dichter Wald wuchs. Auch die Gerölle waren vorher noch gar nicht da (Abb. 123). Ein *Zeitimpakt!* Besichtigt man diese Landschaft heute, glaubt man eine uralte Landschaftsszene vor sich zu haben, wie wir solche in den Alpen häufig finden.

Abb. 123: **PLÖTZLICHE SCHÜTTUNG**. Mit dem Vulkanausbruch des Mount St. Helens im US-Bundesstaat Washington im Jahr 1980 wurde dieses Schotterfeld mit einem zwischen den Geröllen verträumt dahinschlängelnden Bach im Eilzugtempo aufgeschüttet. Vorher stand hier ein dichter Wald, wie derzeit noch am linken »Flussufer« zu sehen (rechts hinten auf den Bildern). Die Erschaffung eines solchen Landschaftsbildes und die Rundung der Gerölle werden beispielsweise in den Alpen dem langzeitigen Wirken von Gletschern zugesprochen. Ursache war hier nachweislich ein Vulkanausbruch.

Betrachten wir einmal das Niltal. Der Wasserspiegel lag in diesem Ausläufer des damaligen Mittelmeers wesentlich tiefer als heutzutage? Füllte sich der Atlantik durch die Erdkatastrophen wieder mit Wasser, und brach dann der Damm, der den Atlantik vom Mittelmeer trennte, wodurch das Mittelmeer-Tal mit dem wesentlich tiefer liegenden Wasserspiegel aufgefüllt wurde? Auch antike ägyptische und griechische Stätten liegen heutzutage unter Wasser.

Falls der Atlantik in den vergangenen fünf Millionen Jahren immer ungefähr den heutigen Wasserstand aufgewiesen hätte, müsste die Meerenge von Gibraltar schneller aufgebrochen worden sein, und das Mittelmeer hatte nicht genug Zeit auszutrocknen. Irgendwann aber brach der Gibraltar-Damm, tosende Wassermassen rissen die Barriere weiter an, sodass ein etwa 300 Meter tiefer Durchbruch unter dem Meeresspiegel des Atlantischen Ozeans entstand (Pitman/Ryan, 1999, S. 115). Diese Tiefe ist notwendig, um die blinden Krebse aus ihrer Lebenszone im Nordatlantik mitzureißen und mitsamt dem kalten Salzwasser in das sich rasch füllende Becken des Mittelmeeres zu schwemmen.

Das überwältigende Naturschauspiel der Verwandlung einer mediterranen Wüste in ein anderthalb Kilometer tiefes Meer ereignete sich innerhalb der kurzen Zeitspanne eines Menschenlebens (ebd., S. 115). Da die winzigen

Kleinkrebse in den Sedimenten über den trockenen Schichten des Mittelmeerbodens gefunden wurden, muss sich die trockene Senke sehr schnell aufgefüllt haben, denn diese Tiere sind auf Tiefseewasser angewiesen. Die Kleinkrebse wurden andererseits auch unter den Schichten der Austrocknung gefunden. Das Mittelmeer war anscheinend einmal mit Wasser gefüllt, trocknete dann aus und war dann plötzlich wieder voller Wasser.

Wenn solch große Mengen Wasser verdampfen, muss zumindest ein Teil des Wassers wieder als Niederschlag zur Erde fallen. Entstand in dieser Zeit das Eis der Antarktis? »Bereits vor 5 Millionen Jahren ist der größte Teil der Antarktis vergletschert« (Paturi, 1996, S. 414). Auch die Fischfauna bezeugt eine weltweite Abkühlung, und die Korallenriffe verschieben sich weiter zum Äquator (Paturi, 1996, S. 390). Die Arktis, Grönland und Alaska beginnen zu vereisen. Bis vor 2,6 Millionen Jahren sollen in Holland und im Rhein-Main-Gebiet noch subtropische Pflanzen gewachsen sein, bis ein Eiszeitalter einsetzt haben soll (ebd., S. 414). Festzustellen bleibt, dass mit dem Ende der Wüste Mittelmeer weltweit Vereisungen einsetzten. Damit ist auch ein Zusammenhang zwischen Verdampfung und Eisbildung der verdichteten Schichten aus zur Erde fallenden Schneemassen gegeben. Genau dieses Szenario hatte ich für die Bildung der Eisberge in Zusammenhang mit Ausbrüchen von Supervulkanen, kosmischen Einschlägen und damit einhergehendem Superfluten(Sintflut-)geschehen verantwortlich gemacht, wie es ja letztendlich auch die Mythen der Eskimos und anderer Völker berichten. Menschen können von solchen Ereignissen aber nur erzählen, falls solche irgendwann tatsächlich beobachtet wurden. Somit kann die Eisbildung nicht vor Millionen von Jahren eingesetzt haben. Andererseits bleibt das verdunstete Wasser des Mittelmeers und auch der Ozeane nicht über sehr lange Zeiträume in dieser hohen Konzentration in der Atmosphäre beständig. Damit ergibt sich der mögliche Schluss, dass die Vereisung innerhalb weniger Jahrzehnte erfolgt sein muss und deshalb von uns Schneezeit genannt wurde (Abb. 119, S. 293). Auf jeden Fall erscheint eine langsam fortschreitende Vereisung mehr als unwahrscheinlich. Wenn es eine entsprechend langsame globale Verschlechterung des Klimas analog orthodoxer Lehrmeinung gegeben haben soll, ist es unwahrscheinlich, dass zwischen Beginn der Vereisung in arktischen Gebieten und in Mitteleuropa zwei bis drei Millionen Jahre vergangen sein sollen und während der Zwischeneiszeiten Flusspferde auch in England und Deutschland badeten.

Flüchtende Tiere

Vor etwa 1900 Jahren soll Ptolemäus angeblich Leiter der Bibliothek von Alexandria (Ägypten) gewesen sein, falls diese jemals existierte. Anhand archaischer Karten aus der größten Handschriftensammlung des Altertums zeichnete er eine Karte, die im 15. Jahrhundert während der Renaissance rein »zufällig wieder gefunden wurde«. Sie stellt in Nordeuropa Gletscher und Gletscherströme dar. Es gibt keine bekannte Kultur, die Karten erstellte und vor über 12 000 Jahren in der Mittelsteinzeit Vermessungen vornahm. Die Bedeutung dieser und anderer ähnlicher Karten wird unterschätzt, da man dieses Problem gerne ignoriert. Denn die kartografisch belegten Erkenntnisse widersprechen unserem darwinistisch-wissenschaftlichen Weltbild auf eine grundsätzliche Art und Weise.

Die Karte (»Portolano«) des Iehudi Ibn Ben Zara aus dem Jahre 1487 dokumentiert Gletscher ungefähr bis auf die Höhe Englands. Gleichzeitig erscheint die Ägäis erheblich inselreicher als heutzutage, da der Wasserspiegel des Mittelmeeres wesentlich tiefer gelegen haben muss. Eine befriedigende Erklärung hierfür fände man, falls die Karte oder besser gesagt deren Vorlage bereits vor (!) dem Ende der Eiszeit bzw. Schneezeit angefertigt wurde. Durch begleitende katastrophische Ereignisse des Kataklysmus-Geschehens stieg dann der Meeresspiegel der Ozeane, und die heutzutage auf dieser Portolan-Karte fehlenden Inseln im Mittelmeer wurden überschwemmt.

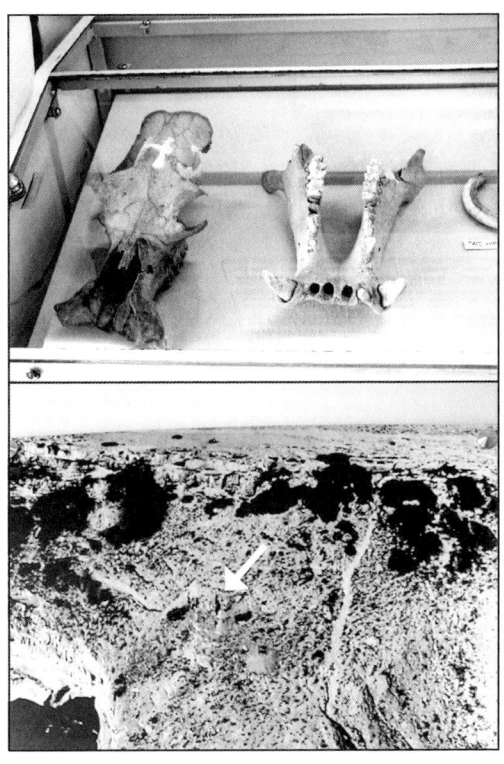

Abb. 124: **ZWERGFLUSSPFERDE**. Die in der altsteinzeitlichen archäologischen Fundstätte Akrotiri-Aetokremnos (Zypern) entdeckten Überbleibsel von Flusspferden (oberes Bild) lagen einige Meter (siehe Pfeil unteres Bild) unter der ebenen Fläche eines Hochplateaus, das früher einmal Meeresboden darstellte, heutzutage jedoch eine terrassenartige Hochebene am Rande des jetzt wesentlich tiefer liegenden Mittelmeers bildet.

Auf den großen Mittelmeerinseln Zypern und Kreta fand man Reste von Elefanten und Flusspferden. Bei meinem Besuch des Archäologischen

Museums in Limassol (Zypern) waren Schädel von Flusspferden ausgestellt, die vor 10 000 Jahren ausgestorben sein sollen (Abb. 124). Dieser Zeitpunkt erinnert an das Ende der Eiszeit, als ein Massensterben der Tiere eingesetzt haben soll. In Zypern gab es aber keine Eiszeit, höchstens sinkende Temperaturen.

Eine Frage beschäftigte mich beim Studium der alten Knochen: Wie kommen Elefanten und Flusspferde auf die Mittelmeerinseln? Schwimmen können diese Tiere zwar, aber nicht lange genug, um große Entfernungen zu überbrücken. Für Charles Lyell war es ein Rätsel, dass auf Sizilien, Sardinien und Malta ganz plötzlich eine Menge neuer Säugetiere auftauchte (Azzaroli, 1981).

Nimmt man ein fast ausgetrocknetes Mittelmeer und ein entsprechend heißes, wüstenhaftes Klima an – auch in den angrenzenden Regionen –, wird verständlich, dass Flusspferde, Leoparden, Gazellen und andere tropische Tiere im Bereich des heutigen Mittelmeeres lebten, denn es gab in den tieferen Bereichen noch größere Seen. Und gleichzeitig waren natürliche Landbrücken vorhanden, denn vor 10 bis 5 Millionen Jahren war das Mittelmeer nach offizieller Ansicht von den Weltmeeren abgeschnitten (Paturi, 1996, S. 395). Die Tiere konnten fast ungehindert auf direktem Weg über den heutigen Boden des Mittelmeeres oder/und über eine damals eventuell noch vorhandene Landbrücke im westlichen Mittelmeer von Afrika nach Europa wandern, aber auch nach England, das zu diesem Zeitpunkt noch zum europäischen Festland gehörte, da der Atlantik erst nördlich von Aberdeen, Schottland, existierte.

Damit ist aber auch Lyells Überzeugung von einer Argonauten-Expedition von Flusspferden aus den Flüssen Afrikas bis nach Deutschland und England während der Zwischeneiszeiten und deren Rückkehr vor dem bitterkalten Wintereinbruch ad absurdum geführt. Diese Tiere lebten bereits hier, denn vor der Eiszeit war es auch in Mitteleuropa tropisch warm und sogar auch noch während der sogenannten Zwischeneiszeiten, auch im Winter. Im Mittelmeerraum wurden die Flusspferde aus den Seen und Tümpeln im Bereich des heutigen Meeresbodens vertrieben. Das durch die aufgerissene Gibraltar-Schwelle in das Mittelmeer stürzende Wasser vertrieb die Tiere. Sie flüchteten vor dem steigenden Wasser in höhere Regionen: auf Berge, und diese Bergregionen sind die heutigen Inseln – zum Beispiel Kreta, Malta und Zypern. Somit ist auch das plötzliche Auftreten bestimmter Säugetierarten auf den heutigen Inseln im Mittelmeer verständlich.

Bei meinem Besuch in Gibraltar erzählte der Reiseführer, dass die Anwesenheit der dort beheimateten Affen ein Rätsel sei. Vielleicht ist die Lösung ganz einfach: Die Affen flüchteten auf den Felsen von Gibraltar, als die Wasserfluten des Atlantiks durchbrachen und ihren alten Lebensraum vernichteten. Seit dieser Zeit leben die Tiere getrennt von ihren afrikanischen Artgenossen. Aber wie lange ist das her? Ist es möglich, dass die Affen mit einer verhältnismäßig geringen Population fünf Millionen Jahre auf diesem einsamen, isolierten Felsen überstehen, oder sind vielleicht höchstens wenige Tausend Jahre realistischer (Abb. 125)?

Die nachgewiesene lange Anwesenheit von Elefanten lässt auf ein durchgehendes Waldgebiet von Zentralafrika bis nach Südeuropa (Kalabrien) schließen. Außerdem leben verschiedene typische Schmetterlinge, Amphibien, Süßwasserfische und auch Säugetiere *nördlich wie südlich* der Meerenge von Gibraltar (vgl. Sarre, 1999). Die räumliche Trennung dieser Gebiete kann noch nicht lange zurück-

Abb. 125: **AFFENVERTEILUNG**. Die Abbildung zeigt das Verbreitungsgebiet der Affenspezies Magot (Macarus sylvanus) in Marokko und Algerien sowie ein Reliktvorkommen auf dem Felsen von Gibraltar. Wurden Populationen dieser nicht schwimmfähigen Affen durch die Flutung des Mittelmeers getrennt, sodass sie heute auf zwei verschiedenen Kontinenten leben? Verändert nach Sarre (1999).

liegen, insbesondere da die Ausbreitung mancher Arten noch nicht weit fortgeschritten war.

Das Mittelmeer war also eine Wüste. Walter Pitman, William Ryan und andere Geophysiker verlegten dieses Szenario, aufgrund vergleichender Untersuchungen und radiometrischer Messungen, auf fünf Millionen Jahre vor unserer Zeit. Obwohl sich das Mittelmeer nach Meinung dieser Forscher innerhalb eines Menschenlebens, also in weniger als 100 Jahren schnell füllte, *sehen sie dieses Ereignis nicht in Verbindung mit einer Sintflut bzw. eines Kataklysmus*. Die nachgewiesene plötzliche Änderung von Fauna, Flora und geologischen Schichten beweist andererseits aber auch eine abrupte Änderung der klimatischen Gegebenheiten, insbesondere im Bereich des Mittelmeers. Auch die Eiszeiten können nicht langsam entstanden sein, sondern wenige Jahrzehnte sind ein realistischer Zeitraum. Es müssen sich kataklysmische Ereignisse zugetragen haben. Damit schmelzen aber die Erdzeitalter drastisch zusammen. Das vor fünf Millionen Jahren beginnende Pliozän und das darauffolgende Quartär (vor 1,7 Millionen Jahren bis heute) könnten in einer Art Zeitraffer auf maximal 10 000, vielleicht auch nur gut 3500 Jahre komprimiert und mit der globalen Sintflut, einem Kataklysmus, in Einklang gebracht werden. So gesehen war das Mittelmeer vor höchstens 10 000 Jahren eine Wüste, ähnlich wie die Nordsee oder der Arabische Golf zu dieser Zeit noch trocken lagen, bevor der Wasserspiegel der Ozeane langsam anstieg (ausführlich: Zillmer, 2011).

Durchbruch am Bosporus

Die »Glomar Challenger« setzte ihre Bohrtätigkeit im Schwarzen Meer fort, und auch hier gaben die Bohrkerne ein kaum vermutetes Geheimnis preis: Das Schwarze Meer war ebenfalls einmal fast ausgetrocknet. Offiziell stellte man fest, dass der Wasserspiegel mindestens 120 Meter unter dem heutigen gelegen haben muss. Große Teile des heutigen Meeres waren bis vor offiziell 7500 Jahren trockene Ebenen und Steppen (Pitman/Ryan, 1999, S. 197). Zu diesem Zeitpunkt wurde der Wasserdruck des Mittelmeeres derart groß, dass die bis dahin vorhandene Bosporus-Schwelle brach und gewaltige Fluten in das Schwarze Meer stürzten. Pitman und Ryan sehen die Füllung des Mittelmeeres und Schwarzen Meeres allerdings als zwei zeitlich total getrennte Ereignisse an. Gab es nicht eher eine Kettenreaktion? Zuerst lief das Mittelmeer in 100 Jahren voll, und als Folge des sich aufbauenden Wasserdrucks brach kurz danach die Bosporus-Schwelle? Oder hielt diese tatsächlich fünf Millionen Jahre, wie Pitman und Ryan meinen?

Wie auch immer, durch den Höhenunterschied ergab sich ein Druckgefälle, das dem Zweihundertfachen der heutigen Niagarafälle entsprach. Täglich könnte sich der Meeresspiegel um 15 Zentimeter erhöht haben. Die an den flachen Ufern lebende Bevölkerung musste täglich 400 Meter weiterziehen, um mit dem Ansteigen des Wassers Schritt zu halten. Ein unvorstellbares Szenario, und wie die Bohrkerne bewiesen, fand dies auch in geschichtlicher Zeit statt. Gleichzeitig lief auch eine andere Tragödie für Tiere, Pflanzen und Menschen ab, denn das vorhandene Süßwasser des Schwarzen Meeres wurde mit dem salzigen des Mittelmeeres gemischt. *Dieses Szenario führte zu einer Flucht dieser dort lebenden Völker nach Europa, der Arabischen Halbinsel und Indien.*

Anderseits fand man sogar Reste alter Korallenriffe im Schwarzen Meer, die es einerseits heute in diesen Breiten nicht mehr gibt und die andererseits von einer tropischen Vergangenheit dieses Gebiets zeugen (Barker, 1985). Sie sollen seit dem Erdmittelalter bis vor 20 000 Jahren hier existiert haben, als der Höhepunkt der Vereisung stattgefunden haben soll. Nicht weit entfernt von den angeblich in Russland lagernden riesigen Eisbergen soll es im Schwarzen Meer Korallen gegeben haben? Das ist genauso undenkbar wie die Anwesenheit von Flusspferden in England und Mitteleuropa während der sogenannten, aber fehlinterpretierten Eiszeit. Vor relativ kurzer Zeit herrschte also am Schwarzen Meer und in Mitteleuropa anscheinend tropisches Klima, trotz angeblicher Eiszeiten. Gab es noch andere tiefgreifende klimatische Umwälzungen zur Zeit der sintflutartigen Überflutung des Schwarzen Meeres?

Der Urwald Sahara

Mitten in der heutigen Wüste Sahara existieren alte Felsbilder, die von Pferden gezogene Kampfwagen oder auch ausgestorbene Tierarten zeigen. Der Wandel der Sahara von einer subtropischen Steppe mit Flusspferden, Krokodilen und Elefanten zu einer überwiegend lebensfeindlichen Sandwüste erfolgte erst vor 5000 bis 6000 Jahren, wie Analysen von Pflanzenpollen und Knochen ergaben. Die klimatischen Bedingungen konnten schon 1998 durch das Potsdamer Institut für Klimaforschung rekonstruiert werden. Andererseits wurde die Entstehung dieses größten Wüstengebietes der Erde durch das Computermodell »CLIMBER« (CLIMate and BiosphERe) simuliert. Die abrupten Klima- und Vegetationsänderungen sind auf sich ändernde Faktoren wie die Verteilung der Sonneneinstrahlung zurückzuführen.

»Diese Änderung wiederum sei auf kleine periodische Schwankungen in der Erdbahn und der Erdachsenneigung zurückzuführen. Die Schwankungen führten dazu, dass die Sommer seit mehreren Jahrtausenden in vielen Gebieten der Nordhalbkugel kühler wurden.« Die zuerst unglaubhaft klingende Feststellung, die »Sahara ist abrupt entstanden« (»Bild der Wissenschaft«, online 15.7.1999) überrascht somit nicht mehr. Mit den Flusspferden und Elefanten verschwanden dann auch die mit ihnen lebenden Jäger und Bauern in der heutigen Wüste Sahara. Professor Helmut Ziegert von der Universität Hamburg entdeckte in der Sahara angeblich 400 000 Jahre alte

Spuren einer Besiedlung und 200 000 Jahre alte Reste von Rundhäusern am Rande eines prähistorischen Gewässers von der Größe Deutschlands (»Bild der Wissenschaft«, Ausgabe 4/1998, S. 18 ff.). Bereits bevor es Neandertaler gab, stellten diese Frühmenschen (angeblich *homo erectus*) bereits Spezialgeräte her. »Der frühe Mensch fuhr Boot und fischte, jagte Strauße und trug Lederkleidung.« Ziegert postuliert deshalb: »Ich wende mich gegen die Rekonstruktionen, in denen die Frühmenschen halbnackt oder mit umgehängtem Fell dargestellt werden.« Zu Recht!

Die plötzliche Verwandlung einer Landschaft durch äußere Einflüsse, wie die Schwankung der Erdachse, wird am Beispiel der Sahara eindrucksvoll dokumentiert. Die kurze Dauer der auslösenden Ereignisse und die dadurch bewirkte rapide Änderung der klimatischen Verhältnisse wurden in geschichtlicher Zeit bestätigt. Ist anderseits aber ein zeitlicher Zusammenhang zwischen der Austrocknung des Mittelmeeres zu einer Wüste und der Bildung der Sahara selbst zu sehen, insbesondere da beide Räume zusammen einen gemeinsamen Großraum bilden würden? Seltsamerweise trifft die wissenschaftliche Zeitangabe für die Bildung der Sahara mit dem von mir geschätzten Zeitpunkt des Kataklysmus mit globalen Sintfluten vor gut 3500 Jahren ungefähr zusammen.

Mythologische Überlieferungen berichten, dass das Atlas-Gebirge entzweigerissen wurde, der große See entleert wurde (Sahara) und die vorher blühende Region zur Furcht einflößenden Wüste verwandelt wurde (Velikovsky, 1951, S. 115). Auch in diesem Fall behalten die Legenden recht.

Auch andere Naturwunder bezeugen den gewaltigen Umbruch der Landschaft durch die von den Kontinenten abströmenden Wassermassen. Die Niagarafälle in Nordamerika sind in den letzten 200 Jahren um ungefähr eineinhalb Meter pro Jahr vom Ontariosee in Richtung Eriesee zurückgewichen. Daraus kann man durch einfache Division errechnen, dass die Niagarafälle vor erst 7000 Jahren entstanden sein müssen, wenn man von einer gleichbleibenden Erosionsrate ausgeht. Setzt man jedoch anfänglich größere Wassermassen und damit eine wesentlich intensivere Erosion voraus, müssen die Niagarafälle noch jünger sein, und demzufolge wird das Alter oft nur auf 5000 bis 6000 Jahre geschätzt. Zu diesem Zeitpunkt müsste der Kataklysmus spätestens geendet haben, und danach entstanden die meisten alten Kulturen auf der Welt, wie die sumerische, ägyptische, chinesische oder auch diejenige im Indus-Tal. Eine zufällige Übereinstimmung?

7 Die Erde leckt

Im Inneren der Erde existiert eine unterirdische Wasserschale, wie eine derartige für verschiedene Monde in unserem Sonnensystem nachgewiesen wurde. Kataklysmische Geschehnisse führten zu deren Bruch und gleichzeitig zur Bildung vieler Naturwunder wie Grand Canyon, Black Canyon oder Ayers Rock. Gleichzeitig wurden die Kontinente schnell auseinandergeschoben.

Wasser im Erdinnern

Im Norden Russlands und in Deutschland (bis 1994 in der Nähe von Windischeschenbach in der Oberpfalz) wurden mit Bohrungen in die Erdkruste Tiefen von gut elf und neun Kilometern erreicht (Kerr, 1984, 1993, 1994, und Monastersky, 1989). Bei der russischen Tiefbohrung wurde noch in großen Tiefen heißes, fließendes Mineralwasser in den Rissen des zerquetschten Granits entdeckt (Kozlovsky, 1982). Warum ist der Granit in dieser Tiefe zerrissen? Aufgrund des herrschenden Drucks in dieser Tiefe dürfte der Granit kaum Risse aufweisen, in denen sich zudem noch Wasser befindet, denn der angeblich mit zunehmender Tiefe anwachsende Druck infolge Auflast und Gravitation müsste alle Poren zusammenquetschen:

»Man denkt normalerweise, dass das darüber liegende Gestein die Risse dort unten schließt, weshalb das Bohrloch dort unten mit der Tiefe trockener werden sollte, aber es verhielt sich genau umgekehrt«, stellt Karl Fuchs von der Universität Karlsruhe fest (Kerr, 1994, S. 545). Weil in diesem Wasser auch metallhaltige Minerale enthalten sind, widerspricht diese Entdeckung der Ansicht vieler Geophysiker vom Bild der geologischen Formationen. Auch die Ansicht, bis in welcher Tiefe Risse im Grundgestein vorkommen, musste geändert werden. Die Bohrergebnisse werden offiziell derart kommentiert, dass man das Projekt vorzeitig beendet hatte, da man früher als erwartet alle erwünschten Ergebnisse erhalten habe. Aber das Gegenteil ist der Fall, nur es wird darüber offiziell nicht diskutiert, und die kontroversen Ergebnisse werden von einigen Forschern nur in aller Stille beachtet. Der Geologe Dr. Peter Kehrer wurde 1994 im Fachmagazin »Science« zitiert (ebd., S. 545): »Das durch das Tiefbohrprogramm erhaltene Wissen bedeutet, dass die Geologie-Lehrbücher umgeschrieben werden müssen.«

In über zehn Kilometern Tiefe, wie bei der Tiefenbohrung in Russland dokumentiert, dürfte es wegen der mit der Tiefe zunehmenden Erdwärme aufgrund der angeblich herrschenden Drücke *kein frei fließendes Wasser* geben, schon gar nicht salziges, höchstens Wasserdampf. Aber auch in Deutschland wurden ähnliche Phänomene beobachtet. Auf jeden Fall mussten beide Projekte wegen der in der Tiefe stark zunehmenden Hitze aufgegeben werden.

Entgegen herrschender Auffassung fließt in sehr großen Tiefen noch salziges Wasser, da es im Grundgestein Risse gibt, die es aufgrund des angeblich zum Mittelpunkt der Erde hin gerichteten Gravitationsdruckes nicht geben dürfte. Gibt es Beweise für die Existenz von Mikroben in derartigen Tiefen, also Leben ohne Sonnenlicht und Süßwasser? Geologen und Mikrobiologen isolierten in den vergangenen Jahren aus Minen und Bohrkernen zahllose Mikroben, die kilometertief in der Erde gediehen und sich von Wasserstoff, Mineralien, Kohlenwasserstoffen (vor allem Methan) oder Kohlendioxid ernähren, aber unter Sauerstoffeinfluss absterben.

In der südafrikanischen Goldmine East Driefontein katalogisierte der Geologe Tullis Onstott aus Princeton in einer Tiefe von 3,5 Kilometern und bei einer Hitze von rund 65 Grad Celsius zahlreiche Tierarten. Den Tiefenrekord halten derzeit Bakterien, die bei einer Gasbohrung im schwedischen Gravenberg aus 5278 Metern zutage kamen und dort bei etwa 70 Grad Celsius lebten.

Als ich auf den Erdgas- und Erdölfeldern westlich von Fort Worth in Texas mit den Fachleuten vor Ort die Probleme der Gas- und Ölförderung diskutierte, hörte ich erstaunt von einem mir bis dahin nicht bekannten Problem. Obwohl man in Texas vor allem nach Erdgas bis in eine Tiefe von gut 3000 Metern bohrt, stößt man immer auch auf Erdöl. Dabei steht man manchmal vor dem Problem, dass die Bohrleitungen total verstopfen. Schuld sind Mikroorganismen, die scheinbar von diesem Öl leben und quasi darin »baden«. Gibt es zu viele davon in der ölhaltigen Schicht, dann wird das Öl zu dickflüssig und kann nicht mehr gefördert werden. Wird das Erdöl aus der Tiefe an die Erdoberfläche gepumpt, sterben derartige Bakterien infolge des Druckunterschieds ab, und Wissenschaftler glauben zu wissen, dass derartige tote Bakterien eine biologische Herkunft von Kohlenwasserstoffen beweisen – ein grundsätzlicher Irrtum.

Unterirdische Drainage?

Von der Antike bis zum Beginn der Neuzeit wurde in der Tiefe der Erde eine *Wasserschale* oder ein System riesiger Hohlräume voll Wasser angenommen (Tollmann, 1993, S. 148). Irgendwo in der Tiefe wird das Wasser in Abhängigkeit der Druckverhältnisse die kritische Temperatur erreichen, bei der Wasser in Dampf umgewandelt wird. Gehen wir dabei von 374 Grad Celsius aus. Da das Tiefenwasser mit Mineralien angereichert ist, wird dieser kritische Punkt wohl etwas höher liegen, beispielsweise bei 425 bis 450 Grad Celsius. Das Wasser migriert in die Tiefe und erreicht in einer bestimmten Tiefe eine kritische Temperatur. Der entstehende Dampf dehnt sich aus und wird nach oben streben. Nach Erreichen der dort weniger dichten Schicht mit einer niedrigeren kritischen Temperatur von 374 Grad Celsius wird sich wieder Wasser bilden. Nach der erneuten Bildung von Lösungen kann das Wasser durch den höheren Siedepunkt dann erneut in tiefere Schichten absinken – und der Kreislauf beginnt erneut.

Nach dieser Hypothese werden in den Kreislauf des Wassers eine Vielzahl chemischer Verbindungen einbezogen, insbesondere leicht lösbare Elemente wie Magnesium, Eisen und Kalzium. Beim Erreichen der kritischen Temperatur werden diese Elemente abgestoßen, und so kommt es zur Ausfällung und Anreicherung dieser Mineralien: Der aufsteigende Wasserdampf transportiert Kieselsäure nach oben. Bei der Umwandlung von Dampf in Wasser in höheren Schichten wird diese Kieselsäure wieder ausgefällt. Magnesium, Kalzium und Eisen werden zur unteren Grenze transportiert, während Kieselsäure an die obere transportiert wird (Abb. 126). Diesen Bereich zwischen den beiden beschriebenen Schichten nennt Grigorjew »Drainageschale« (Drujanov, 1984).

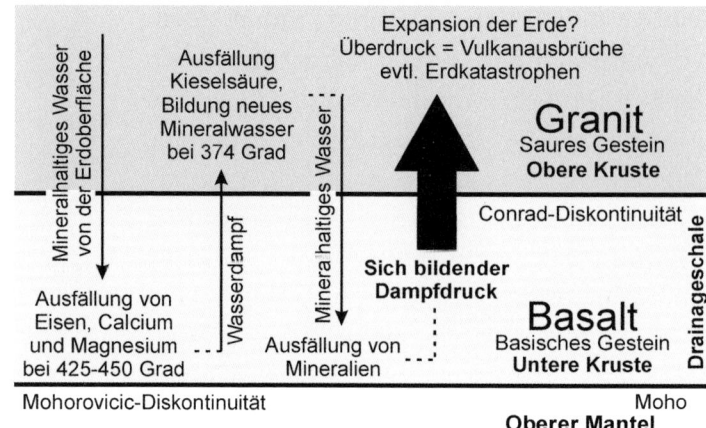

Abb. 126: **DRAINAGESCHALE.** Zwischen der Conrad-Diskontinuität und Moho (= untere Kruste) verdampft das von der Erdoberfläche in das Erdinnere versickernde Wasser, und es entsteht ein sich langsam aufbauender Dampfdruck, der die obere Kruste unter Druck setzt. Der Ablauf dieser Vorgänge ist von links nach rechts dargestellt. Detail aus Abb. 86, S. 190

Die Erde ist grob gesehen dreischalig aufgebaut: Erdkruste, Erdmantel und Erdkern. Die einzelnen Schalen werden durch Unstetigkeitsflächen – Diskontinuitäten – voneinander getrennt. Die Grenze zwischen Erdkruste und Erdmantel nennen die Geophysiker nach ihrem jugoslawischen Entdecker Mohorovicic-Diskontinuität, kurz *Moho*. Darüber liegt die nach dem österreichischen Geophysiker Victor Conrad benannte Conrad-Diskontinuität als »seismische Grenze zwischen Ober- und Unterkruste« (Greulich, 1998). Wie seismische Wellen erkennen lassen, nimmt die Geschwindigkeit der Wellen und damit auch die Gesteinsschichten an diesen Diskontinuitätsstellen zu. Jedoch ist die Conrad-Diskontinuität im Gegensatz zur Moho nicht immer stark ausgeprägt (Abb. 127).

Im traditionellen Zweischichtenmodell (Chain/Michaijlov, 1989, S. 23) bildet die Conrad-Schicht die Grenze zwischen dem leichteren Granitsockel (d. h. der granitisch-metamorphen sowie der Granit-Gneisschicht) und der darunter liegenden schwereren Basaltschicht (granulitisch-basischer Schicht). *Unter den Ozeanböden gibt es diese Diskontinuität nicht*, da die Ozeanböden nur aus Basalt bestehen. Die Moho läuft auch unter den Ozeanen in einer Tiefe von fünf bis acht Kilometern hinweg, während sie unter den Kontinenten bis zu über 70 Kilometer tief liegt. Außerdem ist diese zwischen weniger als einem und wenigen Kilometern dick. Die Moho stellt sich damit als untere Schicht und die Conrad-Diskontinuität als obere Schicht einer »Drainageschale« dar.

Granite sind saure Gesteine mit einem hohen Anteil an Kieselsäure und geringem Gehalt an Kalzium-, Magnesium- und Eisenverbindungen. Basalte sind basische Gesteine mit wenig Kieselsäure und dagegen viel Kalzium-,

Magnesium- und Eisenverbindungen. Die Conrad-Diskontinuität ist somit ein Grenzstreifen. Alles, was oberhalb anfällt, wird in Granit umgewandelt, und alles, was unterhalb anfällt, in Basalt. Die Moho-Diskontinuität stellt einen Horizont dar, an dem die Umwandlung von Basalten des darunter liegenden oberen Mantels in darüber befindlichen Graniten und umgekehrt stattfindet.

Da der Schwefelgehalt unserer Erdkruste wesentlich geringer ist als der von Steinmeteoriten, müssten im Erdinnern weitere, tiefer liegende Diskontinuitäten entstehen, insbesondere da für diese die kritische Temperatur bei 1440 Grad Celsius liegt. Ähnliches gilt für Quecksilber. Da diese Betrachtung aber nicht zur Lösung der bisher diskutierten geophysikalischen Probleme beiträgt, befassen wir uns nur mit den Auswirkungen der Drainageschale.

Die Beantwortung der Frage, warum mit Vulkanausbrüchen riesige Mengen von Wasserdampf in die Atmosphäre katapultiert werden, könnte unter diesem Gesichtspunkt gelöst sein. Vulkane wären demzufolge sozusagen Kinder der Drainageschale und verbinden diese durch zu Kanälen erweiterte

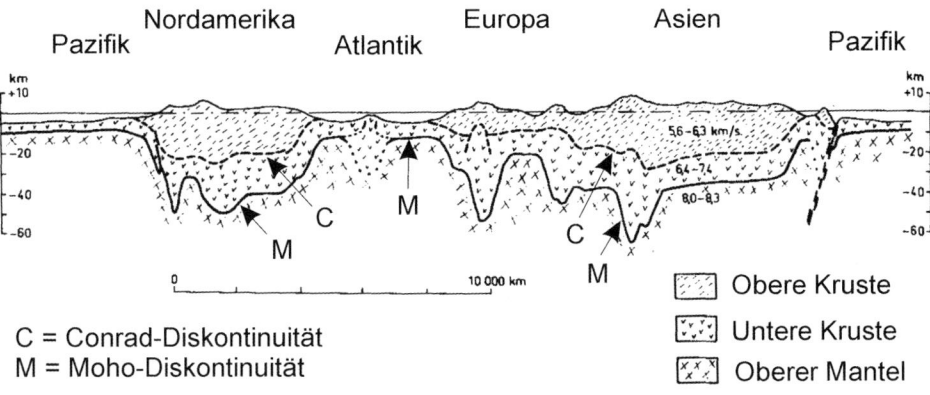

C = Conrad-Diskontinuität
M = Moho-Diskontinuität

Abb. 127: **ERDKRUSTE**. Der Schnitt durch die Erdkruste in 45 Grad nördlicher Breite nach Ergebnissen seismischer Messungen zeigt, dass eine problemlose seitliche Verschiebung angeblich neu entstehender Erdkruste nicht ohne gravierende physikalische Probleme (Reibung, Torsion) möglich ist. Die ozeanische Kruste zeichnet sich durch das Fehlen einer sialischen Oberkruste (Granit) aus. Daher gibt es unter den Ozeanen keine Conrad-Diskontinuität als Grenzbereich zwischen saurer Oberkruste (Granit) und basischer Unterkruste (Basalt). Die Moho-Diskontinuität stellt wahrscheinlich eine stoffliche Grenze zu dem darunter liegenden ultrabasischen Erdmantel dar. Zwischen beiden Diskontinuitätszonen könnte sich eine unter Druck (Wasserdampf) stehende Drainageschale befinden. Die jeweiligen Grenzen sind zusätzlich durch einen markanten Anstieg der P-Wellen-Geschwindigkeit von 5,6–6,3 km/h in der Oberkruste auf 6,4–7,4 km/h in der Unterkruste und schließlich 8,0–8,3 im Erdmantel gekennzeichnet. Nach Berckhemer (1968/1997).

Brüche mit der Erdoberfläche. Damit erscheint die Drainageschicht als ein von der Natur geschaffener *Druckkessel*.

Geologen sind jedoch von der Undurchlässigkeit der Erdkruste in denjenigen Tiefen überzeugt, wo das Gestein wenigstens auf 300 Grad Celsius erhitzt ist. Dort soll das Gestein aufgrund des herrschenden Drucks undurchlässig wie Stahl sein, bei einer außerordentlich niedrigen Temperaturleitfähigkeit. Demzufolge dürfte das Gestein nach orthodoxen Überlegungen ohne Sprengungen freiwillig kein heißes Wasser abgeben. Aber wie schon zuvor belegt, fand man bei Tiefenbohrungen noch in über zehn Kilometern Tiefe fließendes Wasser (s. S.315 f.), Außerdem gibt es neue sensationelle Versuche und geologische Theorien, die nahelegen, dass Gesteine vielleicht sogar bei unwahrscheinlich hohem Druck noch Wasser in den Mineralien speichern können (»Bild der Wissenschaft«, online 27.4.1999).

Außerdem gibt es im Erdinneren, im Gegensatz bis zur vor Kurzem herrschenden Lehrmeinung, wesentlich mehr Wasser als an und in der Nähe der Erdoberfläche. Neuen Berechnungen zufolge sollen sich im Mantel – also dem Teil zwischen Erdkern und Erdkruste – etwa 130 Ozeane Wasser befinden (Li et al., 2020). Die Forscher glauben auch, dass der Wasserstoff nicht nur im äußeren, flüssigen Erdkern steckt, sondern auch im festen Inneren. Der äußere und innere Erdkern kann, wie es von der NASA für die Gasplaneten in unserem Sonnensystem für möglich gehalten wird, aus gefrorenem Wasserstoff, dem häufigsten Element in unserem Sonnensystem, bestehen (s. S.177 ff.). Für diesen Fall wäre die Erde in der Lage, über einen Pol in den Erdkern eingeleitete Energie zu speichern und von innen nach außen Richtung Erdoberfläche anzugeben. Durch diesen Prozess wird eine Erdexpansion möglich gemacht, da die Erde mit höherem Druck im Erdinneren versuchen wird, einen Druckausgleich mit dem sie umgebenden Medium im Weltraum zu finden. In der Folge werden sich Materialien im Erdinneren unter geringerem Druck in bestimmten Bereichen ausdehnen, bei gleicher Masse – vergleiche Abb. 84 (S.181)!

Bruch der Drainageschale

Stellt man sich eine von innen nach außen sich vollziehende Expansion der Erde vor, dann wird die Drainageschale unter Druck gesetzt wie ein *Dampfdruckkessel*. Hinzu kommen aus der Tiefe der Erde aufsteigende Gase, die als

Treibsatz u. a. für das aufsteigende Magma dienen (ausführlich: »Der Energie-Irrtum« (Zillmer, 2020).

Demzufolge wurde die darüber liegende Erdkruste wie ein Luftballon gedehnt. Die Erdkruste riss dann an strukturellen Schwachstellen auf. Wahrscheinlich waren die Kontinente zu diesem Zeitpunkt bereits durch Risse bzw. Gräben getrennt. Auch gab es bereits einen Ur-Nordatlantik, der schon während einer vorausgegangenen kataklysmischen Phase gebildet worden war, obwohl zwischen Nordamerika noch eine Landbrücke über Grönland nach Europa bestand. Es gab auch noch genügend andere Landbrücken, auf denen die Dinosaurier von Kontinent zu Kontinent wandern konnten. Die schon vorhandenen Risse zwischen den tektonischen Platten erweiterten sich erheblich, andere wurden neu gebildet, wie die Nähte auf einem Baseball-Ball.

Aufschwimmende Salzstöcke

Ein anderes, kaum bekanntes Naturphänomen stellen riesige aus reinem Steinsalz bestehenden Salzstöcke dar, die von unten Richtung Erdoberfläche emporwachsen, entgegen der Gravitationskraft. Diese Salzdome sind mit dem lyellistisch-darwinschen Dogma *nicht zu erklären*. Denn nach dieser Lehre soll das Wasser tiefer Lagunen, die durch eine Barre vom offenen Meer teilweise abgetrennt waren, nach und nach ausgetrocknet sein. Dauernd über die Barre zuströmendes und anschließend verdampfendes Wasser soll Salzschicht auf Salzschicht gebildet haben (*Barrentheorie*, Abb. 128). Kann man auf diese Art und Weise Salzdome erklären, die eine Mächtigkeit von mehreren Kilometern aufweisen und Flächen von mehreren Tausend Quadratkilometern bedecken? Gibt es so große Meere oder mit diesen oberflächlich verbundenen Lagunen, die mehrere Kilometer dicke Steinsalzschichten Millimeter für Millimeter ablagern? Entsprechende Szenarien sind *heutzutage* in dieser Intensität nicht denkbar. Aber das Salz zum Beispiel in Bad Reichenhall soll 250 Millionen Jahre alt sein und stammt damit aus einer Zeit vor den Dinosauriern und auch vor der derzeitigen Plattentektonik.

Die von dem Salzdom durchstoßenen Schichten sind nach oben aufgewölbt und reichen manchmal bis zur Erdoberfläche (Abb. 129). Das leichtere Salz wurde also von unten nach oben durch die dichteren Sedimentschichten

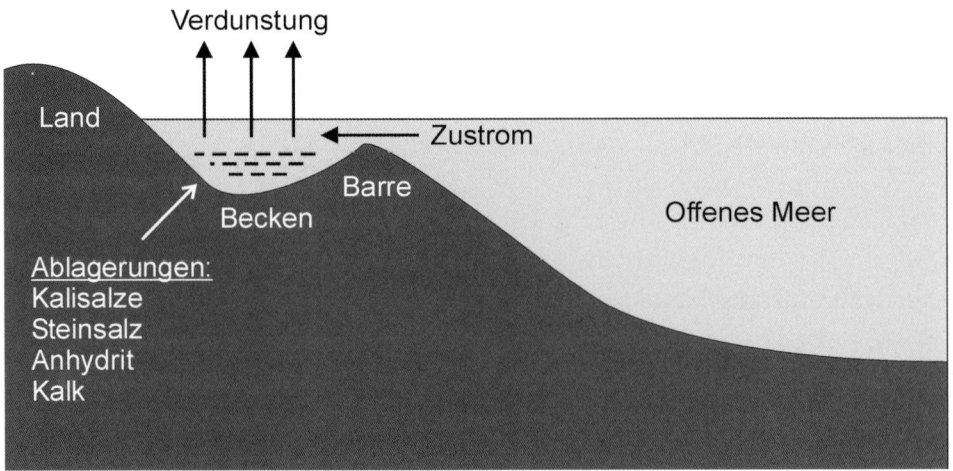

Abb. 128: **BARRENTHEORIE.** Die schematische Zeichnung erläutert die Entstehung von Salzlagern nach der klassischen Barrentheorie. Salzpfannen sollen in vom Hauptmeer abgeschnürten Meeresarmen oder -becken entstehen, die nur eine seichte oberflächliche Verbindung zum offenen Meer besitzen. In dem abgeschlossenen Becken verdunstet das salzige Meerwasser, und es bleibt eine Salzschicht zurück. Durch mehrfache Phasen des Einspülens von Meerwasser und anschließender Austrocknung kann im Einzelfall eine konzentrierte Sole entstehen. Spiegelt diese Theorie einen Spezialfall wider, oder stellt sie den Normalfall dar? Entstanden auf diese Art und Weise etwa die bis zu 900 Meter mächtigen Steinsalz- und Kalilager unter dem Boden Norddeutschlands?

gedrückt. Unmerklich langsame, mechanisch begründete Szenarien bieten sich als Lösung dieses Problems nicht an!

Die Erdkruste besteht aus Schichten von vor allem Sedimentgesteinen, in denen Salzlösungen anstehen. Bei Tiefenbohrungen, wie in Windischeschenbach, Deutschland, wurde noch in acht Kilometern Tiefe zirkulierendes Salzwasser nachgewiesen. Bei einer im Jahre 1922 vorgenommenen Bohrung strömten aus dem Bohrloch »W. H. Badgett No. 1« in Texas 60 Tage lang etwa 1700 Kubikmeter Salzwasser pro Tag an die Erdoberfläche und erzeugten, infolge des Salzgehaltes des Wassers, eine Art Winterlandschaft auf der Erdoberfläche.

Andererseits gibt es geschichtete Salzlager an der Oberfläche. Eine Salzlösung kann aber nicht nur durch Verdampfung, sondern auch durch *Gefrierung zur Salzausscheidung* gebracht werden. Das Abdampfverfahren benötigt den sieben- bis achtfachen Wärmezusatz im Verhältnis zum Gefrierverfahren. Durch Gefrierung kann demnach eine viel größere Menge Salz erzeugt werden. Gleichzeitig ist die gesetzmäßige Schichtung der Salzlager zu beobachten, die durch das Ausfrierverfahren erklärt werden kann. Woher kann das Salz gekommen sein? Die mit Superfluten aufeinander folgenden Flutwellen gefroren in den kalten Klimazonen während des Kataklysmus-Geschehens – wie in Nord- und Mitteldeutschland – in Schichten übereinander. Das Salz wird dabei jeweils ausgefällt und hinterlässt teilweise richtige Jahresringe, die jedoch nicht jeweils einem Jahr, sondern einer einzigen Überflutungsphase zuzuordnen sind (Fischer, 1923, S. 134).

So kann aber nicht die Entstehung mächtiger Salzdome erklärt werden. Ein alternatives Szenario wird durch elektrische Flüsse im Salzwasser begründet, analog zum Versuch zur *Elektrischen Organisation* (Abb. 92, S. 206). Lässt man durch Salzwasser Strom fließen, wandern die Teilchen in die Richtung ihrer entgegengesetzten Ladung: Chlorid zum positiven Pol, Natrium zum negativen. So können Salzteilchen aus der Salzwasserlösung isoliert und derart in größeren Lagern angereichert werden. Natrium kommt tatsächlich in großen Mengen im

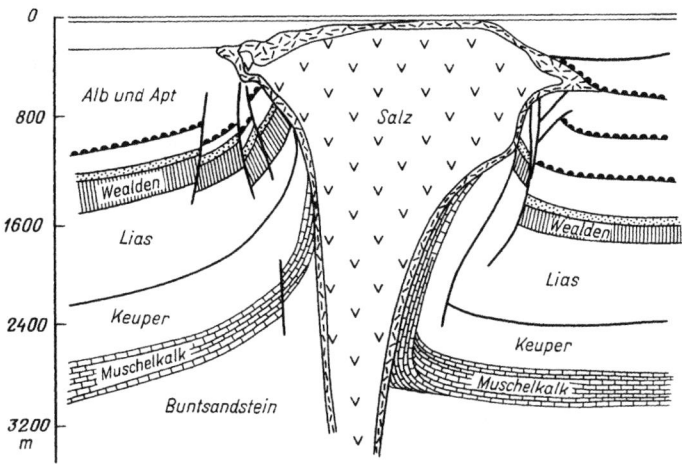

Abb. 129: **SALZKUPPEL.** Die umliegenden geologischen Schichten des Salzstocks von Wienhausen-Eiklingen zeigen deutlich, dass das Salz die Erdkruste von unten nach oben wie ein aufschwimmender Korken durchstieß, da die Nebengesteine nach oben mitgerissen (aufgeschleppt) und verdünnt wurden. »Sie sind von zahlreichen Brüchen und Gleitflächen durchzogen, an denen größere Schichtpakete im Gefolge der Aufstiegsbewegung des Kernes über beträchtliche Distanzen transportiert werden.« Die Barrentheorie kommt als Erklärung dieses Phänomens nicht infrage.

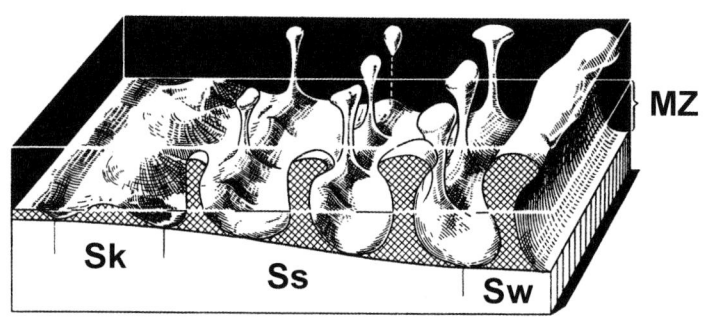

Sk - Salzkissen SS- Sazstöcke Sw - Salzwälle
MZ - primäre Mächtigkeit des salinaren Zechsteins

Abb. 130: **SALZSTRUKTUREN.** Je nach primärer Mächtigkeit des salinaren Zechsteins (MZ) und des *überlagernden* Deckgebirges entstehen verschiedene Salzstrukturen durch Aufstieg des Salzes aus der Drainageschale: Salzkuppeln (Sk), Salzstöcke (Ss) und Salzwälle (Sw). Nach Trusheim (1971).

mineralischen Steinsalz (Halit) in Salzstöcken vor, und Natrium ist zu knapp 40 Prozent in aus Steinsalz gewonnenem Speisesalz enthalten. Auf jeden Fall ist das aus geologischer Sichtweise als Ursache propagierte Verdunstungsprinzip nicht der geeignete Vorgang, um riesige Salzstöcke zu bilden.

Steingemälde Black Canyon

Ein zumeist wenig beachtetes Naturwunder stellt das *Black Canyon of the Gunnison National Monument* im Westteil Colorados dar. Bei meinem Besuch im Jahre 1998 war ich überwältigt, ja tief beeindruckt. Der Gunnison River fließt auf seinem Weg zur Grand Junction nordwestlich durch das Monument. Der Fluss fraß sich angeblich 30 Zentimeter pro 1000 Jahre durch das harte kristalline Gestein. Zurück blieb eine Schlucht mit durchschnittlich 600 Meter hohen, fast senkrecht abfallenden Steilwänden, die kaum Sonnenlicht in den Canyon dringen lassen. Die Felswände erscheinen dunkel, daher der Name *Black Canyon*. Diese unheimlich anmutende Schlucht ist nicht weniger imposant als der Grand Canyon.

Aus geologischer Sicht soll der Black Canyon mit zwei Millionen Jahren Alter sehr jung sein. Die steilen Felswände bestehen vor allem aus einem granitähnlichen Ergussgestein, das an einen Marmorkuchen erinnert. Das dunkle Gestein ist von zahlreichen hellbunten Streifen (Pegmatit-Adern) durchzogen. Wie entstand dieser Gesteinskuchen? Die offizielle Erklärung ist, dass das urzeitliche Muttergestein einst von vielen Rissen durchzogen war. Starker Druck presste Minerallösungen von unten nach oben in die Erdkruste, und unter langsamem Abkühlen kristallisierten diese Schmelzmassen entlang der Risse und Spalten.

Es ergeben sich *nicht* schlüssig zu beantwortende Fragen auf Grundlage klassisch-geologischer Prinzipien. Welche Kraft ist in der Lage, eine Minerallösung von unten entgegen der Gravitation in ein 600 Meter mächtiges Gestein gleichmäßig über eine große Fläche mit einer Länge von 80 Kilometern hinweg nach oben zu verpressen? Dazu muss erst einmal unter dem *gesamten urzeitlichen Felsmassiv eine flüssige Gesteinsschmelze* in ausreichender Menge vorhanden gewesen sein. Gab es riesige unterirdische Kammern mit Minerallösungen? Wie schnell wurden die Risse des Muttergesteins mit der Gesteinsschmelze ausgefüllt? Es gibt über die sich 80 Kilometer weit

7 Die Erde leckt 325

Abb. 131: **HOMOGEN.** Das »Black Canyon of the Gunnison National Monument« (Colorado) soll durch das Rinnsal Gunnison River geschaffen worden sein. Die steilen, 610 Meter hohen Canyon-Wände – siehe Bäume am Canyonrand – sind durch unzählige Pegmatit-Adern kreuz und quer zerrissen. Welche gewaltigen, pressenden Kräfte waren hier am Werk?

erstreckenden Felsen aber keine hohlen, also nicht verpressten Risse. Aus dieser Beobachtung kann man auf ein einziges auslösendes Ereignis schließen, falls mechanische Ursachen zugrunde liegen. Das Urgestein zersplitterte schnell und nicht langsam, gleichzeitig muss die Gesteinsschmelze großflächig im gesamten Gebiet gewirkt haben, um das Gestein gleichzeitig nach oben, entgegen der Gravitationskraft, in die massigen Felsen zu pressen. Außerdem muss der Verpressvorgang sehr schnell vor sich gegangen sein, denn sonst wäre die Gesteinsschmelze besonders in engen Spalten und Ritzen an den Kontaktflächen und oberen Bereichen eher erkaltet, bevor alle

326 Irrtümer der Erdgeschichte

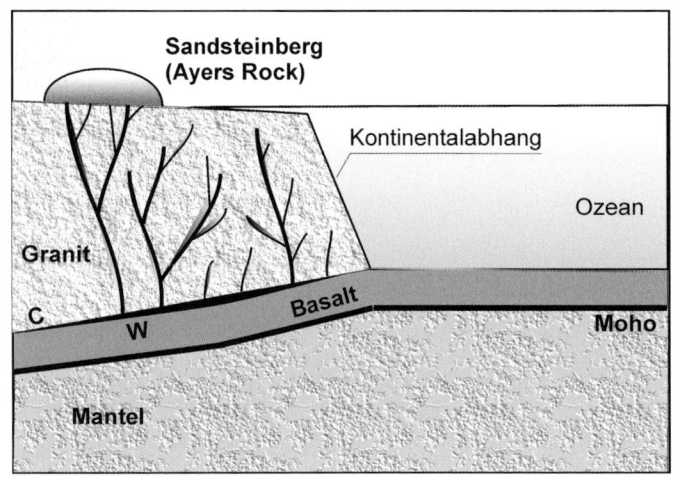

Abb. 132: **ZERRISSENE KONTINENTALSCHILDE.** Der Schnitt durch die Lithosphäre zeigt die Situation, wie sie sich heutzutage darstellt. Die Diskontinuität (Moho) zwischen der unteren Erdkruste (Basalt) und dem oberen Mantel liegt unter den Ozeanen nur wenige Kilometer und unter den Gebirgen der Kontinente bis zu 100 Kilometer tief. Das salzige, mineralhaltige Wasser der früheren Drainageschale zwischen der unteren (Basalt) und oberen Erdkruste (Granit) wurde unter gleichmäßig großem, weitflächig auftretendem Druck von unten in die entstandenen Risse der Kontinentalplatten gedrückt. Nach Erhärtung der Mineralien entstanden gebänderte Granite und andere Gesteine. Ein typisches Beispiel stellt hierfür der »Black Canyon of the Gunnison« (siehe Abb. 131, S. 325) dar. Auch heutzutage sollte zwischen der Granit- und Basaltschicht Restwasser (W) der ursprünglichen Drainageschale vorhanden sein.

Hohlräume injiziert worden wären. Entsprechend wäre durch langsame, lang andauernde Verpressungen der Risse ein Vulkanisierungsprozess entstanden, der die Auffüllung frühzeitig gestoppt hätte. Besteht, alternativ gesehen, ein Zusammenhang mit der früheren unter dem Granit liegenden, mit mineralhaltigen Wässern angefüllten Drainageschale (Abb. 126, S. 318)?

Ein alternatives, nicht-mechanisches Szenario für die Entstehung des Gesteins dieses Canyons wäre eine über einen längeren Zeitraum hinweg andauernde Selbstorganisation, die ohne Bildung von Gesteinsrissen abläuft: die *Elektrische Organisation* (Abb. 92, S. 206).

8 Elektrisches Sonnensystem?

Zwischen großen Himmelskörpern in unserem Sonnensystem sind elektrische Kräfte gemäß dem coulombschen Gesetz wirksam. Diese spielen aber auch eine große Rolle bei der Entwicklung des Erdinneren. Sind geoelektrische Phänomene auch für die Bildung von Fossilien und den Tod der riesigen Dinosaurier verantwortlich?

Der Kalkstein-Cowboy

Der an der Universität in Bogota (Kolumbien) lehrende Industrie-Designer Jaime Guitierrez Lega zeigte uns anlässlich unserer Südamerikareise zur Vorbereitung der Ausstellung »Unsolved Mysteries« 2001 in Wien etwas Ungewöhnliches, das er selbst in der Nähe von Bogota entdeckt hatte: zwei versteinerte, scheinbar von Menschen stammende Hände, in dunklem Lydit (Kieselschiefer mit kohligen Substanzen) eingeschweißt (Foto 74, S. 328).

Zusammen mit diesen Händen wurden Fossilien und Relikte von Dinosauriern gefunden, die auf ein Alter von ungefähr 100 bis 130 Millionen Jahren geschätzt werden. Das Gebiet befand sich früher auf Meeresniveau, bis dieses als Teil der Anden schnell auf ungefähr 2000 Meter Höhe angehoben wurde, wie bereits zuvor diskutiert (s. S.139 ff.).

Wir wissen scheinbar sicher: Es dauert Millionen von Jahren, bis Fossilien versteinern. Es ist so offensichtlich, dass kein Beweis notwendig ist, und natürlich hat keiner diese Behauptung geprüft, denn es gibt die Menschheit noch nicht lange genug. Trotzdem wird sie stereotyp wiederholt, obwohl unsere Lebenserfahrung das Gegenteil lehrt.

Im Jahre 1980 wurde in einem trockenen Flussbett in der Nähe der Stadt Iraan (West-Texas) von Jerry Stone – einem Mitarbeiter der Corvette Oil Company – ein mit Gummi besohlter Cowboystiefel gefunden. Darin steckte

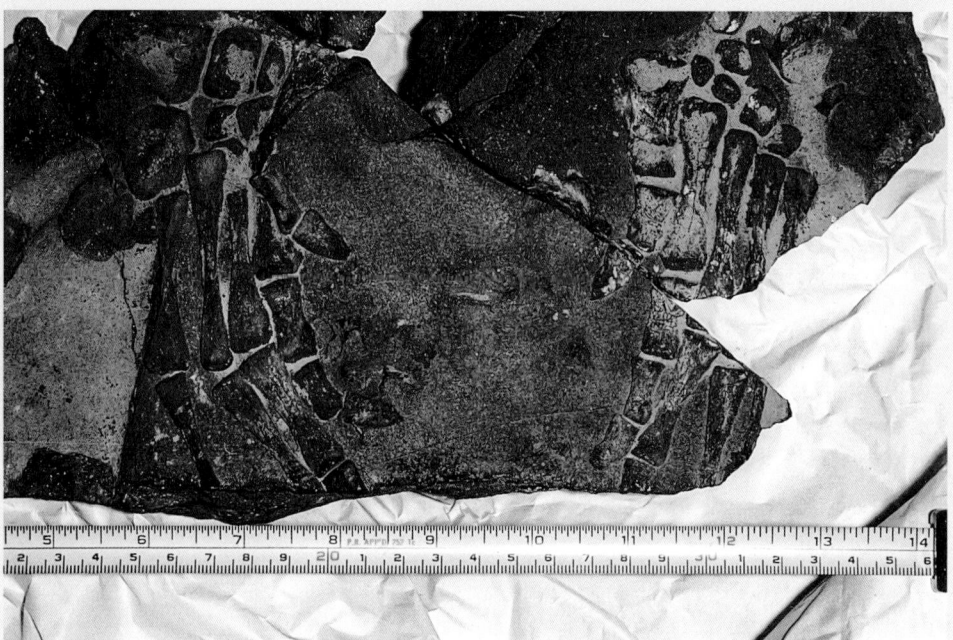

Foto 74: In der Nähe von Bogota (Kolumbien) wurden diese Hände in 2000 Metern Höhe gefunden. Sie sind neben anderen Fossilien in 100 bis 200 Mio. Jahren altem, dunklem Kieselschiefer mit kohligen Substanzen (Lydit) eingeschweißt, der früher auf Meeresniveau lag.

Fotos 75 und 76: Carl E. Baugh und ich mit dem zu Kalkstein versteinerten Bein in einem Cowboy-Stiefel. Nachweislich geschah dieser Vorgang schnell in den Fünfzigerjahren. Eine Versteinerung kann unter entsprechenden Bedingungen sehr schnell ablaufen; sie ist kein Indiz oder gar ein Beweis für lang andauernde Prozesse und damit lange währende Erdzeitalter und insgesamt ein hohes Alter der Erde.

ein versteinertes menschliches Bein, also das *Fleisch samt den Knochen*, allerdings im Ganzen zu Kalkstein versteinert (Fotos 75 und 76): von den Zehenspitzen bis zum Knie. Weitere Körperteile fand man nicht.

Der Stiefel stammte von der Herstellerfirma M. L. Leddy aus San Angelo, die 1936 mit der Produktion von Stiefeln begann. Gayland Leddy, ein Neffe des Firmengründers, erkannte das Stichmuster der Nähte wieder und schloss daraus, dass dieser Stiefel in den frühen Fünfzigerjahren hergestellt worden sein muss.

Nur der Inhalt des Stiefels ist versteinert, nicht der Stiefel selbst. Dadurch wird demonstriert, dass verschiedene Materialien auch unterschiedlich schnell fossilieren. Die Knochen des unteren Beines und Fußes wurden am Krankenhaus *Harris Methodist Hospital* in Bedford, Texas, am 24. Juli 1997 radiotechnisch untersucht. Ein kompletter Satz dieser Aufnahmen liegt samt Stiefel im *Creation Evidence Museum* in Glen Rose unter sicherem Verschluss. Bei meinem Besuch in Glen Rose im März 1999 zeigte mir Museumsdirektor Carl Baugh diesen erstaunlichen Fund im Original.

Unter bestimmten Umständen geht eine Fossilation entgegen geologischer Überzeugungen schnell vonstatten. Der Kalkstein-Cowboy beweist: Versteinerung hat nicht zwangsläufig etwas mit langen Zeiträumen zu tun. Was war aber der Grund für die plötzliche Versteinerung des Beins? Man vermutet, dass der Mann aus einem Flugzeug und auf eine Hochspannungsleitung fiel. Einen anderen Erklärungsversuch gibt es nicht. *Elektromagnetische Strahlung* bzw. *Strom* kann als Beschleuniger oder sogar Auslöser von Versteinerungsprozessen wirken!

Elektrische Himmelskörper

Ausgerechnet auf dem kleinen Jupitermond Io (mit einem Durchmesser von 3630 Kilometern etwas größer als der Erdmond) wurden mehrere aktive Vulkane entdeckt. Woher hat Io seine Energie? Er müsste eigentlich wie der Erdmond im eiskalten Weltraum erkaltet sein. Angeblich fließt zwischen Io und den Polen des Jupiters ein elektrischer Strom und bringt den Mond zum Leuchten (»Bild der Wissenschaft«, online 31.3.1999). Elektromagnetische Wechselwirkungen zwischen Planeten? Dies entspricht *nicht* unserem kosmologischen, durch Gravitation beherrschten Weltbild.

Die NASA-Sonde Galileo untersuchte das Magnetfeld eines Jupitermonds im Januar 2000 näher und stellte *Richtungsänderungen des Magnetfeldes* bei dem Jupitermond *Europa* fest. Margaret Kivelson – Universität von Kalifornien in Los Angeles – kam zu dem vorläufigen Schluss, dass die dabei registrierten Informationen genau den Daten entsprechen, »die ein Mond mit einer Schale aus elektrisch leitendem Material liefern würde. Bedingungen, wie sie beispielsweise ein salziger, flüssiger Ozean liefert« (»Spektrum der Wissenschaft«, online 12.1.2000). Und weiter: »Diese Ergebnisse sagen uns, es gibt tatsächlich eine Lage flüssigen Wassers unter Europas Oberfläche« – eine Art Drainageschale? Bedingt durch das sich für Europa alle fünfeinhalb Stunden ändernde Magnetfeld Jupiters sollen in dem Ozean elektrische Ströme erzeugt werden können. »Diese Ströme erzeugen dann ein Feld, das ständig seine Position ändert. Genau genommen wechselt das Magnetfeld alle fünfeinhalb Stunden seine Polarität.«

Nicht nur im Inneren des Jupitermondes Europa, sondern auch anderen Monden von Jupiter, wie Callisto, und Saturn wird jeweils eine elektrisch leitende »Schale« vermutet, durch die magnetische Felder erzeugt werden, die ihre Polarität wechseln können.

Die Raumsonde Cassini entdeckte 2018 auf dem Saturnmond Enceladus unter der dicken Eiskruste ein »unterirdisches« Meer. Es gibt regelrechte Fontänen auf Enceladus, die *organische* Moleküle aus der Enceladus-Kruste ins All herausschießen. Auf Meteoriten fand man allerdings auch schon ähnlich schwere Moleküle, die in komplexen chemischen Prozessen ganz ohne Biologie entstanden sind (Postberg et al., 2018).

Berücksichtigt man eine globale Wasserschale in der Erde oder sogar einen Erdkern aus gefrorenem Wasserstoff, wären angeblich festgestellte Polaritätswechsel in der Erdvergangenheit erklärbar, insbesondere falls es tatsächlich Planetenannäherungen gegeben hat. Ein derartiger Wechsel der Polarität und damit Umkehr des Magnetfeldes unserer Erde als Geodynamo ist analog des herrschenden geophysikalischen Weltbildes nur für den Fall gegeben, dass sich die Drehrichtung der heißen Magmaströme im Erdinneren ändert. Mit anderen Worten, demzufolge müsste die Richtung der Flüssigkeitsströme umgekehrt werden, um eine Umpolung auszulösen. »Wodurch eine Umpolung ausgelöst wird, ist den Geophysikern noch völlig unklar« (»Spektrum der Wissenschaft«, online 24.9.1999). Zur Erklärung des aktuellen geophysikalischen Weltbildes werden fast ausschließlich Besonderheiten, Ausnahmen oder exotisch erscheinende Erklärungsmuster benötigt! Die Sachlage ist aber sicher wesentlich komplexer. Die Geophysiker entdeckten im Inneren der Erde Schichten mit einer erhöhten elektrischen Leitfähigkeit. »Im Zusammenhang mit der Wechsellagerung von Schichten unterschiedlicher elektrischer Leitfähigkeit nimmt Pospelow an, dass die Schalen der Erdkruste und des Mantels elektrische Kondensatoren sind. Ihre Platten sind die unterschiedlich aufgeladenen Gesteinsschichten. In ihnen vollzieht sich eine Anhäufung elektrischer Entladungen, und von Zeit zu Zeit werden sie von unterirdischen Blitzen durchschlagen« (Drujanow, 1984, S. 32).

Schon der bekannte deutsche Physiker, Sachbuchautor und Fernsehmoderator Heinz Haber dokumentierte, dass zwischen der Erdoberfläche und der hochleitenden Ionosphäre, die den Großteil der Hochatmosphäre ausmacht und große Mengen von Ionen und freien Elektronen enthält, ein sehr starkes elektrisches Spannungsgefälle besteht, weshalb Erdoberfläche und Hochatmosphäre in ihrer Funktion einem riesigen *Kugelkondensator vergleichbar* sind (Haber, 1970, S. 82). Das elektrische Potenzial zwischen Ionosphäre und Erdoberfläche kann um 100 Prozent und mehr schwanken (u. a. Mühleisen, 1977; Markson/ Muir, 1980).

Wie 2006 veröffentlicht, feuern etwa 50 ultrakurze Strahlenblitze von den oberen Schichten der Atmosphäre jeden Tag ins All, schätzen Forscher aus den USA nach Beobachtungen des Gamma-Strahlen-Satelliten Rhessi. Messungen zufolge sind diese Strahlungsblitze deutlich energiereicher als bislang angenommen. Derartige Gammastrahlen-Ausbrüche können durch Elektronenströme ausgelöst werden, die bei Gewitterstürmen in den höheren Atmosphärenschichten sehr stark beschleunigt werden.

Andererseits wurde ein Zusammenhang zwischen Sonnenintensität und einer später folgenden seismischen Aktivität festgestellt (Drujanow, 1984, S. 34). Die Sonnenfleckentätigkeit erreicht bisher durchschnittlich alle elf Jahre ein Maximum, und zu diesen Zeitpunkten gibt es auch vermehrt Erdbeben. Die Sonne wirbelt mit dem Sonnenwind und Eruptionswolken Energie und Magnetfelder zur Erde. Nordlichter treten auf, und jede Art von elektronischen Anlagen kann gestört werden.

Falls ein riesiger Sonnenblitz die Erde trifft, also in den Erdmagneten einschlägt, entsteht eventuell ein Kurzschluss und somit eine magnetische Umpolung, falls die Erde sich als Kondensator verhält, der als Speicher für elektrische Ladungen bzw. Energie wirkt. Entladen sich die Kondensatoren, entstehen Erdbeben in der Erdkruste und im Mantel Brüche. *Elastische* Energie wird in der Bruchzone angesammelt und irgendwann später plötzlich freigesetzt. Die Erdkruste schwankt, und eine sich in Wellenform bewegende Erdoberfläche wird eventuell durch gewaltige Spalten aufgerissen.

Tatsache ist, dass eine gewisse Zeit vor einem Erdbeben manchmal eine leuchtende Atmosphäre zu beobachten ist und Tiere Erdbeben bereits vor dem Ereignis spüren, was geophysikalisch nur inoffiziell diskutiert wird. Eine eingehende, 459 Seiten umfassende Dokumentation, an der 16 wissenschaftliche Institute in China beteiligt waren, bestätigt in 2202 Fällen ein auffälliges Tierverhalten, das ein bis zwei Tage vor dem Beben einsetzte und bis zum Zeitpunkt des Bebens deutlich zunahm (Shirong et al., 1982).

Von westlichen Geophysikern werden derartige Vorhersagen, speziell auch von Erdbeben ohne Vor-Beben, nicht berücksichtigt, weil Tiere nicht in der Lage sein können, plötzliche Energieentladungen ohne messbare Vorläuferereignisse vorauszuahnen. Durch plötzliches Überschreiten einer Bruchspannung können Physiker auch viele neuerdings dokumentierte Phänomene nicht erklären. So werden, kurz bevor die Erde bebt, unterirdisch weniger niedrigfrequente Radiowellen ausgesendet, als das normalerweise der Fall ist. Die Intensität geht bis zu vier Stunden vor einem nächtlichen Erdbeben deutlich zurück. Dies fanden französische Forscher 2008 nach Auswertung von über 9000 starken Beben heraus. Die durch Satelliten gemessenen Werte dienen der Erstellung einer Karte von elektromagnetischen Strahlungen. Tiere können diese Vorläufererscheinung in Form von Veränderungen in der Radiowellen-Emission trotzdem wahrnehmen, was deren oft beobachtete, fast prophetische Vorahnung eines Erdbebens zum Teil erklären könnte (Němec et al., 2008).

Tatsache ist, dass *eine räumliche und zeitliche Vorhersage von Erdbeben nach dem heutigen Stand der Wissenschaft nicht möglich ist*!

Stellen wir uns aber jetzt einen katastrophischen Auslöser bzw. eine Entladung des Kondensators vor. So schlug im Juli 2009 ein Asteroid auf dem Jupiter ein und hinterließ eine klaffende Wunde, die hernach als schwarzer Fleck von der Größe des Pazifiks zu sehen war. Schlägt ein Asteroid durch die Erdkruste in die Drainageschale als elektrischen Leiter ein, dann erfolgt eine kaum zu beschreibende gigantische Reaktion, riesige Blitze durchzuckten die Atmosphäre, und gewaltige elektrische Wechselwirkungen

8 Elektrisches Sonnensystem? 333

Foto 77: Eine mit ihren Fangarmen versteinerte Qualle im »Creation Evidence Museum« (Glen Rose, Texas).

Foto 78: Die versteinerte Qualle von oben gesehen. Daneben der seltene Fund echter fossiler Dinosaurier-Haut aus Südamerika. Wie schnell muss ein Versteinerungsvorgang ablaufen, damit das biologische Gewebe nicht vorher verrottet?

in der Erdkruste wären die Folge. So entstünden Explosionsröhren als schmale Schlote. An deren Rändern könnten durch die entstehenden hohen Drücke Diamanten als elektrisch nichtleitender Stoff (Dielektrikum) entstehen. Ausgehend von elektrischen Wechselwirkungen kann man auch die gruppenförmige Anordnung der Diamant- oder Kimberlitschlote erklären.

Betrachten wir noch einmal den Einschlag des Asteroiden oder auch eines Energiefeldes oder Sonnenblitzes in den irdischen Kondensator. Auf diese Weise könnte ein *Piezoelektrikeffekt* entstehen, also elektrische Ladungen an den Oberflächen von Ionenkristallen, beispielsweise Quarzkristallen, infolge einer mechanischen Deformation. An vielen Fossilienfundstätten versteinerten Trilobiten massenhaft in eingerollter Abwehrhaltung, und auch andere Tiere wurden in seltsam verkrümmter Haltung gefunden. Handelt es sich dabei um Wirkungen fließenden Stroms? Durch diese elektrischen Entladungen wurden jedenfalls plötzliche Versteinerungen ermöglicht, worauf auch der Fund des Kalkstein-Cowboys hinweist. Kann man so auch die Versteinerung einer Qualle mit ihren Fangarmen erklären? Diese gallertartigen Tiere bestehen schließlich fast völlig aus Wasser. Man muss eigentlich fragen: Wie versteinert Wasser unter normalen Umständen? Kann eine Qualle in unserer Zeit versteinern? Außer bei biologischen Prozessen (Korallen) gibt es nur im Spezialfall Versteinerungsvorgänge, aber biologisches Gewebe versteinert bis auf ganz seltene Ausnahmen *heutzutage* nicht (Fotos 77 und 78, S. 333).

Elektrogravitation

Gravitation soll bewirken, dass Dinge über, auf und unter der Erdoberfläche in Richtung zum Erdinneren beschleunigt werden. Aber anstatt eines anziehenden Effektes kann es sich auch *genau entgegengesetzt* um einen Prozess der Andrückung handeln. Die theoretische Grundlage hierfür liefert das Coulomb-Gesetz und derart die Elektro*statik* (Ladungstrennung). Derart tritt zwischen zwei räumlich getrennten elektrischen Ladungen, wie diese Planeten repräsentieren können, die sogenannte Coulomb-Kraft auf. Diese Kraftgröße wirkt gemäß Coulomb-Gesetz als elektrische Kraftgröße um zig Zehnerpotenzen, präziser gesagt mehr als 10^{36}-mal stärker als die propagierte Gravitation – gemäß einer Präsentation an der Humboldt-Universität in Berlin (Internetlink 7). Sie wirkt je nach Vorzeichen, also bei gleichsinnig geladenen Punktmengen abstoßend in Richtung der Verbindungsgeraden der Mittelpunkte. Sind Planeten gleichsinnig geladen, stoßen sich diese entsprechend des coulombschen Gesetzes gegenseitig ab, und es wirkt eine Kraft, die anlog einer Gravitation, jedoch *wesentlich stärker mit umgekehrtem Vorzeichen* wirkt. Durch diesen elektrostatischen Effekt wird beispielsweise auf der Erde nicht irgendetwas etwas (gravitativ) angezogen, sondern im Gegensatz hierzu *angedrückt*.

Derart könnte auch das Rätsel gelöst werden, warum Gezeitenwellen nicht nur auf einer, also dem Mond zugewandten Seite auftreten, sondern auch genau gegenüber auf der anderen Seite der Erdkugel. Gravitativer Einfluss sollte nur auf der dem Mond zugewandten Seite der Erde auftreten. Wirkt die Erde als Kondensator, liegen beide betroffenen Seiten in Richtung der von außen einwirkenden resultierenden Coulomb-Kraftgröße und verhalten sich gleichförmig.

Da für die propagierte Gravitation etliche Zehnerpotenzen einer Kraftgröße im Universum fehlen, da *viel zu wenig* Massen und Energien im Universum vorhanden sind, um das Gravitationsgesetz mit »Leben« zu erfüllen, werden fiktive, also bisher nicht zu beobachtende Massen und Energien fieberhaft gesucht, die deshalb als »Dunkle Masse« und »Dunkle Energie« bezeichnet werden. Diese bisher vergebliche Suche kostete bereits Unmengen an Steuergeldern. Gelingt diese Suche nicht, was mit an Sicherheit grenzender Wahrscheinlichkeit der Fall sein wird, wird bereits jetzt eine Veränderung der Einstein'schen Feldgleichungen (Gravitationsgleichungen) vorgeschlagen.

In seinen Feldgleichungen hatte Einstein ursprünglich die kosmologische Konstante eingebaut, die ein statisches Universum erfordert. Nachdem jedoch die Urknall-Theorie und damit ein instabil-expandierendes Universum in die Kosmologie eingeführt wurde, sah sich Einstein veranlasst, die Konstante wieder zu streichen. Heutzutage wird sie wieder heftig diskutiert, und es kursieren mehrere Modelle für eine Entwicklung des Universums, so die Gleichgewichtstheorie (Steady-State-Theorie). Verwirft man die durch die Entdeckung der kosmischen Hintergrundstrahlung 1965 gestützte Urknall-Hypothese und berücksichtigt interstellare Materie im Plasmazustand mit elektrischen Wechselwirkungen, dann benötigt man weder (fiktive) »Dunkle Massen« noch »Dunkle Energien«. Man könnte dann argumentieren, dass diese fieberhaft gesuchten Kraftgrößen die im Plasma enthaltene, gegenüber der Gravitationswirkung mehr als 10^{36}-fach so starke übertragene elektrische Energie darstellt. Die Hintergrundstrahlung, deren teilweise asymmetrische Verteilung der Urknall-Theorie widerspricht (vgl. »Sterne und Weltraum«, April 2007), ist elektromagnetische Strahlung, die nicht einer speziellen Quelle zugeordnet werden kann.

Gegenüber dem Gravitations Modell wirkt die elektrische (Coulomb-) Wechselwirkung also hinreichend im erforderlichen Maße in Bezug auf Stabilität im Universum ganz ohne irgendwelche ideologische »Krücken« und ist nicht nur verantwortlich für stabile Bahnen der Himmelskörper im Sonnensystem, sondern auch für den Zusammenhalt von Elektronen in Atomen und Molekülen und damit für sämtliche chemischen und biologischen Prozesse.

Aber wie wird Elektrizität im Universum übertragen? Berücksichtigt man ein im Plasmazustand bzw. vierten Aggregatzustand befindliches Gas im Universum, also auch in unserem Sonnensystem, dann kann Elektrizität bzw. elektromagnetische Energie durch den (nahezu) leeren Raum durch das quasi-neutrale Plasma hinweg übertragen werden, so im Universum zu unserer Sonne. Diese wirkt als Kondensator und leitet nach Speicherung verarbeitete Energie dann über das im vierten Aggregatzustand befindliche Plasma hin zu den Planeten. Derart stehen elektrisch leitfähige Himmelskörper im Universum miteinander in Verbindung.

Im Gegensatz hierzu, also das Universum als rein mechanisch funktionierend zu betrachten, hatte schon Albert Einstein Schwierigkeiten, den Kosmos zu erklären. Mit seiner Speziellen Relativitätstheorie beweist er einerseits einen »Äther« im Universum, um diesen dann wieder in Abrede zu stellen.

Ursprünglich hatte Einstein seine berühmte Formel nicht Energie, sondern Elektrizität gleich Masse mal Lichtgeschwindigkeit zum Quadrat formuliert. Berücksichtigt man ein sich im Plasmazustand befindliches Gas im Universum, dann kann Elektrizität bzw. Energie durch den (nahezu) leeren Raum übertragen werden.

Auch Einstein argumentierte anfänglich, dass Elektrizität im Universum wirkt. Auf diese Weise empfängt auch unsere Erde Energie von der Sonne. Unter dieser Voraussetzung wird das Klima von der Sonne gesteuert, nicht vom Menschen, insbesondere da Kohlendioxid auf das Klimageschehen aufgrund grundlegender physikalischer Gesetze *definitiv* nur einen kaum nennenswerten Einfluss auszuüben in der Lage ist. Der Grund liegt darin begründet, dass Wasserdampf das überwiegend wirksame Treibhausgas ist, welches langwellige Strahlung in einem breiten Wellenlängenbereich aufnehmen kann. Die übrigen Gase wie Kohlendioxid oder Methan können daher nur geringe, sozusagen übrig bleibende Strahlungsenergie aufnehmen, da Wasserdampf bereits den größten Teil der Strahlungsenergie aufgenommen hat. Hinzu kommt, dass Kohlendioxid im Verhältnis zum Wasserdampf etwa den fünffach höheren Anteil in der Atmosphäre benötigt, um einen bestimmten Anstieg zu erreichen (Berner/Streif, 2004, S. 25 ff.).

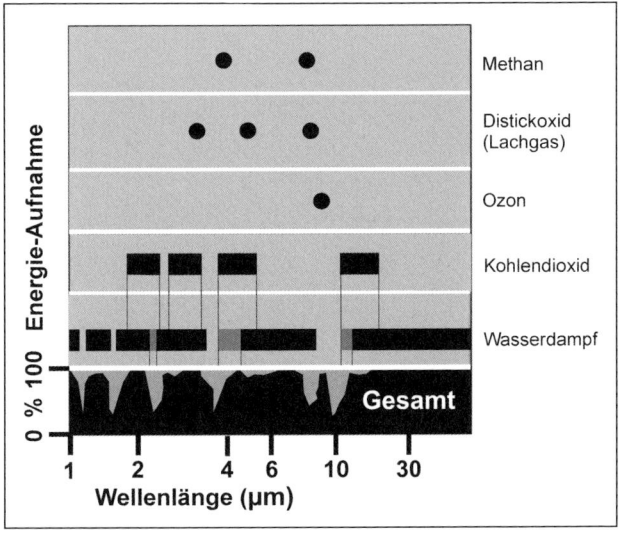

Abb. 133: **WELLENLÄNGEN**. Wasserdampf ist das überwiegend wirksamste Treibhausgas, da es langwellige Strahlung in einem breiten Wellenlängen-Bereich aufnehmen kann. Die übrigen Gase wie Kohlendioxid können daher nur geringe, sozusagen übrig bleibende Strahlungsenergie in nur begrenzten Wellenlängen-Bereichen aufnehmen, siehe mittelgrau angelegte Bereiche für Kohlendioxid, da Wasserdampf bereits den größten Teil der Strahlungsenergie aufgenommen hat. Schwarz angelegte Energiebereiche der Gase (u. a. Kohlendioxid) sind unwirksam. (Verändert nach Berner/Streif, 2004, S. 25.)

Aber auch in diesen schon sehr begrenzten Wellenbereichen wirkt Kohlendioxid zum größten Teil nicht. In den »Physikalischen Blättern«, einem Publikationsorgan der Deutschen Physikalischen Gesellschaft, veröffentlichte Professor Dr.-Ing. Alfred Schack bereits 1972 einen Artikel mit dem Titel »Der Einfluss des Kohlendioxid-Gehaltes der Luft auf das Klima der Welt«:

Die Absorption, also Aufnahme des Kohlendioxids in über den Wolken befindlichen Atmosphäre-Schichten tritt in den einzelnen Wellenlängen-Bereichen entweder nur gering oder gar nicht mehr in Erscheinung, da der Wasserdampf die durchfallende Wärmestrahlung, z. B. der Wellenlängen ab 30 µm (s. Abb. 133) bereits komplett absorbiert hat, bevor Kohlendioxid aktiv werden kann.

Da der Absorptionsstreifen des Kohlendioxids von dem des Wasserdampfes vollständig überdeckt oder besser definiert abgeschirmt wird, da der unterschiedliche Gehalt an Kohlendioxid nur denjenigen Höhenbereich beeinflusst, in dem die Kohlendioxid-Linien überhaupt in die Lage kommen können, Wärmestrahlung zu absorbieren (graue Bereiche in Abb. 133)! Deshalb ist der Einfluss auf bodennahe Lufttemperaturen fast ohne Auswirkung.

Zum Beispiel ist dies doch der Fall bei hohem Dampfgehalt der Luft in unseren Breiten an schwülen Tagen oder in den Tropen. An wasserdampfarmen Tagen – wie in der Wüste oder bei uns an kalten, klaren Wintertagen – verringert sich die Absorption, also Aufnahmefähigkeit des Wasserdampfes, und ein größerer Teil der Wärmestrahlung der Erde geht in den Raum.

Hierauf ist die Abkühlung der Erdoberfläche in klaren Nächten, die zur Taubildung führt, zurückzuführen. Die Absorption des Kohlendioxids wird dabei etwas wirksam, absolut wolkenloser Himmel vorausgesetzt. Wenn Wolken vorhanden sind, ist die Absorption des Wasserdampfes noch stärker (Schack, 1972, S. 28).

Kohlendioxid als Klimagas hat daher eine noch wesentlich geringere Wirkung als der schon als untergeordnet verifizierte Klimawandel-Einfluss aufgrund der sehr schmalen Wellenlängen-Bereiche hätte vermuten lassen. Was geschieht aber bei einer Erhöhung des Kohlendioxid-Gehalts der Atmosphäre?

»Die Absorption der Wärmestrahlung durch das Kohlendioxid der Atmosphäre nimmt bei einer Verdoppelung des CO_2-Gehaltes praktisch nicht mehr zu, und es ist für die Treibhauswirkung des Kohlendioxids gleichgültig, ob der CO_2-Gehalt durch die Verbrennung der fossilen Brennstoffe mehr oder weniger zunimmt« (ebd. S. 27).

Und Professor Schack schließt seine Untersuchung mit der interessanten Feststellung: »Aus diesen Zahlen folgt, dass der eigentliche Faktor, der die Ausstrahlung der Erdoberfläche in den Weltraum behindert, der Wasserdampf ist. Die Summe der maximalen Absorption des Wasserdampfs ist 60 Prozent der von der Erdoberfläche ausgestrahlten Wärme, die des Kohlendioxids 14 Prozent. Sie fällt mit der Absorption des Wasserdampfes zusammen und wird deshalb nur an trockenen Tagen wirksam« (ebd., S. 28).

Der Mensch hat demzufolge nur eine ganz untergeordnete, kaum feststellbare Einflussmöglichkeit auf den Klimawandel infolge einer verringerten Kohlendioxid-Freisetzung.

Nicht-mechanischer Äther

Das Weltall ist stockdunkel, wie ein einfacher Blick nachts in den Himmel zeigt! Da wird und kann nichts erhellt werden, da im Vakuum des Universums ja kein Medium existieren soll, das *sichtbare* Strahlung übertragen könnte. Deshalb war man früher der Ansicht, dass eine sehr feine unsichtbare Substanz, »Äther« genannt, im Universum existieren müsste. Aber ein derart fein verteiltes Medium kann im Universum *nicht* existieren! Dieses würde ja schließlich auch die Bewegung (Translation und Rotation) der Himmelskörper verlangsamen, da sich zum Beispiel Planeten ja in etwas bewegen würden: Als Folge bildet sich ein aus der Masse resultierendes Trägheitsmoment aus, wodurch sich die Bewegung der Himmelskörper stetig verlangsamen müsste.

Eine Übertragung von elektromagnetischer Energie und elektrischem Strom erfolgt dagegen hinweg über das nicht völlig gleichmäßig verteilte Plasma, das einen *nicht-mechanisch* wirkenden »Äther« darstellt, also einen *Plasma-Äther*. Beobachtet man im Universum zum Beispiel einen schwarzen Bereich ohne Sterne, dann ist das ganz einfach ein plasmafreier Raum, durch den demzufolge keine Informationen bzw. Energien und Ströme übertragen werden können. In einem Raumbereich ohne Plasma ist es ganz einfach schwarz, in der Kosmologie als »Schwarzes Loch« bezeichnet. Anstelle eines mit Äther erfüllten Universums berücksichtigen wir ein im Plasmazustand, also im sogenannten vierten Aggregatzustand befindliches Gas und damit ein gewisses Energieniveau.

Existiert im Universum ein nicht-mechanischer »Äther« in Form eines sich im vierten Aggregatzustand befindlichen Gases, kann Albert Einstein Theorie von einer vierdimensionalen Raumzeit nicht stimmen! Versuchen wir, diesen Effekt von sich – aufgrund angeblich herrschender Gravitation – mit zunehmender Geschwindigkeit kontinuierlich verlangsamenden Massen unter Berücksichtigung der Elektrostatik *mechanisch* zu erklären.

Falls ein stationäres elektrisches oder magnetisches Feld nahe seiner Quelle bleibt, wie zum Beispiel das Erdmagnetfeld der Erde, könnte man von Elektrostatik als einen Spezialfall reden. Für magnetische, zeitlich konstante Magnetfelder ist entsprechend die Magnetostatik maßgebend. Die Kombination aus beiden, der Elektromagnetismus, kann als Elektrodynamik beschrieben werden, falls Ladungen nicht zu stark beschleunigt werden. Die meisten Vorgänge in elektrischen Schaltkreisen (z. B. Spule, Kondensator oder Transformator) lassen sich auf dieser Basis beschreiben. Die Erde wurde zuvor schon als Kugelkondensator beschrieben und unterliegt derart auch den Gesetzen der Elektrodynamik.

In der Newton-Mechanik bzw. klassischen Physik ist die Beschleunigung nicht vom Bezugssystem abhängig. Dies bedeutet, dass die Zunahme der Geschwindigkeit je Zeiteinheit *nicht* von der bereits erzielten Geschwindigkeit abhängt. Bei sehr schnell bewegten Teilchen fand man indessen, dass dieses Gesetz nicht mehr zutrifft. Experimentell wurde schon früh nachgewiesen, dass die ursprüngliche Masse des Elektrons mit zunehmender Geschwindigkeit anzuwachsen scheint, da im Sinne Newtons Gesetz »Masse gleich Kraft durch Beschleunigung« definitiv (!) immer mehr Kraft für eine fortwährende Beschleunigung benötigt wird. Diese Erkenntnis diente als Grundlage der vierdimensionalen Raumzeit nach Albert Einstein.

Grundsätzlich ist der zuvor diskutierte Sachverhalt an sich richtig, jedoch ist der Begriff Masse falsch bzw. der Begriff »träge Masse« entbehrlich, solange nur Felder und Teilchen gleicher Art beteiligt sind, denn bei Bewegung ist die »Abzählmasse«, also die tatsächliche Masse auch unter sich erhöhender Beschleunigung, auf jeden Fall *gleich geblieben, also identisch mit der Ruhemasse vor Beginn der Beschleunigung*. Ein Teil des Wirrwarrs in der modernen Physik kommt nur daher, dass man weiterhin die Beziehung zwischen Kraft und Beschleunigung als Masse bezeichnet.

Walter Kaufmann (1901) schrieb bereits von *wahrer* elektromagnetischer Masse des Elektrons und einer infolge der Geschwindigkeit hinzukommenden *scheinbaren* Masse, die jedoch *keine mechanische* sein kann (Kaufmann, 1902, S. 291 f.). Tatsächlich erfolgt keine Erhöhung der Masse, da das Elektron mit zunehmender Soll-Bewegung zwar definitiv langsamer wird, weshalb man auf eine höhere, die Vorwärtsbewegung hemmende Masse schloss, aber wenn das Elektron auf ein Hindernis trifft, wird genau wieder *exakt jene Energie – und derjenige Impuls – abgegeben, die mit der beschleunigten Fortbewegung scheinbar hinzugekommen war*. Derart wird die scheinbar durch die Bewegung erhöht erscheinende Masse wieder auf die ursprüngliche Ruhemasse erniedrigt, so wie es im stationären Zustand vor Beginn der Fortbewegung bzw. Beschleunigung der Fall war. Also, die Masse vor Beginn der Bewegung ist dieselbe wie am Ende, also nach der Bewegungsphase!

Albert Einstein formulierte im Gegensatz hierzu die Annahme von einer einzig maßgeblichen »bewegten Masse« bzw. die Äquivalenz von Masse und Energie oder kurz: $E = mc^2$. Dies bedeutet, dass eine Änderung der inneren Energie einer Änderung seiner Masse gleichzusetzen ist. Dies wäre nicht ganz so absurd, wenn sich hieraus nicht unlogisch erscheinende Folgen ergeben hätten, wie Aufgabe der normalen Addition von Geschwindigkeiten und die Relativierung der Zeit. Einstein ersetzte Newtons absoluten Raum und die absolute Zeit durch die vierdimensionale Raumzeit. Dieser vereinigte Raum und Zeit in einer angeblich einheitlichen vierdimensionalen Struktur, und dies ist in der Relativitätstheorie dargelegt.

Nach Einstein ergibt mit der Beschleunigung eine sich erhöhende Masse. Dies führte zu der Annahme, dass es in der Elektrodynamik ein bevorzugtes Bezugsystem gibt. Da jedoch die Versuche, so zum Beispiel das bekannte Michelson-Morley-Experiment, die Geschwindigkeit der Erde im bzw. relativ zum Äther zu messen, fehlschlugen, entwickelte Albert Einstein seine spezielle Relativitätstheorie. Damit wurden quasi alle Theorien, die einen Äther zugrunde legten, als falsch verworfen. Alle bisherigen Äthermodelle berücksichtigten aber unisono einen *mechanisch wirkenden* Äther! Legen wir jetzt anstelle des mechanischen den von uns beschriebenen nichtmechanischen Plasma-Äther zugrunde, wird Albert Einsteins Relativitätstheorie die Basis entzogen, da die einsteinsche Theorie einen ätherfreien Raum, also ein Nichts als Medium im Universum voraussetzt.

Außerdem geht aus den Maxwell-Gleichungen eindeutig hervor, dass *zeitlich veränderliche elektrische und magnetische Felder sich gegenseitig erzeugen und als elektromagnetisches Feld angesehen werden müssen.* Die auf einen geladenen Körper einwirkenden Kräfte ergeben sich dann als die elektrostatisch zwischen zwei elektrischen Ladungen wirkende Coulomb-Kraft sowie der Lorentz-Kraft aus den an seinem Ort herrschenden Feldstärken. Des Weiteren ergibt sich, dass ein einmal erzeugtes elektromagnetisches Feld *unabhängig von seiner Quelle weiterhin existiert* und sich als elektromagnetische Welle durch den Raum fortpflanzt (Maxwell, 1881). Ich unterstreiche: Das erzeugte elektromagnetische Feld ist noch stationär, also ortsgebunden wirksam, obwohl der Erzeuger dieses Feldes *sich bereits fortbewegt hat!*

Was passiert bei einem Elementarfeld, welches durch ein elektrisches Teilchen, etwa ein Elektron oder auch Kugelkondensator wie die Erde, gebildet wird, das sich sehr rasch hin zu einem anderen Ort fortbewegt? Wird dann das am alten Ort vorhanden gewesene Feld mitgenommen, im Sinne einer Fernwirkung u. a. nach Einstein, oder muss im Gegensatz zu dieser Vorstellung ein Feld völlig neu aufgebaut werden, und zwar erst *mit* Eintreffen des Teilchens an einem bestimmten Ort, im Sinne einer Nahwirkung? Wie zuvor beschrieben und auch die Erfahrung lehrt, existiert das am alten Ort aufgebaute elektromagnetische Feld *weiterhin am alten Ort fort*, obwohl sich das Teilchen schon fortbewegt hat. Gewissermaßen wird das zurückgelassene Feld von innen ausgehöhlt, da der »Kern« sich entfernt hat. Dies geschieht während der Bewegung mehrfach, sodass das Globalfeld des beschleunigten Teilchens bzw. Elektrons mehrere Zentren besitzt, da sich die aufgebauten Felder jeweils um den Ort herum bilden, den das Elektron zum Emissionszeitpunkt eingenommen hatte. Hieraus folgt, dass die jeweils aufgebauten Felder *nicht unmittelbar der gerade ausgeübten Beschleunigung unterliegen*.

Aus diesem Grund können bereits aufgebaute, aber vom Elektron verlassene Felder noch auf das an einem neuen Ort befindliche Teilchen einwirken, und zwar mit abstoßender Wirkung als Coulomb-Kraft. Dies bedeutet, dass die ursprüngliche erzeugte Kraft entgegengesetzt zum gerade im Aufbau befindlichen neuen Feld gerichtet ist. Also wird die positive Ladung des sich am jeweiligen Ort des Elektrons neu aufbauenden Feldes reduziert bzw. verzögert (genannt *retardiertes Potential*, vgl. Courant/Hilbert, 1968), und in der Folge verringert sich die Geschwindigkeit des sich fortbewegenden Elektrons, und es bleibt hinter seiner Soll-Geschwindigkeit zurück. Dieser Effekt der auf sich selbst einwirkenden Felder wirkt umso stärker, je mehr sich die Geschwindigkeit des bewegten Körpers erhöht.

Auf diese Art und Weise wird deutlich bzw. ist es kein Rätsel mehr, dass das Elektron bei einem Aufprall auf ein Hindernis genau den Impuls bzw. diejenige Masse abgibt, die es vor der Geschwindigkeitsaufnahme, also in Ruhe mit der Ruhemasse aufwies. Die scheinbar sich mit der Geschwindigkeit erhöhende Masse stellt auf dieser Grundlage eine Als-Ob-Masse, also einen Effekt und *nicht eine real erhöhte Masse dar*! Einstein irrte!

Definieren wir das Newton-Gesetz *Kraft durch Beschleunigung* genau umgekehrt, und zwar Beschleunigung durch Kraft, dann ergibt sich eine geringere Beschleunigung durch Ausübung einer geringeren Kraft bzw. Energie, wie es von uns schon zuvor postuliert wurde. Natürlich muss ausdrücklich festgestellt werden, dass die Verhältnisse eines sich bewegenden Elektrons in

Wirklichkeit komplizierter und unübersichtlicher sind als zuvor dargestellt, da das Teilchen zusätzlich zu seiner Vorwärtsbewegung rotiert!

Sobald ein Kondensator unter Spannung steht, erfolgt eine Vorwärtsbewegung in Richtung seines negativen Pols, weshalb sich derzeitig der magnetische Nord- wesentlich mehr bewegt als der Südpol, der relativ ortsfest erscheint (s. Abb. 115, S. 287). Ich stelle zur Diskussion: Wirkte die Erde in der Erdvergangenheit als eine Art Kondensator, könnte eine Ursache für die Erdachsenverschiebung gefunden sein. Zu Lebzeiten der Dinosaurier stand die Erdachse höchstens mit einer geringen Auslenkung noch gerade (eisfreie Pole). Jede Art von bekannten mechanischen Kräften, außer einer Planetenkollision, ist zu gering, um die große Masse der Erdkugel in eine Kippbewegung zu versetzen. Durch Ausnutzung des Elektromagnetismus konstruierte man Elektromagneten. Die Erde kann als Kugelkondensator entsprechend wirken. Ein empirisch durchgeführtes Experiment von Thomas Townsend Brown betraf das Verhalten eines frei aufgehängten Kondensators, dessen Polenden sich in der Horizontalen befinden (Abb.134). Setzt man ihn unter Spannung, erfolgt eine Vorwärtsbewegung in Richtung seines negativen Pols. Eine Umkehrung der Polarität verursacht auch eine Umkehrung der Bewegungsrichtung. Dieser »Biefeld-Brown-Effekt« ist beweis- und wiederholbar (vgl. Schaffranke, 1977).

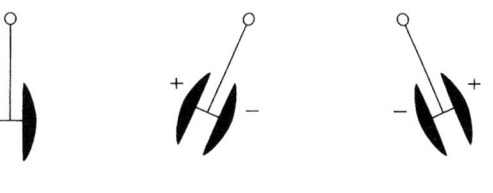

Abb. 134: **BIEFELD-BROWN-EFFEKT**. Die schematische Zeichnung erläutert die Bewegung eines frei aufgehängten Kondensators, der unter Spannung gesetzt wird.

Im »Lexikon der Physik« (Greulich, 1998) wird bestätigt: »Formal kann auch ein isolierter Leiter (Konduktor) als Kondensator mit zweitem Belag im Unendlichen aufgefasst werden.« Betrachten wir die urzeitliche salzhaltige Wasserschale unter der damaligen Erdkruste als einen guten elektrischen Leiter. Setzen wir die Drainageschale als die eine geladene Ebene und die Sonne oder auch ein anderes eventuell freies elektrisches Feld wie auch einen anderen Planeten als den anderen entgegengesetzt geladenen Leiter an. Dann ergibt sich aus der Änderung des Spannungsunterschiedes unter Berücksichtigung des »Biefeld-Brown-Effektes« und katastrophischer Umstände eine erstaunliche Folge: *Die Erdachse neigt sich.* Unter dieser Voraussetzung ist also gar keine Kraftgröße notwendig, die andererseits unter Zugrundelegung mechanischer Gesetzmäßigkeiten ungeheuer groß sein müsste.

Auch ein mehrfaches Pendeln der Erdachse wäre erklärbar, falls man mehrere Änderungen der Spannungsunterschiede hintereinander zugrunde legt. Die allgemein nicht für möglich gehaltene Änderung der Erdachsenlage im Raum, wozu auch heftige Einschläge größerer Asteroiden mechanisch nicht in der Lage sind, wäre unter diesen Umständen denkbar und möglich. Damit kann man das Kataklysmus- bzw. Superflutengeschehen auch als zeitlich versetztes Ereignis in Zusammenhang mit der Schiefstellung der Erdachse sehen. Behalten die Hopi recht, wenn sie von der Schiefstellung der Erdachse berichten, die in diesem Fall in geschichtlicher Zeit erfolgt sein muss?

Einerseits vollzog sich vor wenigen Tausend Jahren eine Phase, während der die Erde nur gering expandierte, bis dann ein Kataklysmus-Geschehen die Verschiebung und Drehung damaliger Kontinentalschollen auch mechanisch auslöste. Mehrere Sintfluten in verschiedenen Regionen waren die Folge. Es passierte nicht alles an einem Tag, sondern in einem längeren Zeitraum. Während und nach der letzten Phase dieses Szenarios wurde die Erdachse aufgrund des beschriebenen Kondensatoreffekts mehrfach in einer Pendelbewegung schief gestellt. Auch durch eine Planetenannäherung kann der »Biefeld-Brown-Effekt« ausgelöst bzw. verstärkt werden.

Da die Mythologien über die Vertauschung von Ost und West berichten, muss sich dieses Ereignis kurz nach dem Kataklysmus mit Superfluten vor wenigen Tausend Jahren ereignet und über einen längeren Zeitraum erstreckt haben, was nicht ausschließt, dass einzelne regionale Naturkatastrophen auch danach noch zu verzeichnen waren. Damit ist ein Zusammenhang zwischen Schiefstellung der Erdachse, beginnende Eiszeiten und Massentod der Tiere naheliegend. Andererseits gab es bis zu diesem Ereignis Tropen an den Polen, wie bereits zuvor diskutiert (s. S. 230 ff.). Die Eiszeiten endeten also nicht vor wenigen Tausend Jahren, sondern begannen erst in diesem Zeitraum als kurzfristig andauernde Phase, von uns als *Schneezeit* bezeichnet. Seither schmelzen die Eismassen phasenweise, und es wird unter heutigen Verhältnissen keine Eiszeit mehr geben.

Jedoch kann und sollte es zukünftig eher kälter anstatt wärmer werden, da die Sonnenflecken-Relativzahl des letzten, dem 24. Zyklus ungewöhnlich gering war und es Überlegungen der NASA gab, dass der 25. Zyklus, angeblich Ende 2019 gestartet, ganz ausfallen könnte. Quasi keine Sonnenflecken, das war ein Szenario, das innerhalb der Periode *Kleine Eiszeit* während der Kältephase *Maunder Minimum* zu verzeichnen war, im Zeitraum zwischen 1645 und 1715. Damals war der Boden in weiten Bereichen langfristig tiefgefroren, und ein Großteil der Bevölkerung Europas starb einen Hungertod. Danach erhöhte sich die Temperatur in Mittelengland anhand einer langfristig gemessenen Temperaturreihe um fast zwei Grad Celsius in nur 40 Jahren.

Berücksichtigen wir nun alternativ die zuvor diskutierte Elektrogravitation. Infolge der Wirkungsweise des beschriebenen Kondensatoreffekts der Erde im Sinne des »Biefeld-Brown-Effekts« stellte sich ein erhöhter Elektrogravitationsfaktor ein (Abb. 135), da durch eine Planeten-Annäherung der Ladungszustand der Erde und damit die Größe der Elektrogravitation, also der »Gravitationsfaktor« erhöht wurde. Als Folge dieser Entwicklung starben die großen Tiere, insbesondere die riesigen Dinosaurier aus. Einzelne kleinere Arten überlebten noch längere Zeit, Krokodile und andere Tierarten sogar bis zum heutigen Tag.

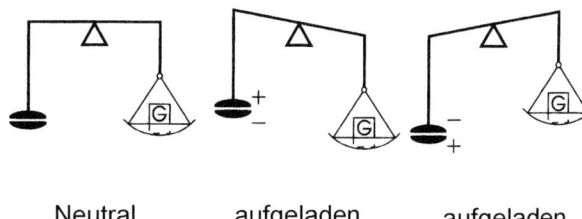

Abb. 135: **ELEKTROGRAVITATION**. Der Biefeld-Brown-Effekt bewirkt auch einen Gravitations-Effekt, falls der Kondensator senkrecht an einer Balkenwaage montiert wird. Je nach Lage des positiven Pols entsteht ein (entlastender) Antigravitations- oder ein (belastender) Gravitationseffekt. Dieser Effekt stellt nach konventioneller Weisheit eine wissenschaftliche Anomalie dar, da er auch in einem hohen Vakuum wirksam ist. Durch die Versuche von Townsend Brown wurde eine Verbindung zwischen elektrischer Ladung und Schwerkraft entdeckt, im Gegensatz zu dem bekannten Effekt des Elektromagnetismus.

Ein einzelner Asteroideneinschlag kann zwar für die Vernichtung der Dinosaurier *mitverantwortlich* sein, niemals aber können die Folgen dieses Einschlags das weltweite Aussterben der Dinosaurier von Alaska oder Spitzbergen bis zur Antarktis herbeigeführt haben. Eine kataklysmische Erdkatastrophe, begleitet durch eine plötzliche Erhöhung der Gravitation als Elektrogravitations-Effekt, wäre dazu jedoch ohne Weiteres in der Lage.

Mit dem skizzierten Szenario entsteht aber auch im elektromagnetischen Bereich ein induzierter Spannungsstoß, der direkt proportional zur Änderung der Stärke des Magnetfeldes steht. Durch die seit über 160 Jahren gemessene Verlustrate des irdischen Magnetfeldes von insgesamt 15 Prozent ergibt sich unter Berücksichtigung konstanter Rahmenbedingungen – also einer gleichmäßigen Reduktionsrate – rechnerisch eine Spannungsspitze vor ungefähr 22 000 Jahren. Da der Spannungsabfall anfangs kurz nach der Katastrophe sicherlich wesentlich höher war, verringert sich diese Zeitspanne wesentlich. In »Grundlagen der Geophysik« wird bestätigt (Berckhemer, 1990, S. 146): »Messwerte deuten darauf hin, dass in den letzten 2000 Jahren die Stärke des Dipolfeldes auf die Hälfte abgesunken ist.« Geophysiker glauben an heftige Intensitätsschwankungen der Stärke unseres Erdfeldes, geben aber zu bedenken, dass es sehr gewagt wäre, auf ein »Verschwinden des Erdfeldes nach weiteren 2000 Jahren zu schließen«. Eine drastische Abnahme des Dipolfeldes ist jedenfalls dokumentiert.

Die von mir erstmals zur Diskussion gestellte »Geokondensator-Theorie« der Erde führt letztendlich zu einer permanent, jedoch über die Vergangenheit hinweg zu einer jeweils unterschiedlich stark elektrisch geladenen Erde und einer damit zusammenhängenden Stärke der Gravitationskraft unserer Erde. Akzeptiert man elektrisch wirkende Kräfte in unserem Sonnensystem, dann wären konsequenterweise auch die Gesetze der Atomphysik nicht nur im Mikrokosmos, sondern auch in unserem Sonnensystem wirksam. Genau diese Analogie wurde bis heute immer strikt abgelehnt. Bereits im Physikunterricht erzählte man uns, dass Atome und das Sonnensystem optisch ähnlich aufgebaut sind. Der Unterschied soll immer in der Wirkung elektrischer Kräfte bestanden haben. Vielleicht gibt es aber überhaupt keinen Unterschied? Damit wäre auch zu erklären, dass die Planetenbahnen wie auch die Schalen der Elektronen regelmäßige berechenbare Abstände untereinander haben.

Dieses Phänomen kann die aktuelle Astrophysik nicht erklären. Jedoch wurde bereits im Physikunterricht in der Schule vorgeführt, wie eine Niederdruck-Entlastungsröhre funktioniert, wobei analog im Sonnensystem die Sonne als Anode und die Planeten als Kathode wirken.

Da aus der Sonne freie Elektronen austreten, die mit dem Sonnenwind unter Wirkung eines elektrischen Feldes durch das Plasma bzw. den Plasma-Äther hinweg zu den interplanetaren Himmelskörpern, wie der Erde, transportiert werden, können wir in Analogie zur Elektrotechnik eine Arbeitshypothese formulieren (vgl. Vollmer, 1989):

Die Sonne wirkt wie eine Anode (Pluspol), und von dieser fließt elektrische Energie durch das Plasma hin zur Kathode (Minuspol), die ein elektrisch leitender Himmelskörper bildet, sei es ein Komet oder Planet. Jetzt kann einfach erklärt werden, warum der Komet erst bei einer bestimmten

Entfernung zur Sonne beginnt, helles Licht auszusenden. Damit der Komet *zündet*, wird eine bestimmte Spannung, die Zündspannung, benötigt. Diese wird erreicht, wenn bei einem kleinen vorhandenen »Vorstrom« – ab einem bestimmten Abstand von der Stromquelle (Sonne) – ausreichend elektrische Energie zugeführt wird, damit die Neubildung von Ladungsträgern einsetzt. Der Strom wächst lawinenartig an, und es entsteht Plasma durch selbstständige Entladung, weshalb helles Licht ausgesendet wird. Es handelt sich technisch gesehen um eine Glimmentladung in einem Niederdruckplasma, das aufgrund des signifikant *geringen* Drucks im Vakuum ein nicht-thermisches Plasma darstellt. Diese Glimmentladung weist in einer mit Wasserstoff oder Edelgas gefüllten Entladungsröhre eine räumliche, von der Kathode zur Anode hin geschichtete Struktur auf.

Derart lässt sich die Bildung der Staubringe von Uranus und Neptun erklären (Goertz, 1991, S. 327 f.), die durch elektrostatische Wechselwirkung in stark gekoppelten Staubplasmen entstehen (Ikezi, 1986, vgl. Schweigert/Schweigert, 1998). Diese Ringe sind also elektrostatischer Natur und deshalb über längere Zeiträume hinweg konstant, solange sich keine Änderungen der Feldstärken ergeben. Will man die Existenz von Planeten umringenden Staubringen rein mechanisch unter Berücksichtigung von gravitativen Wirkungen erklären, muss man zu dem Schluss kommen, dass es sich bei diesen grazilen Gebilden um kurzlebige Phänomene handeln muss!

Betrachten wir einmal das Anode-Kathode-System in Bezug auf die Kometen. Werden viele solcher flüchtigen Stoffe, u. a. organische Verbindungen wie Aminosäuren, emittiert, dann muss ein Komet aus einem Niedertemperatur-Kondensat zusammengesetzt sein, weil solche Stoffe hohe Temperaturen nicht überstehen. Da solche Meteoriten definitiv sehr viele flüchtige Bestandteile aufweisen, können diese nie wesentlich erhitzt worden sein. Im eiskalten Weltall ist diese Voraussetzung gegeben. Deshalb *müssen* Kometen aus einem *Niedertemperatur*-Kondensat entstanden sein und waren niemals heiß, wie auch die Erde, falls ein einheitlicher Entstehungsprozess im Sonnensystem zugrunde gelegt wird.

Was passiert aber, wenn der kalte Komet der Sonne so nahe kommt, dass eine Zündung erfolgt? Wird das Niedertemperatur-Kondensat nicht durch die Hitze zerstört? Sehen wir uns vergleichsweise die Glimmentladung in der Gasentladungsröhre an, dann erkennen wir, dass die Kathode prinzipiell kalt bleibt und die Hitzeentwicklung vor der Kathode, also in einem gewissen Abstand vor dem Kometenkopf stattfindet. Die Hitzeentwicklung unmittelbar am Kern der Kometen beschränkt sich somit nur auf begrenzte Zonen, während der Kern ansonsten kalt bleibt, wie die Kathode in der Gasentladungsröhre.

Wenn wir uns insoweit in Einklang mit Erkenntnissen der experimentellen Physik befinden, dann betrachten wir jetzt einmal die Anode, also die Sonne. Da wir es auch bei dieser mit einer Glimmentladung zu tun haben, gibt es nur einen Schluss: Die Sonne, ebenso wie die Erde, muss ebenso kalt wie die Kometen sein und ist eben nicht unwahrscheinlich heiß, wie man zu glauben vorgibt – falls der Vergleich mit der Gasentladungsröhre und dem Anode-Kathode-Prinzip richtig ist.

Die Vorstellung von einem heißen Sonnenkern führt aber auch zu einem direkten Widerspruch. Gemäß Standardmodell hätte unsere gegenwärtige Sonne ihren Radius im Laufe der 4600 Millionen Jahre nuklearen Brennens um ungefähr 12 Prozent vergrößern und ihre Leuchtkraft um ungefähr 28 Prozent vermindern müssen:

»Letzteres stellt uns in Anbetracht geowissenschaftlicher Erkenntnisse vor gewisse Schwierigkeiten. Würde man nämlich die derzeitige Sonnenleuchtkraft um 28 Prozent erniedrigen, so würde sich infolge entsprechender Temperatursenkung die Erdoberfläche mit einer Eisdecke überziehen; für ein solches Phänomen gibt es keinerlei paläo-geologischen Belege. Und umgekehrt: Hätte die Erde jemals einen Eispanzer besessen, so hätte die hohe Albedo des Eises ein Abschmelzen auch bei sich vergrößernder Sonnenleuchtkraft verhindert«, gibt Willi Deinzer, Professor für Astronomie und Astrophysik an der *Universitäts-Sternwarte Göttingen* zu bedenken (Deinzer, 1991, S. 5).

Nehmen wir im Gegensatz zu einem heißen Sonnerkern einen kalten an, heben sich diese Widersprüche auf und wir befinden wir uns im Einklang mit dem Prinzip der Entladungsröhre, denn bei dieser sind Anode und Kathode jeweils kalt analog so, wie es sich bei einer normalen Neonröhre verhält. In einer Pressemitteilung des *Max-Planck-Instituts für extraterrestrische Physik* vom 10. April 2014 heißt es: Vor der Geburt eines Sterns sind die Molekülwolken sehr kalt; sie haben eine Temperatur von nur wenigen Grad über dem absoluten Nullpunkt. Deshalb kann man sie nicht im optischen Licht beobachten ...

Seismologische Untersuchungen stützen diese Sichtweise von kalten Himmelskörpern, da die Temperatur im Erdinneren mit zunehmender Tiefe nur oberflächennah zunimmt. Würde der Temperaturanstieg zum Erdinnern hin die gleichmäßige Rate von drei Grad Celsius pro 100 Meter aufrechterhalten, so würde sich rechnerisch eine Temperatur von über 190 000 Grad Celsius für den Erdmittelpunkt ergeben. Dies unterstützt die Vermutung, dass der größte Teil der Wärme im Gestein nahe der Oberfläche erzeugt wird. Noch bis vor Kurzem glaubte man an flüssiges Magma im Erdmantel. Dieses Magma kommt anscheinend nur in der Nähe der Erdkruste in einem gewissen Tiefenbereich und dort nur in größeren Schmelznestern wirklich zähflüssig vor (vgl. Abb. 74. S. 164).

Zwischen Magnetismus und Elektrizität gibt es verschiedene Erscheinungsformen. Einer von vielen bekannten und wirtschaftlich genutzten Effekten ist die Wirkungsweise der Induktion beim sogenannten »Skineffekt« einer Hochfrequenzspule. Bei einer Spule fließt der hochfrequente Strom hauptsächlich an der *Innenseite*. Könnte man eine Parallele zum Aufbau des Erdinneren sehen, wo die Gesteinsschmelze nur *in der Nähe der Erdkruste glutheiß verflüssigt* wird?

Die Geoelektrik ist ein Gebiet der Geophysik, denn schließlich deuten nicht nur Gewitterblitze auf elektrische Kräfte in der Natur hin. So können durch elektrische Entladungen ähnliche Spuren hinterlassen werden wie von einer Geschosskugel, und derart sind vielleicht die Beobachtungen des Geologen I. Muschketov zu erklären (Drujanow, 1984, S. 29): »Der Bruch des Kabels Kerkyra am 7. Dezember 1883 geschah im Meer in einer Tiefe von 100 Meter. Im Meeresteleskop waren dabei deutlich Linien einer Verwerfung auf dem weichen Kalksteinboden zu erkennen (...) und runde sternförmige Öffnungen im Kalkstein, ähnlich dem Zerspringen von Glas durch eine Kugel.«

Geologen glauben, die geschmolzenen und gehärteten Kanten der Basaltbildungen als Spuren hoher Drücke und Temperatur erklären zu können. Warum werden dann aber die gleichen Spuren im *Inneren* von Basaltmassen entdeckt, ja sogar in Form *dünner Adern*, als hätte ein Feuerstoß ein chaotisches Muster in das dunkle Gestein *gebrannt*? Es sind auch punktuelle Schmelznester zu beobachten. Wie erfolgt die Energiezufuhr zu einem solchen Nest, wenn *ringsherum* nicht die geringsten Anzeichen von Energie festzustellen sind? Kommt der Zündfunke als Auslöser für Explosionen und Brände in Gruben, aber auch Wäldern, aus dem Inneren der Erde? An Gesteinsproben entdeckte man Spuren der Zerstörung, die denen ähnlich sind, die bei elektrischen Ladungen in Dielektrika entstehen (ebd., 1984, S. 36).

Landschaftsbildende Elektrizität

Nur Eingeweihte kennen die bereits seit dem 15. Jahrhundert bekannten sogenannten Landschaftssteine, die »Pietra Paesina«. Hiervon berichtete mir Professor Dr. Karl-Heinz Jacob bei einem persönlichen Gedankenaustausch. Solche Gebilde wurden in den Naturalien und Raritätenkabinetten der Medici in Florenz aufbewahrt, da man mit dem Gedanken vertraut war, dass das Große im Kleinen steckt und umgekehrt, wie schon zuvor als Analogie von Atomen und des Sonnensystems diskutiert.

Derartige aus Kalkstein bestehende Platten, die aus der Erde der Toskana am Fuße des Apennin-Gebirges in Italien ausgegraben wurden, zeigen im Profil nach einem Schleif- und Polierprozess frappierende Landschaftsformen in kleinem Maßstab, die in ihren Formen oft im Detail mit wirklichen Landschaften der Erde übereinstimmen. Aber es handelt sich nicht nur um zweidimensionale Abbilder, sondern dreidimensionale Strukturen, wie im Abstand von wenigen Zentimetern aus einem Block geschnittene Platten belegen.

Sind die verblüffend landschaftsähnlichen Strukturprinzipien ähnelnden »Pietra Paesina« ein Schlüssel für das Verständnis komplexer Naturphänomene wie der Landschaftsentstehung? Detaillierte Untersuchungen von Landschaftssteinen aus der Toskana und die von rhythmisch gebänderten Erzgängen durchzogenen Gesteine, u. a. im Harz als auch auf der Geologenkarte, zeigen eine ähnliche »Landschaft«

Abb. 136: **METALLISCHE BÄUME** (Bild oben) als Ausfällungen von Eisen-Mangan-Hydroxiden wachsen in den Mikrogebirgen der Pietra-Paesina-Platten, die Ähnlichkeiten mit Laub- und Nadelbäumen oder auch Büschen (Bild unten) aufweisen.

und einen »Himmel« wie auf Pietra-Paesina-Platten verewigt (Abb. 136 und 137).

Derartige Strukturbildungen werden geologisch mit wechselndem Antransport und deren Ablagerung von Sedimenten infolge Schwerkraft interpretiert. Nachfolgend sollen dann diese sich verfestigten Gesteins- bzw. Schichtpakete durch tektonische Kräfte gehoben und verformt worden sein, infolge von Überschiebungen und Faltungen von Gesteinen, verursacht durch Kollisionen kontinentaler Platten.

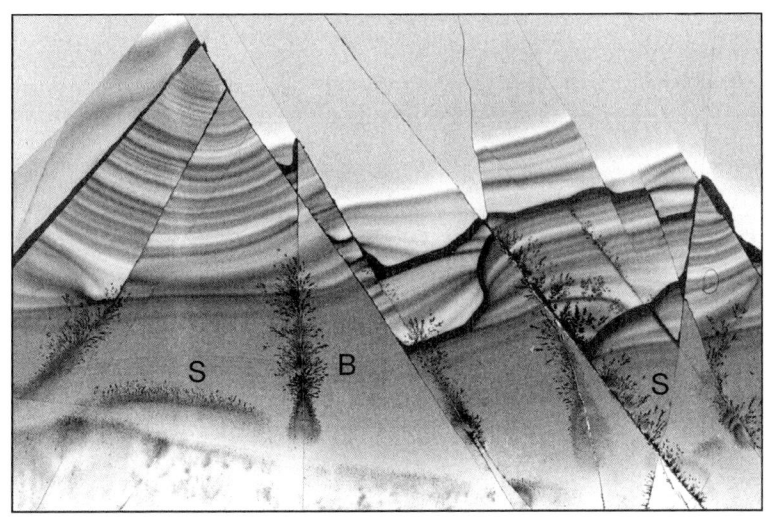

Abb. 137: **VERSCHIEBUNGEN**. Diese Pietra-Paesina-Platte zeigt das Abbild einer Landschaft, das, in größerem Maßstab, geologisch als Resultat von tektonischen Hebungen und Verschiebungen (geologisch auch: *Verwerfung*, mechanisch: *Scherzone*) gedeutet wird. Würde dies rein mechanisch, also ohne das Wirken der Selbstorganisation erfolgen, dürften die entsprechenden Gesteinsblöcke *nicht* nur kompakt mit rissefreien Kontaktzonen, also unzerstört nebeneinander höhenverschoben angeordnet sein, getrennt durch eine vollkommen glatte Kontaktfläche, geologisch als Gleitfläche definiert. Auf den Kalksteinplatten scheint selbst eine Vegetation (S = Sträucher, B = Baum) zu erkennen sein (vgl. Abb. 136).

Bestimmte Experimente belegen jedoch, dass vollkommen andere Prozesse aus chaotischen angeordneten Mustern regelrechte Ordnung schaffen können. Durch das Temperaturgefälle im Erdinneren und die Diffusion der Elektronen aus dem Erdinneren (Thomson-Effekt) entsteht ein elektrisches Feld an der Erdoberfläche (Oesterle/Jacob, 1994). Wie Eisenspäne, die sich im Kraftfeld eines Magneten ordnen, können sich mineralische Komponenten der Sedimente derart zu Mustern ordnen.

Professor Dr. Karl-Heinz Jacob und sein Team an der Technischen Universität Berlin arbeiteten die Gemeinsamkeiten über die Entstehung der Pietra-Paesina-Platten und des erzreichen Harz-Gebirges heraus. Diese Untersuchungen können das geologische Weltbild revolutionieren, basierend auf einer universellen Gesetzmäßigkeit, der Selbstorganisation in Energiefeldern. So lassen sich durch naturverwandte Elektrolyse-Experimente rhythmische Mineralgefüge erzeugen, wie zum Beispiel Bänderun-

Abb. 138: **RHYTHMISCHE STRUKTUREN**. Bild oben: Eine Teilansicht des Monument Valley, einer Hochebene auf dem Colorado Plateau im Grenzbereich der US-Bundesstaaten Arizona und Utah. Bild unten: Dieser etwa in Originalgröße dargestellte Ausschnitt aus einer Pietra-Paesina-Platte aus der Toskana gleicht strukturell dem Monument Valley. Auch der typische Überzug der Felsformation, der Desert Vanish, findet sich in den Strukturen des Landschaftsteins abgebildet (vgl. Foto 32, S. 61).

gen, die bislang durch Schwerkraft oder sequenzielle Stoffzufuhr nicht hinreichend erklärt werden konnten (Jacob et al., 1992, vgl. Abb. 92 S. 206).

Lebten Menschen und Dinosaurier zur gleichen Zeit, bricht nicht nur das Gebäude der im vorigen Jahrhundert erfundenen Evolutionstheorie zusammen, sondern auch die Entwicklungsgeschichte unseres Planeten und unsere geologischen sowie geophysikalischen Vorstellungen vom Aufbau und Struktur der Erde. Und auch die astrophysikalischen Modelle müssten grundlegend überdacht werden. Obwohl hier eigentlich *Ereignisse in der Ur- und Vorzeit* abgehandelt wurden, haben die Erkenntnisse erhebliche Konsequenzen für unser aktuelles und zukünftiges Bewusstsein. Die Reise durch die Erdgeschichte ergab ein zündendes Wirken geoelektrischer Phänomene besonders in der jüngeren Erdvergangenheit, deren Folgen noch heutzutage auf alles Lebende wirken. So reagiert auch der Mensch mit einem »elektrisch« reagierenden Körper, dem auch als Aura bezeichneten Energiekörper, auf die vielfältigen Kraftfelder und Schwingungen oder damit in Wechselwirkung stehend.

Unser Bewusstsein und wahrscheinlich auch unser Körper lassen sich als Kraftfelder begreifen, die in Wechselwirkung mit einer elektrischen Erde und vielleicht mit dem gesamten Kosmos stehen – sozusagen Refrains im harmonischen Fließen der Energie. Elektrische und magnetische Felder – auch morphogenetische nach Rupert Sheldrake (1985) – üben Einfluss auf die Lebensvorgänge aus.

Letztendlich scheinen die alten, besonders aber prähistorischen Kulturen ein uns verloren gegangenes Wissen besessen zu haben. So wurden Kultanlagen an besonderen Plätzen gebaut. Auf den seit alters bekannten »Kraftorten« wurden viele alte Kirchen errichtet, wie Santa Croce in Florenz, die Stiftskirche in St. Gallen, Westminster Abbey in London oder der Dom in Barcelona. Es besteht nachgewiesenermaßen eine Wechselwirkung zwischen diesen Orten und dem menschlichen Körper. So kann hier beispielsweise eine wesentliche Steigerung der Aktivität der Keimdrüsen nachgewiesen werden. In diesem Phänomen ist auch der Grund dafür zu suchen, dass die sogenannten »Lustschlösser« an entsprechend ausgezeichneten Orten mit besonderem Strahlungsmilieu in früherer Zeit, aber auch in der Barockzeit errichtet wurden, zum Beispiel Herrenchiemsee, Hohenschwangau oder in Frankreich das Schloss Versailles.

Eine andere Sichtweise unserer Erdvergangenheit eröffnet ganz andere Aspekte nicht nur hinsichtlich eines *akademischen* Weltbildes, sondern für unsere Zukunftsperspektiven auch in Hinsicht auf die Entwicklung anderer, neuer umwelt- und rohstoffschonender Techniken über neue Forschungsfelder bis hin zu neuen Heilverfahren ohne übertriebenen oder sogar ganz ohne Medikamenteneinsatz in Übereinstimmung mit den Prinzipien der Natur zur Verbesserung unserer Lebensumstände und letztendlich auch unseres Bewusstseins. Nicht nur in diesem Zusammenhang spielt die nachgewiesene Koexistenz von Menschen und Dinosauriern eine wichtige Rolle.

Literaturverzeichnis

Agassiz, L.: »Etudes sur les Glaciers«, Neuchâtel 1840

Anderson, D. L. und Dziewonski, A. M.: »Seismische Tomographie: 3-D-Bilder des Erdmantels«, in: »Die Dynamik der Erde«, Heidelberg 1988

Anthony, H. E.: »Nature's Deep Freeze«, in: »Natural History«, Bd. 58, Nr. 7, Sept. 1949, S. 296–301

Armitage, M. H. und Anderson, K. L.: »Soft sheets of fibrillar bone from a fossil of the supraorbital horn of the dinosaur Triceratops horridus«, in: »Acta Histochemica«, Bd. 115, Ausg. 6, 6.7.2013, S. 603–608

Arppe, L., et al.: »Thriving or surviving? The isotopic record of the Wrangel Island woolly mammoth population«, in: »Quaternary Science Reviews«, Bd. 222, Oktober 2019, S. 323–332

Augustin. F. J., et al.: »The smallest eating the largest: the oldest mammalian feeding traces on dinosaur bone from the Late Jurassic of the Junggar Basin (northwestern China)«, in: »The Science of Nature«, Bd. 107, Artikel-Nr. 32, 19.7.2020, doi: 10.1007/s00114-020-01688-9

Austin, S. A.: »Grand Canyon«, Santee 1994

Azzaroli, A.: »Cainozoic Mammals and the Biogeography of the Island of Sardinia, Western Mediterranean«, in: »Paleogeography, Paleoclimatology, Paleoecology«, 36, 1981

Babaev, E., et al.: »A superconductor to superfluid phase transition in liquid metallic hydrogen«, in: »Nature«, Bd. 431, 7.10.2004, S. 666–668

Bajo, P., et al.: »Persistent influence of obliquity on ice age terminations since the Middle Pleistocene transition«, in: »Science«, Bd. 367, 13.3.2020, S. 1235–1239

Baker, V. R., et al.: »The Scientific and Societal Value of Paleoflood Hydrology«, in: »Advancing Earth snd Space Science«, 1.1.2002, https://doi.org/10.1029/WS005p0001

Balázs, D.: »Galápagos«, Leipzig 1975

Barker, G.: »Prehistoric Farming in Europe« in »New Studies in Archaeology«, Cambridge 1985, S. 139–147

Barker, C. T., et al.: »A highly pneumatic middle Cretaceous theropod from the British Lower Greensand«, in »Papers of Paleoontology«, Band 6/4, 3.9.2020, S. 661–679

Baigent, M.: »Das Rätsel der Sphinx«, München 1998

Bayer, J.: »Der Mensch im Eiszeitalter, Leipzig/Wien, 1927

Bayer, U.: »Die Erde unter Berlin …«, in: »Der belebte Planet«, Sonderheft der FU Berlin, 2002, S. 21–27

Beiser, A.: »Die Erde« in der Reihe »Life – Wunder der Natur«, 1970

Bellamy: »Moons, Myths and Man«, 1938

Belloche, A., et al.: »Detection of amino acetonitrile in Sgr B2(N)«, in: »Astronomy Astrophysics«, Bd. 482/1, 2008, S. 179–196

Benson, R. B. J., et al.: »A Southern Tyrant Reptile«, in: »Science«, Bd. 327, Ausg. 5973, 26.3.2010, S. 1613

Bent, W. Thomas: »The Tucson Artefacts«, USA 1964

Berckhemer, H.: »Grundlagen der Geophysik«, Darmstadt 1990, 2. Auflage 1997

Binford, L.R. und Binford, S.R.: »A preliminary analysis of functional variability in the Mousterian of Lavallois facies«, in: »American Anthropologist«, Bd. 68, Ausg. 2, April 1966, S. 238–295

Bijlert, van P. A., et al..: »Natural Frequency Method: estimating the preferred walking speed of Tyrannosaurus rex based on tail natural frequency«, in: »Royal Society Open Science«, Bd. 8, Ausg. 4, 21.4.2021, https://doi.org/10.1098/rsos.201441

Böhm, A.: »Bekannte und neue Arten natürlicher Gesteinsglättungen«, in: »Mitt. K. K. Geogr. Ges.«, Wien, Bd. 60, 1917, S. 335–3752

Bonatti, E.: »Der Erdmantel unter den Ozeanen«, in: »Spektrum der Wissenschaft«, Magazin, Ausg. 1.5.1994

Bonechi, C. E. (Hrsg.): »Yellowstone and Grand Teton Nationalparks«, Florenz 1996

Boschke, F. L.: »Die Schöpfung ist noch nicht zu Ende«, Rastatt 1985

Bower, B.: »Stone tools may place some of the first Americans in Idaho 16,500 years ago«, in: »ScienceNews«, 30.8.2019, Internet: https://www.sciencenews.org/article/stone-tools-may-place-first-americans-idaho-16500-years-ago

Bowman, V.: »Fossil pollen and algae reveal Antarctica's climate as the dinosaurs died out 66 million years ago«, in: »University of Cambridge, Talks.cam«, 27.11.2014, online: http://talks.cam.ac.uk/talk/index/54008

Brown, W.: »In The Beginning«, Phoenix 1980, 6. Aufl. 1995

Brugger, K.: »Die Chronik von Akakor«, Düsseldorf/Wien 1976

Bryan, A. L.: »An Overview of Paleo-American Prehistory from a Circum-Pacific Perspective«, in: Bryan, A. L.: »Early Man in America«, 1978

Bührke, T.: »King Kong unter Druck, in: »Bild der Wissenschaft«, Ausg. 10/1999

Burroughs, W. G.: »Human-like Footprints, 250 million years old«, in: »The Berea Alumnus«, Kentucky 1938

Butman, B., et alk.: »Sea Floor Topography and Backscatter Intensity of the Hudson Canyon Region Offshore of New York and New Jersey«, in: »U.S. Geological Survey Open-File Report 2004-1441«, Version 2.0, 2006

»Cambridge Encyclopaedia of Earth Sciences«, Cambridge 1982

Cameron, K. L.: »Bishop Tuff Revisited: New Rare Earth Element Data Consistent with Crystal Fractionation«, in: »Science«, Bd.224(4655), 22.6.1984, S. 1338–1340, DOI: 10.1126/science.224.4655.1338

Carey, S. W.: »The Expanding Earth«, Amsterdam 1976

Carlson, M. P.: »Geology, Geologic Time and Nebraska«, Nr. 10, Lincoln 1993

Carrigan, C. R., und Gubbins D.: Wie entsteht das Magnetfeld der Erde, in: »Spektrum der Wissenschaft«, Ausg. 4/1979

Case, J. A, et al.: »A dromaeosaur from the Maastrichtian of James Ross Island and the Late Cretaceous Antarctic dinosaur fauna«, in »U.S. Geological Survey and The National Academies«, USGS OF-2007-1047, Short Research Paper, 083, 2007

Cerda I. A, et al.: »The first record of a sauropod dinosaur from Antarctica«, in: »Naturwissenschaften«, Bd. 99, 2012, S. 83–87

Chain, V. E., und Michajlov, A. E.: »Allgemeine Geotektonik«, Leipzig 1989

Charig, A.: »A new look at the Dinosaurs«, London (deutsch: »Dinosaurier, rätselhafte Riesen«, Frankfurt/M., Berlin 1993)

Chen, Z. und Benton, M. J.: »The timing and pattern of biotic recovery following the end-Permian mass extinction« in: »Nature Geoscience«. Bd. 5, Nr. 6, 27.5.2012, S. 375–383, doi:10.1038/ngeo1475

Charroux, R.: »Le livre des secrets trahis«, Paris 1965 (deutsch: »Verratene Geheimnisse«, Stuttgart 1965)

Chronik, H.: »Pages of Stone, Grand Canyon and the Plateau County«, Seattle 1977, Neuauflage 2004

Clark, G.: »Modern human origins – Highly visible, curiously intangible«, in: »Science«, Bd. 283, Ausg. 5410, 26.3.1999, S. 2029–2032,

Closs, H., et al.: »Alfred Wegeners Kontinentalverschiebung aus heutiger Sicht«, in: »Ozeane und Kontinente«, Heidelberg 1987

Clottes, J. und Williams, D. L.: »Schamanen: Trance und Magie in der Höhlenkunst der Steinzeit«, Stuttgart 1997

Courtillot, V. E.: »Die Kreide-Tertiär-Wende: verheerender Vulkanismus?«, in: »Spektrum der Wissenschaft«, Digest 5/1997

Condie, K., et al.: »Is the rate of supercontinent assembly changing with time?«, in: »Precambium Research«, Bd. 259, April 2015, S. 278–289

Convay, H., et al.: »Past and Future Grounding-Line Retreat of the West Antarctic Ice Sheet«, in: »Science«, Bd. 286, Ausg. 5438, 8.10.1999, S. 280–283

Credner, H.: »Elemente der Geologie«, Leipzig 1912

Cremo, M. A., und Thompson, R. L.: »Forbidden Archaeology«, Badger 1993 (deutsch: »Verbotene Archäologie«, Augsburg 1997)

Crossen, K, et al.: »5,700-year-old mammoth remains from the Pribilof Islands, Alaska: last outpost of north american megafauna«, in: »Geological Society of America Abstracts with Programs«. Bd. 37/7, 2005, S. 463

Cuvier, G.: »Discours sur les révolutions de la surface du globe, et sur les changements qu'elles ont produits dans le règne animal«, Paris 1821

Dacqué, E.: »Die Erdzeitalter«, München und Berlin, 1930

Dall, W. H.: »Extract from a Report to C. P. Patterson, Supt. Coast and Geodetic Survey«, in: »American Journal of Science«, 21, 1881

Dalrymple, G.B.: »40Ar/36Ar analysis of historic lava flows. Earth and Planetary«, in: »Science Letters«, Bd. 6, Ausg. 1, 1969, S. 47–55

Damon, P. E., u. a.: Correlation and Chronology of the Ore Deposits and Volcanic Rocks, in: »U. S. Atomic Energy Commission Annual Report«, No. C00-689-76, 1967

Dansgaard, W., et al.: »One Thousand Centuries of Climatic Record from Camp Century on the Greenland Ice Sheet«, in: »Science«, Bd. 166, Ausg. 3903, 17.10.1969, S. 377–380

Darwin, C.: »The Origin of Species«, London 1859 (deutsch: »Die Entstehung der Arten«, Stuttgart 1981)

Darwin, C.: »Reise eines Naturforschers um die Welt«, 30. März 1835

Dash, M.: »X-Phänomene«, München/Essen 1997

Deecke, W.: »Kritische Studien zu Glazialfragen Deutschlands«, in: »Zeitschrift Für Gletscherkunde«, Bd. XI, 1918–1920, S. 34–84 und 95–142

Deinzer, W.: »Die Sonne«, in: Glassmeier/Scholer, 1991, S. 1–16

Dewey, J. F.: »Plattentektonik«, in: »Ozeane und Kontinente«, Heidelberg 1987, siehe auch: »Scientific American«, 5/1972

Dias, R. P. und Silvera, I. F.: »Observation of the Wigner-Huntington transition to metallic hydrogen«, in: »Science«, Bd. 355, Ausg. 6326, 17.2.2017, S. 715–718,

Dillow, J. C.: »The Water Above: Earth's Pre Flood Vapor Canopy«, Chicago 1981

Ding, Q. H., et al.: »Paleoclimatic and palaeoenvironmental proxies of the Yixian formation in the Beipiao area, western Liaoning«, in: »Geological Bulletin of China«, Bd. 22, 2003, S. 186–191

Dingus, L. und Rowe, T.: »The Mistaken Extinction: Dinosaur Evolution and the Origin of Birds: Dinosaur Extinction and the Origin of Birds«, New York 1997

Dingus, L.: »The mistaken extinction: dinosaur evolution and the origin of birds«, New York 1998

Dougherty, C. N.: »Valley of the Giants«, Cleburne 1971, Neudruck 1984

Drujanow, W. A.: »Rätselhafte Biographie der Erde«, Leipzig 1984

Egyed, L.: »A new dynamic conception of the internal constitution of the Earth«, in: » Geologische Rundschau«, Bd. 46, Okt. 1957, S. 1–127

Ericson, M., und Heezen, B. und C.: Deepsea Sands and Submarine Canyons, in: »Geological Society of America Bulletin 62«, 1951

Ewing, M.: »New Discoveries of the Mid-Atlantic Ridge«, in: »National Geographic Magazine«, Bd. XCVI, No. 5, Nov. 1949

Fenton, S. R., et al.: »Cosmogenic 3He Ages and Geochemical Discrimination of Lava-Dam Outburst-Flood Deposits in Western Grand Canyon, Arizona«, in: Baker, V. R. et al., 2002
Fields, H.: »Dinosaur Shocker«, in: »Smithsonian Magazin«, Mai 2006, Internet: https://www.smithsonianmag.com/science-nature/dinosaur-shocker-115306469
Fischer H.: »Rätsel der Tiefe«, Leipzig 1923
Fortey, R.: »The Cambrian Explosion Exploded?«, in: »Science«, Bd. 293, Ausg. 5529, 20.7.2001, S. 438–439
Francheteau, J.: »Die ozeanische Kruste«, in: »Die Dynamik der Erde«, Heidelberg 1988
Frese, R. R. B., et al.: »GRACE gravity evidence for an impact basin in Wilkes Land, Antarctica«, in: »Geochemistry Geophysics Geosystems«, Bd. 10, Aug. 2, 25.2.2009, DOI: 10.1029/2008GC002149
Friedrich, H.: »Jahrhundertirrtum ›Eiszeit‹?«, Hohenpeißenberg 1997
Frost, D. a., et al.: »Dynamic history of the inner core constrained by seismic anisotropy«, in: »nature geoscience«, 3.6.2021, DOI: 10.21203/rs.3.rs-87174/v1

Gasparini, Z., et al: »Un elasmosáurido (Reptilia, Plesiosauria) del Cretácico Superior de la Antártida. Contribuciones del Instituto Antártico Argentino«, Bd. 305, 2000, S. 1–24
Geikie, J.: »The Great Ice-Age«, London 1874
Gentile, G., et al.: »An overlooked pink species of land iguana in the Galápagos«, in: »Proceedings of the National Academy of Sciences of the United States of America«, Bd. 106, Ausg. 2, 13.1.2009, S. 507–511
Gentry, R. V.: »Creations Tiny Mystery«, Bergisch Gladbach, 1995
Giampieri, G., et al.: »Pioneer 10 encounter with a Trans-Neptunian object at 56 AU?«, in: »Bulletin of the Astronomical Society«, Bd. 31, Nr. 4, Sept. 1999, S. 1115
Goertz, K. C.: »Staub-Plasma-Wechselwirkungen«, in: »Glassmeier/Scholer«, 1991, S. 305–330
Gould, J.: »Illusion Fortschritt«, Frankfurt 1998
Gregory, J. W.: The African Rift Valleys, in: »Geographical Journal«, LVI, 1920
Greulich, W. (Hrsg.): »Lexikon der Physik in sechs Bänden«, Heidelberg 1998
Glassmeier, K.-H. und Scholer, M. (Hrsg.): »Plasmaphysik im Sonnensystem, Mannheim 1991
Griffiths, H. J., et al.: »Breaking All the Rules: The First Recorded Hard Substrate Sessile Benthic Community Far Beneath an Antarctic Ice Shelf«, in: »Frontiers in Marine Science«, 15.2.2021, https://doi.org/10.3389/fmars.2021.642040
Gripenberg, W. S.: »Über eine theoretisch mögliche Art der Paläothermie«, Ark. Keemi 1933

Haber, H.: »Die Architektur der Erde«, Stuttgart 1970
Hager, M. W.: »Fossils of Wyoming«, Wyoming Geological Survey 1970
Hancock, G.: »Die Spur der Götter«, Bergisch Gladbach 1995
Hapgood, C.: »Maps of the Ancient Sea Kings«, New York 1966, Ausgabe 1996
Hapgood, C.: »The Path of the Pole«, New York 1970
Hayes, D.: »Im Eis verschollen«, Berlin 1994
Heer, O.: »Flora fossiles arctica: Die fossile Flora der Polarländer«, Zürich 1868
Heim, A. und Gansser, A.: »Thron der Götter«, Zürich/Leipzig 1938
Heinsohn, G.: »Für wie viele Jahre reicht das Grönlandeis?«, in: »Vorzeit-Frühzeit-Gegenwart«, Ausgabe 4/1994
Heinsohn, G.: »Wann starben die Dinosaurier aus?«, in: »Zeitensprünge«, Ausgabe 4/1995
Herz, O. F.: »Frozen Mammoth in Siberia«, in: »Annual Report of the Board of Regents of the Smithsonian Institution«, Washington D.C. 1904
Hickmann, C. S., und Lipps, J. H.: »Geologic Youth of Galápagos Islands Confirmed by Marine Stratigraphy and Palaeontology«, in »Science«, Bd. 227, Ausg. 4694, 29.3.1985, S. 1578–1580

Hilgenberg, O. C.: »Vom wachsenden Erdball«, Berlin 1933

Hochuli, P.-A., et al.: »Severest crisis overlooked – Worst disruption of terrestrial environments postdates the Permian–Triassic mass extinction«, in: »Scientific Reports«, Bd. 6, Artikel-Nr. 28372, 24.6.2016, doi: 10.1038/srep28372 (2016)

Holmes, S. H.: »Phosphate Rocks of South Carolina and the Great Carolina Marl Bed«, Charleston 1870

Hovey, E. O: »Striations and U-shaped valleay produced by other than glacial actions«, in: »Bull. Geol. Soc. Am.«, Bd. 20, 1920, S. 409–416

Howell, G. H.: Terrane, in: »Die Dynamik der Erde«, Heidelberg 1988

Hsü, K. J.: »The Mediterranen Was a Desert«, New Jersey 1983 (deutsch: »Das Mittelmeer war eine Wüste«, München 1984

Hsü, K. J.: »Die letzten Jahre der Dinosaurier«, Birkhäuser 1990

Hu, Y., et al.: »Large Mesozoic mammals fed on young dinosaurs«, in: »Nature«, Bd. 433, 13.1.2005, S. 149–152

Humboldt, A.: »Voyage aux régions équinoxiales du nouveau continent«, Paris, 1805–1834

Hutchinson, J. H.: »Western North American Reptile and Amphibian Record across the Eocene/Oligocene Boundary and its Climatic Implications«, in: D. R. Prothero, W. A. Berggren (Hrsg.): »Eocene- Oligocene Climatic and Biotic Evolution«, Princeton 1992

Hutko, A. R., et al.: »Seismic detection of folded, subducted lithosphere at the core–mantle boundary«, in: »Nature«, Bd. 441, 18.5.2006, S. 333–336

Ikezi, H.: »Coulomb solid of small particles in a plasma«, in: »Phys. Fluids«, Bd. 29, 1986, S. 1764

Illig. H.: »Die veraltete Vorzeit«, Frankfurt/M. 1988

Ivanov, A. A., et al.: »Aus den Proceedings des 5. Internationalen Kreationisten-Kongresses in England, zitiert in: Lebten Dinosaurier und Menschen zur selben Zeit?, in: »Factum«, Ausgabe 2/1993

Jacob, K.-H., et al.: »Lagerstättenbildung durch Energiepotentiale in der Lithosphäre«, in: »Erzmetall«, Bd. 45, 1992, S. 505–513

Jacob, H.-H., et al.: »Self-Organization of Mineral Fabrics«, in: »Fractals and Dynamic Systems in Geosci Fractals and Dynamic Systems in Geoscienceence«, 1994, S. 259–268, DOI: 10.1007/978-3-662-07304-9_20

Janensch, W.: »Die Skelettrekonstruktion von Brachiosaurus brancai«, in: »Palaeontographica Supplement«, Bd. 7(I, 3), 1950, S. 97–103.

Ji, Q., et al.: »A Swimming Mammaliaform from the Middle Jurassic and Ecomorphological Diversification of Early Mammals«, in: »Science«, Bd. 311, Bd. 5764, 24.2.2006, S. 1123–1127

Jordan, P.: »Die Expansion der Erde«, Braunschweig 1966

Jurikova, H., et al.: »Permian – Triassic mass extinction pulses driven by major marine carbon cycle perturbations«, in: »Nature Geoscience«, Bd. 13, 19.10.2020, S. 745–750 https://doi.org/10.1038/s41561-020-00646-4

Kalb, J. E., et al.: »Palaeobiogeography of late Neogene African and Eurasian Elephantoidea«, in: Shoshani, J. und Tassy, P. (Hrsg.): »The Proboscidea. Evolution and palaeoecology of the Elephants and their relatives«, Oxford/ New York/ Tokio 1996, S. 117–123

Kahlke, H. D.: »Das Eiszeitalter«, Berlin 1987

Kaiser, P.: »Die Rückkehr der Gletscher«, München 1971

Kapfer, E.: »Lehrbuch der Geologie«, 2 Teile in 4 Bänden, 6. und 7. Auflage, Stuttgart 1921–23

Kaufmann, W.: »Die magnetische und elektrische Ablenkbarkeit der Bequerelstrahlen und die scheinbare Masse der Elektronen«, in: »Göttinger Nachrichten«, Nr. 2, 1901, S. 143–168

Kaufmann, W.: »Über die elektromagnetische Masse des Elektrons«, in: »Nachrichten von der Königl. Gesellschaft der Wissenschaften zu Göttingen. Mathematisch-Physikalische Klasse«, Heft 5, 1902, S. 291–296

Keith, M. L. und Anderson, G. M.: »Radiocarbon Dating: Fictitious Results with Mollusk Shells«, in: »Science«, Bd. 141, Ausg. 3581, 16.8.1963, S. 634–637
Kerr, R. A.: »Continental Drilling Heading Deeper«, in: »Science«, Bd. 224, Ausg. 4656, 29.6.1984, S. 1418–1420,
Kerr, R. A.: »German Super-Deep Hole Hits Bottom«, in: »Science«, Bd. 266, Ausg. 85, S. 545., 28.10.1994
Kerr, R. A.: »Looking-Deeply-into the Earth's Crust in Europe«, in: »Science«, Band 261, 16.7.1993
Kozlovsky, Y. A.: »Kola Super-Deep: Interim Results and Prospects«, in: »Episodes«, Ausg. 1982
Krajewski, B.: »Heimatkundliche Plaudereien 1«, Neunkirchen 1975
Krenkel, E.: »Die Bruchzonen Ostafrikas«, 1922
Kumar, S. und Hedges, S. B.: »A molecular timescale for vertebrate evolution«, in: »Nature«, Bd. 392, 30.4.1998, S. 917–920
Kundt, W.: »Astrophysics. A New Approach«, Berlin/Heidelberg/New York 2001, 2. Aufl. 2005

Lamb, P. M. und Fonstad, M. A.: »Rapid formation of a modern bedrock canyon by a single flood event«, in: »Nature Geoscience«, Bd. 3/7, 2010, S. 477–481, DOI: 10.1038/NGEO894
Lay, T. und Garnero, E. J.: »Core-mantle boundary structures and processes«, in: Sparks, R. S. J. und Hawkesworth, C. J.: »The State of the Planet: Frontiers and Challenges in Geophysics« (Hrsg.), in: »American Geophysical Union, Geophysical Monograph 150«, IUGG Band 19, Washington D. C., 2004, S. 25–41
Lee, Y.-C.: »Evidence of preserved collagen in an Early Jurassic sauropodomorph dinosaur revealed by synchrotron FTIR microspectroscopy«, in: »Nature Communications«, Artikelnummer: 14220, 31.7.2017, Internet: tps://www.nature.com/articles/ncomms14220
Lee, Y., et al.: »The Earth's core as a reservoir of water«, in: »Nature Geoscience«, Bd. 13, 18.5.2020, S. 453–458
Leeuw, N. H. de: »Where on Earth has our water come from?, in: »Chemical Communicatios«, Bd. 47, 21.12.2010
Legendre, et al.: »A giant soft-shelled egg from the Late Cretaceous of Antarctica«, in: »Nature«, Bd. 583, S. 411–414, 17.6.2020, S. 8865–9068
Lemoine, V.: »Recherches sur les ossements fossiles des terrains tertiaires inférieurs des environs de Reims«, in: »Annales des Sciences Naturelles (Zool. Paléont)«, 1878, (6) 8, Reims, S. 1–56
Lewis, R. S.: A Continent for Science, in: »The Antarctic Adventure«, New York 1961
Ley, W.: »Drachen, Riesen«, Stuttgart 1953
Lister, A. und Bahn, P.: »Mammuts – Die Riesen der Eiszeit«, Sigmaringen 1997
Longrich, N. R.: »The first duckbill dinosaur (Hadrosauridae: Lambeosaurinae) from Africa and the role of oceanic dispersal in dinosaur biogeography«, in: »Cretaceous Research«, Bd. 120, Nr. 104678, April 2021
Luo, Z.-X.: »Transformation and diversification in early mammal evolution«, in: »Nature«, Bd. 450, S. 1011–109, 13.12.2007
Lyell, C.: »The Principles of Geology: Being an Attempt to explain the Former Changes of the Earth's Surface, by reference to Causes Now in Operation«, London 1830
Lyell, C.: »Das Alter des Menschengeschlechts«, Leipzig 1864
Lykawka, P. und Mukai, T.: »An Outer Planet Beyond Pluto and Origin of the Trans-Neptunian Belt Architecture«, in: »The Astronomical Journal«, Bd. 135, 13.12.2007, S. 1161–1200

Macdonald, W. J., und Fox, P. J.: »Overlapping spreading centres: new accretion geometry on the East Pacific Rise«, in: »Nature«, Bd. 302, 3.3.1983, S. 55–58
Macdonald, K.C. und Luyendyk, B. P.: »Investigation of faulting and abyssal hill formation on the flanks of the East Pacific Rise (21°N) using ALVIN, Mar.«, in: »Geophys. Res.«, Bd. 7, 1985, S. 515–535
Macdonald, K.C., et al.: »A new view of the mid-ocean ridge from the behaviour of ridge-axis discontinuities«, in: »Nature«, Bd. 335, 15.9.1988, S. 217–225
Mania, D.: »Auf den Spuren des Urmenschen«, Berlin 1990

Marchant, P.: »Die Frühgeschichte der Menschheit«, Gütersloh/München 1992
Markham, C.: »The Incas of Peru«, New York 1910
Marcos, C. de la F. und Marcos, R. de la F.: »Extreme trans-Neptunian objects and the Kozai mechanism: signalling the presence of trans-Plutonian planet«, in: »Monthly Notices of the Royal Astronomical Society, Letters«, Bd. 443, Sept. 2014, S. L59-L63
Marien, K. H.: »Wie entstanden die Eiszeiten«, Frankfurt 1997
Markham, C.: »The Incas of Peru«, 1910
Markson R. und Muir, M.: »Solar Wind Control of the Earth's Electric Field«, in: »Science«, Bd. 208, 30.5.1980, S. 979–990
Martin, J. E., et al.: »Late Cretaceous mosasaurs (Reptilia) from the Antarctic Peninsula«, in: Gamble, J. A., et al.: »Antarctica and the close of the millennium, 8th international symposium on Antarctic earth sciences«, in: »Bulletin of the Royal Society of New Zealand Bulletin«, Bd. 35, 2002, S. 293–299
Mason, J. A.: »The Ancient Civilizations of Peru«, Harmondsworth 1957
Maxlow, J.: »Terra non Firma Earth«, Wroclaw 2005
McKee, E. D., et al.: »K-Ar Age of Lava Dam in Grand Canyon«, in: »Geological Society of America Bulletin«, Bd. 79, 1968
Mereschkowski, K.S.: »Über Natur und Ursprung der Chromatophoren im Pflanzenreiche«, in: »Biol. Centralbl.«, Bd. 25, 1905, S. 593–604 und 689–691
Milanovsky, E. E.: »Riftogenez v istorii zemli« (»Riftogonese in der Erdgeschichte«), Moskau 1983
Mitchell, R. N., et al.: »A Late Cretaceous true polar wander oscillation«, in: »Nature Communication«, Bd. 1, Artikel-Nr. 6329, 15.6.2021
Monastersky, R.: »Inner Space«, in: »Science News«, Bd. 224, 26.6.1984
Moon, P. H.: »The Geology and Physiography of the Altiplano of Peru and Bolivia«, in: »The Transactions of the Society of London«, 3rd Series, Bd. 1, Pt. I, 1939
Moore, R.: Die Evolution, in: »Life – Wunder der Natur«, 1970
Moratalla, J. J., et al.: »Los Cayos Dinosaur Tracksite: An Overview on the Lower Cretaceous Ichno-Diversity of the Cameros Basin (Cornago, La Rioja Province, Spain)«, in: »Ichnos«, Jan. 2003, DOI: 10.1080/10420940390255547
Morgan, J. W.: »Rises, tenches, great faults, and crustal blocks«, in: »Journal of Geophysikal Research«, Bd. 73, Nr. 6, 15.3.1968
Mooris, J. D.: »The Young Earth«, Colorado Springs 1994
Mossman, D. J. und Sarjeant, W. A. S.: »The footprints of extinct animals«, in: »Scientific American«, Bd. 248(1), 1983, S. 74–85
Muck, O.: »Alles über Atlantis«, Düsseldorf/Wien 1976
Mühleisen, R.: »The global circuit and its parameters«, in: Dolezalek, H. und Reiter, R.: »Electrical Processes in Atmospheres«, Darmstadt 1977, S. 467

Naudiet, A.: »Paradies, Sintflut, Eiszeit«, Hohenpeißenberg 1996, 2. Auflage
Nelson, F. E.: »(Un)Frozen in Time«, in: »Science«, Bd. 299, Nr. 5614, 14.3.2003, S. 1673–1675
Němec, F., et al.: »Spacecraft observations of electromagnetic perturbations connected with seismic activity«, in: »Geophysical Research Letters«, Bd. 35, 15.3.2008, doi:10.1029/2007GL032517
Nesvorný, D.: »Young solar system's fifth Giant planet«, in: »Astrophysical Journal Letters«, Bd. 742, Nr. 2, 1.11.2011, doi:10.1088/2041-8205/742/2/L22
Noorbergen, R.: »Secrets of the Lost Races«, New York, 1977

Ooard, M. J.: »An Ice Age caused by Genesis Flood«, El Cajon 1990
Oesterle, O. und Jacob, K. H.: »Über Lagerstättenbildung durch elektrische Felder«, in: »Zeitschrift der Förderer des Bergbau- und Hüttenwesens an der TU Berlin«, 1994, S. 21–29
Oesterle, O.: »Goldene Mitte: Unser einziger Ausweg«, Rapperswil am See 1997

O'Niens, R. K., Hamilton, P. J., und Evensen, N. M.: Die chemische Entwicklung des Erdmantels, in: »Spektrum der Wissenschaft«, 7/1980

Obuljen, A.: Essai déxplication héliogéophysique des changements paleoclimatiques, in: »Change of climates«, Proc. Rome Sympos. Unesco, 1963

Olivero E. B., et al.: »First record of dinosaurs in Antarctica (Upper Cretaceous, James Ross Island): paleogeographical implications«, in: Thomson M. R. A., et al.: »Geological Evolution of Antarctica«. Cambridge University Press, Cambridge, 1991, S. 617–622

Olivero, E. B., et al.: »Depositional Settings of the basal López de Bertodano Formation, Maastrichtian, Antarctica«, in: »Revista de la Asociación Geológica Argentina«, Bd. 62, 2007,

Oppenheimer, C.: »Climatic, environmental and human consequences of the largest known historic eruption: Tambora volcano (Indonesia) 1815«, in: »Progress in Physical Geography«. Bd. 27, Nr. 2, 2003, S. 230–259, doi:10.1191/0309133303pp379ra

Parrish, J. T., Spicer, R. A., Parrish, J. T., u. a.: Continental Climate near the Albian South Pole and Comparison with Climate near the North Pole, in: »Geological Society of America, Abstracts with Programs«, Band 23, Heft 5, 1991

Patil, N., et al.: »Blocks of Limited Haplotype Diversity Revealed by High-Resolution Scanning of Human Chromosome 21«, in: »Science«, Bd. 294, Ausg. 5547, 23.11.2001, S. 1719–1723

Paturi, F. R.: »Die Chronik der Erde«, Augsburg 1996

Petersen, D. R.: »The Mysteries of Creation«, El Dorado 1986

Pfeiffer, J. E.: »The Emergence of Man«, New York 1978

Pitman, W., und Ryan, W.: »Sintflut«, Bergisch-Gladbach 1999

Pond, S., et al.: »Tracking Dinosaurs on the Isle of Wight: a review of tracks, sites, and current research«, in: »Biological Journal of the Linnean Society«, Bd. 113, 2014, S. 737–757

Podbregar, N.: »Großbritannien: Migranten schon in der Jungsteinzeit«, Artikel in »www.wissenschaft.de« vom 16.4.2019, Online-Version, abgerufen am 05.01.2020

Posnansky, A.: »Tiahuanaco, the Cradle of the American Man«, 1945 Potonié, H.: Autochtonie von Karbonkohlen-Flözen, in: »Jahrbuch der königlich preußischen Geologen«, 1893

Postberg, F., et al.: »Macromolecular organic compounds from the depths of Enceladus«, in: »Nature«, Bd. 558, 27.6.2018, S. 564–568

Price, G. D.: »The evidence and implications of polar ice during the Mesozoic«, in: »Earth-Science Review«, Bd. 48, 1999, S. 83–210

Purdy, B. A., et al.: »Earliest Art in the Americas: Incised Image of a Mammoth on a Mineralized Extinct Animal Bone from the Old Vero Site (8-Ir-9), Florida«. Kongress in l'IFRAO, Sept. 2010

Quackenbush, L. S.: »Notes on Alaskan Mammoth Expeditions of 1907 and 1908«, in: »Bulletin American Museum of Natural History«, Bd. 26

Raff, A. D.: »The Magnetism of the Ocean Floor«, in: »Scientific American«, Ausgabe Oktober 1961

Reguero, M. A., et al.: »Late Cretaceous dinosaurs from the James Ross Basin, West Antarctica«, in: »Geological Society, London, Special Publications«, Bd. 381, 24.7.2013, S. 96–113

Reichholf, J. H.: »Der schöpferische Impuls. Eine neue Sicht der Evolution«, München 1992

Repo, R.: »Untersuchungen über die Bewegungen des Inlandeises in Nordkarelien«, Bulletin Comm. Géol. Finland., Bd. 179, 1957

Reynolds, S. J., u. a.: »Compilation of Radiometric Age Determinations in Arizona«, in: »Arizona Bureau of Geology and Mineral Technology Bulletin«, Report B-197, 1986

Rich, T., et al.: »A probable hadrosaur from Seymour Island, Antarctica Peninsula«, in: Tomida, Y., et al.: »Proceedings of the second Gondwana dinosaur symposium. National Science Museum«, Tokio 1999, S. 219–222

Richter, M. und Ward, D. J.: »Fish remains from the Santa Marta Formation (Late Cretaceous) of James Ross Island, Antarctica«, in: »Antarctic Science«, Bd. 2, Nr. 1, 1990, S. 67–76, doi:10.1017/S0954102090000074

Ridley, F.: »Transatlantic Contacts of Primitive Man. Eastern Canada and Northwestern Russia«, in: »Pennsylvania Archaeologist«, 1960

Rona, P. A.: »Erzbildung an heißen Quellen im Meer«, in: »Die Dynamik der Erde«, Heidelberg 1988

Rosnau, P. O., et al.: »Are human and mammal tracks found together with the tracks of Dinosaurs in the Kayenta of Arizona?«, in: »Creation Research Society Quarterly«, Bd. 26, 1990

Rougier, G. W., et al.: »Implications of Deltatheridium specimens for early marsupial history«, in: »Nature«, Bd. 396, 3.12.1998, S. 459–463

Rowe, T.: »At the roots of the mammalian family tree«, in: »Nature«, Bd. 398, 25.3.1999, S. 283–284

Rubin, D. M., und McCulloch, D. S.: Single and Superimposed Bedforms: A Synthesis of San Francisco Bay and Flume Observations, in: »Sedimentary Geology«, 26, 1980

Runcorn, S. K.: »Continental Drift«, New York 1962

Rutte, E.: »Bayerns Neandertaler«, München 1992

Sager, W. W., und Koppers, A. A. P.: »Late Cretaceous Polar Wander of the Pacific Plate: Evidence of a Rapid True Polar Wander Event«, in: »Science«, Bd. 287, Ausg. 5452, 21.1.2000, S. 455–459

Sandberg, C.: »Ist die Annahme von Eiszeiten berechtigt?«, Bd. 1, Leiden 1937

Sarre, F. de.: »Als das Mittelmeer trocken war«, Rüsselsheim 1999

Sawenkow, W. J.: »Neue Vorstellungen über das Entstehen des Lebens auf der Erde«, in: »Wyschtscha schkola«, Kiew 1991, S. 1–231

Schack, A.: »Der Einfluß des Kohlendioxid-Gehaltes der Luft auf das Klima der Welt«, in: »Physikalische Blätter I«, Bd. 28, Ausg. 1, 1972, S. 26–28

Schaffranke, R.: »Ether Technology«, privat 1977 (als abweichende deutsche Ausgabe unter Sigma, R.: »Forschung in Fesseln«, Oldendorf 1994)

Schildmann, K.: »Als das Raumschiff ›Athena‹ die Erde kippte«, Suhl 1999

Schimper, A. F. W.: »Über die Entwicklung der Chlorophyllkörner und Farbkörper«, in: »Botanische Zeitung«, Bd. 41, 1883, Sp. 105–120, 126–131 und 137–160

Schmitt, C.: »Junger Vulkanismus in der Kordillerenzügen Südkolumbiens«, in: »Zbl. Geol. Paläont. Teil I«, Stuttgart 1983, S. 318–328

Schoolcraft, H. R., und Benton, T. H.: »Remarks on the Prints of Human Feet, Observed in the Secondary Limestone of the Mississippi Valley«, in: »The American Journal of Science and Arts«, 5. Jahrgang 1822

Schrödinger, E.: »Was ist Leben? Die lebende Zelle mit den Augen des Physikers betrachtet«, München 1951, 2. Auflage

Schwarzbach, M.: »Das Klima der Vorzeit«, Stuttgart 1993

Schweitzer, M. H., et al.: »Soft-Tissue Vessels and Cellular Preservation in Tyrannosaurus rex«, in: »Science«, Bd. 307, Ausg. 5717, 25.3.2005, S. 1952–1955

Schweitzer, M. H.: »Analyses of Soft Tissue from Tyrannosaurus rex Suggest the Presence of Protein«, in: »Science«, Bd. 316, Ausg. 5822, 13.4.2007, S. 277–280, Internetlink 8

Schweitzer, M. H.: »Biomolecular Characterization and Protein Sequences of the Campanian Hadrosaur B. canadensis«, in: »Science«, Bd. 324, Ausg. 5927, 1.5.2009, S. 626–631

Sclater, J. G., und Tapscott, C.: »Die Geschichte des Atlantik«, in: »Ozeane und Kontinente«, Heidelberg 1987

Scotese, C. R.: »The Earth's Temperature & Climate: Past, Present & Future«, Dallas 2019

Seibold, E.: »Der Meeresboden«, Berlin/Heidelberg/New York 1974

Shackleton, E. H., et al.: »The Heart Of The Antarctic: Being The Story Of The British Antarctic Expedition 1907–1909«, Kessinger Publishing, LLC, 17.1.2007

Semaw, S.: »The World's Oldest Stone Artefacts from Gona, Ethiopia: Their Implications for Understanding Stone Technology and Patterns of Human Evolution Between 2,6–1,5 Million Years Ago«, in: »Journal of Archaeological Science«. Band 27, 12.9.2000, S. 1197–1214

Sereno, P. C.: »The Evolution of Dinosaurs«, in: »Science«, Bd. 284, Bd. 5423, 25.6.1999, S. 2137–2147

Sereno, C. P., et al.: »New dinosaurs link southern landmasses in the Mid–Cretaceous«, in: »Proceedings of the Royal Society B«, Bd. 281, Ausg. 1546, 7.7.2004

Service, R. F.: »Signs of ancient proteins seen inside dinosaur bones«, in: »Science«, Bd. 348, Ausg. 6240, 12.6.2015, S. 1184 ff., DOI: 10.1126/science.348.6240.1184

Seymore S. R. und Lillywhite, H. B.: »Hearts, neck posture and metabolic intensity of sauropod dinosaurs«, in: »Proceedings of the Royal Society B«, Bd. 267, Ausg. 1455, 22.9.2000, https://doi.org/10.1098/rspb.2000.1225

Sheldrake, R.: »Das Gedächtnis der Natur«, München 1993

Siegfried, M. R. und Fricker, H. A.: » Illuminating Active Subglacial Lake Processes With ICESat-2 Laser Altimetry«, in: »Geophysical Research Letters«, 7.7.2021, https://doi.org/10.1029/2020GL091089

Sheldrake, R.: »Das schöpferische Universum«, München 1985

Shepherd, R.: »Discovering Fossils«, 2002, Internet: »http://www.discoveringfossils.co.uk/conserving_prehistoric_evidence.htm«

Shirong, M., et al.: »The Tangshan Earthquake of 1976«, in: »Seismological Press. Beijing«, China 1982

Simpson, M. I.: » Geotourism and Geoconservation on the Isle of Wight, UK: Balancing Science with Commerce«, in: »Geoconservation Research«, Bd. 1, Ausg. 1, Jan. 2018, S. 44–52

Steiger, B.: »Mysteries of Time and Space«, West Chester 1989

Sobolev, S. V., et al.: » Linking mantle plumes, large igneous provinces and environmental catastrophes«, in: »Nature«, Bd. 477, Nr. 7364, 14.9.2011, S. 312–316

Stainfort, R.M.: »Occurrence of Pollen and Spores in the Roraima Formation of Venezuela and British Guiana«, in: »Nature«, Bd. 210, 1.4.1966, S. 292–294

Stevens, K. A. und Parrish, J. M.: »Neck Posture and Feeding Habits of Two Jurassic Sauropod Dinosaurs«, in: »Science«, Bd. 284, Ausg. 5415, 30.4.1999, S. 298–300,

Stuart A. J.: »The extinction of woolly mammoth (Mammuthus primigenius) and straight-tusked elephant (Palaeoloxodon antiquus) in Europe«, in: »Quaternary International«, Bd. 129/1, Dez. 2005, S. 171–177

Stutzer, O.: »Die wichtigsten Lagerstätten der Nicht-Erze, I. Erdöl«, Berlin 1931

Suess, E.: »Das Antlitz der Erde« (4 Bände), Leipzig 1885/1909

Supan, A.: »Grundzüge der physischen Erdkunde«, Leipzig 1916

Taylor, J.: »Fossils Facts & Fantasies«, Crosbyton 1999

Thenius, E: »Die Evolution der Säugetiere«, Stuttgart 1979

Therrien, F., et al.: »Dinosaur trackways from the Upper Cretaceous Oldman and Dinosaur Park formations (Belly River Group) of southern Alberta, Canada, reveal novel ichnofossil preservation style«, in: »Canadian Journal of Earth Sciences«, Ausg. 52(8), Aug. 2015, S. 630–641,

Thomas, A.: »Les secrets de l'Atlantide«, Paris 1969

Thomas, P. C., et al.: »Enceladus's measured physical libration requires a global subsurface ocean«, in: »Icarus«, September 2015, doi:10.1016/j.icarus.2015.08.037

Thorson, R. M., Clayton, W. S., und Seeber, L.: »Geologic evidence for a large prehistoric earthquake in eastern Connecticut«, in: »Geology«, Bd. 4, Boulder 1986

Tibuleac, I. M. und Herrin, E.: »Lower Mantle Lateral Heterogeneity Beneath the Caribbean Sea«, in: »Science«, Band 285, Nr. 5434, 10.9.1999, S. 1711–1715

Toksöz, M. N., et al.: »Evolution of the Down-going Lithosphere and the Mechanisms of Deep Focus Earthquakes«, in: »The Geophysical Journal of the Astronomical Society«, Band 35, Hefte 1–3, Dez. 1973

Tollmann, A. und E.: »Und die Sintflut gab es doch«, München 1993

Topfer, V.: »Die Tierwelt des Eiszeitalters«, Leipzig 1963

Trusheim, F.: »Zur Bildung der Salzlager im Rotliegenden und Mesozoikum Mitteleuropas«, Hannover 1971
Turekian, K. K.: »Die Ozeane«, Stuttgart 1985

Ukraintseva, V. V.: »Vegetation Cover and Environment in the Mammoth Epoch in Siberia«, Hot Springs 1993

Velikovsky, I.: »Earth in Upheaval«, Garden City 1955 (deutsch: »Erde im Aufruhr«, Frankfurt/M. 1980)
Velikovsky, I.: »Worlds in Collision«, New York 1950 (deutsch: »Welten im Zusammenstoß«, Stuttgart 1951, Taschenbuchausgabe Frankfurt 1994)
Vereshchagin, N. K., und Baryshnikov, G. F.: »Paleoecology of the Mammoth Fauna in the Eurasian Arctic«, New York 1982
Vogel, A.: »Die Kern-Mantel-Grenze: Schaltstelle der Geodynamik«, in: »Spektrum der Wissenschaft«, Ausg. 11/1994, S. 64–72
Vollmer, A.: »Sintflut und Eiszeit«, Obernburg 1989

Wahnschaffe, F.: »Die Ursachen der Oberflächengestaltung des norddeutschen Flachlandes«, 1891, 4. Aufl. bearb. von Fr. Schucht. 1921
Walker, J. C. G.: »Evolution of the Atmosphere«, New York 1977
Walther, J. W.: »Geschichte der Erde und des Lebens«, Leipzig 1908
Wegener, A.: »Die Entstehung der Kontinente«, in: »Geologische Rundschau«, Leipzig 1912
Wegener, A.: »Die Entstehung der Kontinente und Ozeane«, Braunschweig 1915
Weinschenk, E.: »Grundzüge der Gesteinskunde, Teil I«, Freiburg 1906
Weinschenk, E.: »Grundzüge der Gesteinskunde, Teil II«, Freiburg 1907
Weiß, E.: »Littrow, Wunder des Himmels«, Berlin 1886
White, W. M., et al.: »Petrology and Geochemistry of the Galápagos Islands: Portrait of a Pathological Mantle Plume«, in: »Journal of Geophysical Research«, Bd. 98, Nr. B11, 10.11.1993, S. 19533–19563
Wieger, L.: »Textes Historiques«, 2. Aufl. 1922/1923
Williams, G. E.: »Geological evidence relating to the origin and secular rotation of the solar system«, in: »Modern Geology 3«, 1972
Williams, S.: »Fantastic Archaeology«, Universität von Pennsylvania, 1991
Willis, E.: »Fossils and Phosphate Specimens«, 1881
Willis, B.: »East African Plateaus and Rift Valleys«, 1936
Wilson, J. T.: »Kontinentaldrift«, in: »Ozeane und Kontinente«, Heidelberg 1987, siehe auch »Scientific American«, 4/1963
Witmer, L. M.: »Nostril Position in Dinosaurs and Other Vertebrates and Its Significance for Nasal Function«, in: »Science«, Bd. 293, Ausg. 5531, 3.8.2001, S. 850–853
Woldstedt, P.: »Das Eiszeitalter«, Stuttgart 1954
Woldstedt, P.: »Quartär. Handbuch der stratigraphischen Geologie 2«, Stuttgart 1969
Woldstedt, P., und Duphorn, K.: »Norddeutschland und angrenzende Gebiete im Eiszeitalter«, Stuttgart 1974
Woodward, S. R., Weyand, N. J., und Bunnel, M.: DNA Sequenz from Cretaceous Period Bone Fragments, in: »Science«, Bd. 266, Ausg. 5188, 18.11.1994, S. 1229–1232
Wright, G. F.: »Man an the Glacial Period«, New York 1987
Wu, H., et al.: »Astrochronology for the Early Cretaceous Jehol Biota in northeastern China«, in: »Palaeogeography, Palaeoclimatology, Palaeoecology«, Bd. 385, 2013, S. 221–228

Xu, X.: »A dromaeosaurid dinosaur with a filamentous integument from the Yixian Formation of China«, in: »Nature«, Bd. 401, 16.9.1999, S. 262–266

Zazula, G. D., et al.: »Ice-age steppe vegetation in East Beringia«, in: »Nature«, B d. 423, Ausg. 603, 5.6.2003, https://doi.org/10.1038/423603a
Zeil, W.: »Geologie von Chile«, Berlin 1964
Zeil, W.: »Südamerika«, Stuttgart 1986
Zillmer, H.-J.: »Darwins Irrtum«, München 1998, 11. Aufl. 2019
Zillmer, H.-J.: »Dinosaurier Handbuch«, München 2002
Zillmer, H.-J.: »Kolumbus kam als Letzter«, München 2004. 4. Aufl. 2012
Zillmer, H.-J.: »Die Evolutions-Lüge«, München 2005, 6. Aufl. 2013
Zillmer, H.-J.: »Kontra Evolution. Dinosaurier und Menschen lebten gemeinsam«, DVD-Video, Solingen 2007, 2. Aufl. 2008
Zillmer, H.-J.: »Der Energie-Irrtum«, München 2009, 5. Aufl. 2022
Zillmer, H.-J.: »Die Erde im Umbruch«, München 2011
Zimmermann, M. R., und Tedford, R. H.: »Histologic Structures Pressed for 21 300 Years«, in: »Science«, Bd. 194, Nr. 4261, 8.10.1976, S. 183–184
Zhonghe, Z., et al.: »An exceptionally preserved Lower Cretaceous ecosystem«, in: »Nature«, Bd. 421, 20.2.2003, S. 807–814
Zhou, Z., et al.: »An exceptionally preserved Lower Cretaceous ecosystem«, in: »Nature«, Bd. 421, 20.2.2003, S. 807–814

Internetlinks

1: https://www.visitisleofwight.co.uk/things-to-do/attractions/dinosaurs-and-fossils/history
2: https://www.spiegel.de/wissenschaft/natur/kreidezeit-eis-im-supertreibhaus-der-dinos-a-527532.html eine Tropenwelt.
3: 126_2019_10_26.pdf (engadinerpost.ch)
4: https://pubs.usgs.gov/of/2004/1441/html/interp.html
5: http://spaceref.com/moon/new-evidence-that-two-planets-collided-to-form-the-moon.html
6: http://www.spaceref.com/news/viewpr.html?pid=199961
7: https://www.physik.hu-berlin.de/de/nano/lehre/WS10-11/experimental2/teil2
8: http://www.nbcnews.com/id/7285683/ns/technology_and_science-science/t/scientists-recover-t-rex-soft-tissue/#.X23qWGgzZaR

Bildnachweis

Fotos: © Zillmer, außer:
© Evan Hansen 1, 2; © Steven A. Austin (1994) 62, 63 (Bildausschnitt d. V.); © Javier Cabrera Darquea 68 (Detail Zillmer); © John H. Woodhouse, Adam M. Dziewonski 70, 71; Don L. Anderson (am »Caltech«; Beschriftung d. V.) 72; © Scripps Institution of Oceanography (Ref. Series No. 93–30) 73; © Steven A. Austin (1994) 74

Abbildungen: © Zillmer. Außer, falls nicht angegeben:
Randal Ford 1; Booth Museum of Natural History 2; George Frederik Wright (1897) 5; Dr. Cecil und Lydia Dougherty (1971) 6; »Geo Wissen« (Nr. 24, S. 138) 7; Shepherd (2002) 8; Barker (2020) 9; Internetlink 1: 10; Moratalla (2003) 11; Therrien et al., 2015 Bild 4: 12; Walther (1908) 17/l., Scheven (1995) 17/o.r., ohne Namen (1886) 17/r.u.; John D. Morris 22/l., J. D. Love aus Hager (1970) 22/r.; Bent (1964) 26-27; aus Austin (1994) 30, 33, 336/l.; Danial Dzuristin 36/r., Fischer (1923) 37; nach Gentry (1995), nach Schweizer (2007) 45; nach Witmer (2001) 51; Mossman/Sarjeant (1983) 52; Baigent (1998) 2. Bild v. o., Mike Dash (1997) 63; Tollmann (1993) 68; Chain/Michailov (1989) 69; Anderson/Dziewonski (1968) 74, 75; IMAGE/NASA 76, nach Hilgenberg (1933) 1933; K.-H. Jacob 92; IMAGE/NASA 93; nach Courtillot (1997); Bildrechte: imago/Nature Picture Library 100; Huc (1852) 101; Bayer (1927) 112; Thorson (1986) 116; nach Oard (1990); Michihio Yano 122/o.; aus Chain/Michajlov (1989) 129; nach Berner/Streif (2204 132; K.-H. Jacob 135, 136

Der Autor

Hans-Joachim Zillmer, Jahrgang 1950, studierte Bauingenieurwesen mit Abschluss an der Bergischen Universität Wuppertal und Technischen Universität Berlin. 2002 wurde er als »Internationaler Wissenschaftler des Jahres« (IBC) nominiert. 2006 sprach er als Referent über Widersprüche der Evolutionstheorie anhand geologischer Funde im Europäischen Parlament in Brüssel. Der Autor wurde bekannt durch zahlreiche Rundfunk- und Fernsehinterviews, u. a. in »Welt der Wunder« (PRO7, 2002). Bislang erschienen sind von ihm neben dem Dinosaurier Handbuch mehrere von ihm u. a. international in bis zu zwölf Sprachen übersetzten Bestseller »Darwins Irrtum« (derzeit 11. Auflage), »Die Evolutions-Lüge« (6. Auflage), »Kolumbus kam als Letzter« (4. Auflage), »Die Erde im Umbruch« und 2022, in ergänzter und erweiterter fünften Auflage, »Der Energie-Irrtum« erschienen.

Zukunftsperspektiven statt Schwarzmalerei

Mit wissenschaftlichem Spürsinn, zwingendem Sachverstand und überraschenden Fakten entlarvt Hans-Joachim Zillmer die gängigen Auffassungen zur Energieproblematik als Irrtümer. Er bringt offiziell anerkannte Denksysteme wie das Klimamodell des IPCC ins Wanken und belegt, dass die Sonne — und nicht der Mensch — das Klima steuert und dass der Nachschub an Erdgas und Erdöl unerschöpflich ist. Zillmer präsentiert ein faktenreiches Lehrstück, das die Welt und unser menschliches Tun neu definiert und in der heutigen Zeit der Unsicherheit vielversprechende Zukunftsaussichten eröffnet.

Hans-Joachim Zillmer
DER ENERGIE-IRRTUM
2. überarbeitete und ergänzte Neuauflage 2022
Mit einem Nachwort von Prof. Dr. Gerhard Gerlich
338 Seiten, mit vielen Abb. · ISBN 978-3-7844-3556-5

langenmueller.de

Verblüffende Fakten revolutionieren gängige Theorien zur Erdgeschichte

Schwere Naturkatastrophen und gravierende Klimaumstürze der letzten Jahrtausende führten zu einer grundlegenden Umbildung der Erdkruste. Besiedelte Steppen versanken in Nord- und Ostsee, Wald- und Seenlandschaften auf der Arabischen Halbinsel verwandelten sich in Wüsten und in Südamerika wuchsen die Anden in kürzester Zeit in die Höhe. Bestsellerautor Hans-Joachim Zillmer bringt durch intensiv recherchierte Fakten, überzeugende Funde und bestechende Argumentation nicht nur die bestehenden Lehrmeinungen zur Erdgeschichte ins Wanken, seine Erkenntnisse regen auch zu einer radikalen Revision der gängigen Vorstellungen von unserem Klima an.

Hans-Joachim Zillmer
DIE ERDE IM UMBRUCH
304 Seiten, mit vielen Abb. · ISBN 978-3-7766-2672-8
Auch als E-Book erhältlich

herbig

herbig.de